大数据的架构技术与应用实践的探究

李佐军　编著

NORTHEAST NORMAL UNIVERSITY PRESS
WWW.NENUP.COM
东北师范大学出版社

图书在版编目(CIP)数据

大数据的架构技术与应用实践的探究 / 李佐军编著 .
-- 长春 : 东北师范大学出版社， 2019.4
ISBN 978-7-5681-5633-2

Ⅰ. ①大… Ⅱ. ①李… Ⅲ. ①数据处理－研究 Ⅳ.
① TP274

中国版本图书馆 CIP 数据核字 (2019) 第 060931 号

□策划编辑: 王春彦
□责任编辑: 卢永康　　□封面设计: 优盛文化
□责任校对: 田　旺　　□责任印制: 张允豪

东北师范大学出版社出版发行
长春市净月经济开发区金宝街 118 号(邮政编码: 130117)
销售热线: 0431-84568036
传真: 0431-84568036
网址: http://www.nenup.com
电子函件: sdcbs@mail.jl.cn
定州启航印刷有限公司印装
2019 年 4 月第 1 版　2019 年 4 月第 1 次印刷
幅画尺寸: 185mm×260mm　印张: 17.25　字数: 302 千

定价: 79.00 元

前言
PREFACE

随着 2013 年“大数据元年”的开启，各行各业都已经将大数据视为推动企业发展、推进行业进步、加快产业升级、促进民生繁荣、巩固社会安全甚至提升国家竞争力的核心武器。大数据从数据挖掘、商业智能发展而来，是信息技术发展的必然产物，是中国经济新常态下创新驱动的发动机和产业转型的助推器，带动了技术研发体系创新、管理方式改革、商业模式创新和产业价值链体系重构，推动了跨领域、跨行业的数据融合和协同创新。

大数据时代已经来临，它将在众多领域掀起变革的巨浪。但我们要冷静地看到，大数据的核心是为客户挖掘数据中蕴藏的价值，而不是软硬件的堆砌。因此，针对不同领域的大数据应用模式、商业模式研究将是大数据产业健康发展的关键。我们相信，在国家的统筹规划与支持下，通过各地方政府因地制宜地制定大数据产业发展策略，国内外 IT 龙头企业以及众多创新企业的积极参与，大数据产业未来的发展前景十分广阔。然而，大数据的实践应用不能一蹴而就，必须遵循科学的方法，循序渐进。无论是从业务的角度还是从技术的角度，将大数据应用讲清楚都不容易，尤其是要使非本领域的专家能对大数据有一个全面的了解更非易事。

为了帮助读者建立起对大数据应用全面、系统的认识，而不只是知道一些零散的技术或服务术语，本书站在系统论的高度对大数据的架构技术与实践应用做了全面论述。首先，介绍大数据的概念、发展现状与趋势，让读者对大数据有一个初步认知。其次，在分析大数据架构的基础上，展开介绍大数据的相关技术，涵盖技术支撑、数据获取技术、机器学习和数据挖掘技术、交互式分析技术、批处理技术、安全与隐私等，并结合大数据技术的各种应用实例，力图为读者呈现一个大数据的全景画卷。

在本书的编写过程中，参考和借鉴了一些学者的研究成果，在此对这些学者表示衷心的感谢。另外，由于时间及作者水平有限，本书难免存在疏漏与不妥之处，在本书出版之际，真诚地欢迎各位读者对本书提出宝贵的意见和建议。

目录
CONTENTS

第一章 大数据的初步认知

第一节　何谓大数据

全球知名咨询公司麦肯锡在研究报告中指出，数据已经渗透到每个行业和业务职能领域，逐渐成为重要的生产因素，而人们对海量数据的运用将预示着新一波生产率增长和消费者盈余浪潮的到来。近年来，大数据概念的提出为中国数据分析行业的发展提供了无限的空间，越来越多的人认识到数据的价值。

那么，什么是大数据呢？大数据是规模非常巨大和复杂的数据集，传统数据库管理工具处理起来面临很多问题，如获取、存储、检索、共享、分析和可视化，数据量达到 PB、EB 和 ZB 的级别。大数据的特点可用 4 个 V 来概括：

（1）数据量（Volume）是持续快速增加的；

（2）高速度（Velocity）的数据 I/O；

（3）多样化（Variety）的数据类型和来源；

（4）数据价值（Value）大。

一、大数据的应用

大约从 2009 年开始，“大数据”才成为互联网信息技术行业的流行词语。美国互联网数据中心指出，互联网上的数据每年将增长 50%，每两年翻一番，而目前世界上 90% 以上的数据是最近几年才产生的。此外，数据并非单纯指人们在互联网上发布的信息，全世界的工业设备、汽车、电表上有着无数的数码传感器，随时测量和传递着有关位置、运动、震动、温度、湿度乃至空气中化学物质的变化，也产生了海量的数据信息。

数据充斥所带来的影响远远超出了企业界。贾斯汀・格里莫将数学与政治科学联系起来，他研究的内容涉及对博客文章、国会演讲和新闻稿进行计算机自动化分析等，希望借此洞察政治观点是如何传播的。在科学和体育、广告和公共卫生等其他领域，也有类似的情况——朝着数据驱动型的发现和决策的方向发生转变。

在公共卫生、经济发展和经济预测等领域中，大数据的预见能力正在被开发，而且已经崭露头角。研究者发现，曾有一次，“流感症状”和“流感治疗”等词语在谷歌上的搜索查询量增加，而在几个星期以后，到某个地区医院急诊室就诊的流感病人数量就有所增加。

二、大数据的战略意义

大数据技术的战略意义不在于掌握庞大的数据信息，而在于对这些含有意义的数据进行专业化处理。换言之，如果把大数据比作一种产业，那么这种产业实现盈利的关键在于提高对数据的“加工能力”，通过“加工”实现数据的“增值”。中国物联网校企联盟认为，物联网的发展离不开大数据，依靠大数据可以提供足够有利的资源。

随着云时代的来临，大数据（Big data）也吸引了越来越多的关注。《著云台》的分析师团队认为，大数据通常用来形容一个公司创造的大量非结构化和半结构化数据，这些数据在下载到关系数据库用于分析时会花费过多时间和金钱。大数据分析常和云计算联系到一起，因为实时的大型数据集分析需要像 MapReduce 一样的框架来向数十、数百甚至数千台计算机分配工作。

大数据分析相比于传统的数据仓库应用，具有数据量大、查询分析复杂等特点。

三、大数据的作用

第一，对大数据的处理分析正成为新一代信息技术融合应用的结点。移动互联网、物联网、社交网络、数字家庭、电子商务等是新一代信息技术的应用形态，这些应用不断产生大数据。云计算为这些海量、多样化的大数据提供存储和运算平台。通过对不同来源数据的管理、处理、分析与优化，将结果反馈到上述应用中，将创造出巨大的经济和社会价值。大数据具有催生社会变革的能量。但释放这种能量，需要严谨治理、富有洞见的数据分析和激发管理创新环境。

第二，大数据是信息产业持续高速增长的新引擎。面向大数据市场的新技术、新产品、新服务、新业态会不断涌现。在硬件与集成设备领域，大数据将对芯片、存储产业产生重要影响，还将催生一体化数据存储处理服务器、内存计算等市场。在软件与服务领域，大数据将引发数据快速处理分析、数据挖掘技术和软件产品的发展。

第三，大数据利用将成为提高核心竞争力的关键因素。各行各业的决策正在从“业务驱动”转向“数据驱动”。对大数据的分析，可以使零售商实时掌握市场动态并迅速做出应对；可以为商家制定更加精准有效的营销策略提供决策支持；可以帮助企业为消费者提供更加及时和个性化的服务。在医疗领域，大数据可提高诊断准确性和药物有效性；在公共事业领域，可发挥促进经济发展、维护社会稳定等方面的重要作用。

四、大数据与传统数据库

传统数据库 / 数据仓库是 GB/TB 级、高质量、较干净、强结构化、Top-down、重交易、确定解。大数据是 PB 级以上、有噪声、有冗余、非结构化、Bottom-up、重交互、满意解。大数据出现后，NoSQL 模式变得非常流行。大数据引发了一些问题，如对数据库高并发读写要求、对海量数据的高效存储和访问需求、对数据库高可扩展性和高可用性的需求，使传统 SQL 主要性能没有用武之地。互联网巨头对 NoSQL 数据模式应用非常广泛，如谷歌的 Big Table、Facebook 的 Cassandra、Oracle 的 NoSQL 及亚马逊的 Dynamo 等。从大数据处理角度来看，MapReduce

成为事实的标准。大数据的存储和处理，已有了成熟解决方案，这对于在系统软件中占较大比重的操作系统来说没有太大变化。一些重要的命题还没有解决，例如，操作系统对新兴计算资源的直接抽象的调度（GPU、APU），分布式文件系统下的统一数据视图、全数据中心范围内能耗管理、大数据下的安全性等，还不成熟，有待研发。

五、大数据与 Web

大多数研究大数据的商业公司都有明确的商业目的，即更好地支撑 Web 服务，如谷歌搜索引擎服务、Facebook SNS 网站、新浪微博网站等。在大数据驱动下的 Web 服务特征：更加流畅的网页交互体验，更加快速的社会资讯获取，更加便捷的日常工作和生活，更加深入的人、机、物融合。

回顾一下 Web 的发展，Web1.0 时代 Web 内容主要由网站服务商提供，Web2.0 时代用户大量参与 Web 内容的贡献，如博客和微博。到了 Web3.0 时代，特征就是人、机、物共同参与 Web 内容贡献，使 Web 形成对真实世界的全面映射。

大数据来源于人、机、物，同时服务于人、机、物。大数据时代系统软件，特别是操作系统有待进一步发展。人、机、物融合大数据将推动 Web 进入崭新 Web3.0 时代。

第二节　大数据的发展现状

一、大数据对社会的影响

数据用户行为反映真实需求。一切行为皆有前兆。未来的不确定性是人类产生工具类的根源之一。简单来说，从各种各样的数据中快速获取有价值的信息的能力，即大数据技术。大数据时代，软件价值体现在它所带来的数据规模、流量与活性；公司价值在于其拥有数据的规模、活性以及收集、运用数据的能力，这些决定了公司的核心竞争力。从国家层面看，国家数据主权体现在对数据的占有和控制。数字主权将是继边防、海防、空防之后，另一个大国博弈的空间。

（一）泛互联网化

泛互联网化是收集用户数据的唯一低成本方式，能够带来数据规模和数据活性。泛互联网化带来软件使用的三个变化：跨平台、碎片化和门户化。

1. 跨平台

应用软件深度整合网络浏览器功能，桌面、移动终端（手机、平板电脑）拥有相同的体验和协同的功能。

2. 门户化

用户无须启用其他软件即可完成绝大多数的工作和沟通需求，对于个性化的用户需求，可以直接调用第三方应用或者插件完成。

3. 碎片化

把原来大型臃肿的软件拆分成多个独立的功能组件，用户可以按需下载使用。

这三个变化的核心意义在于收集用户行为资源，提高客户黏性；降低软件总体拥有成本，改变商业模式。

（二）行业垂直整合

开源软件加剧了基础软件的同质化趋势，而软、硬件一体化的趋势，进一步弱化了产业链上游的发言权。大数据产业结构发展趋势有两个维度：第一维度是大数据产业链，围绕数据的采集、整理、分析和反馈。第二维度是垂直的行业，像媒体、零售、金融服务、医疗和电信。

从这两个维度来看，大数据有三类商业模式：第一，大数据价值链环节，专注价值链的高附加值环节。第二，垂直产业大数据整合，利用大数据提高垂直产业效率。第三，大数据使能者，提供大数据基础设施、技术和工具。

（三）数据成为资产

未来企业的竞争，将是拥有数据规模和活性的竞争，将是对数据解释和运用的竞争。围绕数据，可以演绎出六种新的商业模式：租售数据模式、租售信息模式、数据媒体模式、数据使用模式、数据空间运营模式、大数据技术提供商。

1. 租售数据模式

简单来说，即租售广泛收集、精心过滤、时效性强的数据。

2. 租售信息模式

一般聚焦某个行业，广泛收集相关数据，深度整合萃取信息，以庞大的数据中心加上专用传播渠道，也可成为一方霸主。此处，信息指的是经过加工处理，承载一定行业特征的数据集合。

3. 数据媒体模式

全球广告市场空间为5 000亿美元，具备培育千亿级公司的土壤和成长空间。这类公司的核心资源是获得实时、海量、有效的数据，立身之本是大数据分析技术，盈利源于精准营销。

4. 数据使用模式

如果没有大量的数据，缺乏有效的数据分析技术，此类公司的业务其实难以开展。通过在线分析小微企业的交易数据、财务数据，甚至可以计算出应提供多少贷款，多长时间可以收回等关键问题，把坏账风险降到最低。

5. 数据空间运营模式

从历史上看，传统的IDC即这种模式，互联网巨头都在提供此类服务。海外的Dropbox、国内微盘都是此类公司的代表。这类公司的想象空间在于可以成长为数据聚合平台，盈利模式将趋于多元化。

6. 大数据技术提供商

从数据量上来看，非结构化数据是结构化数据的5倍以上，任何一个种类的非结构化数据处理都可以重现现有结构化数据的辉煌。语音数据处理领域、视频数据处理领域、语义识别领域、图像数据处理领域都可能出现大型的、高速成长的公司。

（四）云平台数据更加完善

企业越来越希望能将自己的各类应用程序及基础设施转移到云平台上。就像其他IT系统那样，大数据的分析工具和数据库也将走向云计算。

云计算能为大数据带来哪些变化呢？

首先，云计算为大数据提供了可以弹性扩展、相对便宜的存储空间和计算资源，使中小企业可以像亚马逊一样通过云计算来完成大数据分析。其次，云计算 IT 资源庞大、分布较为广泛，是异构系统较多的企业及时准确处理数据的有力方式，甚至是唯一的方式。

当然，大数据要走向云计算，还有赖于数据通信带宽的提高和云资源池的建设，需要确保原始数据能迁移到云环境以及资源池可以随需弹性扩展。

二、大数据的挑战与研究现状

大数据分析相比于传统的数据仓库应用，具有数据量大、查询分析复杂等特点。为了设计适合大数据分析的数据仓库架构，下面列举了大数据分析平台需要具备的几个重要特性，对当前的主流实现平台——并行数据库、MapReduce 及基于两者的混合架构进行了分析归纳，指出了各自的优势及不足，同时对各个方向的研究现状及大数据分析方面进行了介绍。

（一）概　述

最近几年，数据仓库又成为数据管理研究的热点领域，主要原因是当前数据仓库系统面临的需求在数据源、需提供的数据服务和所处的硬件环境等方面发生了根本性的变化，并且这些变化是我们必须面对的。

1. 三个变化

（1）数据量。由 TB 级升到 PB 级，并仍在持续爆炸式增长。2011 年经调查显示，最大的数据仓库中的数据量，每两年增加 3 倍（年均增长率为 173%），其增长速度远超摩尔定律增长速度。照此增长速度计算，最近几年最大数据仓库中的数据量将逼近 100 PB。

（2）分析需求。由常规分析转向深度分析（Deep Analytics）。数据分析日益成为企业利润必不可少的支撑点。根据 TDWI（中国商业智能网）对大数据分析的报告，企业已经不满足对现有数据的分析和监测，而是期望能对未来趋势有更多的分析和预测，以增强企业竞争力（图 1-1）。这些分析操作包括移动平均线分析、数据关联关系分析、回归分析、市场分析等复杂统计分析，我们称之为深度分析。

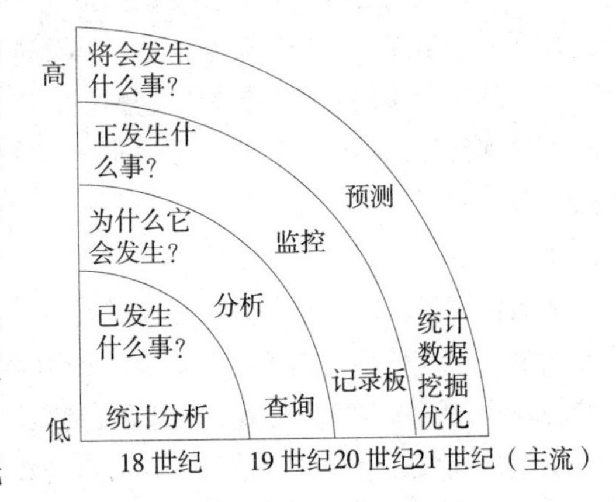

图 1-1　分析的趋势图

（3）硬件平台。由高端服务器转向由中低端硬件构成的大规模机群平台。由于数据量的迅速增加，并行数据库的规模不得不随之增大，从而导致其成本的急剧上升。出于成本的考虑，越来越多的企业将应用由高端服务器转向由中低端硬件构成的大规模机群平台。

2. 两个问题

图 1-2 为一个典型的数据仓库架构。

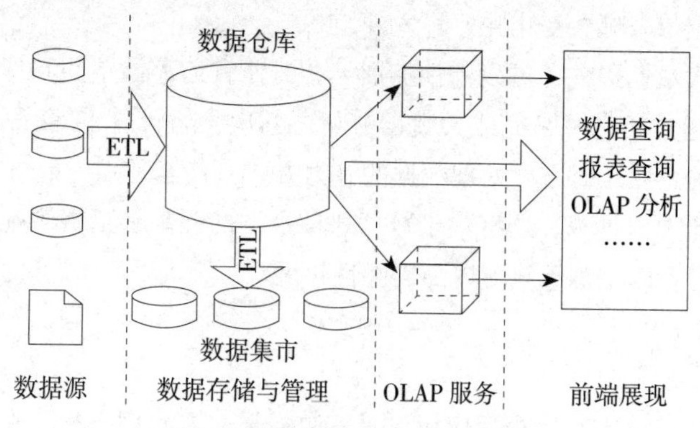

图 1–2　典型的数据仓库架构

由图 1–2 可以看出，传统的数据仓库将整个实现划分为 4 个层次，数据源中的数据先通过 ETL 工具被抽取到数据仓库中进行集中存储和管理，再按照星形模型或雪花模型组织数据，然后由 OLAP 工具从数据仓库中读取数据，生成数据立方体（MOLAP）或者直接访问数据仓库进行数据分析（ROLAP）。在大数据时代，此种计算模式存在以下两个问题。

（1）数据移动代价过高。在数据源层和分析层间引入一个存储管理层，可以提升数据质量并针对查询进行优化，同时付出了较大的数据迁移代价和执行时的连接代价。数据先通过复杂且耗时的 ETL 过程存储到数据仓库中，再在 OLAP 服务器中转化为星形模型或者雪花模型；执行分析时，又通过连接方式将数据从数据库中取出。这些代价在 TB 级时也许可以接受，但面对大数据，其执行时间至少会增长几个数量级。更为重要的是，对于大量的即时分析，这种数据移动的计算模式是不可取的。

（2）不能快速适应变化。传统的数据仓库假设主题是较少变化的，其应对变化的方式是对数据源到前端展现的整个流程中的每个部分进行修改，然后再重新加载数据，甚至重新计算数据，导致其适应变化的周期较长。这种模式比较适合对数据质量和查询性能要求较高，而不太计较预处理代价的场合。但在大数据时代，分析处在变化的业务环境中，这种模式将难以适应新的需求。

3. 一个鸿沟

在大数据时代，巨量数据与系统的数据处理能力间将会产生一个鸿沟：一边是至少 PB 级的数据量，另一边是面向传统数据分析能力设计的数据仓库和各种 BI 工具。如果这些系统工具发展缓慢，该鸿沟将会随着数据量的持续爆炸式增长而逐步拉大。

虽然传统数据仓库可以采用舍弃不重要数据或者建立数据集市的方式来缓解此问题，但毕竟只是权宜之策，并非系统级解决方案，而且舍弃的数据在未来可能会重新使用，以发掘出更大的价值。

（二）期望特性

数据仓库系统需具备几个重要特性，如表 1–1 所示。

表 1-1　数据仓库系统需要具备的特性

特　性	说　明
高度可扩展性	横向大规模可扩展，大规模并行处理
高性能	快速响应复杂查询与分析
高度容错性	对硬件平台一致性要求不高，适应能力强
支持异构环境	业务需求变化时，能快速反应
较低的分析延迟	既方便查询，又能处理复杂分析
较低成本	较高的性价比
向下兼容性	支持传统的商务智能工具

1. 高度可扩展性

一个明显的事实是，数据库不能依靠一台或少数几台机器的升级（scale-up 纵向扩展）满足数据量的爆炸式增长，而是希望能方便地做到横向可扩展（scale-out）来实现此目标。

普遍认为无共享结构 shared-nothing，每个节点都拥有私有内存和磁盘，并且通过高速网络与其他节点互连，具备较好的扩展性。分析型操作往往涉及大规模的并行扫描、多维聚集及星形连接操作，这些操作也比较适合在无共享结构的网络环境下运行。Teradata 即采用此结构，Oracle 在其新产品 Exadata 中也采用了此结构。

2. 高性能

数据量的增长并没有降低对数据库性能的要求，反而有所提高。软件系统性能的提升可以降低企业对硬件的投入成本，节省计算资源，提高系统吞吐量。巨量数据的效率优化，并行是必由之路。1 PB 数据在 50 MB/s 速度下串行扫描一次，需要 230 天；而在 6 000 块磁盘上，并行扫描 1 PB 数据只需要 1 小时。

3. 高度容错性

大数据的容错性要求在查询执行过程中，一个参与节点失效时，不需要重做整个查询，而机群节点数的增加会带来节点失效概率的增加。在大规模机群环境下，节点的失效将不再是稀有事件（根据谷歌报告，平均每个 MapReduce 数据处理任务即有 1.2 个工作节点失效）。因此，在大规模机群环境下，系统不能依赖硬件来保证容错性，要更多地考虑软件容错。

4. 支持异构环境

建设同构系统的大规模机群难度较大，原因在于计算机硬件更新较快，一次性购置大量同构的计算机是不可取的，而且会在未来添置异构计算资源。此外，不少企业已经积累了一些闲置的计算机资源。此种情况下，异构环境不同节点的性能是不一样的，可能出现“木桶效应”，即最慢节点的性能决定整体处理性能。因此，异构的机群需要特别关注负载均衡、任务调度等方面的设计。

5. 较低的分析延迟

分析延迟是分析前的数据准备时间。在大数据时代，分析所处的业务环境是变化的，因此要求系统能动态地适应业务分析需求。在分析需求发生变化时，减少数据准备时间，系统能尽快地做出反应，快速地进行数据分析。

6. 较低的成本

在满足需求的前提下数据仓库系统技术成本越低，其生命力就越强。值得指出的是，成本是一个综合指标，不仅是硬件或软件的代价，还应包括日常运维成本（网络费用、电费、建筑等）和管理人员成本等。据报告显示，数据中心的主要成本不是硬件的购置成本，而是日常运维成本，因此在设计系统时需要更多地关注此项内容。

7. 向下兼容性

数据仓库发展的 30 年，产生了大量面向客户业务的数据处理工具（如 Informactica、Data Stage 等）、分析软件（如 SPSS、R、Matlab 等）和前端展现工具（如水晶报表等）。这些软件是一笔宝贵的财富，已被分析人员所熟悉，是大数据时代中小规模数据分析的必要补充。因此，新的数据仓库需考虑同传统商务智能工具的兼容性。由于这些系统往往提供标准驱动程序，如 ODBC、JDBC 等，这项需求的实际要求是对 SQL 的支持。

总而言之，以较低的成本投入进行高效的数据分析是大数据分析的基本目标。

（三）并行数据库

并行数据库系统（Parallel Database System）是新一代高性能的数据库系统，是在 MPP 和集群并行计算环境的基础上建立的数据库系统。

并行数据库技术起源于 20 世纪 70 年代的数据库机（Database Machine）的研究，研究的内容主要集中在关系代数操作的并行化和实现关系操作的专用硬件设计上，希望通过硬件实现关系数据库操作的某些功能，该研究以失败告终。20 世纪 80 年代后期，并行数据库技术的研究方向逐步转到了通用并行机方面，研究的重点是并行数据库的物理组织、操作算法、优化和调度策略。从 20 世纪 90 年代至今，随着处理器、存储、网络等相关基础技术的发展，并行数据库技术的研究上升到一个新的水平，研究的重点也转移到数据操作的时间并行性和空间并行性上。

并行数据库系统的目标是高性能（High Performance）和高可用性（High Availability），通过多个处理节点并行执行数据库任务，提高整个数据库系统的性能和可用性。

性能指标关注的是并行数据库系统的处理能力，具体的表现可以总结为数据库系统处理事务的响应时间。并行数据库系统的高性能可以从两个方面理解，即速度提升（Speed-up）和范围提升（Scale-up）。速度提升是指通过并行处理，可以使用更少的时间完成更多样的数据库事务。范围提升是指通过并行处理，在相同的处理时间内，可以完成更多的数据库事务。并行数据库系统基于多处理节点的物理结构，将数据库管理技术与并行处理技术有机结合，实现系统的高性能。

可用性指标关注的是并行数据库系统的健壮性，也就是当并行处理节点中的一个节点或多个节点部分失效或完全失效时，整个系统对外持续响应的能力。高可用性可以同时在硬件与软件两个方面提供保障。

在硬件方面，通过冗余的处理节点、存储设备、网络链路等硬件措施，可以保证当系统中某节点部分或完全失效时，其他的硬件设备可以接手处理，对外提供持续服务。

在软件方面，通过状态监控与跟踪、互相备份、日志等技术手段，可以保证当前系统中某节点部分或完全失效时，由它所进行的处理或由它所掌控的资源可以无损失或基本无损失地转移到其他节点，并由其他节点继续对外提供服务。

为了实现和保证高性能和高可用性，可扩充性也成为并行数据库系统的一个重要指标。可扩充性是指并行数据库系统通过增加处理节点或者硬件资源（处理器、内存等），使其可以平滑地或线性地扩展其整体处理能力的特性。

随着对并行计算技术研究的深入和 SMP、MPP 等处理机技术的发展，并行数据库的研究也进入了一个新的领域。集群已经成为并行数据库系统中最受关注的热点。目前，并行数据库领域主要还有下列问题需要进一步研究和解决。

（1）并行体系结构及其应用，这是并行数据库系统的基础问题。为了达到并行处理的目的，参与并行处理的各个处理节点之间是否要共享资源、共享哪些资源、需要多大程度的共享，这些就需要研究并行处理的体系结构及有关实现技术。

（2）并行数据库的物理设计，主要是在并行处理的环境下，对数据分布的算法的研究、数据库设计工具与管理工具的研究。

（3）处理节点间通信机制的研究。为了实现并行数据库的高性能，并行处理节点要最大限度地协同处理数据库事务，因此节点间必不可少地存在通信问题。如何支持大量节点之间消息和数据的高效通信，也成为并行数据库系统中一个重要的研究课题。

（4）并行操作算法。为提高并行处理的效率，需要在数据分布算法研究的基础上，深入研究链接、聚集、统计、排序等具体的数据操作在多节点上的并行操作算法。

（5）并行操作的优化和同步。为获得高性能，如何将一个数据库处理事务合理地分解成相对独立的并行操作步骤，如何将这些步骤以最优的方式在多个处理节点间进行分配，如何在多个处理节点的同一个步骤和不同步骤之间进行消息和数据的同步，这些问题都值得深入研究。

（6）并行数据库中数据的加载和再组织技术。为了保证高性能和高可用性，并行数据库系统中的处理节点可能需要进行扩充（或者调整），这就需要考虑如何对原有数据进行卸载、加载，以及如何合理地在各个节点重新组织数据。

（四）MapReduce

MapReduce 的编程模型不同于以前学过的大多数编程模型，它是一种用于大规模数据集（大于 1 TB）的并行运算的编程模型。其概念 Map（映射）和 Reduce（化简），及它们的主要思想，都是从函数式编程语言里借来的和从矢量编程语言里借来的特性。它极大地方便了编程人员在不会分布式并行编程的情况下，将自己的程序在分布式系统上运行。当前的软件实现是指定一个 Map（映射）函数，用来把一组键值对映射成一组新的键值对；指定并发的 Reduce（化简）函数，用来保证所有映射的键值对中的每一个共享相同的键组。

MapReduce 采用“分而治之”的思想，把对大规模数据集的操作，分发给一个主节点管理下的各分节点共同完成，接着通过整合各分节点的中间结果，得到最终的结果。简单来说，

MapReduce 就是“任务的分散与结果的汇总”。

MapReduce 处理过程被 MapReduce 高度地抽象为两个函数：Map 和 Reduce。Map 负责把任务分解成多个任务，Reduce 负责把分解后多任务处理的结果汇总起来。至于在并行编程中的各种复杂问题，如分布式存储、工作调度、负载均衡、容错处理、网络通信等，均由 MapReduce 框架负责处理，可以不用程序员烦心。值得注意的是，用 MapReduce 来处理的数据集（或任务）必须具备这样的特点：待处理的数据集可以分解成许多小的数据集，且每一小数据集都可以完全并行地进行处理。

图 1-3 给出了使用 MapReduce 处理数据集的过程。

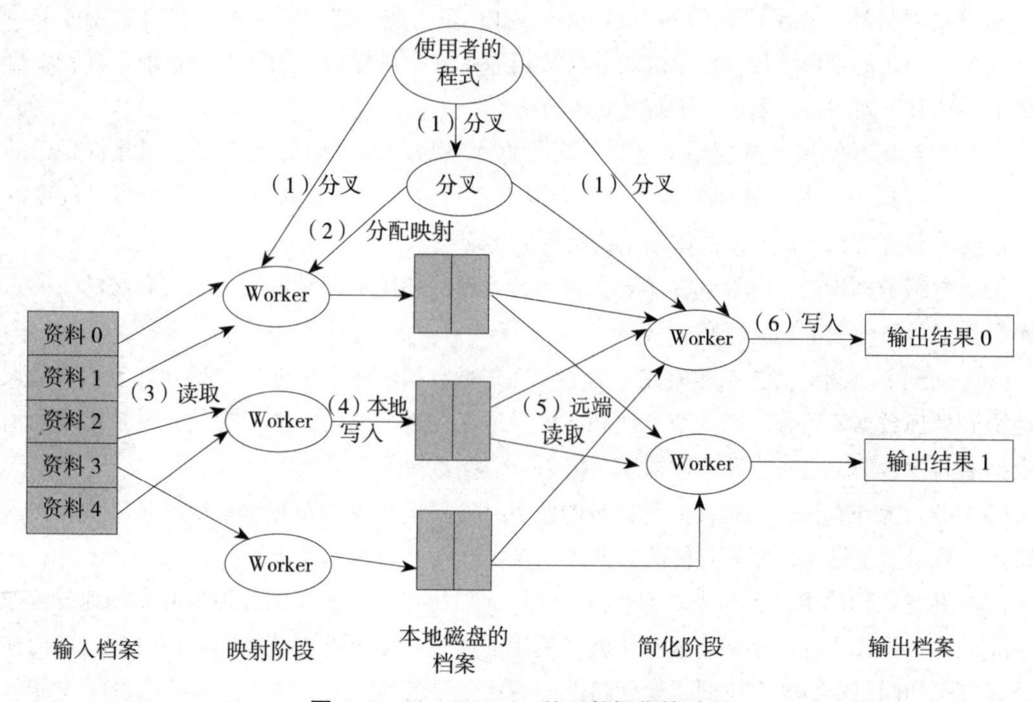

图 1-3　MapReduce 处理数据集的过程

由图 1-3 可以看出，该计算模型的核心部分是 Map 和 Reduce 函数。这两个函数的具体功能由用户设计实现，只要能够按照用户自定义的规则，将输入的〈key，value〉对转换成另一个或一批〈key，value〉对输出即可。

在 Map 阶段，MapReduce 框架将任务的输入数据分隔成固定大小的片段，随后将每个片段进一步分解成一批键值对〈K1，V1〉。Hadoop 为每一个片段创建一个 Map 任务（可简称为 Mapper）用于执行用户自定义的 Map 函数，并将对应片段中的〈K1，V1〉对作为输入，得到计算的中间结果〈K2，V2〉。接着，将中间结果按照 K2 进行排序，并将 key 值相同的 value 放在一起形成一个新列表，形成〈K2，list（V2）〉元组。最后，根据 key 值的范围将这些组进行分组，对应不同的 Reduce 任务（可简称为 Reducer）。

在 Reduce 阶段，Reducer 把从不同 Mapper 接收来的数据整合在一起并进行排序，然后调用用户自定义的 Reduce 函数，对输入的〈K2，list（V2）〉对进行相应的处理，得到键值对〈K3，V3〉

并输出到 HDFS 上。既然 MapReduce 框架为每个片段创建一个 Mapper，那么谁来确定 Reducer 的数目呢？其答案是用户。Mapped-site.XML 配置文件中有一个表示 Reducer 数目的属性 mapped.reduce.tasks，该属性的默认值为 1，开发人员可通过 job.setNumReduceTasks（ ）方法重新设置该值。

MapReduce 架构结构组成部分主要有以下类型，下面给予介绍。

1. 组成部分

（1）JobClient。每一个 job 都会在用户端通过 JobClient 类将应用程序以及配置参数打包成 jar 文件存储在 HDFS，并把路径提交到 JobTracker，然后由 JobTracker 创建每一个 Task（即 MapTask 和 ReduceTask）并将它们分发到各个 TaskTracker 服务中去执行。

（2）JobTracker。JobTracker 是一个 master 服务，JobTracker 负责调度 job 的每一个子任务 task 运行于 TaskTracker 上，并监控它们，如果发现有失败的 task 就重新运行它。一般应该把 JobTracker 部署在单独的机器上。

（3）TaskTracker。TaskTracker 是运行于多个节点上的 slaver 服务。TaskTracker 则负责直接执行每一个 task。TaskTracker 都需要运行在 HDFS 的 DataNode 上。

MapReduce 架构结构中的各角色运行过程如图 1–4 所示。

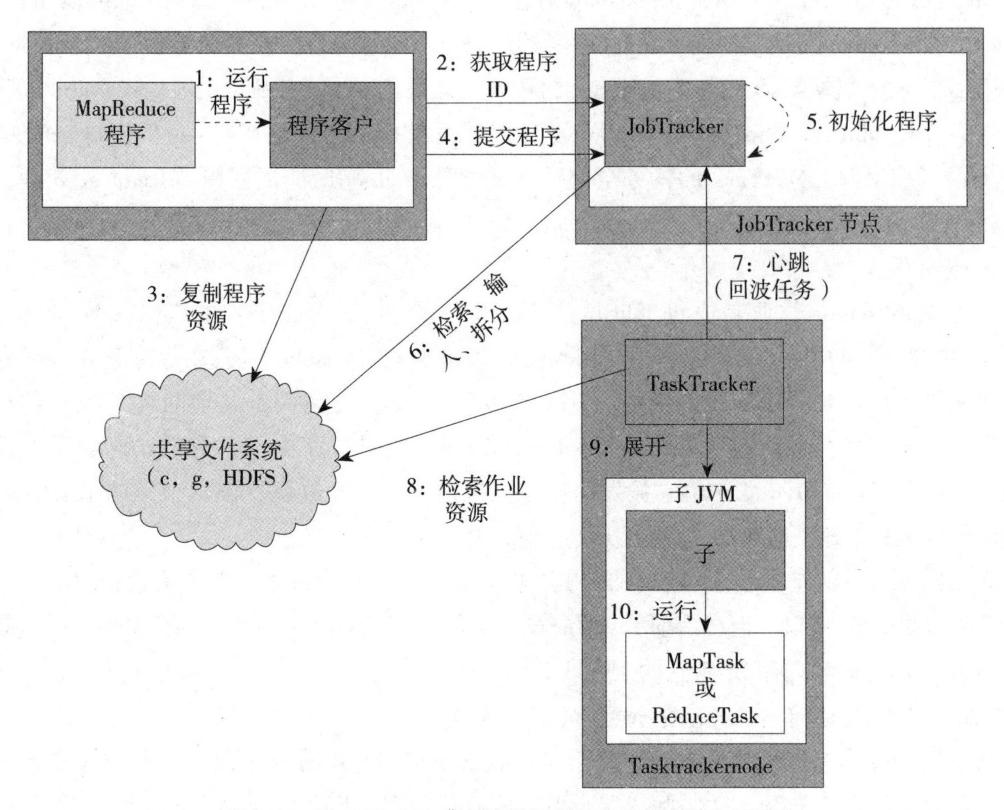

图 1–4　MapReduce 架构结构中的各角色运行过程图

2. 数据结构

（1）Mapper 和 Reducer。运行于 Hadoop 的 MapReduce 应用程序最基本的组成部分包括一个 Mapper 和一个 Reducer 类，以及一个创建 JobConf 的执行程序，在一些应用中还可以包括一个 Combiner 类，它实际也是 Reducer 的实现。

（2）JobInProgress。JobClient 提交 job 后，JobTracker 会创建一个 JobInProgress 来跟踪和调度这个 Job，并把其添加到 job 队列里。JobInProgress 会根据提交的 job jar 中定义的输入数据集（已分解成 FileSplit）创建对应的一批 TaskInProgress 用于监控和调度 MapTask，同时创建指定数目的 TaskInProgress 用于监控和调度 ReduceTask，默认为 1 个 ReduceTask。

（3）TaskInProgress。JobTracker（作业跟踪器）启动任务时通过每一个 TasklnProgress（任务进展）执行来 launchTask（发射任务），这时会把 Task 对象（即 MapTask 和 ReduceTask）序列化写入相应的 TaskTracker 服务中，TaskTracker 收到后会创建对应的 TasklnProgress（此 TasklnProgress 实现非 JobTracker 中使用的 TaskInProgress，但其作用类似，是 JobTracker 内部类），用于监控和调度该 Task。启动具体的 Task 进程是通过 TasklnProgress 管理的 TaskRunner 对象来运行的。TaskRunner 会自动装载 job jar，并设置好环境变量后启动一个独立的 Java 的子类进程来执行 Task，即 MapTask 或者 ReduceTask，但它们不一定运行在同一个 TaskTracker 中。

（4）MapTask 和 ReduceTask。一个完整的 job 会自动依次执行 Mapper、Combiner（在 JobConf 指定了 Combiner 时执行）和 Reducer，其中 Mapper 和 Combiner 由 MapTask 调用执行，Reducer 则由 ReduceTask 调用，Combiner 实际也是 Reducer 接口类的实现。Mapper 会根据 job jar 中定义的输入数据集按〈key1, value1〉对读入，处理完成，生成临时的〈key2, value2〉对。如果定义了 Combiner，MapTask 会在 Mapper 完成调用该 Combiner 将相同 key 的值做合并处理，以减少输出结果集。MapTask 的任务全部完成即交给 ReduceTask 进程调用 Reducer 处理，生成最终结果〈key3，value3〉对。

3. 流　程

一道 MapReduce 作业是通过 JobClient.rubJob（job）向 master 节点的 JobTracker 提交的，JobTracker 接到 JobClient 的请求后把其加入作业队列中。JobTracker 一直在等待 JobClient 通过 RPC 提交作业，而 TaskTracker 一直通过 RPC 向 JobTracker 发送 heartbeat 询问有没有任务可做。如果有，让其派发任务给它执行。如果 JobTracker 的作业队列不为空，则 TaskTracker 发送的 heartbeat 将会获得 JobTracker 给它派发的任务。这是一个 pull 过程。slave 节点的 TaskTracker 接到任务后在其本地发起 Task 执行任务。

MapReduce 目前基本不兼容现有的 BI 工具，原因在于初衷并不是要成为数据库系统，因此它并未提供 SQL 接口。但已有研究致力 SQL 语句与 MapReduce 任务的转换工作，进而有可能实现 MapReduce 与现存 BI 工具的兼容。

（五）并行数据库和 MapReduce 的混合架构

基于以上分析，可清楚地看出，基于并行数据库和 MapReduce 实现的数据仓库系统都不是大数据分析的理想方案。针对两者哪个更适应时代需求的问题，业界近年展开了激烈争论，当前基本达到共识。并行数据库和 MapReduce 是互补关系，应该相互学习。基于该观点，大量研究着手将两者结合起来，期望设计出兼具两者优点的数据分析平台。这种架构又可分为并行数据库主导型、MapReduce 主导型、并行数据库和 MapReduce 集成型。表 1-2 对这三种架构进行了对比分析。

表 1-2　混合型架构解决方案对比分析

解决方案	着眼点	代表系统	不　足
并行数据库主导型	利用 MapReduce 技术来增强其开放性，以实现处理能力的可扩展	Greenplum	规模扩展性未改变
		Aster Data	
MapReduce 主导型	学习关系数据库的SQL 接口及模式支持等，改善其易用性	Hive	性能问题未改变
		Pig Latin	
并行数据库和MapReduce 集成型	集成两者，使两者各自做各自擅长的工作	HadoopDB	只有少数查询可以下推到数据库层执行，各自的某些优点在集成后也丧失了
		Vertica	性能和扩展性仍不能兼容
		Teradata	规模扩展性未变

1. 并行数据库主导型

并行数据库主导型关注于怎样利用 MapReduce 来增强并行数据库的数据处理能力。代表性系统是 Greenplum（已经被 EMC 收购）和 Aster Data（已经被 Teradata 收购）。

Aster Data 将 SQL 和 MapReduce 进行结合，针对大数据分析提出了 SQL/MapReduce 框架。该框架允许用户使用 C++、Java、Python 等语言编写 MapReduce 函数，编写的函数可以作为一个子查询在 SQL 中使用，从而同时获得 SQL 的易用性和 MapReduce 的开放性。不仅如此，Aster Data 基于 MapReduce 实现了 30 多个统计软件包，从而将数据分析推向数据库内进行（数据库内分析），大大提升了数据分析的性能。

Greenplum 也在其数据库中输入了 MapReduce 处理功能，其执行引擎可以同时处理 SQL 查询和 MapReduce 任务。这种方式在代码级整合了 SQL 和 MapReduce：SQL 可以直接使用 MapReduce 任务的输出，同时 MapReduce 任务可以使用 SQL 的查询结果作为输入。

总的来说，这些系统都集中在利用 MapReduce 来改进并行数据库的数据处理功能，其根本性问题——可扩展能力和容错能力并未改变。

2. MapReduce 主导型

MapReduce 主导型的研究主要集中于利用关系数据库的 SQL 接口和对模式的支持等技术来改善 MapReduce 的易用性，代表系统是 Hive、Pig Latin 等。

Hive 是 Facebook 提出的基于 Hadoop 的大型数据仓库，其目标是简化 Hadoop 上的数据聚焦、ad-hoc 查询及大数据集的分析等操作，以减轻程序员的负担。它借鉴关系数据库的模式管理、SQL 接口等技术，把结构化的数据文件映射为数据库表，提供类似于 SQL 的描述性语言 HiveQL 供程序员使用，可自动将 HiveQL 语句解析成一优化的 MapReduce 任务执行序列。此外，它也支持用户自定义的 MapReduce 函数。

Pig Latin 是 Yahoo 提出的类似于 Hive 的大数据分析平台，两者的区别主要在于语言接口。Hive 提供了类似 SQL 的接口，Pig Latin 提供的是一种基于操作符的数据流式的接口。图 1-5 所示为 Pig Latin 在处理查询时的一个操作实例。

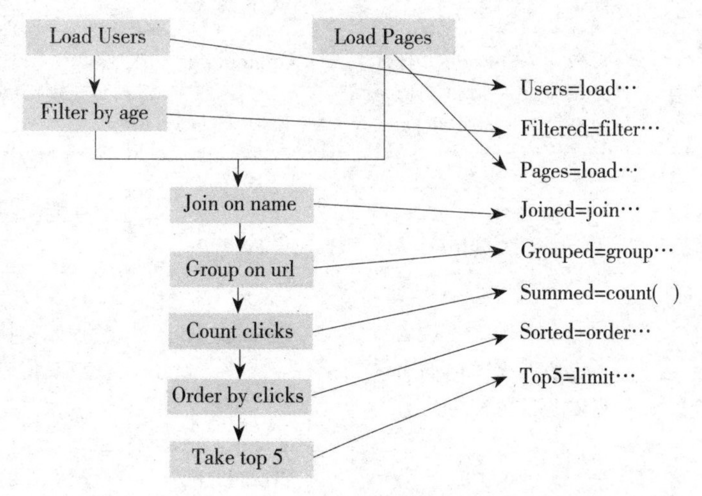

图 1-5　Pig Latin 的一个查询实例（右边为脚本）

图 1-5 的查询目的是找出“年龄在 18 ～ 25 周岁之间的用户（Users）最频繁访问的 5 个页面（Pages）”。从图 1-5 可以看出，PigLatin 提供的操作接口类似于关系数据库的操作符（对应图中右侧部分中的每一行命令），用户查询的脚本类似于逻辑查询计划（对应图中左侧部分）。因此，可以说 PigLatin 利用操作符来对 Hadoop 进行封装，Hive 利用 SQL 进行封装。

3. 并行数据库和 MapReduce 集成型

并行数据库和 MapReduce 集成型的代表性研究是耶鲁大学提出的 HadoopDB（已经于 2011 年商业化为 Hadapt）、Stonebraker 等设计的 Vertica 数据库和 NCR 公司的 Teradata 数据库。HadoopDB 的核心思想是利用 Hadoop 作为调度层和网络沟通层，关系数据库作为执行引擎，尽可能地将查询压入数据库层处理。其目标是想借助 Hadoop 框架来获得较好的容错性和对异构环境的支持；通过将查询尽可能推入数据库中执行来获得关系数据库的性能优势。HadoopDB 的思想是深远的，但目前尚无应用案例，原因如下。

（1）其数据预处理代价过高，数据需要进行两次分解和一次数据库加载操作后才能使用。

（2）将查询推向数据库层只是少数情况。大多数情况下，查询仍由 Hive 完成。因为数据仓库查询往往涉及多表连接，由于连接的复杂性，难以做到在保持连接数据局部性的前提下将参与连接的多张表按照某种模式划分。

（3）维护代价过高，不仅要维护 Hadoop 系统，还要维护每个数据库节点。

（4）目前尚不支持数据的动态划分，需要手工方式将数据一次性划分好。总的来说，HadoopDB 在某些情况下，可同时实现关系数据库的高性能特性和 MapReduce 的扩展性、容错性，但丧失了关系数据库和 MapReduce 的某些优点，如 MapReduce 较低的预处理代价和维护代价、关系数据库的动态数据重分布等。

Vertica 采用的是共存策略：根据 Hadoop 和 Vertica 各自的处理优势，对数据处理任务进行划分。例如，Hadoop 负责非结构化数据的处理，Vertica 负责结构化数据的处理；Hadoop 负责耗时的批量复杂处理，Vertica 负责高性能的交互式查询等，从而将两者结合起来，Vertica 实际采用的是两套系统，同时支持在 MapReduce 任务中直接访问 Vertica 数据库中的数据，由于结构化数据仍在 Vertica 中处理，在处理结构化大数据上的查询分析时，仍面临扩展性问题。如果在 Hadoop 上进行查询，又将面临性能问题。因此，Vertica 的扩展性问题和 Hadoop 的性能问题在该系统中共存。

与前两者相比，Teradata 的集成相对简单，Teradata 采用了存储层的整合：MapReduce 任务可以从 Teradata 数据库中读取数据，而 Teradata 数据库可以从 Hadoop 分布式文件系统上读取数据。同时，Teradata 和 Hadoop 各自的根本性问题都未解决。

（六）研究现状

对并行数据库来讲，其最大问题在于有限的扩展能力和待改进的软件级容错能力；MapReduce 的最大问题在于性能，尤其是连接操作的性能；混合式架构的关键是怎样能尽可能多地把工作推向合适的执行引擎（并行数据库或 MapReduce）。下面对近年来在这些问题上的研究进行分析归纳。

1. 并行数据库扩展性和容错性研究

华盛顿大学在文献中提出了可以生成具备容错能力的并行执行计划优化器。该优化器可以依靠输入的并行执行计划、各个操作符的容错策略及查询失败的期望值等，输出一个具备容错能力的并行执行计划。在该计划中，每个操作符都可以采取不同的容错策略，在失败时仅重新执行其子操作符（在某节点上运行的操作符）的任务来避免整个查询的重新执行。

MIT 于 2010 年设计的 Osprey 系统基于维表在各个节点全复制、事实表横向切分冗余备份的数据分布策略，将一星形查询划分为众多独立子查询。每个子查询在执行失败时都可以在其备份节点上重新执行，而不用重做整个查询，使数据仓库查询获得类似 MapReduce 的容错能力。

2. MapReduce 性能优化研究

MapReduce 的性能优化研究集中于对关系数据库的先进技术和特性的移植上。

Facebook 和美国俄亥俄州立大学合作，将关系数据库的混合式存储模型应用于 Hadoop 平台，提出了 RCFile 存储格式。Hadoop 系统运用了传统数据库的索引技术，并通过分区数据并置（Co-Partition）的方式来提升性能。基于 MapReduce 实现了以流水线方式在各个操作符间传递数据，从而缩短了任务执行时间：在线聚集（online aggregation）的操作模式使用户可以在查询执行过程中看到部分较早返回的结果。两者的不同之处在于前者仍基于 sort-merge 方式来实现流水线，只是将排序等操作推向了 Reduce，部分情况下仍会出现流水线停顿的情况，而后者利用 Hash 方式来分布数据，能更好地实现并行流水线操作。

3. HadoopDB 的改进

HadoopDB 于 2011 年针对其架构提出了两种连接优化技术和两种聚集优化技术。

两种连接优化的核心思想都是尽可能地将数据的处理推入数据库层执行。第 1 种优化方式是根据表与表之间的连接关系，通过数据预分解，使参与连接的数据尽可能分布在同一数据库内，从而实现将连接操作下压进数据库内执行。该算法的缺点是应用场景有限，只适用于链式连接。第 2 种连接方式是针对广播式连接而设计的，在执行连接前，先在数据库内为每张参与连接的维表建立一张临时表，使连接操作尽可能在数据库内执行。该算法的缺点是较多的网络传输和磁盘 I/O 操作。

两种聚集优化技术分别是连接后聚集和连接前聚集。前者是执行完 Reduce 端连接后，直接对符合条件的记录执行聚集操作；后者是将所有数据先在数据库层执行聚集操作，然后基于聚集数据执行连接操作，并将不符合条件的聚集数据做减法操作。该方式适用的条件有限，主要用于参与连接和聚集的列的基数相乘后小于表记录数的情况。

总的来说，HadoopDB 的优化技术大都局限性较强，对于复杂的连接操作（如环形连接等）仍不能下推到数据库层执行，并未从根本上解决其性能问题。

（七）MapReduce 与关系数据库技术的融合

综上所述，当前研究大都集中于功能或特性的移植，即从一个平台学习新的技术，到另一个平台重新实现和集成，未涉及执行核心，因此没有从根本上解决大数据分析问题。鉴于此，中国人民大学高性能数据库实验室的研究小组采取了另一种思路：从数据的组织和查询的执行两个核心层次入手，融合关系数据库和 MapReduce 两种技术，设计高性能的可扩展的抽象数据仓库查询处理框架。该框架在支持高度可扩展的同时，具有关系数据库的性能。在此尝试过两个研究方向。

（1）借鉴 MapReduce 的思想，使 OLAP 查询的处理能像 MapReduce 一样高度可扩展（LinearDB 原型）。

（2）利用关系数据库的技术，使 MapReduce 在处理 OLAP 查询时，逼近关系数据库的性能（Dumbo 原型）。

1. LinearDB

LinearDB 原型系统没有直接采用基于连接的星形模型（雪花模型），而是对其进行了改造，设计了扩展性更好的、基于扫描的无连接雪花模型 JFSS（Join-Free Snowflake Schema）。该模型的设计借鉴了泛关系模型的思想，采用层次编码技术将维表层次信息压缩进事实表，使得事实表可以独立执行维表上的谓词判断、聚集等操作，从而使连接的数据在大规模集群上实现局部性，消除了连接操作。

在执行层次上，LinearDB 吸取了 MapReduce 处理模式的设计思想，将数据仓库查询的处理抽象为 Transform、Reduce、Merge 三个操作（TRM 执行模型）。

（1）Transform。主节点对查询进行预处理，将查询中作用于维表的操作（主要为谓词判断，group-by 聚集操作等）转换为事实表上的操作。

（2）Reduce。每个数据节点并行地扫描、聚集本地数据，然后将处理结果返回给主节点。

（3）Merge。主节点对各个数据节点返回的结果进行合并，并执行后续的过滤、排序等操作。基于 TRM 执行模型，查询可以划分为众多独立的子任务在大规模机群上并行执行。执行过程中，任何失败子任务都可以在其备份节点重新执行，从而获得较好的容错能力。LinearDB 的执行代价主要取决于对事实表的 Reduce（主要为扫描）操作，因此 LinearDB 可以获得近乎线性的大规模可扩展能力。实验表明，其性能比 HadoopDB 至少高出一个数量级。

LinearDB 的扩展能力、容错能力和高性能在于其巧妙地结合了关系数据库技术（层次编码技术、泛关系模式）和 MapReduce 处理模式的设计思想。由此可以看出，结合方式的不同可以导致系统能力的巨大差异。

2. Dumbo

Dumbo 的核心思想是根据 MapReduce 的“过滤—聚集”的处理模式，对 OLAP 查询的处理进行改造，使其适应 MapReduce 框架。

Dumbo 采用了类似于 LinearDB 的数据组织模式——利用层次编码技术将维表信息压缩进事实表，区别在于 Dumbo 采用了更加有效的编码方式，并针对 Hadoop 分布式文件系统的特点对数据的存储进行了优化。

在执行层次上，Dumbo 对 MapReduce 框架进行了扩展，设计了新的 OLAP 查询处理框架——TMRP（Transform → Map → Reduce → Postprocess）处理框架，如图 1–6 所示。

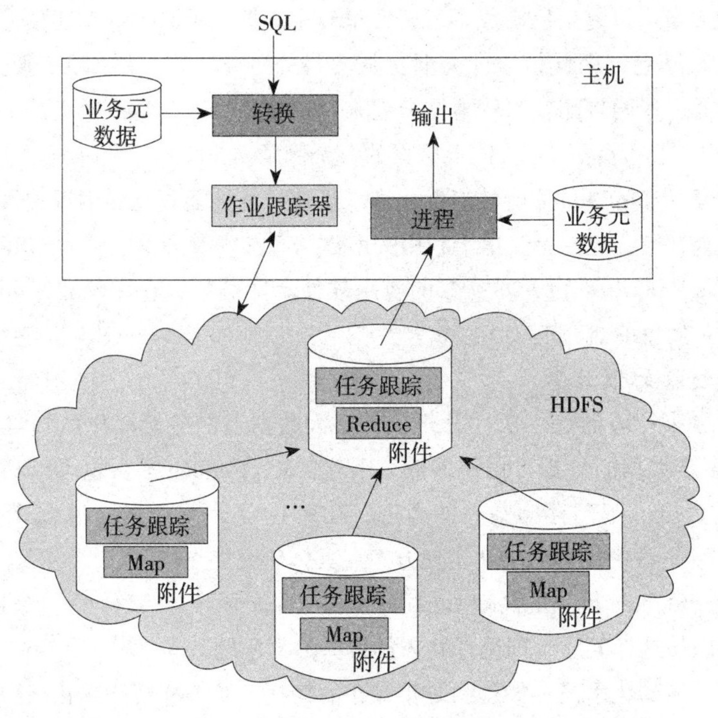

图 1–6　Dumbo 框架图

在图 1–6 所示框架中，主节点先对查询进行转换，生成一个 MapReduce 任务来执行查询。该任务在 Map 阶段以流水线方式扫描、聚集本地数据，并只将本地的聚集数据传到 Reduce 阶段，进行数据的合并、聚集、排序等操作。在 Postprocess 阶段，主节点在数据节点上传的聚集数据之上执行连接操作。实验表明，Dumbo 性能远超 Hadoop 和 HadoopDB。

LinearDB 和 Dumbo 虽然基本上可以达到预期的设计目标，但两者都需要对数据进行预处理，其预处理代价是普通加载时间的 7 倍左右。因此，其应对变化的能力还较弱，这是我们需要解决的问题之一。

第三节　大数据的发展趋势

一、展望研究

当前三个方向的研究都不能完美地解决大数据分析问题，即意味着每个方向都有极具挑战性的工作等待着我们。

对并行数据库来说，其扩展性近年虽有较大改善（如 Greenplum 和 Aster Data 都是面向 PB 级数据规模设计开发的），但距离大数据的分析需求仍有较大差距。因此，怎样改善并行数据库的扩展能力是一项非常有挑战的工作，该项研究将同时涉及数据一致性协议、容错性、性能等数据库领域的诸多方面。

混合式架构方案可以复用已有成果，开发量较小。但只是简单的功能集成似乎并不能有效解决大数据的分析问题，因此该方向需要更加深入的研究工作。例如，从数据模型及查询处理模式上进行研究，使两者能较自然地结合起来，这将是一项非常有意义的工作。中国人民大学的 Dumbo 系统即是在深层结合方向上努力的一个例子。

相比于前两者，MapReduce 的性能优化进展迅速，其性能正逐步逼近关系数据库。该方向的研究又分为两个方向：理论界侧重于利用关系数据库技术及理论改善 MapReduce 的性能；工业界侧重基于 MapReduce 平台开发高效的应用软件。针对数据仓库领域，可认为以下几个研究方向比较重要，且目前研究还较少涉及。

（一）多维数据的预计算

MapReduce 更多针对的是一次性分析操作。大数据上的分析操作虽然难以预测，但分析（如基于报表和多维数据的分析）仍占多数。因此，MapReduce 平台也可以利用预计算等手段加快数据分析的速度。基于存储空间的考虑，MOLAP 是不可取的，混合式 OLAP（HOLAP）应该是 MapReduce 平台的优选 OLAP 实现方案。具体研究如下。

（1）基于 MapReduce 框架的高效 Cube 计算算法。

（2）物化视图的选择问题，即选择物体的哪些数据问题。

（3）不同分析的物化手段（如预测分析操作的物化）及怎样基于物化的数据进行复杂分析操作（如数据访问路径的选择问题）。

（二）各种分析操作的并行化实现

大数据分析需要高效的复杂统计分析功能的支持。IBM 将开源统计分析软件 R 集成进 Hadoop 平台，增强了 Hadoop 的统计分析功能。但更具挑战性的问题是，怎样基于 MapReduce 框架设计可并行化的、高效的分析算法。尤其需要强调的是，鉴于移动数据的巨大代价，这些算法应基于移动计算的方式来实现。

（三）查询共享

MapReduce 采用步步物化的处理方式，导致其 I/O 代价及网络传输代价较高。一种有效地降低该代价的方式是在多个查询间共享物化的中间结果，甚至原始数据，以分摊代价并避免重复计算。因此，怎样在多查询间共享中间结果将是一项非常有实际应用价值的研究。

（四）用户接口

怎样较好地实现数据分析的展示和操作，尤其是复杂分析操作的直观展示。

（五）Hadoop可靠性研究

当前，Hadoop采用主从结构，由此决定了主节点一旦失效，将会出现整个系统失效的局面。因此，怎样在不影响Hadoop现有实现的前提下，提高主节点的可靠性，将是一项切实的研究。

（六）数据压缩

MapReduce的执行模型决定了其性能取决于I/O和网络传输代价。由实验发现压缩技术并没有改善Hadoop的性能。但实际情况是，压缩不仅可以节省空间，节省I/O及网络带宽，还可以利用当前CPU的多核并行计算能力，平衡I/O和CPU的处理能力，从而提高性能。例如，并行数据库利用数据压缩后，性能往往可以大幅提升。

（七）多维索引研究

怎样基于MapReduce框架实现多维索引，加快多维数据的检索速度。

当然，仍有许多其他研究工作，如基于Hadoop的实时数据分析、弹性研究、数据一致性研究等，都是非常有挑战和意义的研究。

二、分析大数据市场

经调研，大数据在中国的市场发展前景非常广阔。综合考虑各种各样的影响因素，从2013年到2016年，每一年大数据市场发展增长率都会在100%以上。特别是在2013年的时候，随着行业解决方案数量的增多以及行业用户对大数据需求的明确，大数据的发展增长率将会达到顶点。在行业方面，2012年，大数据应用已经从电子商务/互联网、快消品等行业向金融、政府公共事业、能源、交通等行业扩展；从应用场景来看，已经从用户上网行为分析拓展到电力安全监控系统、舆情监测等。

从行业需求的场景来看，未来大数据需求主要集中在金融行业中的数据模型分析，电子商务行业中的用户行为分析，政府部门中城市监控，能源行业中的能源勘探等。

随着多数用户在一年内计划部署大数据解决方案，用户对大数据方案的投资也会逐渐增加。预计未来几年，中国大数据市场每年将以超过60%的速度增长，到2020年市场规模将达到37.9亿元。

三、进军大数据

（一）传统厂商的研发

大数据带来的商业机遇被越来越多的厂商看重，传统IT厂商陆续推出大数据产品及解决方案，引入多年技术积累和客户资源。同时，大数据新兴企业不断涌现，大有超越前者之势。

以IBM、Oracle、SAP、Intel、微软为代表的老牌IT厂商将业务触角伸向大数据产业，推出软件、硬件及软硬件一体化的行业解决方案。其中，既包括对Hadoop等开源大数据技术的集成，又包括各大厂商独有的创新技术。收购也是IT巨头进入大数据市场的敲门砖。2012年4月，虚拟化巨头VMware收购大数据分析的初创企业Cetas，提供Hadoop平台上的分析服务，从而开启VMware大数据之旅。另外，大数据收购案例还包括Teradata收购高级分析和管理各种非结构化数据领域的市场领导者和开拓者Aster Data，IBM收购商业分析公司N etezza等。

这些老牌IT厂商技术实力不俗，产品线丰富，在各个领域发挥着重要作用。进军大数据市场，既增加了雄厚的技术底蕴，又能够让客户更容易地接受其产品或解决方案，逐渐成为大数据产业发展的主力军。

（二）新兴企业不断涌现

与那些老牌IT厂商不同，大数据市场还吸引了许多新兴企业的加盟。面对大数据带来的无限商机，初创公司开始挖掘大数据的商业价值，推出别具一格的产品或解决方案。

在这些新兴企业中，有业内比较熟悉的基于Apache Hadoop的大数据分析解决方案的提供商Datameer、大数据分析公司Connotate、大数据技术初创公司ClearStory Data等，其中大数据公司Splunk于2012年4月在美国纳斯达克成功上市。

新兴企业拥有独特的技术优势，是传统IT企业所不具有的。相对于IT巨头，新兴企业更能够从细化的角度服务企业，向企业提供更专业的大数据服务。因此，在充满机遇的大数据市场，新兴企业完全有可能超越IT巨头，在短时间内获得市场的认可。

四、大数据将引导IT支出

2013年的全球IT支出超过3.7万亿美元，与2012年的支出3.6万亿美元相比增长3.8%，但其中大数据的发展前景最为引人注目。到2015年，全球新增440万个与大数据相关的工作岗位，在美国新增190万个IT工作岗位。大数据将会创造一个新的经济领域，该领域的全部任务就是将信息或数据转化为经济收入。2013年，大数据产生340亿美元的IT支出，当前的大部分经常性的IT支出都用在了使用传统解决方案来应对大数据的各种需求上，如机器数据、社会数据、广泛多样的数据、不可预知的速度等；2012年，只有43亿美元的软件支出是直接由新的大数据功能驱动的。

目前，大数据最显著的影响对象是社交网络分析和内容分析，每年在这方面发生的新支出高达45%。相关组织将设立首席数据官一职来参与业务部门的领导工作。Gartner（全球技术研究和咨询公司）预计再过几年，会有25%的组织设立首席数据官职位。Gartner副总裁、著名分析师David Willis称："今后十年中，首席数据官将被证明是能发挥出最令人兴奋的战略作用的角色。首席数据官将在企业需要满足其客户的地方，在可以产生收入的地方和完成企业使命的地方及时发挥作用。他们将负责数字企业战略。而他们从运行后台IT走向前台还有漫长的道路要走，其间充满了机会。"

未来三年内，占市场支配地位的消费者社交网络将会触碰增长的天花板。但是，社交计算会变得越来越重要。企业会将社交媒体作为一个必选项来设立。Gartner预计，未来三年内，10%的组织在社交媒体上的支出将会超过10亿美元。

社交计算正在从组织的边缘向业务运营的核心深入。它正在改变管理的基本原则：如何设立一种目标意识，激励人们采取行动。社交计算将会让组织摆脱层级结构，让各种团队可以跨越任何意义上的组织边界形成互动的社区。

五、数据将变得更加重要

（一）大数据将变得更加重要

非结构化数据将继续强劲增长是不言而喻的。因此，我们将继续看到集成的分析和非结构化数据存储的新产品。Spectra Logic 首席营销官莫丽·雷克托（Molly Rector）表示，随着用户需要更多的性能选择和寻求替代的产品以满足自己具体的大数据需求，大数据将扩展到以分布式计算为重点的市场。

（二）云备份技术成熟起来

Mozy 公司高级产品管理主管吉提斯·巴斯度卡斯（Gytis Barzdukas）认为，在线数据备份和访问将达到企业的最有效点。巴斯度卡斯称，企业接受云解决方案以及对云解决方案好处的理解已经创建了一个在线备份的热门市场。采用主动目录集成和用户群管理等功能，在线备份现在已成为大企业的一个必然选择。

（三）混合备份将发展

企业已经非常了解云计算能够在什么地方最有效地实现其好处。因此，近几年将是企业找到一个平衡点的一年，即找到最好提供什么功能和哪些功能最能实现其承诺的平衡点。对于大企业来说，这肯定会导致混合的环境。在这种环境中，云解决方案用于分散的员工和办公室；现场安装的解决方案用于网络备份。巴斯度卡斯说，对于小型机构来说，用于数据备份和访问的云解决方案将与用于存档的本地存储解决方案结合在一起。

（四）更好的信息移动性

EMC 企业存储部门总裁布莱恩·加拉赫（Brian Gallagher）认为，云环境的扩展意味着企业 IT 数据中心和云服务提供商之间需要建立更好的关系。加拉赫预测，数据和应用移动性能够让机构迁移其虚拟应用的概念成为常态。企业将部署具有高度移动性和严格保护措施的双主机数据中心配置，把一些工作量永久地或者临时地卸载到云（或者卸载到服务提供商）。

（五）分层存储将更高级

分层次的存储已经出现一段时间。但不久的将来，分层次的存储将变得更加高级。雷克托认为，多层次的固态硬盘存储将在高性能数据中心普遍应用。随着用户有更多的存储数据的介质类型，集成度很高的多层文件存储选择将越来越重要。

（六）更大容量的存档

需要长期保存的老内容的存档将变得更加重要。企业战略集团（PSG）称，到 2015 年，全球存档的电子信息容量达到 300 000 PB（Petabyte，千万亿字节）。基于文件的非结构的存档数据的增加是其主要原因。

PSG 的研究显示，除了外部硬盘，磁带仍然是这些扩展的数据存档的重要存储介质。磁带存储目前占整个数字存档数量的 38%。从 2010 年至 2015 年，磁带存储在数字存档数量方面增长了 6 倍。

（七）对象存储存档

随着更多的机构处理非结构化数据，对象存储将迅速增长。升级对象存储系统的能力将发挥重要作用，特别是在存档方面。

戴尔对象技术产品战略家德雷克·加斯孔（Derek Gascon）认为，存档是以信息管理方法为基础的。最合适的技术是对象存储。因为它在云中使用，对象存储本身还是一个没有迅速吸引用户的新出现的市场。把大数据的价值与商务智能结合在一起，我们将在未来几年里看到对象存储的重要进步和处理存档内容的技术的进步。

（八）横向扩展网络附加存储继续依靠大数据发展

横向扩展（scale-out）网络附加存储一直依靠大数据繁荣发展。这种趋势将继续下去。EMC Isilon 存储部门总裁比尔·里希特（Bill Richter）认为，我们已经看到人们转向使用专有的和开源软件技术在横向扩展网络附加存储的基础上创建私有云。

（九）磁带存储将增长

磁带存储的应用将继续增长。这种趋势预计将继续下去。惠普存储部门全球磁带产品营销主管西蒙·沃特金斯（Simon Watkins）认为，2012 年上半年全球磁带市场（包括磁带机 / 磁带自动化 / 磁带介质）约为 10 多亿美元。2012 年上半年全球 LTO（线性磁带开放协议）带介质容量的出货量达到创纪录的 10 000 PB，同比增长 12%，磁带介质出货量将继续超过外部硬盘容量的出货量。磁带市场还是生机勃勃的。

第二章

大数据的架构分析

第一节　大数据架构概述

一、架构与架构设计

“架构（architecture）”一词最初来源于建筑，其核心是通过一系列构件的组合来承载上层传递的压力。架构是系统组成部件及其之间的相互关系，通过明确这种关系，使架构之间的联系更加科学合理，系统更加稳定。

韦氏词典中，架构的定义是“作为一种意识过程结果的形态或框架；一种统一或有条理的形式或结构；建筑的艺术或科学”。这个定义的关键部分是具有特定结构的、体现某种美感的事物以及针对该事物的有意识的、有条理的方法。事实上，架构是一个很广泛的话题，既可以上升到管理与变革层面，又可以沉淀到具体领域的应用和技术中，因为架构不仅是一种理念，更是一种实践的产物。

在信息科学领域，普遍采用“架构”的历史并不是很长，但在使用方法上则遵循了相同的规则。ISO/IEC42010《系统和软件工程：架构描述》定义架构是“一个系统的基本组成方式和遵循的设计原则以及系统组件与组件、组件与外部环境的相关关系”。在软件工程领域，架构定义为“一系列重要决策的集合，包含软件的组织，构成系统的结构元素及其接口选择以及这些元素在相互协作中明确表现出的行为等”。

从上面的定义分析可知，架构是在理解和分析业务模型的基础上，从不同视角和层次去认识、分析和描述业务需求的过程。通过架构研究，能实现复杂领域知识的模型化，确定功能和非功能的要求，为不同的参与者提供交流、研发和实现的基础，每一类参与者都会结合架构的参考模型，形成各自的架构视图。

架构视图是基于某一视角的系统简化，描述了系统的某一特定方面特性，并省略了与此方面无关的实体。不同架构视图承载不同的架构设计决策，支持不同的目标和用途，从而为软件架构的理解、交流和归档提供了方便。在软件工程领域，影响最大的是 Philippe Kruchten 在 1995 年《IEEE Software》上发表的《The 4+1 View Model of Architecture》论文，该论文最先提出了“4+1”的视图方法，引起了业界的极大关注。

在软件和系统工程领域，架构通常需要遵循以下设计原则和方法。

（1）分层原则。这里的层是指逻辑上的层次，并非物理上的层次。目前，大部分的应用系统分为三层，即表现层、业务层和数据层。在层次设计过程中，每一层都要相对独立，层之间的耦合度要低，每一层横向要具有开放性。

（2）模块化原则。分层原则确定了纵向之间的划分，模块化确定了每一层不同功能间的逻辑关系，避免不同层模块的嵌套以及同层模块间的过度依赖。

（3）设计模式和框架的应用。在不同的应用环境、开发平台、开发语言体系中，设计模式和框架是解决某一类问题的经验总结，设计模式和框架的应用在架构设计中能达到事半功倍的效果，是软件工程复用思想的重要体现。

二、数据和数据架构

数据是客观事实经过获取、存储和表达后得到的结果，通常以文本、数字、图形、图像、声音和视频等表现形式存在。在系统和软件工程中，数据的描述形式一般分为两个层次：数据结构和数据架构。

数据结构是算法和数据库实现层面的描述，一般是指计算机存储、组织数据的方式，数据结构是相互之间存在一种或多种特定关系的数据元素的集合，往往同高效的检索算法和索引技术有关。

数据架构是系统和软件架构层面的描述，主要是从系统设计和实现的视角来看数据资源和信息流。数据架构定义了信息系统架构中所涉及的实体对象的数据表示和描述、数据存储、数据分析的方式及过程、数据交换机制、数据接口等内容，包括静态和动态两个方面的内容。一般来说，数据架构主要包括以下三类规范。

（1）数据模型——数据架构的核心框架模型。

（2）数据的价值链分析——与业务流程及相关组件相一致的价值分析过程。

（3）数据交付和实现架构——包括数据库架构、数据仓库、文档和内容架构以及元数据架构。

由此可见，数据架构不仅是关于数据的，更是关于设计和实现层次的描述。它定义了组织在信息系统规划设计、需求分析、设计开发和运营维护中的数据标准，对企业基础信息资源的完善和应用系统的研发至关重要。

三、从数据架构到大数据架构

在大数据时代，随着“大数据”对“数据”内涵和外延的扩展，架构相关的数据模型、价值链分析、架构交付和实现方式也发生了本质的变化。大数据架构是组织视角下，大数据相关的基础设施、存储、计算、管理、应用等分层和组件化描述，为业务需求分析、系统功能设计、技术框架研发、服务模式创新及价值实现的过程提供指导。

相对数据架构，大数据架构在以下两个方面存在不同。从技术的视角看，大数据架构不仅关注数据处理和管理过程中的元数据、主数据、数据仓库、数据接口技术等，更多的是关注数据采集、存储、分析和应用过程中的基础设施的虚拟化技术，分布式文件、非关系型数据库、数据资源管理技术以及面向数据挖掘、预测、决策的大数据分析和可视化技术等。从应用的视角看，架构设计会涉及更多维度和因素，更多的关注大数据应用模式、服务流程管理、数据安全和质量等方面。

因此，如何结合分层、模块化的原则以及相关设计模式和框架的应用，聚焦业务需求的本质，建立核心的大数据架构参考模型，明确基础大数据技术架构的系统实现方式，分析基于大数据应用的价值链实现，从而构建完整的大数据交付和实现架构，是大数据架构研究和实现的重点。

第二节 大数据架构设计

一、大数据架构设计原则

大数据平台建设是一个长期的循序渐进的过程，也是一个不断创新和完善的过程。其随着企业 IT 系统的发展而不断完善，所以大数据架构设计的原则是根据企业自身的业务特点为系统建设现状和未来发展蓝图，并依据数据类型对业务问题进行合理地分类，打造一个可扩展、高可用、安全、高效的海量数据处理和挖掘的大数据平台。

在大数据架构设计的过程中，可能某些技术格外吸引眼球，如 Hadoop、NoSQL 或者其他技术，但关键在于大数据平台汇集了企业的所有数据，所以此平台功能主要为以下几点。

（1）收集所有其他系统上传过来的数据，同时进行规范化的分类存储。

（2）支持结构化、半结构化和非结构化数据的实时上传、存储、分析和计算功能。

（3）支持所有常用的数据模型及算法在此平台之上的运行计算。

（4）提供通用的数据服务接口，使平台中的数据能够发送给其他系统使用。

除以上四点之外，围绕在大数据平台周围的还有一些补充和额外的技术，它们可以从那些存储在平台中的数据获取更多的认知和价值，共有五大类，即数据可视化、高速缓存、消息系统、数据挖掘和 ETL。

数据可视化：简洁而美观的可视化报表技术可以使数据更直观地展现在大家的面前，它可以出色地执行报告任务，并且持续不断地为企业各个岗位的人员提供洞察功能，相信大部分企业都已经在不同程度上使用了一些 BIT. 工具。然而，大数据平台需要提供更加复杂和专业的分析报告服务，开源的可视化技术，如 H5、HightCharts、ECharts、D3 等都是大数据平台可视化的一些选择。

高速缓存：开源社区里关于高性能 Key-Value 数据库的发展非常迅速，该类数据库的好处是能够更加快速地读写即时数据，使即时产生的临时数据能够更加高效地进行交互。目前，使用最多的是 Redis 和 Memcached 等，在大数据平台中一般使用该类型的组件用作计算结果的缓存和高并发读取。

消息系统：稳定而高效的消息系统可以使企业中的各种消息数据进行稳定而安全的传输，

该系统能够实时地收集反馈信息，并能支持大文件和高吞吐量的传输，使TB级的消息存储能够保持长时间的稳定运行。在企业实际应用场景中，“订单系统”所产生的数据可以通过消息系统进行转发，同时可以在传输过程中进行一些简单的数据处理与聚合，目前比较强大的消息系统有Kafka和MQ等技术。

数据挖掘：这是数据科学家的专业领域，数据挖掘工具主要是通过统计规则、数学算法、数据关系等方法，在海量数据中挖掘出对特定场景有用的信息。Mathout、Python和R语言都是此类中比较流行的工具。

ETL：它会协助我们进行各种操作、提取和处理。在大数据平台中可实现ETL的技术和工具包括Python、Scala、R等，其中最重要且使用最多的还是Hadoop原生提供的HiveSQL和MapReduce。

（一）架构设计的突破性原则

建设企业级大数据平台先面临的挑战就是企业自身的数据结构以及企业现有数据库的设计理念和原则。在大数据平台之前以关系数据库为核心的数据结构设计中，不少开发人员都有过专门为基于文档、图片进行数据存储的数据库表设计经历。但在大数据平台之上，我们需要同时对多种不同格式的数据进行混合录入和存储。这就必须认识到曾经的原则已经不再适用，应针对不同的数据结构需要定制不同的存储方案；同时需要全新的存储原则，即一种存储方案存储所有数据类型。

（二）数据存储的共存性原则

不少企业在大数据平台建设的过程中，很容易有一个共同的误解，即关系数据库全部的数据往Hadoop上导入后，就把原有的关系型数据库废弃了，到最后发现海量数据分析的性能问题解决了，但数据即时查询的效率问题却呈现出来了；仅将日志等非结构化数据写入NoSQL数据库中，由于关系型数据库和NoSQL无法进行有效的交互，因此无法进行有价值数据的关联分析。企业级大数据平台中的数据存储和存储之后相关的处理、分析挖掘和即时查询等功能，最成熟的存储架构应该还是基于Hadoop系列、关系型数据库、分析挖掘工具和查询分析语言等所有组件的全面搭配使用，而不是仅依赖某一两种。

企业大数据平台数据存储的共存性原则：在Hadoop平台上存储包括了结构化和非结构化的原始数据以及基于原始数据进行分析挖掘的“离线数据”，同时配合经过Spark，Strom进行流式和即时处理的“实时数据”；最后在关系型数据库和内存数据库中存储，为业务人员和在线系统提供结构化结果数据查询的“在线数据”。

（三）数据平台的实用性原则

企业级大数据平台为了能够提供更好的决策、更好的个性化和更好的交互性，在设计时应该考虑到层级关系和高可用性，以便使其他应用系统也能够享受大数据平台所带来的高效、实时的价值输出点。值得注意的是，企业级应用系统都是按数据库系统来设计的，每秒钟最大限度只能处理百万计数据的任务事件，这与那些设计用来保存万亿计数据并生成复杂报告的大数据平台是截然不同的。如果能够通过大数据平台进行海量数据的计算，并使应用系统能够使用到计算结果，就可以使应用系统的运行效率、系统功能大幅度提升，那么企业级应用系统的价值也会随之大大提高。

二、大数据核心架构要素

我们的目标不仅仅是建设一个高价值的大数据平台，还是让平台有更好的扩展性和开放性，使企业级应用系统共享大数据平台的能力，帮助企业整个 IT 平台拥有一个质的飞跃。结合我们之前大数据平台设计和实施的项目经验，总结出大数据架构设计原则的基本要素，如前瞻性、可扩展、开放性、高性能、稳定性、安全性、易维护、实用性、高可用、统一管理，如图 2-1 所示。

图 2-1 大数据核心架构要素

（一）前瞻性

建设一套成熟的大数据平台，先要在技术和架构上具有一定的前瞻性。随着大数据平台技术不断成熟，就需要更多高级功能和特性。通过部署 Apache Hadoop 生态组件及 Spark、Mathout 等计算分析组件，对开发更深层次数据探索能力的大数据战略，并通过云平台服务优化现有平台功能的企业而言非常重要。从大数据平台前瞻性出发，需要考虑以下几个方面。

1. 架构和平台统一

保持架构的统一和稳定，实现应用系统与服务接口的完全标准化，与企业所有业务系统和数据中心协同统一，实现平台架构、资源和数据的共享。

2. 技术先进

结合企业信息技术进行的实际情况，即时跟随开源社区各组件的最新动态和技术优化，引入最稳定的前沿技术对已有技术进行不断改造升级，确保企业大数据平台的先进和实用。

3. 安全实效

在平台设计过程中，应考虑现有软硬件的基础设施以及原有业务系统的快速恢复能力，以实际需求为导向，对原有可复用的系统和模块的服务化进行改造，避免重复开发，并尽量复用原有硬件资源，节约投入成本。

（二）可扩展

可扩展性是指大数据平台在实施之后能够支持业务系统和应用系统发展的需要，可以动态扩展平台功能，并以服务接口的方式无缝对接其他应用系统。扩展性需要考虑以下几种场景。

1. 服务器和计算节点扩展性

随着分发数据规模的扩大和推送节点的增多，对交换处理和传输处理的性能要求会越来越高，必须用集群的方式进行扩展，所以需要大数据平台层可以扩充分布式集群的节点，提升存储和计算能力，平台中的每一种服务器都使用集群扩展模式，可以通过增加服务器数目获得更好的数据处理和查询能力。

2. 数据结构扩展性

设计数据层和处理层模型时应充分考虑，除了能够容纳现有源系统的结构设计，还应该尽可能满足即将上线的业务系统数据模型，并且需要制定一套合理的模型设计规范，使新上线的业务系统数据模型能很方便地扩展到大数据平台中。

3. ETL 处理扩展性

ETL 扩展性有两个方面，增加新的 ETL 任务处理以及原有任务所处理的数据规模加大，ETL 处理架构必须能适应新的变化，需要考虑通过集群的方式来扩展。

4. 平台接口扩展性

平台中的数据或算法模型不仅针对平台本身的应用，还需要提供对外的数据交换服务接口，以便其他系统的数据或模型可以方便地集成进来。同时，通过数据交换服务接口把数据或模型提供给其他应用系统使用。此外，还必须提供数据交换服务的二次开发接口，如图 2-2 所示。

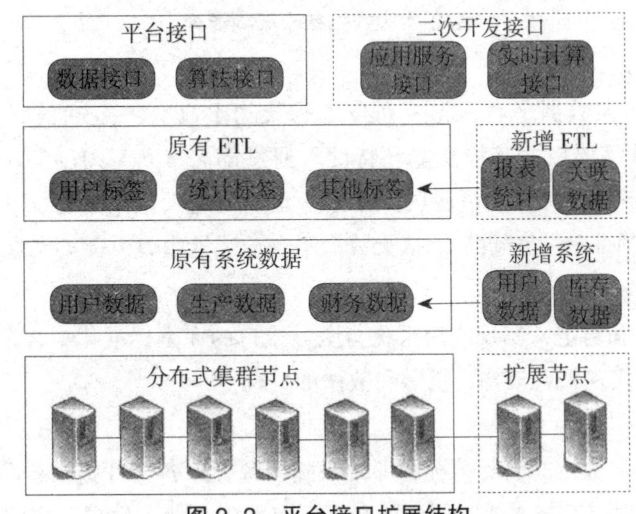

图 2-2 平台接口扩展结构

（三）开放性

企业在做大数据技术选型，特别是 Hadoop 选型时，经常会受到一些供应商的“蛊惑”，导致在开源版本和多家公司不同商业版本的选择上举棋不定，其实，市场上大部分商业版本 Hadoop 都是基于开源版进行二次封装的。从平台整体的维护成本和学习成本两方面考虑，建议企业在初次建设时选择开源版本（Apache）或者更贴近开源版的商业版本（CDH），因为该版本的平台在整体设计和实现上，依托通用的大数据开源项目，遵循了业界广泛认可的事实标准，可以充分借力全球生态圈的资源，持续获取技术演进的红利，拥有广泛的合作生态圈资源。

在硬件层面，建议选择相对知名和稳定的硬件设备。从平台的接口开放程度和自主二次开发来看，尽量不使用所谓的“硬软件一体化平台”。同时，在架构上使软硬件分层解耦，可兼容多种异构物理设备，避免厂商绑定情况。最后在数据层面，支持多种数据源，包括结构化、非结构化类型的数据存储与处理，数据本身、数据计算也都需要提供接口支持开放共享。

（四）高性能

高性能是指在硬件资源有限的情况下，大数据应用开发平台及实施服务应尽可能地支持尽量多的数据服务需求，还应能承受用户峰值时间段压力。在企业对大数据分析的需求日益成熟的今天，提供多个同步存储和分析数据的方法，使大数据平台能够满足所有部门的性能需求。

大数据分析依赖及时处理和查询复杂数据的能力，一个典型的大数据性能场景：需要建设一个数据仓库用来统计从网站日志中收集到的数据，分布式计算系统有能力在 15 分钟内处理 1 亿条以上的记录，而传统的关系型数据库则在相同时间内只能最多处理 100 万条记录。以下是在实际应用中某企业大数据平台的性能指标，如表 2-1 所示。

表 2-1　某企业大数据平台性能指标

序 号	用例场景	测试接入点	数据大小	执行结果	集群信息
1	将 3 个月业务数据导入到 HDFS 文件系统	文件上传 HDFS	99 GB	15 分钟	CPU：32 核；Memory：64 GB；Disk:8 TB；集群数量：10 台
2	将 HDFS 文件系统中 7 月份订单数据导入 Hive 文件系统	HDFS 加载到 Hive	99 GB	5 秒左右	
3	200 亿条数据表关联查询	HiveSQL	200 亿条	3.5 小时	
4	将计算后的目标数据导入 HBase 中	将结果存到 HBase	2 亿条	30 分钟	
5	通过查询条件筛选 HBase 中的数据并展示	HBase 读取时间	2 亿条	3 秒钟	
6	多场景对数据处理、计算	汇总订单主表和明细表关联查询	2 亿条	40 分钟	
7	多场景对数据处理、计算	Hive SQL 的兼容性测试	99 GB	原 Oracle 系统中 SQL 兼容度 95%	
8	多场景对数据处理、计算	Hive SQL 执行稳定性	99 GB	连续不间断运行时间超过 1 年 10 个月	

（五）稳定性

稳定性是指平台发生结构变化或增加新功能时，依靠架构的有效设计，仍然能保证其正常运行。在大数据平台设计中，稳定性主要需要体现在以下几个方面。

1. 数据模型的稳定性

模型的设计应能屏蔽数据源系统结构发生变化时，对大数据平台和基于平台的应用系统的影响。局部数据模型的扩展不会对其他数据模型产生影响。

2. 系统运行的稳定性

当正在运行的平台出现异常时，应具备快速实时的备份恢复机制，确保系统能及时恢复处理；当某个运行节点出现问题时，其他节点能够实现实时无缝切换。同时，各系统或功能模块在设计时应考虑自身的稳定运行策略。

（六）安全性

在大数据平台中，安全性主要包括两个层面的含义：一是防止数据服务体系的数据资源被恶意修改和盗取；二是防止数据在传输过程中被截留和窜改。安全性的设计具体体现在以下几个方面。

（1）对于数据系统方面的安全性，主要依赖各应用系统对用户角色和功能权限的限制。因此，在制定数据服务体系的应用系统设计开发规范时，应明确要求应用系统必须充分考虑安全性的设计。若已经建设了面向用户管理的统一用户认证平台，可以考虑通过统一用户认证平台来管理用户权限。

（2）对于数据范围的安全性，在梳理出大数据应用开发平台及实施服务应用需求与目标用户权限关系之后，通过在程序中对数据进行过滤，用户无法涉及其权限范围以外的数据，以确保数据范围的安全。数据过滤程序可抽象为一个准确、高效、易管理维护的过滤器。

（3）对于数据传输的安全性，主要依赖文件传输过程中的加解密处理。因此，在进行总体设计时，需要充分考虑数据传输过程中的安全性。

此外，系统在进行网络规划时，也需要对系统的安全级别进行分析，必要时需要提高网络的安全级别，从物理设计层面提高系统的安全性。

（七）易维护

易维护是指大数据平台在运行的过程中，不需要投入太多的人员和精力，使平台在出现故障或升级时能够轻松快速地完成。大数据平台的运维工作主要涉及硬件设备、Hadoop 平台、应用系统三个方面。

1. 硬件设备

选择市场上通用的成本相对较低的硬件服务器，生产厂商尽量选比较知名的，这样，对应的零配件都比较通用和廉价，能够快速替换，易于运维人员操作。同时，在有条件的情况下配置硬件实时监控的可视化平台，以便及时监控与预警。

2. Hadoop 平台

目前，Hadoop 平台相对应的监控工具还是比较全的，如 Ganglia、Nagios 等。另外，大部分商业版 Hadoop 平台也都自带监控系统界面，所以在平台建设过程中，只需要选择合适的监控工具搭建起来，同时配一两位专业的 Hadoop 运维人员即可。

3. 应用系统

应用系统运行过程中，最好及时收集完整准确的运行日志，并考虑开发简单易用的维护诊断工具，这样能帮助运维人员提供方便、可靠的维护操作手段（包括远程诊断和远程维护功能）。

（八）实用性

在大数据平台的实用性方面，一定要避免为了跟风而使用某些新技术的情况，如很多企业仅需要海量数据的存储和离线分析、查询功能，并没有实时流量日志和用户行为，也没有其他太多的需求场景，在此情况下，Spark、Strom 等实现计算组件就完全没必要部署应用。值得注意的是，在集群中部署多套组件会使整个集群的运行效率降低，所以一定要从实际需求出发注意以下几点。

（1）先从单一需求的最小规模的集群起步，然后线性扩展以满足不同的业务场景。按不同投资计划和规模的要求，可以仅从 5 台服务器资源开始。

（2）从单一技术组件解决单一技术问题开始，根据技术需求不断扩展，不要贪大求全。

（3）以"开源免费"为原则，前期以最小投入解决问题，当开源组件解决不了问题时再考虑收费组件。

（九）高可用性

高可用是指尽可能避免重复投入，应尽可能考虑物理设备、系统软件、框架组件、规范方法以及业务应用等多个层面上的复用。在大数据平台建设过程中，高可用性的设计具体表现在以下几个方面。

1. ETL 功能组件

在设计 ETL 任务处理流程时，要分析 ETL 任务的各个环节，尽可能找出一些公用的 ETL 组件，进行必要的封装，便于在模块内复用，进而推广到项目内进行复用。

2. 数据预处理层的数据模型

在设计数据预处理层的数据模塑时，应充分考虑应用系统的数据加工需求，尽可能将一些共性的加工需求在该层实现，并通过这种机制不断扩充和完善该层的数据模型，实现加工数据的复用。

3. 组件复用

各模块在开发的过程中，注意提炼出一些可共用的公共组件，在模块内实现复用，甚至在模块间实现复用。

4. 硬件部署

在进行硬件部署时，应对系统的处理规模进行充分分析。如果性能允许，尽可能集中部署，使用现有设备，在硬件方面实现复用。

（十）统一管理

设计基于大数据平台的应用系统时，建议设计相对应的平台管理功能，把硬件监控、Hadoop 平台监控都集成进来。建设企业级一体化的监控与管理平台，后期便于更好地统一管理和统一维护。统一管理平台应有功能如下内容：

（1）关键功能的故障都有启停控制和恢复管理功能，包括集群节点管理、计算节点管理、进程管理、接口管理、服务管理和应用管理等。

（2）通过管理任务流程的功能，避免单个节点或进程运行错误，导致整个业务全中断。

（3）提供用户统一管理功能，实现平台中多个用户的资源隔离和任务优先级调度，避免不合操作规范的用户，导致其他用户重要任务资源的运行受阻。

三、大数据架构设计模式

在设计和架构中，必须清晰地认识到没有万能的软件架构能解决所有问题，不同的场景、需求、限制下需要有针对性的架构模式才能满足大数据项目需求。结合之前的实际项目经验，我们总结出大数据架构设计模式需要从分层、分割、分布式、集群、缓存、异步、灾备、自动化几个方面考虑。

（一）分　层

大数据平台从逻辑上通常分为数据源层、数据预处理和存储层、数据计算分析层和数据消费层。这种分层设计的原则有以下优点：第一，可以保证各层之间保持较好的解耦特征，使各层的技术组件不会因为其他组件的版本更变、迭代更新等造成自身的应用障碍；第二，在技术开发时，有利于保障各层之间独立且并行开发，这种非线性的开发模式能有效加快平台实施和进度；第三，分层的设计模式能使各集群分别部署和开发，能够实现系统的扩展性，并利于维护。各层的功能具体如下。

1. 数据源层

大数据平台内外部的结构化、非结构化的数据库、文本、文件等数据系统，第一方和第三方的集成数据提供商，内外部应用服务系统、内容管理系统、行为系统、监控系统、运营系统等。

2. 数据预处理和存储层

经过数据抽取、集成、加载以及出于数据质量考虑而清洗过的数据，存储在大数据平台中，包括数据集市、数据仓库、分布式数据存储、分布式文件存储等。

3. 数据计算分析层

所有有关数据计算、数据算法、机器学习、数据挖掘、实时计算、离线计算等部分都在这一层，用于满足上层数据消费所需要的各种实时和离线计算。

4. 数据消费层

面向终端的程序、用户的产品、报表、分析、服务、接口等，以及与内外部应用系统的集成等。

（二）分割

分割是根据不同的业务主体，将整体业务体进行切割并细分到多个小业务，然后通过各自的集群来实现各自的业务应用。相较侧重于流程性的纵向分层，分割侧重于功能性的横向分层。

这种方式能够实现业务功能的独立开发，对某个业务模式或功能模块的修改不会过多地影响到其他业务模块的功能实现。同时，分割的架构设计方式还能在各个模块发生故障时，不影响其他模块的功能实现，防止整体性和串联型故障。图 2-3 所示为某智慧城市项目中业务分割示例。

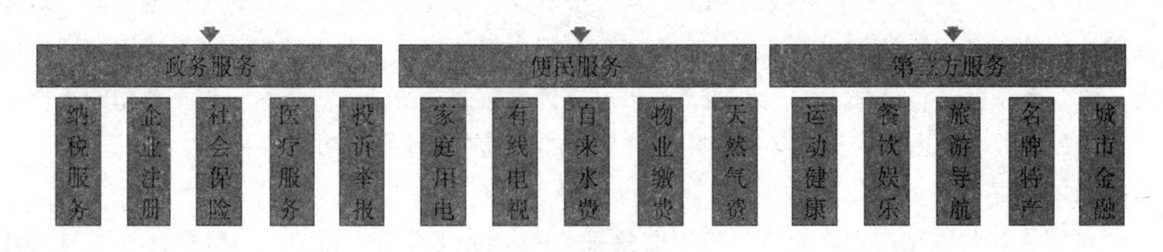

图 2-3　业务分割模式

（三）分布式

分布式的架构设计是大数据系统的基础，它包括控制系统、接口系统、数据系统、应用系统等不同规范的分布式。它与集群的不同之处在于：分布式系统是由一个业务分拆为多个子业务，将不同的业务分布在不同的地方，它是一种工作方式。而集群系统是将几台服务器集中在一起，实现同一业务，它是一种物理形态。在一个分布式系统中，多台服务器展现给用户的是一个统一的整体，就像是一个系统。由于分布式架构相对较复杂，需要投入大量的开发和运维人员，所以在实施过程中并非越多越好。以下分别介绍几类分布式系统。

1. 分布式控制系统

从大模型服务器、网络统一管理的角度出发，按功能分散、管理集中的原则构思，采用多层分级、合作自治的结构形式，结合服务器、网络、虚拟化等基础平台技术，可以对企业自身的基础 IT 设施进行统一升级改造。比如，目前主流的 OpenStack、KVM 等云计算组件都属于该类系统。

2. 分布式接口系统

能运行在不同机器上，通过分布式接口就可以无须借助第三方软件或硬件进行数据交换和集成。所以，分布式接口系统可以使企业内部不同平台、编程语言和组件模型中的不同类型系统进行数据交互和沟通。分布式接口组件有 WebService、RESTful API 等。

3. 分布式数据系统

在传统数据库或单机版数据缓存组件不足以支撑企业不断增长的数据量的情况下，分布式数据系统可以解决该类问题。典型的分布式数据系统包括 HDFS、Hive、HBase、Flume、Kafka 等。

4. 分布式应用系统

其实分布式应用系统很早就开始实现了，如目前常用的邮件系统设计架构，一般都由多个数据中心组成，分支机构需要建立自己的邮件服务器来加快处理当地分支机构的邮件，还需要承载相应的数据处理量，以提高邮件处理能力和收发速度。

（四）集　群

集群是大数据平台的基本特性之一是解决海量数据的存储与计算的资源压力，提升服务器整体计算能力的解决方案。单独的计算机通过网络连接，构成一个群组，就具备了基本的集群特征。集群可以在付出较低的情况下，获得性能、可靠性、灵活性、扩展性、伸缩性等方面的较高收益。

服务器集群是由互相连接在一起的服务器群组成的一个并行式或分布式系统，服务器集群中的服务器运行同一个计算任务。因此，从外部看这群服务器表现为一台虚拟的服务器，对外提供统一的服务。虽然单台服务器的运算能力有限，但是将成百上千的服务器组成服务器集群后，整个系统就具备了强大的运算能力，可以支持大数据分析的运算负荷。根据典型的集群体系结构，企业大数据平台涉及必须使用集群架构的系统有以下几个方面。

1. 数据存储集群

典型的如关系型数据库集群、NoSQL 集群、Hadoop 集群等。目前，一般都会使用 MySQL 集群对关系型数据进行存储，MongoDB 则是主流的 NoSQL 类数据库集群。Hadoop 系列集群更是大数据平台底层存储不可或缺的一部分。

2. 数据计算集群

大数据平台主流组件目前都为集群模式，如实时计算组件 Spark、离线计算组件 HiveSQL、Map/Reduce 等。由于计算组件的部署和应用严重依赖存储组件，所以在选择时应考虑原始数据存储平台是否支持并结合计算类型。

3. 高并发集群

高并发集群是大数据平台的又一大特征。同一时间内产生的高并发访问所导致的单台服务器资源不足的问题比较严重，如海量用户同一时间请求一个网站、多个系统，或者同时请求一个数据源，目前成熟的高并发集群组件有 Dubbo、Nginx 等。

（五）缓存

与硬件缓存所不同的是，大数据平台中的缓存主要是针对数据查询或数据交换的，当执行高并发查询时，增加数据缓存会提高查询效率。在此场景下，一般都会使用基于内存存储的缓存组件，如 DB2、Memcache、Redis 等，也会使用基于硬盘存储的 MongoDB、Kaflca 等作为缓存组件。另外，企业大数据平台中的缓存是针对技术场景而选择相对应的组件。缓存主要应用的场景包括以下几个方面。

1. 数据同步缓存

可以看看 Kafka 的设计思想，目的是通过 Hadoop 的并行加载机制来统一线上和离线的消息处理，也是为了通过集群来提供实时消费。也就是说，在数据同步的过程中提供缓存机制，可以进行数据的第一次处理和聚合，并分发到不同数据库中。数据同步时增加缓存最大的好处是实现对数据的一次加载、多次消费，减少了大量的数据加载发送所占用的数据库和硬件资源。

2. 数据计算缓存

典型场景包括数据统计时产生的临时文件的即时缓存。在进行数据挖掘或文本挖掘的过程中，由于需要进行大量的数据解析、数据清洗和多次统计，所以会产生大量的中间数据。一个好的技术架构是可以通过在某些部分提供缓存组件来提高计算效率的。所以，在架构设计中，基于数据计算的缓存如何搭配是整个平台运行效率的一大影响因素，一般情况下会使用基于内存的 DB2 或 Memcache 进行缓存，如果缓存数据比较大，也会使用 MongoDB。

3. 数据查询缓存

数据查询缓存是在高并发读写的需求下产生的，高并发读写也是“缓存”概念形成的主要驱动。主要应用场景有通过用户 ID，查找出对应的姓名、年龄、生日等信息，所以又产生了“key/value 存储结构”，如常用的 Redis、Memcache、HBase、MongoDB 等组件的存储结构都是该格式，在大型网站中一般都可以用它来缓存用户信息、订单信息和商品信息。

（六）异　步

在进行大数据平台中的多个功能模块交互的架构设计时，最重要的是要考虑模块之间的数据传递，传递数据的过程有两种：同步和异步。同步程序实现很简单，常见的情况是把所有功能模块编译在同一个调度流程内，请求指示调用，执行下一个功能模块，用这样的请求响应实现数据共享不难，但是同步结构的功能模块一般是不能独立运行的。异步结构的实现稍微复杂一些。在架构设计中包含异步的原则，使大量消耗内存的应用程序能够正常运行，并在高并发时仍然保持较好的性能。

同步和异步是相对的，一定会在平台中搭配出现。比如，同时执行多个数据查询请求时，从前端发出第一个请求后由于需要花费几分钟进行即时计算，该请求就处于等待状态，等待后台返回结果。此时第二个请求已经发出，该请求只查询 1 条数据，只需要 1 秒钟就可以返回结果。所以在第一个请求处于等待状态时，通过异步架构可以使第二个请求也能正常运行返回结果。

在大数据平台实时查询的场景下，响应效率是最关键的，因此，大数据存储架构本身的设计需要满足最小延时的功能。在异步的处理方式下，数据首先会被获取，记录下来，然后再用批处理进程进行分析。异步处理的大数据分析中遵守了捕获、存储加分析的流程，数据由传感器、网页服务器、销售终端、移动设备等获取，再存储到相应的设备上，再进行分析。由于这些类型的分析都是通过传统的关系型数据库管理系统（RDBMS）进行的，数据形式都需要转换或转型成为 RDBMS 能够使用的结构类型，如行或列的形式，并且需要和其他的数据相连续，所以会使用到 Hive 进行存储，数据分析开始时，数据首先从 Hive 数据仓储中抽出来，通过 HiveSQL 进行分析，产生需要的报告或支撑前端的大数据应用。

（七）灾　备

大数据平台灾备方案通常有两种：同城双活和本地备份。了解 Hadoop 的人都知道，其架构本身就带本地备份方案，由于大多数企业的业务量和数据量有限，使用该方法是最经济实惠的。而同城双活方案在容灾备份业务中是最高级别的备份方案，可实现本地与异地同时对外提供业务服务，同时实现相互备份。

1. 同城双活

实现两个处在不同地域的数据中心双活模式容灾，即任何一个数据中心发生灾难时，另一个数据中心可自动接管业务。正常情况下，将大数据业务分布到两个数据中心，生产中心和容灾中心同时对外提供服务，通过后台数据同步复制，实现两个数据中心数据的一致性。为了确保生产中心和容灾中心的数据同步而不影响生产系统的性能，要求两地之间的互联网络具备较高的可靠性和足够的带宽。所以，建议采用 FC 链路作为生产中心和容灾中心之间的互联网络。

两中心需要同步的数据包括源数据、HDFS、Hive、HBase 等。其中，源数据采用从生产中心向容灾中心同步方式，可通过事务 log 手段实现两中心源数据同步；Hive 数据采用生产中心大数据集群与容灾中心大数据集群双向同步策略，在两中心任一中心添加、修改的数据都会同步到另一个中心；HBase数据采用从生产中心向容灾中心同步方式，通过HBase的WAL实现同步；HDFS数据采用从生产中心向容灾中心同步方式，借助snapshot对生产中心做快照，再借助distcp按多个snapshot差异信息将变化的文件同步到容灾中心。

2. 本地备份

本地大数据备份方案比较简单，主要是实现将HDFS、Hive、HBase等组件的快照技术导出数据，即直接导出HDFS文件，包括HBase存放在HDFS的文件。值得一提的是，Hadoop系统提供了数据压缩服务来优化磁盘的使用率，提高备份文件的传输速度。另外，Hadoop集群中的一个文件默认存储3份，且分布在不同的集群节点中。

（八）自动化

大数据平台自动化越来越普遍地在企业中被采纳，因为比大数据本身更重要的是大数据平台的分析管理能力，这一潮流正让大数据自动化运行管理系统工具大量涌现。自动化不仅涉及大数据平台后期应用，还涉及运维、数据管理、挖掘等重要环节。自动化数据管理也应该成为其中一个重要组成部分，它的自动化程度对提高信息安全保障能力具有重要的意义。

1. 运维自动化

其实大数据平台运维的核心部分是Hadoop的运维，为了解决Hadoop运维问题，Apache社区里已经发布了几个实用的运维工具，如Ambari、Mesos等。分布式集群的管理运维要同时解决系统的海量节点的管控问题以及接入点的高可用性问题。建议通过采用双机软件和高可用性数据库，确保集群配置等信息在软件、硬件失败条件下不影响管理员对集群的有效管理。同时，需要基于灵活的架构设计，支持多种数据类型的规范化能力以及未来可能出现的其他类型接口需求，确保大数据平台有机融入统一的管理系统。

2. 自动化数据管理

在传统IT中对数据的管理都是通过人工进行的，但在大数据的前提下，依靠人工的方式很难实现对数据各个环节的管控，因此自动化的方式成为必要的选择。自动化数据管理包括元数据管理、元数据分析、数据质量管控、数据整合管理、数据标签管理、数据资源管理、数据应用管理、数据服务管理、数据多租户管理等。

3. 自动化数据挖掘

数据挖掘、机器学习、深度学习、神经网络等方法都是针对海量数据的知识提取和数据学习的方法。传统的“数据智能”都是在人工选择模型、调整参数、结果校验的基础上，进行自动化的数据计算，但这离真正的“数据智能”或“人工智能”相差很远。通过对数据智能中的数据预处理、模型选择、参数调优、效果评估、部署应用等环节进行整合，同时通过建立针对模型调优的效果评估模型，将其中关键的建模和调优部分逻辑固化，达到自动化智能学习的不断演进。

第三节　大数据架构的参考模型

一、总体架构

架构是系统的基本组成方式和遵循的设计原则，以及系统组件与组件、组件与外部环境的相关关系。具体到大数据领域，大数据架构描述了技术和应用视角下的核心组件以及这些组件之间的分层关系和应用逻辑。

本节在数据架构基础上，结合架构设计的分层原则、模块化原则、设计模式和框架应用，提出了大数据架构的参考模型，如图 2-4 所示。

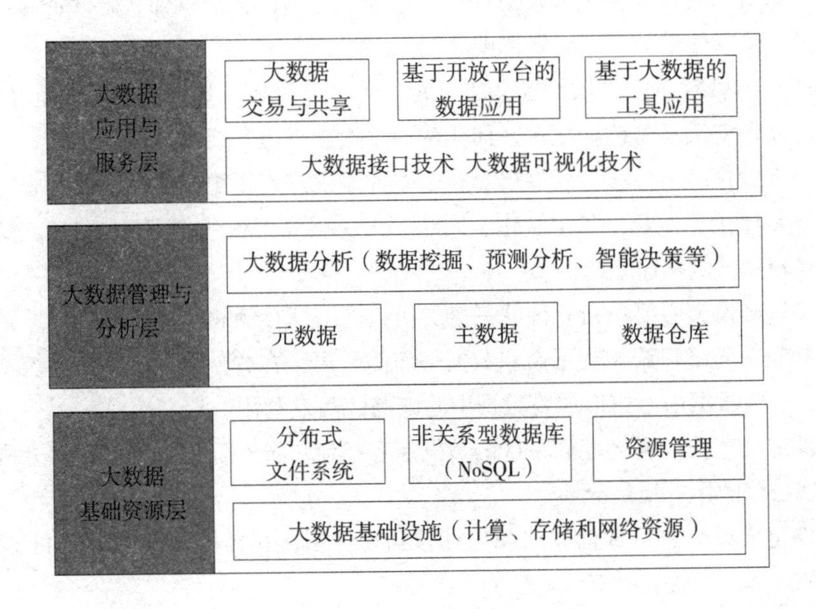

图 2-4　大数据架构参考模型

由图 2-4 可知，大数据架构包括大数据基础资源层、大数据管理与分析层、大数据应用与服务层三部分。

（1）大数据基础资源层位于大数据架构的底层，是大数据架构的基础，主要包含大数据相关的基础设施资源、分布式文件系统、非关系型数据库（NoSQL）和数据资源管理等。

（2）大数据管理与分析层位于大数据架构的中间层，是大数据架构的核心，主要包含元数据、数据仓库、主数据和大数据分析。

（3）大数据应用和服务层是大数据价值的最终体现，包含大数据接口技术、大数据可视化技术、大数据交易和共享、基于开放平台的数据应用和基于大数据的工具应用。

二、大数据基础资源层

（一）大数据基础设施

大数据基础设施层主要包含大数据的计算、存储和网络资源。从大数据的定义分析可知，数据量巨大是大数据的主要特征之一。为支撑海量数据的管理、分析、应用和服务，大数据需要大规模的计算、存储和网络基础设施资源。

目前，大数据基础设施硬件是基于普通商用服务器的集群，这种通用化的集群可以结合其他类型的并行计算设施一起工作，如基于多核的并行处理系统、混合式的大数据并行处理构架和硬件平台等。此外，随着云计算技术的发展，大数据基础设施硬件平台也可以与云计算平台结合，运用云计算平台中的虚拟化和弹性资源调度技术，为大数据处理提供可伸缩的计算资源和基础设施。

大数据一体机是当前主要的发展方向。通过预装、预优化的软件，硬件资源根据软件需求进行特定设计，使软件最大限度地发挥硬件能力。

与大数据一体机对应的是软件定义的兴起，代表了大数据基础设施未来重要的发展方向。从本质上讲，软件定义是希望把原来一体化的硬件设施拆散，变成若干个部件，为这些基础的部件建立一个虚拟化的软件层。软件层对整个硬件系统进行了更灵活、开放和智能的管理与控制，实现硬件软件化、专业化和定制化。同时，为应用提供统一、完备的 API，暴露硬件的可操控成分，实现硬件的按需管理。

软件定义基础设施主要包括硬件的三个层次：网络、存储和计算。

（1）软件定义网络强调控制平面和数据平面的分离，在软件层面支持比传统硬件更强的控制转发能力，实现数据中心内部或跨数据中心链路的高效利用。

（2）软件定义存储同样将存储系统的数据层和控制层分开，能够在多存储介质、多租户存储环境中实现最佳的服务质量。

（3）软件定义计算将负载信息从硬件抽象到软件层，在异构数据中心的 IT 设备集合中实现资源共享和自适应的优化计算。

（二）分布式文件系统

分布式文件系统（Distributed File System，DFS）是指文件系统管理的物理存储资源不一定直接连接在本地节点上，而是通过计算机网络与节点相连。分布式文件系统的设计基于客户机 / 服务器模式。一个典型的网络可能包括多个供多用户访问的服务器。另外，对等特性允许一些系统扮演客户机和服务器的双重角色。

当前，大数据的文件系统主要采用分布式文件系统。随着存储技术的发展，数据中心发生了巨大的变化，文件系统朝着统一管理调度、分布式存储集群的方向发展，存储系统的容量上限、空间效率、访问控制和数据安全有了更高的要求。此外，用户对存储系统的使用模式发生了很大的变化，主要表现在两个方面：一是从周期性的批式应用向交互性的查询和实时的流式应用发展；二是多引擎综合的交叉分析需要更高性能的数据共享。

（三）非关系型数据库

NoSQL 数据库摒弃了关系模型的约束，弱化了一致性的要求，从而获得水平扩展能力，支持更大规模的数据。其模式自由，不再坚持 SQL 查询语言，因此催生了多种多样的数据库类型，目前广为接受的是类表结构数据库、文档数据库、图数据库和键存储。

类表结构数据库是最早出现的，在模式上最接近传统数据库的 NoSQL 数据库，多采用列存储。文档数据库的数据保存载体是 XML 或 JSON 文件，能够支持灵活丰富的数据模型。一般文档数据库可以通过键值或内容进行查询。图数据库主要关注的是数据之间的相关性以及用户需要如何执行计算任务。图数据库按照图的概念存储数据，把数据保存为图中的节点以及节点之间的关系，在处理复杂的网络数据时，重点解决了传统关系数据库在查询时出现的性能衰退问题。图数据库以事务性方式执行关联性操作，这一点在关系型数据库领域只能通过批量处理来完成，除了社交网络，在地理空间计算、搜索与推荐、网络 / 云分析以及生物信息学等领域，都已经具有广泛的应用。

（四）资源管理

资源的本质是竞争性的，资源管理的本质是在一系列约束条件下，寻找可行解。不同类型资源的应用一起部署可以提高总体资源利用率。资源管理目前主要分为两种方式：一是虚拟化，二是基于 YARN 或 Mesos 的资源管理层。

虚拟化技术是云计算系统的核心组成部分之一，是将各种计算及存储资源充分整合和高效利用的关键技术。虚拟化是计算机资源的抽象方法，通过虚拟化可以用与访问抽象前资源一致的方法访问抽象后的资源，从而隐藏属性和操作之间的差异，并允许通过一种通用的方式来查看和维护资源。虚拟化技术是云计算、云存储服务得以实现的关键技术之一。它将应用程序以及数据在不同的层次以不同的面貌展现，从而使不同层次的使用者、开发及运维人员能够方便地使用、开发及维护存储的数据，应用于计算和管理的程序。

YARN 是 Apache 新引入的子系统，与 MapReduce 和 HDFS 并列，是一个资源管理系统。YARN 的基本设计思想是将 MapReduce 中的 JobTracker 拆分成两个独立的服务：一个全局的资源管理器 ResourceManager 和每个应用程序特有的 ApplicationMaster。其中，ResourceManager 负责整个系统的资源管理和分配，ApplicationMaster 负责单个应用程序的管理。YARN 支持多种计算框架，通过双层调度器实现平台的统一管理和调度以及框架自身的调度。YARN 具有良好的扩展和容错性，能将资源统一管理和调度平台融入多种计算框架，从而实现较高的资源利用率和细粒度的资源分配。

三、大数据管理与分析层

大数据管理与分析层主要包含元数据、主数据、数据仓库、大数据分析等。基于元数据管理，大数据管理与分析层关注数据仓库、主数据以及基于主数据的分析，从而发掘大数据的潜在信息，实现大数据价值。

（一）元数据

元数据是关于数据的组织、数据域及其关系的信息，是关于数据的数据。元数据是信息资源描述的重要工具，可以用于信息资源管理的各个方面，包括信息资源的建立、发布、转换、使用、共享等。元数据在信息资源组织方面的作用可以概括为五个方面：描述、定位、搜寻、评估和选择。

元数据管理（Meta data Management）是关于元数据创建、存储、整合与控制等一整套流程的集合。元数据管理在大数据治理中具有非常重要的地位。应用元数据管理能够提升战略信息的价值，帮助分析人员做出更有效的决策，帮助业务分析人员快速找到正确的信息，从而减少对数据的研究时间，减少数据的误用，减少系统开发的生命周期，提高系统开发和投入运行的速度。更重要的是，元数据管理系统可以有效地管理整个业务的工作流、数据流和信息流，使系统不依赖特定的开发人员，从而提高系统的可扩展性。

目前，元数据标准的两种主要类型是行业标准和国际标准。行业元数据标准有 OMG 规范、万维网协会（W3C）规范、都柏林核心规范、非结构化数据的元数据标准、空间地理标准、面向领域元数据标准等。目前，国际元数据标准主要是 ISO/IEC 11179，通过描述数据元素的标准化来提高数据的可理解性和共享性。

（二）数据仓库

随着大数据时代的到来，传统的关系型数据库已不能满足大数据存储的需求，人们开始将焦点转移到数据仓库技术上。数据仓库是为企业所有级别的决策制定过程提供所有类型数据支持的战略集合。它是单个数据存储，出于分析性报告和决策支持目的而创建的。数据仓库是“面向主题的、集成的、随时间变化的、相对稳定的、支持决策制定过程的数据集合”。

数据仓库主要有数据采集、数据存储与管理以及结构化数据、非结构化数据和实时数据管理等功能。在传统的数据仓库管理系统中，关系型数据库是主流的数据库解决方案，在当前大数据应用的背景下，基于分布式文件的数据存储管理是主要的方向，它基于廉价存储服务器集群设备，能够满足容错性、可扩展性、高并发性等需求。

数据仓库与元数据管理有着较深的依赖关系。在数据仓库领域中，元数据按用途分成技术元数据和业务元数据。元数据能提供基于用户的信息，能支持系统对数据的管理和维护。

具体来说，在数据仓库系统中，元数据机制主要支持以下五类系统管理功能。

（1）描述哪些数据在数据仓库中。

（2）定义要进入数据仓库中的数据和从数据仓库中产生的数据。

（3）记录根据业务事件发生而进行的数据抽取时间安排。

（4）记录并检测系统数据一致性的要求和执行情况。

（5）衡量数据质量。

（三）主数据

主数据（Master Data，MD）是指在整个企业范围内各个系统（操作 / 事务型应用系统以及分析型系统）间要共享的数据，如与客户、供应商、账户及组织单位相关的数据。在传统的数据管理中，主数据依附于各个单独的业务系统，相对分散。数据的分散会造成数据冗余、数据编码不统一、数据不同步、产品研发延迟等问题。因此，为保证主数据在整个企业范围内的一致性、完整性和可控性，就需要对其进行管理。

主数据管理（Master Data Management，MDM）用一组约束和方法来保证主题域和系统相关数据的实时性和质量，其核心在于“管理”。主数据管理不会创建新的数据或数据结构，只是提供一种方法或方案，使企业能够有效地对数据进行存储管理。

主数据管理是数据管理的一种高级形式，它必须构建于 ETL（Extract-Transform-Load）或 EII（Enterprise Information Integration）等技术之上，因此很多主数据管理平台本身就包含了数据抽取、数据加载、数据转换、数据质量管理、数据复制和数据同步等功能。主数据管理可以帮助创建并维护主数据的单一视图，保证单一视图的准确性、一致性以及完整性，从而提供统一的业务实体定义，简化和改进流程，并响应业务需求。

（四）大数据分析

大数据只有通过分析才能获取很多智能的、深入的、有价值的信息。越来越多的应用涉及大数据，这些大数据的属性与特征，包括数量、速度、多样性等，都呈现了不断增长的复杂性，所以大数据的分析方法就显得尤为重要，它是数据资源是否具有价值的决定性因素。

大数据分析的理论核心是数据挖掘，基于不同的数据类型和格式的各种数据挖掘算法，可以更加科学地呈现出数据本身具备的特点，正是因为这些公认的挖掘方法，使深入数据内部挖掘价值成为可能。

大数据分析的应用核心是大数据预测。大数据预测完全依赖大数据来源，因此具有“全样非抽样、效率非精确、相关非因果”的特征。按照预测的精细程度，大数据预测可分为不同的层级，能否在不同层级获得准确的预测结果，关键在于前台数据和后台数据、宏观数据和微观数据、共性数据和个性数据之间的关联分析。

大数据分析的结果主要应用到智能决策领域。智能决策支持系统（DSS，Decision Support System）通过人工智能、专家系统和智能分析引擎，能够更充分地理解关于决策问题的描述性知识、决策中的过程性知识、求解问题的推理性知识等，从而解决智能决策领域的复杂问题。

四、大数据应用与服务层

大数据不仅促进了基础设施和大数据分析技术的发展，更为面向行业和领域的应用和服务带来巨大的机遇。大数据应用与服务层主要包含大数据可视化、大数据交易与共享、大数据应用接口以及基于大数据的应用服务等方面的内容。

传统的数据可视化基本上是后处理模式，超级计算机进行数值模拟后输出的海量数据结果保存在磁盘中，当进行可视化处理时从磁盘读取数据。数据传输和输入输出的瓶颈等问题增加了可视化的难度，降低了数据模拟和可视化的效率。在大数据时代，这一问题更加突出，尤其是包含时序特征的大数据可视化和展示。

在大数据应用过程中，无论是数据使用者还是数据开发者，在使用数据的时候，都是通过数据访问接口来实现，传统数据访问接口主要有 JDBC（Java Data Base Connectivity）、ODBC（Open Data Base Connectivity）、WEB 服务等。在大数据时代，数据访问一般是通过开放平台接口来实现，通过平台独立、低耦合、自包含、基于可编程数据服务的接口，为大数据的应用提供了通用机制，能够实现平台、语言和通信协议无关的数据交换服务。

在平台可视化和应用接口的支撑下，大数据应用与服务层主要有三种典型的应用模式：数据共享和交易模式、开放平台接口以及数据应用工具。通过数据资源、数据 API 以及服务接口聚集，实现数据交易及数据定制等共享服务、接口服务和应用开发支撑服务。

第三章 大数据的技术支撑

第一节　云计算与大数据

随着信息和通信技术的快速发展，计算模式经历了从最初把任务集中交付给大型处理机模式到基于网络的分布式任务处理模式，再到最新的择需处理的云计算模式。最初的单个处理机模式处理能力有限，并且请求需要等待，效率低下。后来，随着网络技术的不断发展，按照高负载配置的服务器集群，在遇到低负载的时候，会有资源的浪费和闲置，导致用户的运行维护成本提高。而云计算把网络上的服务资源虚拟化，整个服务资源的调度、管理、维护等工作由专门的人员负责，用户不必关心“云”内部的实现。因此，云计算实质上是为用户提供像传统的电力、水、煤气一样的按需计算服务，是一种新的有效的计算使用范式。云计算是分布式计算、效用计算、虚拟化技术、Web 服务、网格计算等技术的融合和发展，其目标是用户通过网络能够在任何时间、任何地点最大限度地使用虚拟资源池，处理大规模计算问题。目前，在学术界和工业界共同推动下，云计算及其应用呈现迅速增长的趋势，各大云计算厂商（如 Amazon、IBM、Google、Microsoft、Sun 等公司）都推出了自己研发的云计算服务平台。学术界也基于云计算的现实背景纷纷对模型、应用、成本、仿真、性能优化、测试等诸多问题进行了深入研究，提出了各自的理论方法和技术成果，极大地推动了云计算继续向前发展。

一、云计算定义

云计算概念最早是由 Google 提出的，一方面是因为当时在网络拓扑图中用云来代表远程的大型网络，另一方面也用来指代通过网络应用模式来获取服务。狭义的云计算是指 IT 基础设施的交付和使用模式，即通过网络以按需、易扩展的方式获得所需的资源；广义的云计算是指服务的交付和使用模式，即通过网络以按需、易扩展的方式获得所需的服务。这种服务可以是 IT 和软件、互联网相关的，也可以是其他服务，它具有超大规模、虚拟化、安全可靠等特点。

目前，不同文献和资料对云计算的定义有不同的表述，主要有以下几种定义。

定义 1：云计算是一种能够在短时间内迅速按需提供资源的服务，可以避免资源过度和过低使用。

定义 2：云计算是一种并行的、分布式的系统，由虚拟化的计算资源构成，能根据服务提供者和用户事先商定好的服务等级协议动态提供服务。

定义 3：云计算是一种可以调用的、虚拟化的资源池，资源池可以根据负载动态重新配置，以达到最优化使用的目的。用户和服务提供商事先约定服务等级协议，用户以用时付费模式使用服务。

定义 4：云计算是一种大规模分布式的计算模式，由规模经济所驱动，能够把抽象化的、虚拟化的、动态可扩展的计算、存储、平台服务以资源池的方式管理，并通过互联网按需提供给用户。

定义 1 强调了按需使用方式，定义 2 突出了用户和服务提供商双方事先商定的服务等级协议。定义 3 和定义 4 综合了前面两种定义的描述，更好地揭示了云计算的特点和本质。

二、云计算的主要特征

云计算是一种按使用量付费的模式，这种模式提供可用的、便捷的、按需的网络访问，进入可配置的计算资源共享池（资源包括网络、服务器、存储、应用软件、服务），这些资源能够被快速提供，只需要投入很少的管理工作，或与服务供应商进行很少的交互。云计算有以下五个主要特征。

（一）按需自助服务

消费者可以单方面按需部署处理能力，如服务器时间和网络存储，而不需要与每个服务供应商进行人工交互。

（二）通过网络访问

可以通过互联网获取各种能力，并通过标准方式访问，以通过众多瘦客户端或富客户端推广使用（如移动电话、笔记本电脑、PDA 等）。

（三）与地点无关的资源池

供应商的计算资源被集中，以便以多用户租用模式服务所有客户。同时，不同的物理和虚拟资源可根据客户需求动态分配和重新分配。客户一般无法控制或知道资源的确切位置。这些资源包括存储、处理器、内存、网络宽带和虚拟机器。

（四）快速伸缩性

可以迅速、弹性地提供资源，快速扩展，也可快速释放以实现快速缩小。对客户来说，可以租用的资源看起来似乎是无限的，并且可在任何时间购买任何数量的资源。

（五）按使用付费

能力的收费是基于计量的一次一付，或基于广告的收费模式，以促进资源的优化利用。比如，计量存储、带宽和计算资源的消耗，按月根据用户实际使用收费。在一个组织内的云可以在部门之间计算费用，但不一定使用真实货币。

云计算新的范式的特点带来了众多的优势，也产生了一些新的问题亟待解决（表 3-1）。这些因素制约着云计算技术及其应用的发展。

表 3-1　云计算的优势和对应问题

云计算	优　势	问　题
安全性	缩短单机密集数据处理任务时间，把处理任务分配到各个节点计算，提高效率	用户关注传输到云计算端的敏感处理数据是否安全
可靠性	减少用户购买物理硬件设备的费用，资源以服务的方式进行租赁，降低用户资金投入的前期风险，促进用户把精力投入业务中	虽然用户不需要维护软件、硬件，但是用户使用云计算服务的质量依赖云计算本身的质量
可维护性	提供专业的软件管理和维护服务，减少了普通用户软件平台的日常维护管理成本	是否所有的软件应用都适合在云计算环境下开发应用，而以往的软件应用如何移植到云计算环境下
交互性	用户可以根据业务需要动态地按需请求云计算服务，处理高峰期负载，并在非高峰期释放资源	云计算服务提供商的实际扩展能力有限，需要多个云计算服务商间的交互，而云计算服务之间的交互性较差

三、Web 服务、网格和云计算

Web 服务、网格和云计算有很多相似之处，各个概念间容易混淆。区分相关概念间的差异，有助于理解和把握云计算的本质。由表 3-2 可知每个概念的特征和彼此间的相互关联。

表 3-2　Web 服务、网格、云计算的比较

特　征	Web 服务	网　格	云计算
异构性	支持软件层次的异构性	支持软件、硬件层次的异构性	支持软件、硬件层次的异构性
虚拟化	无	数据和计算资源虚拟化	硬件、软件资源虚拟化
可扩展性	可变	可变，较好	按需提供
应用驱动	调用其他系统特定的功能模块	有限的科学计算服务	提供普通用户硬件、存储、软件等服务
标准化	比较完善	比较完善	有待解决
节点操作	相同的系统	相同的系统	多种操作系统的虚拟机
容错性	重新执行	重新执行	转移到其他节点继续执行

（一）异构性

Web 服务仅支持软件层次异构的服务，用户调用的服务可以是各种语言开发的功能模块，而网格和云计算模型均支持软件和硬件的异构资源聚合调用。

（二）虚拟化

Web 服务没有虚拟化，提供系统的功能模块，网格和云计算支持虚拟化的技术，云计算是对硬件资源、操作平台的虚拟化，网格只是数据和计算资源的虚拟化。

（三）应用驱动

Web 服务用户通过调用服务提供者暴露给外界的 API,使用该系统需要的某个特定功能。网格计算利用网络未用计算资源进行科学计算。云计算则提供给普通用户需要的各种服务，如存储、计算、应用服务等，具有更宽泛的适用性。

（四）可扩展性

Web 服务扩展能力有限，网格服务主要通过增加节点来扩展处理能力。云计算可根据需要，重新动态自动配置资源池，具有较好的扩展性。

（五）标准化

Web 服务和网格技术经过不断的发展，在用户调用以及内部资源调用接口上实现了较好的互操作性。云计算则由于本身发展的不完善性，在这方面还存在很多问题有待解决，制约了云计算的应用。

（六）节点操作系统

Web 服务和网格各节点都采用相同的操作系统，而云计算则比较灵活，提供了多种操作系统的虚拟机，为上层的云计算应用服务。

（七）容错性

云计算在实现机制上采取了冗余的数据副本，保证了不必像 Web 服务和网格计算那样数据执行失效后还要重新执行。

四、云计算应用分类

云计算的类型从不同的角度有不同的划分，本节在横向上按部署方式，在纵向上按云计算从低层到高层提供服务的方式分类介绍各种云计算，结合典型的云计算服务平台，在图 3–1 中分析云计算框架的构成，讨论各层次需要构建的机制和实现方案。

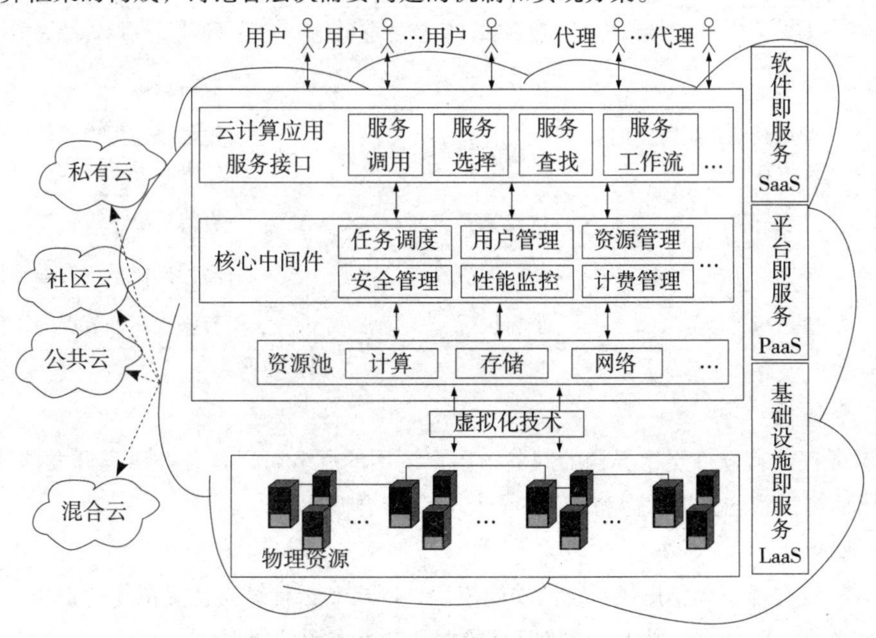

图 3–1　云计算框架图

从云计算部署的角度来看，云计算分为私有云、社区云、公共云和混合云。私有云被一个组织管理操作；社区云由多个组织共同管理操作，具有一致的任务调度和安全策略；公共云由一个组织管理维护，提供对外的云服务，可以被公众所拥有；混合云是以上两种或两种以上云的组合。从云计算服务的角度来看，云计算服务类型可以分为基础设施即服务 (Infrastructure as a Service, IaaS)、平台即服务 (Platform as a Service，PaaS)、软件即服务 (Software as a Service, SaaS)。

（一）IaaS

IaaS 在服务层次上是底层服务，接近物理硬件资源，通过虚拟化的相关技术，为用户提供计算、存储、网络以及其他资源方面的服务，以便用户能够部署操作系统和运行软件。这一层典型的服务，如亚马逊的弹性云（Amazon EC2）。EC2 与 Google 提供的云计算服务不同，Google 只为互联网上的应用提供云计算平台，开发人员无法在这个平台上工作，因此只能转而通过开源的 Hadoop 软件支持来开发云计算应用。EC2 则给用户提供一个虚拟的环境，使基于虚拟的操作系统环境运行自身的应用程序。用户可以创建亚马逊机器镜像（AMI)，镜像包括库文件、数据和环境配置，通过弹性计算云的网络界面去操作在云计算平台上运行的各个实例，同时用户需要为相应的简单存储服务 (S3) 和网络流量付费。

（二）PaaS

PaaS 是构建在基础设施即服务之上的服务，用户通过云服务提供的软件工具和开发语言，部署自己需要的软件运行环境和配置。用户不必控制底层的网络、存储、操作系统等技术问题，底层服务对用户是透明的，这一层服务是软件的开发和运行环境。这一层服务是一个开发、托管网络应用程序的平台，具有代表性的有 Google App Engine 和 Microsoft Azure。使用 Google App Engine, 用户将不再需要维护服务器，用户基于 Google 的基础设施上传、运行应用程序软件。目前，Google App Engine 用户使用一定的资源是免费的，如果使用更多的带宽、存储空间等，需要付费。Google App Engine 提供一套 API 使用 Python 或 Java 来方便用户编写可扩展的应用程序，但仅限 Google App Engine 范围的有限程序。现在，很多应用程序还不能很方便地运行在 Google App Engine 上。Microsoft Azure 构建在 Microsoft 数据中心内，允许用户应用程序，同时提供了一套内置的有限 API, 方便开发和部署应用程序。此平台包含在线服务 Live Service、关系数据库服务 SQL Services、各式应用程序服务器服务 NET Services 等。

（三）SaaS

SaaS 是前两层服务开发的软件应用，不同用户以简单客户端的方式调用该层服务，如以浏览器的方式调用服务。用户可以根据自己的实际需要，通过网络向提供商定制所需的应用软件服务，按服务多少和时间长短支付费用。最早提供该服务模式的是 Saleforce 公司运行的客户关系管理（CRM) 系统，它是在该公司 PaaS 层 force.com 平台之上开发的 SaaS。Google 的在线办公软件（如文档、表格、幻灯片处理）也采用 SaaS 服务模式。

云计算提供的不同层次服务使开发者、服务提供商、系统管理员和用户面临许多挑战。图 3-1 对此做出了归纳概括。低层的物理资源经过虚拟化转变为多个虚拟机，以资源池多重租赁的方式提供服务，提高了资源的效用。核心中间件起到任务调度、资源和安全管理、性能监控、计费管理等作用。一方面，云计算服务涉及大量调用第三方软件及框架和重要数据处理的操作，这需要有一套完善的机制，以保证云计算服务安全有效地运行；另一方面，虚拟化的资源池所在的数据中心往往电力资源耗费巨大，解决这样的问题需要设计有效的资源调度策略和算法。在用户通过代理或者直接调用云计算服务的时候，需要和服务提供商之间建立服务等级协议（Service Level Agreement, SLA），这必然需要服务性能监控，以便设计出比较灵活的付费方式。此外，还需要设计便捷的应用接口，方便服务调用。而用户在调用中选择什么样的云计算服务，这就要设计合理的度量标准，并建立一个全球云计算服务市场以供选择调用。

五、云计算与大数据的关系

2007 年以来，云计算技术蓬勃发展。云计算的核心模式是大规模分布式计算，将计算、存储、网络等资源以服务的模式提供给用户，按需使用。云计算为企业和用户提供了高可扩展性、高可用性和高可靠性，提高了资源使用效率，降低了企业信息化建设、投入和运维成本。随着美国亚马逊、Google、微软公司提供的公共云服务的不断成熟与完善，越来越多的企业正在往云计算平台上迁移。

近几年，云计算技术在我国取得了长足的发展。我国设立了北京、上海、深圳、杭州、无锡等第一批云计算示范城市，北京的“祥云”计划、上海的“云海”计划、深圳的“云计算国际联合实验室”、无锡的“元云计算项目”以及杭州的“西湖云计算公共服务平台”先后启动和上线，天津、广州、武汉、西安、重庆、成都等也都推出了相应的云计算发展计划，或成立了云计算联盟，积极开展云计算的研究开发和产业试点。然而，中国云计算的普及在很大程度上仍然局限在基础设施的建设方面，缺乏规模性的行业应用，没有真正实现云计算的落地。物联网及云计算技术的全面普及是人们的美好愿景，能够实现信息采集、信息处理以及信息应用的规模化、泛在化、协同化。其应用的前提是大部分行业、企业在信息化建设方面已经具备良好的基础和经验，有着迫切的需求去改造现有系统架构，提高现有系统的效率。而现实情况是，大部分中小企业在信息化建设方面才刚刚起步，只有一些大型企业和国家部委在信息化建设方面具备基础。

大数据的爆发是社会和行业信息化发展中遇到的棘手问题。由于数据流量和体量增长迅速，数据格式存在多源异构的特点，而对数据处理又要求准确、实时，能够发掘出大体量数据中潜在的价值。传统的信息技术架构已无法处理大数据问题，它存在着扩展性差、容错性差、性能低、安装部署及维护困难等瓶颈。由于物联网、互联网、移动通信网络技术在近年来的迅猛发展，数据产生和传输的频度和速度大大加快，催生了大数据问题，数据的二次开发、深度循环利用让大数据问题日益突出。

云计算与大数据是相辅相成、辩证统一的关系。云计算、物联网技术的广泛应用是人们的愿景，大数据的爆发则是发展中遇到的棘手问题。云计算是技术发展趋势，大数据是现代信息社会飞速发展的必然现象。解决大数据问题，需要现代云计算的手段和技术。大数据技术的突破不仅能解决现实困难，也会促使云计算、物联网技术真正落地并推广应用。

从现代 IT 技术的发展中可以总结出以下几个趋势和规律。

大型机与 PC 之争以 PC 完胜为终结。苹果 iOS 和 Android 之争，开放的 Android 平台在两三年内即抢占了三分之一的市场份额。这些都体现了现代 IT 技术需要本着开放、众包的观念，才能取得长足发展。

与现有的常规技术相比，云计算技术的优势在于利用众包理论和开源体系建设基于开放平台和开源新技术的分布式架构，能够解决现有集中式的大型机处理方式难以解决或不能解决的问题。淘宝、腾讯等大型互联网公司也曾经依赖 Sun、Oracle、EMC 这样的大公司，后来都因为成本太高而采用开源技术，自身的产品最终也贡献给开源界，这也反映了信息技术发展的趋势。

传统的行业巨头、大型央企，如国家电网、电信、银行、民航等，因为历史原因过度依赖外企成熟的专有方案，造成创新性不足，被外企产品绑架。从解决问题的方案路径上分析，必须逐渐放弃传统信息技术架构，利用以云技术为代表的新一代信息技术来解决大数据问题。尽管先进的云计算技术发源于美国，但是基于开源基础，我们与先进技术的差距并不大，将云计算技术应用于大型行业中的迫切的大数据问题也是实现创新突破、打破垄断、追赶国际先进技术的历史契机。

（一）大数据是信息技术发展的必然阶段

根据现在的信息技术发展情况可以预测，各个国家和经济实体都会将数据科学纳入亟待研究的应用范畴，数据科学将发展成人类文明中至关重要的宏观科学，其内涵和外延已经覆盖所有与数据相关的学科和领域，逐渐构架出清晰的纵向层级关系和横向扩展边界。

纵向上，从文字、图像的出现算起，发展到以数学为基础的自然学科，再发展到以计算机为工具甚至到云计算、物联网、移动互联的今天，围绕的核心就是数据。只是今天的数据，按照宏观数据理论，已经扩展为所有人类文明所记载的内容，而不再是狭义的数值。

横向上，数据科学正向其他社会学科和自然学科渗透，并影响了其他学科研发流程和探究方法的传统思维，建立了各个学科、各个领域间的新型关系，弱化了物理性边界，使事物变得更加一体化。

正是这种横向、纵向上的延展，使数据达到了前所未有的数量、容量和质量，而且加速倾向严重，其重要性更是上升到了生产要素的战略高度，使人们意识到大数据时代（或叫数据时代）真正来临了。这一切的起因就是信息技术的高速发展。

所以，大数据是人们必须面临的问题，是发展中必然要经历的阶段。

（二）云计算等新兴信息技术正在真正落地和实施

国内云计算及大数据市场已经具备初步发展态势。2010 年，中国云计算市场规模同比增长 29.3%。研究表明，在企业用户中，已经有 67.5% 的用户认可云服务模式，并开始采用云计算服务，或在企业内部实现云平台共享。市场规模也从 2010 年的 167.31 亿元增长到 2013 年的 1 174.12 亿元，年均复合增长率达到 91.5%。未来几年云计算应用将以政府、电信、教育、医疗、金融、石油石化和电力等行业为重点发展领域。

云计算及大数据处理技术已经渗透到国内传统行业及新兴产业，政策、资金引导力度不断加大。纵观国内市场，云计算已广泛应用在互联网企业、社交网站、搜索、媒体、电子商务等新兴产业领域。同时，在国家政策的引导下，科研经费投入力度加大，国家重大项目资金、政府引导型基金、地方配套资金和企业发展所需的科研基金涉及国民经济多个支柱型行业和领域，其规模、数量增长迅猛，时效显著。在这一大背景下，传统行业的云计算应用将蓬勃发展，但目前大多仍着眼于硬件建设和资源服务层面（如智慧城市中宽带建设、数据中心项目等），核心软件关键技术（如大数据处理）更多的是在课题研究领域，真正的应用并不多见。

重点领域的行业需求迫切。首先，一些企业（如电力、民航、银行、电信）为了自身业务的发展，确实迫切需要新的技术解决在大数据处理方面遇到的问题；其次，随着经济的发展以及市场环境的不断变化，越来越多的企业意识到数据在开拓市场、提升自身竞争力等方面所起到的重要作用，挖掘数据、寻找新价值的需求逐渐受到重视。同时，现代信息技术作为产业升级、打造新兴产业的引擎，又极大地推动了大数据处理技术的发展。可以预见，大数据处理市场将会变得空前广阔，数据为王的理念将会被越来越多的人接受。

（三）云计算等新兴技术是解决大数据问题的关键

原有信息技术的高成本和高含量经常让使用者用不起、搞不懂，影响信息技术的应用和创新。云计算的迅速崛起逐步解决了高成本、高含量的问题，但低成本、高速度的数据应用使数据泛滥成灾，出现数量大、结构变化快、速度时效性高、价值密度低等几大问题，形成了大数据问题。只有解决了大数据这个疑难杂症，才能使云计算等新兴技术真正落地和应用。怎么解决、用什么技术、坚持什么原则是需要人们认真考虑的问题。

大数据问题的解决首先要从大数据的源头开始梳理。既然大数据源于云计算等新兴 IT 技术，就必然有新兴 IT 技术的基因继承下来。低成本、按需分配、可扩展、开源、泛在化等特点是云计算的基因，这些基因体现在大数据上有了性质的突变。比如，低成本这个基因在大数据问题上就演变出数据产生的低成本和数据处理的高成本；按需分配的虚拟化基因促使数据的应用变得更加平台集中化；可扩展、开源和泛在化使数据变得增速异常；等等。综合起来就是，大量的普遍存在的低成本、低价值密度数据多集中在平台上，使处理成本增加，技术难度加大，泛在化倾向加重。

泛在化倾向加重就意味着这个问题本身是全链条、全领域的增速共生事件，就必须以最广泛的视野和观念来克服和改善，简单的单项处理技术和局部突破在这个数据裂变量面前经常会变得力不从心，无法完成。这与云计算技术突破传统 IT 技术的大型机原理、高成本瓶颈和技术垄断是一个道理。这说明低成本的复制、可扩展的弹性、众人参与的开源等原则既是云计算的基础手段，也是解决大数据问题最实用的办法。再深入分析，云计算等先进的 IT 技术天性就是要快速、方便地处理数据，特别是互联网产业的爆炸式发展让这个路径变得越来越唯一。覆盖和变革全信息产业的云计算等新兴 IT 技术抽象出了“云”的理念、原则和手段，成为人们理解大数据、应用大数据的关键。

第二节 云资源的管理与调度

建立云计算数据中心和应用平台后，一项重要和关键的技术是将云计算数据中心虚拟共享资源有效地按用户需求动态管理和分配，并提高资源的使用效率，从而为云计算的广泛应用提供便利。其中涉及两个技术点，数据中心的资源调度和管理。图 3-2 是资源调度、管理流程的一个示例。

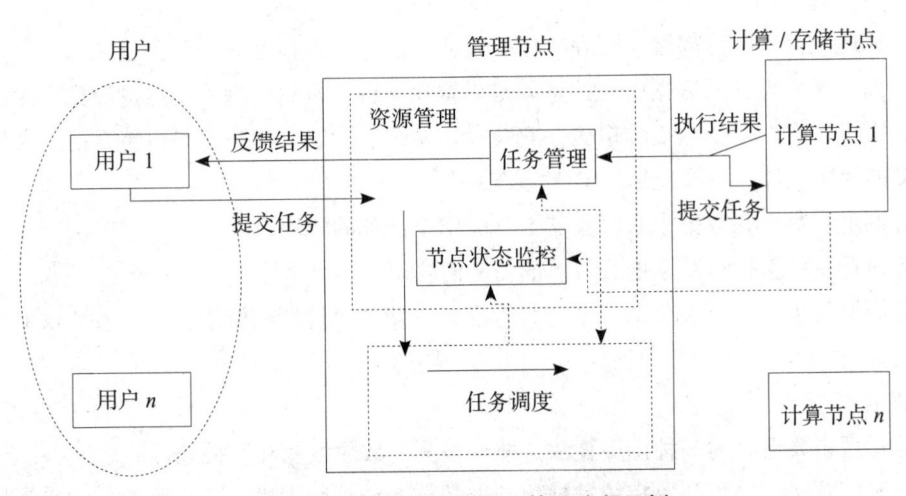

图 3-2 云计算资源调度、管理流程示例

一、云资源管理

在数据中心规模日益庞大的今天，如果不能提升数据中心的管理能力，全面、充分地调度数据中心各项资源，那么数据中心在性能上并不能称得上优秀，特别是服务器数量增加、虚拟化环境日趋复杂、数据中心能耗增加对数据中心管理者在服务器利用、服务器能耗等方面提出了极大的挑战。因此，只有采用更加高效的数据中心管理平台，才能让数据中心的性能更上一个台阶。

对数据中心的管理要从三个方面入手：第一步是搭建最基础的数据中心设备管理平台，通过这个平台对数据中心内部的各个设备进行实时监控，当出现异常情况后，立即通过管理软件对其进行处理；第二步是管理和控制能源消耗的设备，对已经部署的制冷设备进行实时调节；第三步是对虚拟层设备的管理，主要是对实施虚拟化后设备的运行情况进行监视，以免因虚拟层的崩溃而对设备的正常运行造成影响。

（一）云数据中心资源管理的内容

云数据中心资源管理的内容主要是用户管理、任务管理与资源管理。

1. 用户管理

用户管理主要分为账号管理、用户环境配置、用户交互管理与使用计费。

账号管理：云数据中心的主要作用之一就是为用户提供计算和存储资源。使用这些资源，用户应当注册账号以便统一管理。数据中心管理员登录高权限的账号，可以对数据中心进行普通用户无法访问的操作。

用户环境配置：不同数据中心账户保存它们各自的环境配置，并提供配置的导出和导入功能。

用户交互管理：记录用户登录状态改变和对资源的各种操作的模块，并将用户操作写入日志以备查询。

使用计费：根据用户使用的资源种类、时长、用户级别等计算其应支付的费用，计费系统一般根据提供商自身的业务特点，基于虚拟化。收费方式不具体阐述。

2. 任务管理

任务管理主要有映像部署与管理、任务调度、任务执行和生命周期管理。

映像部署与管理：云数据中心的基础是虚拟化平台，资源管理系统通过映像文件部署一台全新的虚拟机，而无须新建空虚拟机并安装操作系统。同时，用户也可以将自己的虚拟机保存为自定义的映像文件，以快速部署 DIY 系统。

任务调度：负责在数据中心服务器上分配用户任务的模块。

任务执行：负责执行数据中心具体的任务的模块。

生命周期管理：对资源生命周期进行管理，定期释放过期的资源，以节省数据中心存储空间和能耗。

3. 资源管理

资源管理主要内容为多种调度算法、故障检测、故障恢复和监控统计。

多种调度算法：负责从监控统计模块获取数据，计算数据中心各个服务器的负载状态，并适时执行多种调度算法，以使所有的服务器工作保持最佳的状态。

故障检测：该模块周期性地启动，测试数据中心的软硬件状况，记入日志或数据库，并且在检测到指定错误时向管理员报告。

故障恢复：通常对可预计的故障预先设定好故障处理模块，当发生这些故障时，会自动启动应对措施。

监控统计：监控数据中心各类资源的状态，汇总数据并及时提供给其他模块进行相应的计算。

（二）资源管理的目标

云计算的资源管理的目标是接受用户的资源请求，并把特定的资源分配给资源请求者，主要包括数据存储和资源管理两个方面的内容。在此，将云资源管理的目标概括为以下几点。

1. 自动化

自动化就是数据中心资源管理模块在无须人工干预的情况下能够处理用户请求、服务器软硬件故障，并对各项操作进行记录。

2. 资源优化

定时对数据中心资源分配进行优化，以保持数据中心资源的合理分配。资源的优化依据不同的策略，不同的策略有不同的优化目标，通常有以下几种。

（1）通信调优策略：主要依据数据中心网络带宽调度资源，该策略使服务器之间的通信带宽、服务器与外部的通信带宽得到合理分配。

（2）热均衡策略：主要依据数据中心内服务器的产热分布进行资源调度，该策略调整数据中心的资源使用分布情况，从而达到指定服务器之间的产热均衡，使数据中心的散热设备得到充分利用，节约资源。

（3）负载均衡策略：主要依据数据中心内各个服务器的物理资源（主要包括 CPU、内存、网络带宽等资源）使用情况，通过控制任务分配和资源迁移，使数据中心达到综合负载均衡的状态。

3. 简洁管理

资源管理的目标之一是使管理员和用户能够较为容易地管理资源。因此，功能和界面设计应以简洁和实用为主。

4. 虚拟资源与物理资源的整合

虚拟资源与物理资源的整合是通过虚拟化技术实现的，虚拟化技术对创建云计算中心至关重要。虚拟化技术是云计算中的关键技术，因为云计算中一台主机能够同时运行多个操作系统平台，其处理能力和存储空间能根据需求不同而被不同平台上的应用动态共享。动态分配和回收物理主机资源，增加了云资源管理的难度。

二、云资源调度策略

（一）资源调度关键技术

云计算建立在计算机界长期的技术累计基础上，包括软件和平台作为一种服务、虚拟化技术和大规模的数据中心技术等关键技术。数据中心（可能是分布在不同地理位置的多个系统）是容纳计算设备资源的集中之地，同时负责对计算设备的能源提供和空调维护等。数据中心可以单独建设，也可以置于其他建筑之内。动态分配管理虚拟和共享资源在新的应用环境——云计算数据中心面临新的挑战，因为云计算应用平台分布广泛且种类多样，加之用户需求的实时动态变化很难准确预测，而且需要考虑系统性能和成本等因素，使问题非常复杂。需要设计高效的云计算数据中心分配调度策略算法，以适应不同的业务需求和满足不同的商业目标。目前的数据中心分配调度策略主要包括先来先服务、负载均衡、最大化利用等。提高系统性能和服务质量是数据中心的关键技术指标，然而随着数据中心规模的不断扩大，能源消耗成为日益严重和备受关注的问题，因为能源消耗对成本和环境的影响都极大。

云数据中心资源调度关键技术主要包括以下几个方面。

（1）调度策略：是资源调度管理的最上层策略，需要数据中心所有者和管理者界定，主要是确定调度资源的目标，确定当资源不足时满足所有立即需求时的处理策略。

（2）优化目标：调度中心需要确定不同的目标函数以判断调度的优劣，目前有最大化满足用户请求、最低成本、最大化利润、最大化资源利用率等优化目标函数。

（3）调度算法：好的调度算法需要按照目标函数产生优化的结果，并且需要在极短的时间之内，同时自身不能消耗太多资源。一般来讲，调度算法基本都是 NP-hard 问题，需要极大的计算量，而且不能通用。业界普遍采用近似优化的调度算法，并且针对不同应用采用的调度算法不同。

（4）调度系统结构：与数据中心基础架构密切相关，目前多是多级分布式体系结构。

（5）数据中心资源界定及其相互制约关系：分析清楚资源及其相互制约关系，有利于调度算法综合平衡各类因素。

（6）数据中心业务流量特征分析：掌握业务流量特征有助于优化调度算法。

（二）资源调度策略分类

1. 性能优先

（1）先来先服务。最大限度地满足单台虚拟机的资源要求，一般采用先来先服务的策略，同时结合用户优先级。主要考虑如何最大限度地满足用户需求，并考虑用户优先级别（包括重要性和安全性等）。初期的 IBM 虚拟计算等都是如此，多用于公司或学校内部。可能没有具体的调度优化目标函数，但须说明管理员是如何分配资源的。服务器可分为普通、高吞吐量、高计算密度等类别供用户选择。

（2）负载均衡。负载均衡是指使所有服务器的平均资源利用率达到平衡，如 VMware 和 Sim 公司产品采用了负载均衡策略。

优化目标：资源利用的平衡即所有物理服务器（CPU、内存利用率、网络带宽等）利用率基本一致。每当有资源被分配使用时，需要计算、监控各资源目前的利用率（或直接使用负载均衡分配算法），将用户分配到资源利用率最低的资源上。

负载平衡通过软、硬件都可以实现。硬件方式通过提供负载平衡专门的设备，如多层交换机，可以在一个集群内分发数据包。通常情况下，实施、配置和维护基于硬件的解决方案需要时间和资金成本的投入。软件方式可以采用 Round Robin 等调度方式。

（3）提高可靠性。优化目标：使各资源的可靠性达到指定的具体要求。例如，Amazon 99.95% 的业务可靠性承诺。

业务可靠性与服务器本身的可靠性（平均故障时间、平均维修时间等）相关，还有停机、停电、动态迁移等造成的业务中断会影响业务的可靠性。

例如，一台物理服务器的可靠性是 90%，用户要求的业务的可靠性是 99.9%，调度需要至少双机备份。假设一次动态迁移使业务的可靠性降低 0.1%，则调度策略需要减少（或避免）动态迁移。

在一定前提下，尽量减少虚拟机迁移次数（平均迁移次数、总迁移次数、单台虚拟机最大迁移次数）。需要统计虚拟机迁移对可靠性造成的量化影响。提高可靠性的方式是备份冗余等方式，使用主备份方式时主用机与备用机不放置在同一物理机上或同一机架上。具体指标也可以由用户指出（作为需求选项由用户选择）。

2. 成本优先

（1）提高整体利用率。优化目标：资源利用率最高，使所有数据中心计算资源得到充分利用（或用最少的物理机满足用户需求）。

输入：当前数据中心的资源分布，用户请求（特定的虚拟机）。

输出：用户请求的虚拟机配置在数据中心的物理机编号。

定义：物理（虚拟）服务器的利用率（或效率）= 已分配 CPU/ 已开物理机可虚拟出的 CPU 总数。

这一参数说明当前服务器的使用情况，由此可以排列出不同服务器效率的高低。选择虚拟机时总是按照其利用率从小到大排列。

$$每台虚拟机单位时间内的价格 = 虚拟机在单位时间的成本 \times (1+a)$$

其中：a 为利用率，可由提供商控制。

虚拟机单位时间内的成本可由其占用的计算资源、存储资源和网络资源的成本进行估算（取较大值）。

（2）最大化利润。优化目标：最大化利润，使用各种资源的收入（单位时间）减去使用各种资源的总成本得出利润。

考虑因素主要包括以下几点。

①单位资源单位时间的成本（每台物理机可能不一样）= 固定成本（含折旧、人力等）+ 变动成本（与其功耗相关），虚拟机的功耗率 = 虚拟机满负载的总成本 / 虚拟机总 CPU 容量。

②每台物理机上的成本 = 启动成本（每次新开一台服务器的成本）+ 单位资源单位时间的成本 × 时间 × 资源大小。

③单个用户请求的收入 = 该用户选择的虚拟机单位时间价格 × 使用时间，资源总收入为所有用户的收入之和。

④每次用户使用结束后，比较迁移条件，如果满足则可以进行迁移，以减少物理服务器开机数量，减少成本。

（3）最小化运营成本。降低运营成本，减少制冷、电力、空间成本。

优化目标：最小化成本，使所有资源成本之和最小化。考虑因素主要包括以下几点。

①单位资源单位时间的成本（每台物理机可能不一样）= 固定成本（含折旧、人力等）+ 变动成本（与其功耗相关）。

②虚拟机的功耗率 = 虚拟机满负载的总成本 / 虚拟机总 CPU 容量。

③每台物理机上的成本 = 启动成本（每次新开一台服务器的成本）+ 单位资源单位时间的成本 × 时间 × 资源大小。

④单个用户请求的收入 = 该用户选择的虚拟机单位时间价格 × 使用时间，资源总收入为所有用户的收入之和。

综上所述，需要考虑到公司实际的业务需求和商业目标而选取不同的调度策略。对于以满足公司内部业务需求为主的应用，可以考虑最小化成本、最大化利用率和负载均衡等；对于以商业应用为主的需求，可能考虑最大化利润较好。

三、云计算数据中心负载均衡调度

（一）云计算数据中心综合负载均衡调度策略概述

云计算数据中心将虚拟机按用户需求规格（可能不一致）动态，自动化地分配给用户，但是由于用户的需求规格和数据中心所有的物理服务器的规格配置不一致，如果采用简单的分配调度方法，如常用的轮转法、加权轮转法、最小负载（或链接数）优先、加权最小负载优先法、哈希法等，很难达到物理服务器负载均衡，会造成服务性能不均衡和其他相关问题。

轮转法（Round Robin）通常是预先设定好一个轮转周期（如物理服务器个数），依次将用户需求的虚拟机分配给不同的物理服务器，一个轮转周期结束后重新开始新一个轮转。轮转法不能解决物理服务器和用户需求规格不一致造成的负载不均衡问题。

加权轮转法预先对物理服务器设定权值，在负载均衡分配虚拟机的过程中，轮转选择物理服务器，如果被选择的物理服务器的权值为 0，则跳过该服务器并选择下一台，如果被选择的服务器的权值不为 0，则选中该服务器并将该服务器的权值减 1，后继的选择在前一次选择的基础上轮转。以权值分别为 1、2、3 的 3 台物理服务器（PM1，PM2，PM3）为例，第一次选择第一台物理服务器 PM1，其权值减为 0，第二次选择第二台物理服务器 PM2，其权值减为 1，第三次选择第三台物理服务器 PM3，其权值减为 2，第四次轮转到第一台服务器 PM1，但是其权值为 0，继续轮转，选择第二台服务器 PM2，同时其权值减为 0，依此类推。6 次选择依次是 PM1，PM2，PM3，PM2，PM3，PM3。这样，权值高的服务器获得的服务次数就与其权值成正比，但是当用户需求规格不一致时，仍然存在负载不均衡的问题。另外，加权轮转法需要在均衡过程中修改各台服务器的权值，这些公共变量需要进行加锁、解锁，影响执行速度。

（二）云计算数据中心负载均衡调度策略中主要调度算法分析

本节主要介绍的调度算法包括轮转调度算法、加权轮转调度算法、目标地址哈希调度算法、源地址哈希调度算法、加权最小链接算法。

1. 轮转调度算法

把新的连接请求按顺序轮流分配到不同的服务器上，从而实现负载均衡。该算法的优点是简单易行，但不适用于每个服务器性能不一致的情况。

轮转调度算法就是以轮转的方式依次将请求调度到不同的服务器，即每次调度执行 $i=(i+1) \bmod n$，并选出第 i 台服务器。该算法的优点是简洁，无须记录当前所有连接的状态，所以它是一种无状态调度。

在系统实现时，引入了一个额外条件，当服务器的权值为 0 时，表示该服务器不可用而不被调度。这样做的目的是将服务器切出服务（如屏蔽服务器故障和系统维护），同时与其他加权算法保持一致。所以，该算法要做相应的改动。

轮转调度算法流程：假设有一组服务器 $S=\{S_0, S_1, S_2, \cdots\cdots, S_{n-1}\}$，一个指示变量 i 表示上一次选择的服务器，$W(S_i)$ 表示服务器 S_i 的权值。变量 i 被初始化为 $n-1$，其中 $n>0$。

轮转调度算法假设所有的服务器处理性能均相同，不管服务器的当前连接数和响应速度。该算法相对简单，不适用于服务器组中处理性能不一致的情况。

2. 加权轮转调度算法

克服轮转调度算法的不足，用相应的权值表示服务器的处理能力，权值较大的服务器将被赋予更多的请求。一段时间后，服务器处理的请求数趋向于各自权值的比例。

加权轮转调度算法流程：

假设有一组服务器 $S=\{S_0, S_1, \cdots, S_{n-1}\}$，$W(S_i)$ 表示服务器 S_i 的权值，一个指示变量 i 表示上一次选择的服务器，指示变量 cw 表示当前调度的权值，$\max(S)$ 表示集合 S 中所有服务器的最大权值，$\gcd(S)$ 表示集合中所有服务器权值的最大公约数。变量 i 初始化为 -1，cw 初始化为 0。

```
while(true){
    i=(i+1)mod n;
    if(i==0){
        cw = cw—gcd(S);
        if(cw<=0){
            cw=max(S) ;
            if(cw==0){
                return NULL;
            }
        }
    }
    if(W(Si) >=cw)
        return Si;
}
```

加权轮转调度算法考虑了服务器处理性能不一致、服务器的当前连接数等因素。该算法相对轮转调度算法实用性更强，但是当请求服务时间变化比较大时，加权轮转调度算法容易导致服务器间的负载不平衡。

3. 目标地址哈希调度算法

以目标地址为关键字查找一个静态哈希（Hash) 表来获得所需的真实服务器。

目标地址哈希调度算法(Destination Hashing Scheduling) 也是针对目标 IP 地址的负载均衡，但它是一种静态映射算法，通过一个哈希函数将一个目标 IP 地址映射到一台服务器。

目标地址哈希调度算法先根据请求的目标 IP 地址，作为哈希键（Hash Key) 从静态分配的哈希表找出对应的服务器，若该服务器是可用的且未超载，将请求发送到该服务器，否则返回空。该算法的流程如下。

假设有一组服务器 $S=\{S_0, S_1, \cdots, S_{n-1}\}$, $W(S_i)$ 表示服务器 S_i 的权值，$C(S)$ 表示服务器 S_i 的当前连接数。ServerNode[] 是一个有 256 个桶的哈希表，一般来说，服务器的数目会远小于 256, 当然表的大小也是可以调整的。

算法的初始化是将所有服务器顺序、循环地放置到 ServerNode 表中。若服务器的连接数大于 2 倍的权值，则表示服务器已超载。

```
if(n is dead) OR
(W(n) = 0) OR
(C(n) > 2* W(n))then
return NULL; return n.
```

在实现时，采用素数乘法 Hash 函数，通过乘素数使哈希键值尽可能地达到较均匀分布，所采用的素数乘法 Hash 函数如下。

```
static inline unsigned hashkey(unsigned int dest_ip)
```

```
{
retum(dest_ip * 2654435761UL)&HASH_TAB_MASK ;
}
```

其中，2654435761UL 是 2 到 232(4294967296) 间接近于黄金分割的素数。

4. 源地址哈希调度算法

以源地址为关键字查找一个静态 Hash 表来获得所需的真实服务器。

源地址哈希调度算法（Source Hashing Scheduling）正好与目标地址哈希调度算法相反，它根据请求的源地址，作为哈希键从静态分配的哈希表中找出对应的服务器，若该服务器是可用的且未超载，将请求发送到该服务器，否则返回空。它采用的哈希函数与目标地址哈希调度算法相同。它的算法流程与目标地址哈希调度算法基本相似，区别在于将请求的目标 IP 地址换成请求的源 IP 地址，所以这里不重复叙述。

在实际应用中，源地址哈希调度和目标地址哈希调度可以结合使用在防火墙集群中，它们可以保证整个系统的唯一出入口。

5. 加权最小链接算法

克服最小链接算法的不足，用相应的权值表示服务器的处理能力，将用户的请求分配给当前连接数与权值之比最小的服务器。它是 LVS(Linux Virtual System) 默认的负载分配算法。假设有一组服务器 $S=\{S_0, S_1, \cdots, S_{n-1}\}$, $W(S_i)$ 表示服务器 S_i 的权值，$C(S_i)$ 表示服务器 S_i 的当前连接数，所有服务器当前连接数的总和为$C_{\text{sum}} = \sum_{i=1}^{n-i} C(S_i)$。当前的新连接请求会被发送到服务器 S_m, 当且仅当服务器满足以下条件：

$$\frac{\frac{C(S_m)}{C_{\text{sum}}}}{W(S_m)} = \min\left\{\frac{\frac{C(S_m)}{C_{\text{sum}}}}{W(S_i)}\right\}(i = 0,1\ldots,n = 1)$$

其中，$W(S_i)$ 不为零。因为 C_{sum} 在这一轮查找中是个常数，所以判断条件可以简化为

$$\frac{C(S_m)}{W(S_m)} = \min\{\frac{C(S_i)}{W(S_i)}\}(i = 0,1,\ldots,n-1)$$

其中，$W(S_i)$ 不为零。

因为除法所需的 CPU 周期比乘法多，且在 Linux 内核中不允许浮点除法，服务器的权值大于 0，所以判断条件$\frac{C(S_m)}{W(S_m)} > \frac{C(S_i)}{W(S_i)}$可以进一步优化为$C(S_m)\times W(S_m) > C(S_i)\times W(S_i)$。

同时，保证服务器的权值为 0 时，服务器不被调度。所以，算法只要执行以下流程：

```
for(m=0;m<n;m++) {
 if(W(Sm)>0) {
    for(i=m+1;i<n;i++) {
       if(C(Sm)*W(Si)> C(Si)*W(Sm))
          m=i;
```

```
        }
        return Sm;
    }
}
```

第三节 开源云管理平台——OpenStack

大数据处理需要大规模物理资源的云数据中心和具备高效的调度管理功能的云计算平台的支撑。云计算平台能为大型数据中心及企业提供灵活、高效的部署、运行和管理环境，通过虚拟化技术支持异构的底层硬件及操作系统，为应用提供安全、、、高性能、高可靠性和高伸缩性的云资源管理解决方案，降低应用系统开发、部署、运行和维护的成本，提高资源使用效率。

作为新兴的计算模式和商业模式，云计算在学术界和业界获得了巨大的发展动力，政府、研究机构和行业领跑者正在积极地尝试应用云计算来解决网络时代日益增长的计算和存储问题，诞生了 OpenStack、OpenNebula、Eucalyptus、Nimbus 和 CloudStack 等开源云平台。另外，全球各大互联网公司也在极力打造自己的商业云平台，亚马逊的 AWS、谷歌的 AppEngine、阿里巴巴的阿里云和微软的 Windows Azure Services 等商业云计算平台相继出现，无论是开源的，还是商业的，每个云计算平台都有显著的特点和不断发展的社区。

在所有开源云平台中，OpenStack 拥有最大的开源社区用户数和最高的社区活跃度，IBM、Intel、微软、思科、Dell、中国开源云联盟等都是 OpenStack 的成员单位。OpenStack 既是一个社区，也是一个开源的云计算管理平台项目，由几个主要的组件组合起来完成具体工作。OpenStack 支持几乎所有类型的云环境，项目目标是提供实施简单、可大规模扩展、丰富、标准统一的云计算管理平台。OpenStack 通过各种互补的服务提供了基础设施即服务（IaaS) 的解决方案，每个服务提供 API 以进行集成。

一、OpenStack 的构成

OpenStack 是一个完全开源的云计算系统，使用者可以在需要的时候修改代码来满足需要，并作为开源或商业产品发布、销售。同时，OpenStack 基于强大的社区开发模式，任何公和个人都可以参与到项目中，参与测试开发，贡献代码。目前，OpenStack 主要由六大组件构成，如图 3-3 所示。

OpenStack Compute(Nova) 计算服务：运行在主机操作系统上潜在的虚拟化机制交互的驱动，并提供基于 Web 的 API 功能。

OpenStack Object Storage(Swift) 存储服务：可扩展的对象存储系统，可以用来创建基于云的弹性存储。

Image Service(Glance) 镜像服务：虚拟机镜像的存储、查询和检索系统。

OpenStack Identity (Keystone) 认证服务：为运行 OpenStack Compute 上的 OpenStack 云提供

认证和管理用户、账号和角色信息服务，并为 OpenStack Object Storage 提供授权服务。

OpenStack Dashboard(Horizon) UI 服务：OpenStack 的 Web 管理控制台可以通过 Web 界面访问的方式管理网络和虚拟机实例等。

OpenStack Quantum & Melange 网络 & 地址管理：提供了虚拟网络和 IP 地址管理服务。

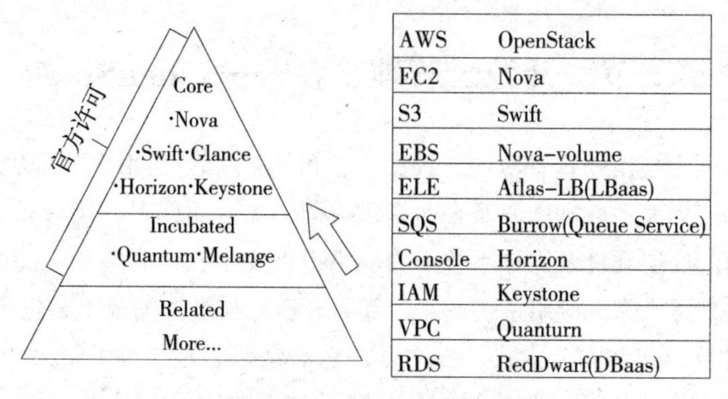

AWS	OpenStack
EC2	Nova
S3	Swift
EBS	Nova-volume
ELE	Atlas-LB(LBaas)
SQS	Burrow(Queue Service)
Console	Horizon
IAM	Keystone
VPC	Quanturn
RDS	RedDwarf(DBaas)

图 3-3 OpenStack 组件构成

二、OpenStack 各组件之间的关系

OpenStack 的设计目标是成为一个“可交付的大型可伸缩的云操作系统”。为了达到这个目标，每个组件、服务相互协作，共同提供一个完整的基础设施，即服务（laaS）。这种集成通过每个服务提供公共应用程序编程接口（API）来实现。这些 API 被用作服务与服务之间相互协调的方式，同时允许底层的这些服务任意替换，而不会影响其他服务，因为与这些服务相互通信的 API 永远不会变化。这些组件最终也都提供相同的 API 给云的终端用户。图 3-4 是 OpenStack 六大组件的逻辑关系图。

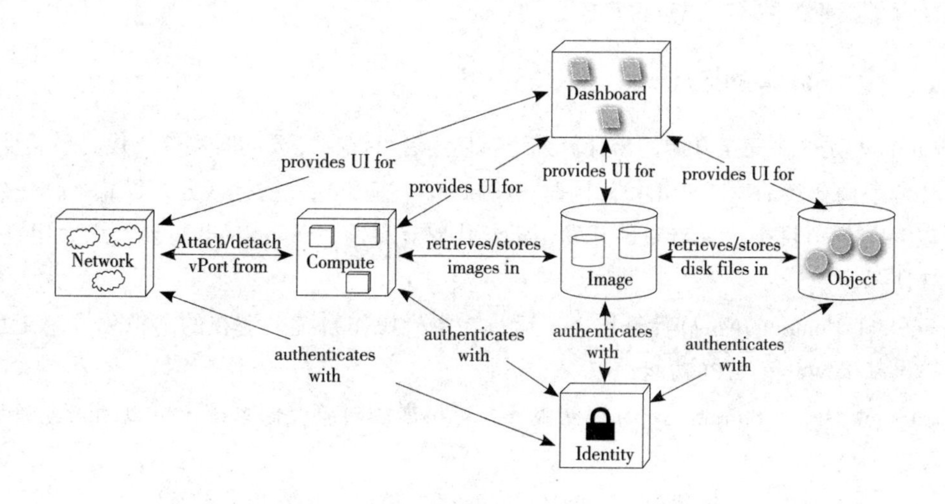

图 3-4 OpenStack 六大组件的逻辑关系

Dashboard 提供了一个统一的 Web 操作界面来访问其他的 OpenStack 服务。

Compute 通过 Image 存储和检索虚拟磁盘文件和相关元数据。

Network 为 Compute 提供了虚拟网络。

Block Storage 为 Compute 提供了存储卷。

Image 可以将实际的虚拟磁盘文件存储到 Object Store 上。

所有服务都要通过 keystone 授权访问。

三、OpenStack 的逻辑架构

图 3-5 给出了 OpenStack 主要模块的一些细节，可以帮助人们更好地理解如何设计部署、安装和配置这个平台。模块根据其所属的功能组织起来，并根据类型进行分类。这些类型如下。

守护进程：以守护进程运行，在 Linux 平台上通常作为一个服务来安装。

脚本：当一些事件发生时，通过外部模块来运行的脚本。

客户端：一个访问服务所绑定的 Python 的客户端。

CU：一个提交命令的命令行解释器。

下面针对图 3-5 所描述的逻辑结构进行阐述。

终端用户通过 nova-api 对话与 OpenStack Compute 交互，通过 glance-api 对话与 OpenStack Glance 交互，通过 OpenStack Object API 与 OpenStack Swift 交互。

OpenStack Compute 守护进程之间通过队列（行为）和数据库（信息）交换信息，以执行 API 请求。

OpenStack Glance 与 OpenStack Swift 基本上都是独立的基础架构，OpenStack Compute 通过 Glance API 和 Object API 进行交互。

其各个组件的情况如下。

nova-api 守护进程是 OpenStack Compute 的中心。它给所有 API 查询（Cpmpiute API 或 EC2 API) 提供端点，部署活动（如运行实例），实施一些策略（绝大多数的配额检查）。

nova-compute 进程主要是一个创建和终止虚拟机实例的守护进程。其过程相当复杂，但是基本原理很简单，从队列中接受行为，然后在更新数据库的状态时通过一系列的系统命令执行。

nova-volume 负责管理映射到计算机实例的卷的创建、附加、取消和删除。这些卷可以来自很多提供商，如 ISCSI 和 AOE。

nova network worker 守护进程类似 nova-compute 和 nova-volume。它们从队列中接受网络任务，然后执行任务以操控网络，如创建 bridging interfaces 或改变 iptables rules。

Queue 提供中心 hub，为守护进程传递消息，用 RabbitMQ 实现，但理论上可以是 Python ampqlib 支持的任何 AMPQ 消息队列。

nova database 存储云基础架构中的绝大多数编译时和运行时状态。这包括可用的实例类型、在用的实例、可用的网络和项目。理论上，OpenStack Compute 能支持 SQL-Alchemy 支持的任何数据库，当前广泛使用 sqlite3(仅用于测试和开发工作）、MySQL 和 PostgreSQL。

OpenStack Glance 是一个单独的项目，是一个 Compute 架构中可选的部分，分为三部分：

glance-api、glance-registry 和 image store。其中，glance-api 接受 OpenStack Image API 调用，glance-registry 负责存储和检索镜像的元数据，实际的 Image Blob 存储在 image store 中。Image Store 可以是多种不同的 ObjectStore, 包括 OpenStack Object Storage(Swift)。

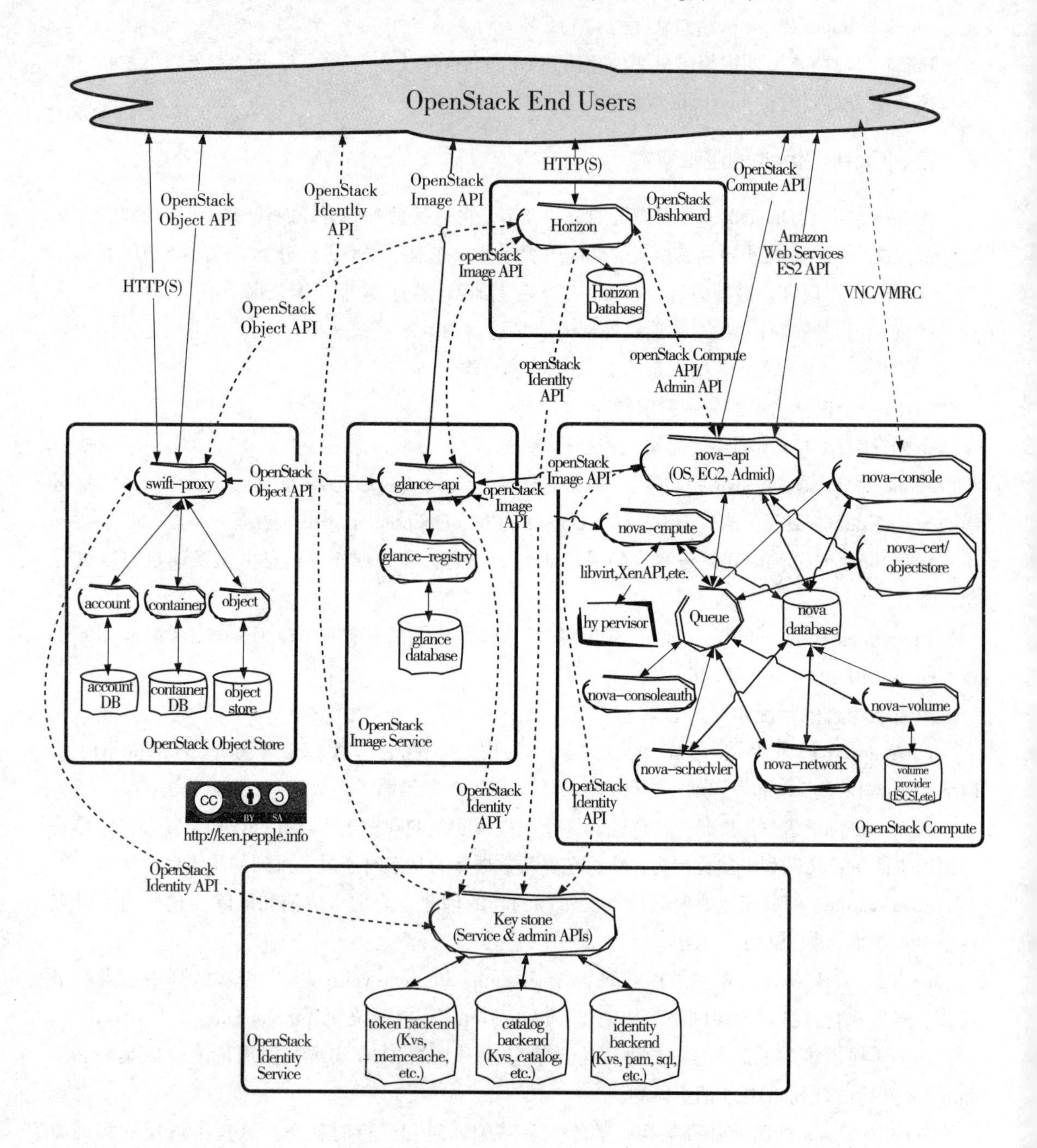

图 3-5 OpenStack 的逻辑结构

OpenStack Swift 是一个单独的项目，采用分布式存储架构，能防止单点故障，并支持横向扩展。它包括四部分：swift-proxy、account、container 和 object。swift-proxy 通过接收 OpenStack Object API 或 HTTP 传入的请求，接受文件上传、修改元数据或容器创建。此外，它还将提供文件或容器清单到浏览器上。swift-proxy 可以使用一个可选的缓存（通常部署在 memcache 中）来提高性能。account 管理账户定义对象存储服务。container 管理一个映射的容器（文件夹），提供对象存储服务。object 管理实际对象（如文件）。

OpenStack 很可能成为未来云计算平台的标准，只要遵循统一的标准，用户便可以随意将自己的应用部署到不同的云平台，而不需要对应用做任何修改。在未来统一的标准下，用户完全不用关心云服务提供商是用 OpenStack 构建的云还是用其他平台构建的云，只需要把应用部署到云即可，然后为使用的云资源付费。

第四节　虚拟化技术的发展

虚拟化技术是云计算发展的基础，云计算服务商以按需分配为原则，为客户提供具有高可用性、高扩展性的计算、存储和网络等 IT 资源。虚拟化技术将各种物理资源抽象为逻辑资源，隐藏了各种物理上的限制，为在更细粒度上对其进行管理和应用提供了可能性。近些年，计算的虚拟化技术（主要指 x86 平台的虚拟化）取得了长足发展。相比较而言，尽管存储和网络的虚拟化也得到了诸多发展，但是还有很多问题亟待解决，在云计算环境中尤其如此。软件定义网络（Software Defined Network，SDN）是 Emulex 网络的一种新型网络创新架构，其核心技术 OpenFlow 将网络设备控制面与数据面分离开来，从而实现了网络流量的灵活控制。OpenFlow 和 SDN 尽管不是专门为网络虚拟化而生的，但是它们带来的标准化和灵活性却给网络虚拟化的发展带来了无限可能。

一、起源与发展

OpenFlow 起源于斯坦福大学的 Clean Slate 项目组。Clean Slate 项目的最终目的是要重新发明 Internet，改变设计已略显不合时宜且难以进化发展现有的网络基础架构。2006 年，斯坦福大学的学生 Martin Casado 领导了一个关于网络安全与管理的项目 Ethane，该项目试图通过一个集中式的控制器，让网络管理员可以方便地定义基于网络流的安全控制策略，并将这些安全策略应用到各种网络设备中，从而实现对整个网络通信的安全控制。Martin 和他的导师 Nick McKeown 将传统网络设备的数据转发（data plane) 和路由控制（control plane) 两个功能模块相分离，通过集中式的控制器（controller) 以标准化的接口对各种网络设备进行管理和配置，这将为网络资源的设计、管理和使用提供更多的可能性，从而更容易推动网络的革新与发展。于是，他们便提出了 OpenFlow 的概念，并且 Nick McKeown 等人于 2008 年在 ACM SIGCOMM 发表了题为 *OpenFlow:Enabling Innovation in Campus Networks* 的论文，首次详细介绍了 OpenFlow 的概念。该篇论文除了阐述 OpenFlow 的工作原理外，还列举了 OpenFlow 几大应用场景，包括校园网络中对实验性通信协议的支持、网络管理和访问控制、网络隔离和 VLAN、基于 WiFi 的移动网络、非 IP 网络、基于网络包的处理。当然，目前关于 OpenFlow 的研究已经远远超出了这些领域。

当然，目前关于 OpenFlow 的研究已经远远超出了这些领域。

基于 OpenFlow 为网络带来的可编程的特性，Nick 和他的团队进一步提出了 SDN(Software Defined Network) 的概念。如果将网络中所有的网络设备视为被管理的资源，那么参考操作系统的原理，可以抽象出一个网络操作系统（Network OS) 的概念，这个网络操作系统不仅抽象了底层网络设备的具体细节，还为上层应用提供了统一的管理视图和编程接口。这样，基于网络操作系统这个平台，用户可以开发各种应用程序，通过软件定义逻辑上的网络拓扑，以满足对网络资源的不同需求，而无须关心底层网络的物理拓扑结构。

二、OpenFlow 标准和规范

自 2009 年初发布第一个版本以来，OpenFlow 规范已经经历了 1.1、1.2、1.3 等版本。OpenFlow Switch 规范主要定义了 Switch 的功能模块及其与 Controller 之间的通信信道等。Openflow 规范主要分为以下几个部分。

（一）OpenFlow 的端口

OpenFlow 规范将 Switch 上的端口分为 3 种类别。

物理端口：设备上物理可见的端口。

逻辑端口：在物理端口基础上由 Switch 设备抽象出来的逻辑端口，如为 tunnel 或聚合等功能而实现的逻辑端口。

OpenFlow 定义的端口：OpenFlow 目前总共定义了 ALL、CONTROLLER、TABLE、INPORT、ANY、LOCAL、NORMAL 和 FLOOD 这 8 种端口，其中后 3 种为非必需的端口，只在混合型的 OpenFlow Switch（OpenFlow-hybrid Switch，即同时支持传统网络协议和 OpenFlow 协议的 Switch 设备，相对于 OpenFlow-only Switch 而言）中存在。

（二）OpenFlow 的 FlowTable

OpenFlow通过用户定义的或预设的规则来匹配和处理网络包。一条OpenFlow的规则由匹配域、优先级、处理指令和统计数据等字段组成。

在一条规则中，可以根据网络包在 L2、L3 或 L4 等网络报文头的任意字段进行匹配，比如以太网帧的源 MAC 地址、IP 包的协议类型和 IP 地址或 TCP/UDP 的端口号等。目前，OpenFlow 的规范中还规定了 Switch 设备厂商可以选择性地支持通配符进行匹配。

所有 OpenFlow 的规则都被组织在不同的 FlowTable 中，在同一个 FlowTable 中按规则的优先级进行匹配。一个 OpenFlow 的 Switch 可以包含一个或多个 FlowTable，从 0 依次编号排列。OpenFlow 规范中定义了流水线式的处理流程，如图 3-6 所示。当数据包进入 Switch 后，必须从 FlowTable 0 开始依次匹配。FlowTable 可以按次序从小到大越级跳转，但不能从某一 FlowTable 向前跳转至编号更小的 FlowTable。当数据包成功匹配一条规则后，将先更新该规则对应的统计数据（如成功匹配数据包总数目和总字节数等），然后根据规则中的指令进行相应操作，如跳转至后续某一 FlowTable 继续处理，修改或立即执行该数据包对应的 Action Set 等。

当数据包已经处于最后一个 FlowTable 时，其对应的 Action Set 中的所有 Action 将被执行，包括转发至某一端口、修改数据包某一字段、丢弃数据包等。OpenFlow 规范中对目前所支持的 Instructions 和 Actions 进行了完整、详细的说明和定义。

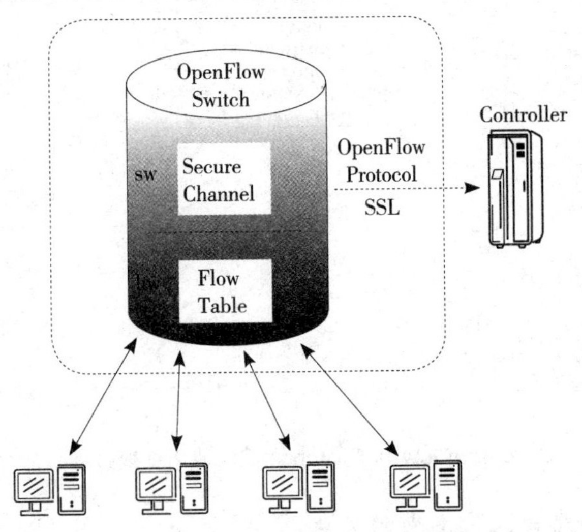

图 3-6　OpenFlow 规范中流水线式的处理流程

（三）OpenFlow 的通信通道

OpenFlow 通信通道规范部分定义了一个 OpenFlow Switch 如何与 Controller 建立连接、通信以及相关消息类型等的规范。OpenFlow 规范中定义了三种消息类型。

Controller/Switch 消息是指由 Controller 发起、Switch 接收并处理的消息，主要包括 Features、Configuration、Modify-State、Read-State、Packet-out、Barrier 和 Role-Request 等消息。这些消息主要由 Controller 用来对 Switch 进行状态查询和修改配置等操作。

异步消息是由 Switch 发送给 Controller，用来通知 Switch 上发生的某些异步事件的消息，主要包括 Packet-in、Flow-Removed、Port-status 和 Error 等。例如，当某一条规则因为超时而被删除时，Switch 将自动发送一条 Flow-Removed 消息通知 Controller, 以方便 Controller 做出相应的操作，如重新设置相关规则等。

对称消息是双向对称的消息，主要用来建立连接、检测对方是否在线等，包括 Hello、Echo 和 Experimenter 三种消息。

图 3-7 展示了 OpenFlow 和 Switch 之间一次典型的消息交换过程，出于安全和高可用性等方面的考虑，OpenFlow 的规范还规定了如何为 Controller 和 Switch 之间的信道加密，如何建立多连接等（主连接和辅助连接）。

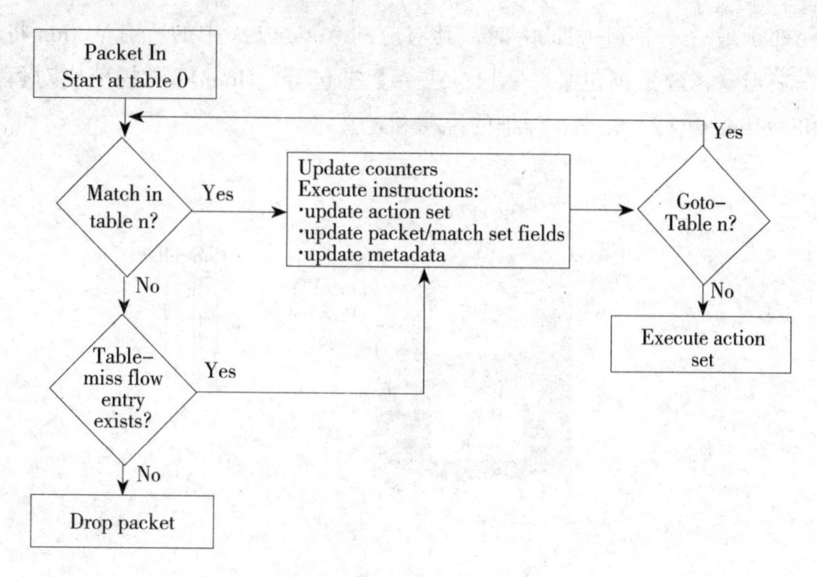

图 3-7 OpenFlow 和 Switch 之间的消息交换过程

（四）OpenFlow 协议及相关数据结构

OpenFlow 规范的最后一部分主要详细定义了各种 OpenFlow 消息的数据结构，包括 OpenFlow 消息的消息头等。这里不一一赘述，如需了解，可参考 OpenFlow 源代码中 openflow.h 头文件中关于各种数据结构的定义。

三、OpenFlow 的应用

随着 OpenFlow/SDN 概念的发展和推广，其研究和应用领域也得到了不断拓展。目前，关于 OpenFlow/SDN 的研究领域主要包括网络虚拟化、安全和访问控制、负载均衡、聚合网络和绿色节能等方面。另外，还有关于 OpenFlow 和传统网络设备交互及整合等方面的研究。下面举几个典型的研究案例展示 OpenHow 的应用。

1. 网络虚拟化——FlowVisor

网络虚拟化的本质是要能够抽象底层网络的物理拓扑，能够在逻辑上对网络资源进行分片或整合，从而满足各种应用对网络的不同需求。为了达到网络分片的目的，FlowVisor 实现了一种特殊的 OpenFlow Controller, 可以看成其他不同用户或应用的 Controllers 与网络设备之间的一层代理。因此，不同用户或应用可以使用自己的 Controllers 定义不同的网络拓扑，同时 FlowVisor 可以保证这些 Controllers 之间能够互相隔离而互不影响。图 3-8 展示了使用 FlowVisor 可以在同一个物理网络上定义出不同的逻辑拓扑。FlowVisor 不仅是一个典型的 OpenFlow 应用案例，还是一个很好的研究平台，目前已经有很多研究和应用都是基于 FlowVisor 做的。

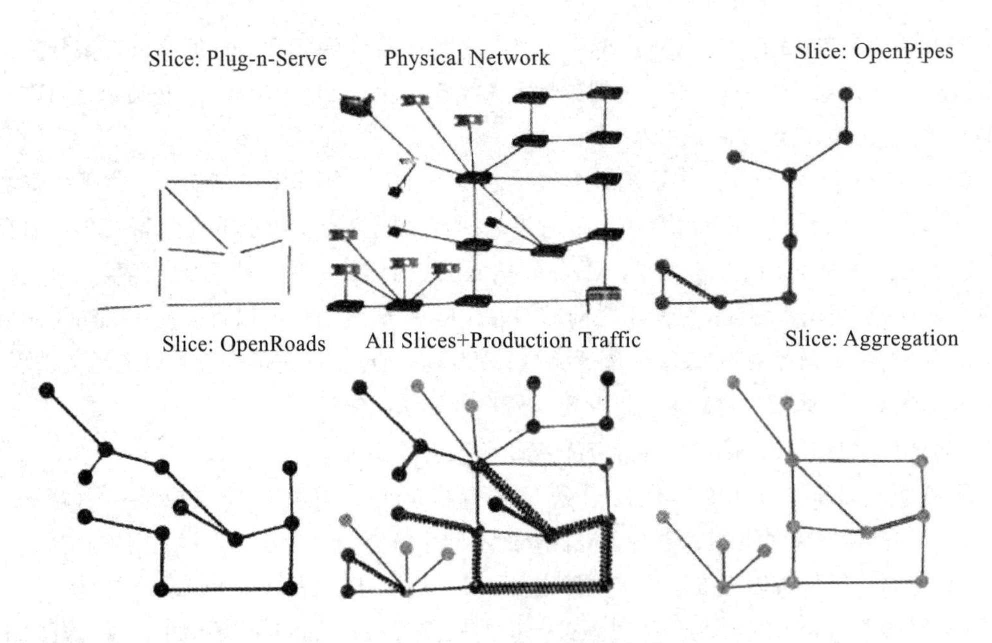

图 3-8　FlowVisor 定义的逻辑拓扑

2. 负载均衡——Aster*x

传统的负载均衡方案一般需要在服务器集群的入口处通过一个网关或者路由器来监测、统计服务器工作负载，并据此动态分配用户请求到负载相对较轻的服务器上。既然网络中所有的网络设备都可以通过 OpenFlow 进行集中式的控制和管理，同时应用服务器的负载可以及时地反馈到 OpenFlow Controller 那里，那么 OpenFlow 就非常适合做负载均衡的工作。Aster*x 通过 Host Manager 和 Net Manager 分别监测服务器和网络的工作负载，然后将这些信息反馈给 Flow Manager。这样，Flow Manager 就可以根据这些实时的负载信息重新定义网络设备上的 OpenFlow 规则，从而将用户请求（网络包）按照服务器的能力进行调整和分发。

四、虚拟机与容器

提到虚拟化技术，大家肯定会想到虚拟机，也会想到 VMware、XEN、KVM、Hyper-V 这些产品。这种虚拟化可以简称为 VM(Virtual Machine) 虚拟化，就是以虚拟机为产物的虚拟化方案。还有一种虚拟化方案称为容器（Container）虚拟化方案，Container 是一种轻量级虚拟化方案，开销比 VM 虚拟化小，操作粒度也比 VM 虚拟化小。在云计算流行之前很多 IDC 的主机托管 / 租赁服务都是基于容器的方案。随着云计算对应用环境快速部署和对效率的要求不断提高，轻量级的容器虚拟化方案重新获得青睐，当然相应的技术也经历了演进和革新。

（一）VM 虚拟化与 Container 虚拟化

VM 虚拟化技术有三种：全虚拟化、半虚拟化、硬件虚拟化。全虚拟化由 Hypervisor 截获并翻译所有虚拟机特权指令（如 VMware 的 BT)；半虚拟化通过修改虚拟机内核，将部分特权指令替换成与 Hypervisor(也称 VMM) 通信（如 XEN 的 para-virtualizaiton) 的指令；硬件虚拟化借助服务器硬件虚拟化功能，Hypervisor 不需要截获虚拟机特权指令，虚拟机也不需要修改内核（如 Intel VT 和 AMD-V)。Hypervisor 负责服务器硬件资源管理，根据要求直接分配给不同虚拟机。Hypervisor 直接运行在服务器硬件上（半虚拟化 / 硬件虚拟化），也可以运行在一个操作系统上（全虚拟化模式）。

Container 虚拟化又称操作系统级虚拟化，要求在一个操作系统实例里，将系统资源按照类型和需求分割给多个对象独立使用，对象之间保持隔离。系统资源通常指 CPU、内存、网卡、磁盘等。以 Linux Cgroup 为例，Cgroup 是 Linux 内核的一种文件系统，需要内核支持，和其他文件系统一样，Cgroup 在使用之前需要在 VFS 注册。用户可以直接使用 mount 命令挂载 Cgroup, 通过 echo 命令修改 Cgroup 配置参数，跟环境变量一样，子进程可以继承父进程配置。Cgroup 提供 Linux 系统里进程的资源分配、资源使用情况统计。

VM 虚拟化与 Container 虚拟化各有优势，存在如下区别。

两者目标不同，VM 虚拟化的对象是虚拟机，把一台物理机虚拟成多台虚拟子机；Container 的操作对象是进程，为每个进程分配不同系统资源，进程与进程之间独立。

VM 虚拟化组件可以直接运行在硬件之上，Container 只能运行在操作系统之上。

VM 虚拟组件负责管理物理机或虚拟子机的硬件资源；Container 环境中，硬件资源由操作系统自身负责管理。

（二）Docker

Docker 是一个开源的应用容器引擎，其目标是实现轻量级的操作系统虚拟化解决方案。Rocker 的基础是 Linux 容器（LXC) 等技术。在 LXC 的基础上，Docker 进行了进一步的封装，让用户不需要关心容器的管理，使操作更为简便。用户操作 Docker 的容器就像操作一个快速轻量级的虚拟机一样简单。

作为一种新兴的虚拟化方式，Docker 跟传统的虚拟化方式相比具有许多优势。首先，Docker 容器的启动可以在秒级实现，这相比传统的虚拟机方式要快得多。其次，Docker 对系统资源的利用率很高，一台主机上可以同时运行数千个 Docker 容器。容器除了运行其中应用外，基本不消耗额外的系统资源，使应用的性能很高，同时系统的开销尽量小。传统虚拟机方式运行 10 个不同的应用就要建立 10 个虚拟机,Docker 只需要启动 10 个隔离的应用即可。具体来说，Docker 在以下几个方面具有较大的优势。

1. 更快速的交付和部署

对开发和运维人员来说，最希望的就是一次创建或配置，可以在任意地方正常运行。开发者可以使用一个标准的镜像构建一套开发容器，开发完成之后，运维人员可以直接使用这个容器部署代码。Docker 可以快速创建容器，快速迭代应用程序，并让整个过程全程可见，使团队中的其他成员更容易理解应用程序是如何创建和工作的。Docker 容器很轻、很快，容器的启动时间是秒级的，节约了大量的开发、测试、部署时间。

2. 更高效的虚拟化

Docker 容器的运行不需要额外的 Hypervisor 支持，它是内核级的虚拟化，因此可以实现更高的性能和效率。

3. 更轻松的迁移和扩展

Docker容器几乎可以在任意的平台上运行，包括物理机、虚拟机、公有云、私有云、个人电脑、服务器等，这种兼容性可以让用户把一个应用程序从一个平台直接迁移到另外一个平台。

4. 更简单的管理

使用Docker，只需要小小的修改，就可以替代以往大量的更新工作。所有的修改都以增量的方式被分发和更新，从而实现自动化且高效的管理。

5. 对比传统虚拟机总结（表3–3）

表3–3 对比传统虚拟机

特 性	容 器	虚拟机
启动	秒级	分钟级
硬盘使用	一般为MB	一般为GB
性能	接近原生	弱于
系统支持量	单机支持上千个容器	一般几十个

第五节 云存储系统的技术与分类

云存储不是一个设备，而是一种服务，具体来说，它是把数据存储和访问作为一种服务，并通过网络提供给用户。云计算是提供计算能力，相应地，云存储是提供存储能力。

云存储专注于为用户提供以网络为基础的在线存储服务，通过规模化降低用户使用存储的成本。用户无须考虑存储容量、存储设备的类型、数据存储的位置以及数据完整性保护和容灾备份等烦琐的底层技术细节，按需付费就可以从云存储供应商那里获得近乎无限大的存储空间和企业级的服务质量。本节主要介绍云存储系统，从云存储的基础概念出发，介绍云存储涉及的关键技术，并对云存储系统按分类进行描述。

一、云存储的基本概念

云存储是在云计算概念上延伸和发展出来的一个新概念，是指通过集群应用、网络技术或分布式文件系统等功能，将网络中大量各种不同类型的存储设备通过应用软件集合起来协同工作，共同对外提供数据存储和业务访问功能的一个系统。

（一）云存储结构模型

随着宽带网络的发展，很多云存储厂商在云计算所引发的浪潮中如雨后春笋般冒了出来，其中亚马逊的AWS S3最具有代表性。在中国，越来越多的公司也推出了云存储服务。比如，国内的百度云网盘、金山快盘、微博微盘、腾讯微云、360云盘等，国外的Dropbox，都有很大的用户量，其中国内的一些网盘更是为用户提供了多达2 TB的免费存储空间。这些云存储服务的出现为资料保存、分发、共享提供了极大的便利。

云存储实际是网络上所有的服务器和存储设备构成的集合体，其核心是用特定的应用软件实现存储设备向存储服务功能的转变，为用户提供一定类型的数据存储和业务访问服务。与传统的存储设备相比，云存储不仅是一个硬件，更是一个网络设备、存储设备、服务器、应用软件、公用访问接口、接入网、客户端程序等多个部分组成的复杂系统。各部分以存储设备为核心，通过应用软件对外提供数据存储和业务访问服务。

为了解释云存储系统的结构模型，在这里借用互联网的结构模型来参考。相信大家对局域网、广域网和互联网的一些概念都比较清楚，在常见的局域网系统中，为了能更好地使用局域网，使用者需要非常清楚地知道网络中每一个软硬件的型号和配置。比如，采用什么型号的交换机，有多少个端口，采用了什么路由器和防火墙，分别是如何设置的；系统中有多少个服务器，分别安装了什么操作系统和软件；各设备之间采用什么类型的连接线缆，分配了什么 IP 地址和子网掩码等。而广域网和互联网对具体的使用者是完全透明的，这也是人们经常看到一些系统架构图用一个云状的图形表示广域网和互联网的原因。

虽然云状的图形中包含许许多多的交换机、路由器、防火墙和服务器，但对广域网、互联网用户来讲，这些都是不需要知道的。这个云状图形代表的是广域网和互联网带给大家的互联互通的网络服务，无论人们在任何地方，通过一个网络接入线缆和用户名、密码，就可以接入广域网和互联网，享受网络带来的服务。

在存储的快速发展过程中，不同的厂商对云存储提供了不同的结构模型，这里介绍一个比较有代表性的云存储结构模型，这个模型的结构如图 3-9 所示。

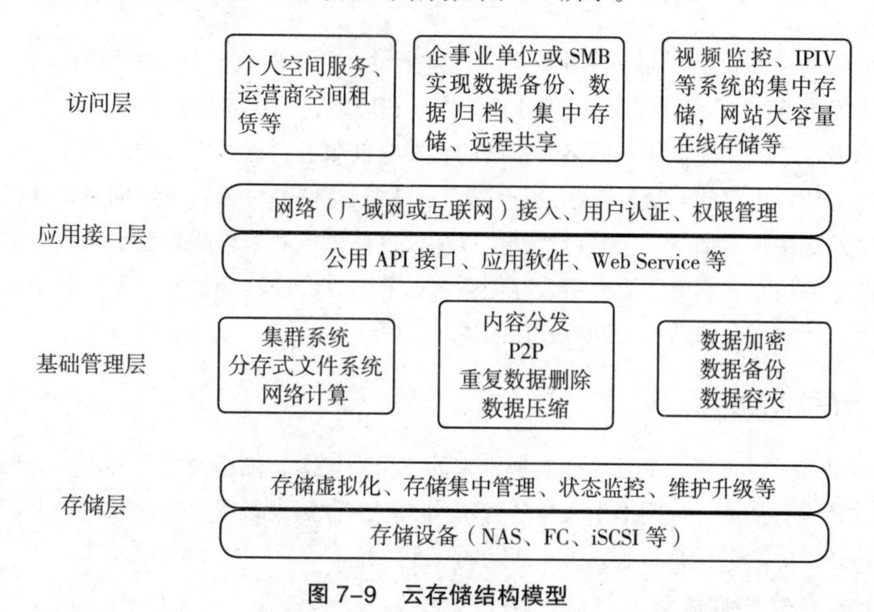

图 7-9 云存储结构模型

云存储系统的结构模型自底向上由四层组成，分别为存储层、基础管理层、应用接口层、访问层。

1. 存储层

存储层是云存储最基础的部分。存储设备可以是 FC(光纤通道)存储设备，可以是

NAS(网络附属存储)和iSCSI(互联网小型计算机系统接口)等IP存储设备，也可以是SCSI(小型计算机系统接口)或SAS(串行连接SCSI接口)等DAS,直接附加存储)存储设备。云存储中的存储设备往往数量庞大且分布在不同地域，彼此之间通过广域网、互联网或者FC光纤通道网络连接在一起。

存储设备之上是一个统一的存储设备管理系统，可以实现存储设备的逻辑虚拟化管理、多链路冗余管理以及硬件设备的状态监控和故障维护。

2. 基础管理层

基础管理层是云存储最核心的部分，也是云存储中最难以实现的部分。基础管理层通过集群、分布式文件系统和网格计算等技术实现云存储中多个存储设备之间的协同工作，使多个存储设备可以对外提供同一种服务，并提供更大、更强、更好的数据访问性能。

CDN内容分发系统保证用户在不同地域访问数据的及时性，数据加密技术保证云存储中的数据不会被未授权的用户访问。同时，通过各种数据备份以及容灾技术和措施可以保证云存储中的数据不会丢失，保证云存储自身的安全和稳定。

3. 应用接口层

应用接口层是云存储最灵活多变的部分。用户通过应用接口层实现对云端数据的存取操作，云存储更加强调服务的易用性。不同的云存储运营单位可以根据实际业务类型开发不同的应用服务接口，提供不同的应用服务。服务提供商可以根据自己的实际业务需求为用户开发相应的接口，如视频监控应用平台、IPTV和视频点播应用平台、网络硬盘应用平台、远程数据备份应用平台等。

4. 访问层

经过身份验证或授权的用户可以通过标准的公用应用接口登录云存储系统，享受云存储提供的服务。访问层的构建一般都遵循友好化、简便化和实用化的原则。访问层的用户通常包括个人数据存储用户、企业数据存储用户和服务集成商等。目前，商用云存储系统对中小型用户具有较大的性价比优势，尤其适合处于快速发展阶段的中小型企业。由于云存储运营单位的不同，云存储提供的访问类型和访问手段也不尽相同。

尽管云存储有这样四层结构的划分，并且有一些尖端技术也正处在研发阶段，如EMC宣布的道里(Daoli)可信基础架构项目，旨在提供可信的云计算平台，使用虚拟化和可信计算技术，支持对单个主机计算机环境进行隔离，使之适合租借给多用户。简单地说，道里项目可解决云计算下的安全问题，但是现有存储产品和技术已经能够满足企业内部云存储服务需求。EMC中国研发中心首席架构师任宇翔提出，云存储应该有几个基本的特征：一是大容量，云存储的最大存储容量可达数PB；二是低成本，以Google为例，为了降低存储的采购和运维成本，其存储系统通常是自己“攒”的；三是灵活的扩展能力。他指出，云存储是存储技术的集大成者，虚拟化、数据压缩、重复数据删除、安全、基于策略的管理等都是云存储应该具备的能力。

(二)云存储与传统存储系统的区别

用户使用云存储并不是使用某一个存储设备，而是使用整个云存储系统带来的一种数据访问服务。如果用一句话概括云存储与传统存储的区别，那就是云存储不是存储，而是一种服务。

云存储系统需要存储的文件将随着用户数量的增长和存储内容的增加而呈指数级增长态势，这就要求存储系统的容量扩展能够跟上数据量的增长，做到无限扩容，同时在扩展过程中做到简便易行，不能影响到数据中心的整体运行。也就是说，数据中心的存储系统容量的变化对普通的数据服务使用者来说是透明的，即存储硬件的增减都不会影响到数据的访问。如果容量的扩展需要复杂的操作，甚至停机，这无疑会降低数据中心的运营效率。

云时代的存储系统需要的不仅是容量的提升，对性能的要求同样迫切。与以往只面向有限的用户不同，在云时代，存储系统将面向更为广阔的用户群体，用户数量级的增加使存储系统也必须在吞吐性能上有飞速提升，只有这样，才能对请求做出快速反应。这就要求存储系统能够随着容量的增加而拥有线性增长的吞吐性能，这显然是传统的存储架构无法达到的目标。

传统的存储系统由于没有采用分布式的文件系统，无法将所有访问压力平均分配到多个存储节点，因而在存储系统与计算系统之间存在明显的传输瓶颈，由此带来单点故障等多种后续问题。集群存储正好解决了传统存储系统面临的问题。

要想了解云存储系统与传统存储系统的区别，就必须清楚传统的存储系统在实际生产环境中遇到的问题。显然，随着数据量的增多，传统的存储系统在下面这些问题的解决上越来越显得力不从心。

1. 传统存储的问题

（1）性能问题。由于数据量的激增，数据的索引效率越来越为人们所关注。而动辄上 TB 的数据，甚至是几百 TB 的数据，在索引时往往需要花几分钟的时间。

传统的存储技术是把所有数据都当作对企业同等重要和同等有用的数据进行处理，所有的数据集成到单一的存储体系中，以满足业务持续性需求，但是在面临大数据时就显得捉襟见肘了。

（2）成本激增。在大型项目中，前端信息采集点过多，单台服务器承载量有限，就造成需要配置几十台甚至上百台服务器的状况，这必然导致建设成本、管理成本、维护成本、能耗成本的急剧增加。

（3）磁盘碎片问题。视频监控系统往往采用回滚写入方式，这种无序的频繁读写操作导致了磁盘碎片的大量产生。随着使用时间的增加，将严重影响整体存储系统的读写性能，甚至导致存储系统被锁定为只读，而无法写入新的视频数据。

2. 云存储系统与传统存储相比具有的优势

（1）量身定制。这主要是针对私有云，云服务提供商专门为单一的企业客户提供一个量身定制的云存储服务方案，或者是企业自己的 IT 机构部署一套私有云服务架构。私有云不仅能为企业用户提供最优质的贴身服务，还能在一定程度上降低安全风险。Amazon S3 和 OpenStack 都能提供私有云环境。

（2）成本低。目前，企业在数据存储上付出的成本是相当大的，而且这个成本随着数据的暴增而不断增加。为了减少这一成本压力，许多企业将大部分数据转移到云存储上，让云存储服务提供商为它们解决数据存储问题，这样就能花很少的价钱获得最优的数据存储服务。提供这些服务的企业有 AWSS3、Windows Azure 等。

（3）管理方便。其实，这一项也可以归纳为成本上的优势。因为将大部分数据迁移到云存储上后，所有的升级维护任务都由云存储服务提供商完成，减少了企业存储系统管理员上的成本压力。云存储服务还有强大的可扩展性，当企业用户发展壮大后，发现自己先前的存储空间不足，就要考虑增加存储服务器以满足现有的存储需求，云存储服务可以很方便地在原有基础上扩展服务空间，满足企业的需求。

二、存储虚拟化技术

随着存储需求的不断增长，企业所需要的存储服务器和磁盘都会随之相应地快速增长。面对这种存储管理困境，存储虚拟化就是其中一种可选的解决方案。

那么，存储虚拟化的定义是什么呢？全球网络存储工业协会（Storage Network Industry Association, SNIA）给出了以下定义："通过将存储系统 / 子系统的内部功能从应用程序、计算服务器、网络资源中进行抽象、隐藏或隔离，实现独立于应用程序、网络的存储与数据管理。"

存储虚拟化技术的实现手段是将底层存储设备进行抽象化统一管理，底层硬件的异构性、特殊性等特性都被屏蔽了，对于服务器层来说只保留其统一的逻辑特性，从而实现了存储系统资源的集中，方便、统一的管理。存储虚拟化可以让管理员将不同的存储作为单个集合的资源进行识别、配置和管理，存储资源的调度、存储设备的增减对用户来说都是透明的。存储虚拟化是存储整合的一个重要组成部分，能减少管理问题，而且能够提高存储利用率，从而降低新增存储的费用。

存储虚拟化与传统存储相比有什么不同吗？答案是肯定的。第一个区别是存储虚拟化相较传统存储最大的优势在于磁盘的利用率很高。传统的存储磁盘利用率很低，大概只有30% ~ 70%，而采用了虚拟存储技术之后，磁盘利用率能提高到 70% ~ 90%。对于存储资源如此宝贵的企业来说，虚拟存储技术对它们的吸引力还是很大的。第二个区别是在存储的灵活性上，虚拟化的优点在于可以把不同厂商生成的不同型号的异构的存储平台整合进来，适应异构环境，从而为资源的存储管理提供更好的灵活性。第三个区别是管理方便，存储虚拟化提供了一个大容量存储系统集中管理的手段，避免了由于存储设备扩充所带来的管理方面的麻烦。第四个区别是性能更好，虚拟化存储系统可以很好地进行负载均衡，把每一次数据访问所需的带宽合理地分配到各个存储模块上，提高了系统的整体访问带宽。

虚拟化存储根据在 I/O 路径中实现虚拟化的位置不同，可以分为三种实现技术：主机的虚拟存储、网络的虚拟存储以及存储设备的虚拟存储。

下面对三种存储虚拟化技术的实现及其优缺点进行简要介绍。

（一）基于主机的虚拟化存储技术

基于主机的虚拟化存储实现的核心技术是增加一个运行在操作系统下的逻辑卷管理软件，这个软件的功能是将磁盘上的物理块号映射成逻辑卷号，并以此把多个物理磁盘阵列映射成一个统一的虚拟的逻辑存储空间（逻辑块），实现存储虚拟化的控制和管理。从技术实施层面看，基于主机的虚拟化存储不需要额外的硬件支持，便于部署，只通过软件即可实现对不同存储资源的存储管理。但是，虚拟化控制软件也导致了此项技术的主要缺点：第一，软件的部署和应用影响了主机性能；第二，各种与存储相关的应用通过同一个主机，存在越权访问的数据安全隐患；第三，通过软件控制不同厂家的存储设备，存在额外的资源开销，进而降低了系统的可操作性与灵活性。

（二）基于网络的虚拟化技术

基于存储网络的虚拟化技术的核心是，在存储区域网中增加虚拟化引擎，实现存储资源的集中管理。其具体实施一般通过具有虚拟化支持能力的路由器或交换机实现。在此基础上，存储网络虚拟化又可以分为带内虚拟化与带外虚拟化两类。二者的主要区别如下：带内虚拟化使用同一数据通道传送存储数据和控制信号，而带外虚拟化使用不同的通道传送数据和命令信息。基于存储网络的存储虚拟化技术架构合理，不占用主机和设备资源，但是其存储阵列中设备的兼容性需要严格验证，与基于设备的虚拟化技术一样，由于网络中存储设备的控制功能被虚拟化引擎接管，导致存储设备自带的高级存储功能将不能使用。

（三）基于存储设备的虚拟存储技术

存储设备虚拟化技术依赖提供相关功能的存储设备的阵列控制器模块，常见于高端存储设备，其主要应用针对异构的 SAN（存储区域网络）存储构架。此类技术的主要优点是不占主机资源，技术成熟度高，容易实施；缺点是核心存储设备必须具有此类功能，且消耗存储控制器的资源，同时由于异构厂家磁盘阵列设备的控制功能被主控设备的存储控制器接管，导致其高级存储功能将不能使用。

三、分布式存储技术

除了虚拟存储技术以外，还有一种云存储技术称为分布式存储技术。由于分布式存储技术出现的时间相对传统存储来说比较晚，所以分布式存储相比传统的集中阵列存储设备，其技术和解决方案还处于发展的初级阶段，总体来看，只具备部分场景下的存储需求实现能力。但从发展趋势来看，通过一个可扩展的网络连接各离散的处理单元的分布式存储系统，其高可扩展性、低成本、无接入限制等优点是现有存储系统无法比拟的。

分布式存储技术是指运用网络存储技术、分布式文件系统、网格存储技术等多种技术，实现云存储中的多种存储设备、多种应用、多种服务的协同工作。

网络存储技术将数据的存储从传统的服务器存储转移到网络设备存储。网络存储技术中比较典型的有直接附加存储（DAS）、网络附加存储（NAS）、存储区域网络（SAN）。

分布式文件系统是指文件系统管理的物理存储资源并不一定直接连接在本地节点上，而是通过网络与网络节点互连。分布式文件系统可以将负载由单个节点转移到多个节点。常见的比较典型的分布式文件系统如 GFS 与 HDFS，存储在其中的每个文件都有 3 份拷贝，这 3 份拷贝位于不同的节点上，通过文件系统的控制可以将数据的访问负载均衡到其他机器上。这样，既能提高文件的读取效率，又能使整个文件系统处于一种均衡状态，从而使机器的利用率得以提升。分布式文件系统还可以避免由于单点失效而造成的整个系统崩溃。

网格存储具备更高的容错和冗余度，在负载出现波动的情况下可以保持高性能。网格存储技术具备先进的异构性、透明访问性、协同性、自主控制性和全生命周期性等特性。用户在使用网格的时候，可以不用关心存储容量、数据格式、数据安全性、数据读取位置和数据是否会丢失等问题。

面对云计算浪潮的来袭，大数据的存储向分布式文件系统提出了新的要求。随着互联网应用的不断发展，本地文件系统由于单个节点本身的局限性，已经很难满足海量数据存取的需求，因而不得不借助分布式文件系统，把系统负载转移到多个节点上。传统的分布式文件系统(如NFS)中，所有数据和元数据存放在一起，通过单一的存储服务器提供，这种模式一般称为带内模式（In-band Mode)。随着客户端数目的增加，服务器就成了整个系统的瓶颈。因为系统所有的数据传输和元数据处理都要通过服务器，不仅单个服务器的处理能力有限，存储能力受到磁盘容量的限制，吞吐能力也受到磁盘I/O和网络I/O的限制。在当今对数据吞吐量要求越来越大的互联网应用中，传统的分布式文件系统已经很难满足应用的需要。

于是，一种新的分布式文件系统的结构出现了，那就是利用存储区域网络（SAN)技术，将应用服务器直接和存储设备相连接，大大提高数据的传输能力，减少数据传输的延时。在这样的结构里，所有的应用服务器都可以直接访问存储在SAN中的数据，而只有关于文件信息的元数据才经过元数据服务器处理提供，减少了数据传输的中间环节，提高了传输速率，减轻了元数据服务器的负载。每个元数据服务器可以向更多的应用服务器提供文件系统元数据服务，这种模式一般称为带外模式（Out-of-band Mode)。Storage Tank、CXFS、Lustre、BWFS等都采用这样的结构，大名鼎鼎的Hadoop分布式文件系统也是这种结构，因此它们可以取得更好的性能和扩展性。区分带内模式和带外模式的主要依据是，关于文件系统元数据操作的控制信息是否和文件数据一起都通过服务器转发传送。前者需要服务器转发，后者是直接访问。随着SAN和NAS两种体系结构的成熟，越来越多的研究人员开始考虑如何结合这两种结构的优势，创造更好的分布式文件系统。各种应用对存储系统提出了更多的要求。

大容量：现在的数据量比以前任何时期都多，生成的速度也更快。

高性能：数据访问需要更高的带宽。

高可用性：不仅要保证数据的高可用性，还要保证服务的高可用性。

可扩展性：应用在不断变化，系统规模也在不断变化，这就要求系统提供很好的扩展性，并在容量、性能、管理等方面都能适应应用的变化。

可管理性：随着数据量的飞速增长，存储的规模越来越庞大，存储系统本身也越来越复杂，这给系统的管理、运行带来了很高的维护成本。

按需服务：能够按照应用需求的不同提供不同的服务，如不同的应用、不同的客户端环境、不同的性能等。

四、云存储系统分类

按照云存储资源的所有者划分，云存储系统可分为公共云存储、私有云存储和混合云存储三类。

（一）公共云存储

公共云存储是云存储提供商推出的付费使用的存储工具。云存储服务提供商建设并管理存储基础设施，集中空间满足多用户需求，所有的组件放置在共享的基础存储设施里，设置在用户端的防火墙外部，用户直接通过安全的互联网连接访问。在公共云存储中，通过为存储池增加服务器，可以很快、很容易地实现存储空间的增长。

公共云存储服务多是收费的，如亚马逊等公司都提供云存储服务，通常根据存储空间收取使用费。用户只需要开通账号就能使用，不用了解任何云存储方面的软硬件知识或掌握相关技能。

（二）私有云存储

私有云存储多是独享的云存储服务，为某一企业或社会团体独有。私有云存储建立在用户端的防火墙内部，并使用其所拥有或授权的硬件和软件。企业的所有数据保存在内部，并且被内部 IT 员工完全掌握。这些员工可以集中存储空间实现不同部门的访问或被企业内部的不同项目团队使用，无论其物理位置在哪儿。

私有云存储可由企业自行建立并管理，也可由专门的私有云服务公司根据企业的需要提供解决方案，协助建立并管理。私有云存储的使用成本较高，企业需要配置专门的服务器，获得云存储系统及相关应用的使用授权，还要支付系统的维护费用。

（三）混合云存储

混合云存储就是把公共云存储和私有云存储结合在一起。

混合云存储把公共云存储和私有云存储整合成更具功能性的解决方案，混合云存储的“秘诀”就是处于中间的连接技术。为了更高效地连接外部云和内部云的计算和存储环境，混合云解决方案需要提供企业级的安全性、跨云平台的可管理性、负载/数据的可移植性以及互操作性。

混合云存储主要用于按客户要求的访问，特别是需要临时配置容量的时候。从公共云上划出一部分容量配置一种私有或内部云，可以帮助公司面对迅速增长的负载波动或高峰。尽管如此，混合云存储也带来了跨公共云和私有云分配应用的复杂性。

另外，从数据访问者的角度看，分布式文件系统可以根据接口类型分成块存储、对象存储和文件存储三类。比如，Ceph 具备块存储、文件存储和对象存储的能力，GlusterFS 支持对象存储和文件存储的能力，MogileFS 只能作为对象存储并且通过 key 访问。本节将针对每个技术分类进行详细介绍，并结合相应分类的代表性系统进行具体阐述。

五、分布式文件存储

分布式文件存储是云存储的一项关键技术，下面从分布式文件系统存储的特点和其中的关键技术入手，再结合一个典型的分布式文件系统 GFS 进行全面介绍。

文件存储系统可提供通用的文件访问接口，如 POSIX、NFS、CIFS、FTP 等，实现文件与目录操作、文件访问、文件访问控制等功能。目前，分布式文件系统存储的实现有软硬件一体和软硬件分离两种方式，主要通过 NAS 虚拟化，或者基于 x86 硬件集群和分布式文件系统集成在一起，以实现海量非结构化数据处理。

软硬件一体方式的实现基于 x86 硬件，利用专有的、定制设计的硬件组件，与分布式文件系统集成在一起，以实现目标设计的性能和可靠性目标，产品代表有 Isilon、IBM SONAS GPFS。软硬件分离方式的实现基于开源分布式文件系统对外提供弹性存储资源，可采用标准 PC 服务器硬件，Hadoop 的 HDFS 就是典型的开源分布式文件系统。

（一）分布式文件存储的概念

1.分布式文件系统的概念

说到分布式文件系统，不得不先提及文件系统。众所周知，文件系统是操作系统的一个重要组成部分，通过对操作系统管理的存储空间的抽象，为用户提供统一的、对象化的访问接口，屏蔽对物理设备的直接操作和资源管理。如果没有文件系统，可以让用户直接与计算机存储硬件交互，这种方式的效率和可行性简直令人难以想象。

根据计算环境和所提供功能的不同，文件系统可划分为 4 个层次，从低到高依次是单处理器单用户的本地文件系统（如 DOS 的文件系统）、多处理器单用户的本地文件系统（如 OS/2 的文件系统）、多处理器多用户的本地文件系统（如 UNIX 的本地文件系统）、多处理器多用户的分布式文件系统（如 Lustre 文件系统）。

本地文件系统是指文件系统管理的物理存储资源直接连接在本地节点上，处理器通过系统总线可以直接访问。分布式文件系统是指文件系统管理的物理存储资源不一定直接连接在本地节点上，而是通过计算机网络与节点相连。分布式文件系统的设计基于 C/S 模式，一个典型的分布式文件系统服务网络可能包括多个可以同时供多个用户访问的服务器。另外，网络节点的对等特性允许一些系统扮演客户机和服务器的双重角色。也就是说，一个节点既可以是一个服务器节点，也可以是一个客户机节点，这种概念在 P2P 网络中是常见的。举个例子来说，用户可以“发表”一个允许其他客户机访问的目录，这时候如果有其他用户访问这个目录，那么这个目录对客户机来说就像一个服务器终端，可以像访问本地文件系统一样访问文件目录。

2.分布式文件系统存储的特点

在前面介绍分布式存储技术时提到了分布式存储系统的要求，那么分布式文件存储实现的时候就应该充分考虑这些要求，分布式文件存储具有以下特点。

（1）扩展能力。毫无疑问，扩展能力是一个分布式文件存储最重要的特点。分布式文件系统存储中元数据管理一般是扩展的重要问题，GFS 采用元数据中心化管理，然后通过 Client 暂存数据分布来减小元数据的访问压力。GlusterFS 采用无中心化管理，在客户端采用一定的算法对数据进行定位和获取。

（2）高可用性。在分布式文件系统中，高可用性包括两层含义：一是整个文件系统的可用性；二是数据的完整和一致性。整个文件系统的可用性是分布式系统的设计问题，类似 NoSQL 集群的设计，如中心分布式系统的 Master 服务器、网络分区等。数据完整性则通过文件的镜像和文件自动修复等手段来解决。另外，部分文件系统（如 GlusterFS）可以依赖底层的本地文件系统提供一定支持。

（3）协议和接口。分布式文件系统提供给应用的接口多种多样，如 HTTPRestFul 接口、NFS 接口、FTP 等 POSIX 标准协议，通常还会有自己的专用接口。

（4）弹性存储。可以根据业务需要灵活地增加或缩减数据存储以及增删存储池中的资源，而不需要中断系统运行。弹性存储的最大挑战是减小或增加资源时的数据震荡问题。

（5）压缩、加密、去重、缓存和存储配额。这些功能的提供往往考验一个分布式文件系统是否具有可扩展性，一个分布式文件系统如果能方便地进行功能的添加，而不影响总体性能，那么这个文件系统就是良好的设计。这点GlusterFS就做得非常好，它利用类似GNU/Hurd的堆栈式设计，可以让额外的此类功能模块非常方便地增加。另外，压缩在一定程度上减少了文件传输时的带宽消耗。加密为文件和文件夹提供了安全保障。

（二）分布式文件存储实例

2003年，Google公开了自己的分布式文件系统的设计思想，引起了业内轰动。Google File System是一个可扩展的分布式文件系统，用于大型的、分布式的、对海量数据进行访问的应用。它运行于廉价的普通硬件上，但提供了容错复制功能，可以为大量的用户提供总体性能较高的可靠服务。

1. GFS的设计观点

GFS与过去的分布式文件系统有很多相同的目标，如性能、可扩展性、可靠性、可用性，但GFS的设计受到了当前及预期的应用方面的工作量及技术环境的驱动，这反映了它与早期的文件系统明显不同的设想，需要对传统的选择进行重新检验并进行完全不同的设计观点的探索。

GFS与以往的文件系统的不同观点如下。

（1）组件错误（包括存储设备或存储节点的故障）不再被当作异常，而是将其作为常见的情况加以处理。因为文件系统由成百上千个用于存储的普通计算机构成，这些机器由廉价的普通部件组成，却面向众多的数据访问者。俗话说："一分钱一分货。"廉价部件用得多了，质量就堪忧了，因此一些机器随时都有可能无法工作，甚至有无法恢复的可能。所以，实时监控、错误检测、容错、自动恢复对系统来说必不可少。

（2）按照传统的标准，文件都非常大。长度达几个GB的文件是很平常的，每个文件通常包含很多应用对象。当经常要处理快速增长的、包含数以万计对象的数据集时，即使底层文件系统提供支持，也很难管理成千上万的KB规模的文件块。因此，在设计中，操作的参数、块的大小必须重新考虑。对大型文件的管理一定要做到高效，对小型文件也必须支持，但不必优化。

（3）大部分文件的更新是通过添加新数据完成的，而不是改变已存在的数据。在一个文件中随机的操作在实践中几乎不存在，一旦写完，文件就只可读，很多数据都有这些特性。一些数据可能组成一个大仓库以供数据分析程序扫描，有些是运行中的程序连续产生的数据流，有些是档案性质的数据，有些是在某个机器上产生、在另外一个机器上处理的中间数据。由于这些对大型文件的访问方式，添加操作成了性能优化和原子性保证的焦点，而在客户机中缓存数据块失去了吸引力。

（4）工作量主要由两种读操作构成：对大量数据的流方式的读操作和对少量数据的随机方式的读操作。在前一种读操作中，可能要读几百KB，通常达1MB或更多。根据局部性原理，来自同一个客户的连续操作通常会读文件的一个连续的区域。随机的读操作通常在一个随机的偏移处读几个KB。性能敏感的应用程序通常将对少量数据的读操作进行分类并进行批处理，以使读操作稳定地向前推进，而不要让它来来回回地读。

（5）工作量还包含许多对大量数据进行的连续的向文件添加数据的写操作，所写的数据的规模和读相似。一旦写完，文件很少改动。在随机位置对少量数据的写操作也支持，但不必非常高效。

2. GFS 的设计策略

在了解了 GFS 与以往文件系统的不同观点之后，接下来重点分析它的设计策略。由于 GFS 最初是用来存储大量网页的，而且这些数据一般都是一次写入多次读取的，所以在设计文件系统的时候就要特别考虑该如何进行设计，主要体现在以下几个方面。

（1）一个 GFS 集群由一个 Master 和大量的 ChunkServer 构成，并被许多客户访问。文件被分成固定大小的块，每个块由一个不变的、全局唯一的 64 位的 chunk-handle 标识，chunk-handle 是在块创建时由 Master 分配的。

（2）出于可靠性考虑，每一个块被复制到多个 ChunkServer 上。默认情况下，保存 3 个副本，但这可以由用户指定。这些副本在 Linux 文件系统上作为本地文件存储。

（3）每个 GFS 集群只有一个 Master，维护文件系统所有的元数据，包括名字空间、访问控制信息、从文件到块的映射以及块的当前位置。它也控制系统范围的活动，如块租约管理、孤儿块的垃圾收集、ChunkServer 间的块迁移。

（4）Master 定期通过 HeartBeat 消息与每一个 ChunkServer 通信，给 ChunkServer 传递指令并收集它的状态。

（5）客户和 ChunkServer 都不缓存文件数据。因为用户缓存数据几乎没有什么作用，这是由于数据太多或工作集太大而无法缓存。不缓存数据简化了客户程序和整个系统，因为不必考虑缓存的一致性问题。但用户缓存元数据。此外，ChunkServer 也不必缓存文件，因为块是作为本地文件存储的。依靠 Linux 本身的缓存 Cache 在内存中保存数据。

3. GFS 的组件

GFS 的组件主要有两个：Master 和 ChunkServer。

（1）Master。Master 的功能和作用如下。

① 保存文件 /Chunk 名字空间、访问控制信息、文件到块的映射以及块的当前位置，全内存操作（64 字节每 Chunk)。

② Chunk 租约管理、垃圾和孤儿 Crunk 回收、不同服务器间的 Chunk 迁移。

③ 记录操作日志：操作日志包含对元数据所做修改的历史记录。它作为逻辑时间定义了并发操作的执行顺序。文件、块以及它们的版本号都由它们被创建时的逻辑时间而唯一、永久地被标识。

④ 在多个远程机器备份 Master 数据。

⑤ 设置 Checkpoint, 用于快速恢复。

（2）ChunkServer 的一些特性。① Chunk(数据块）的大小被固定为 64 MB, 这个尺寸相对来说还是挺大的，这是因为较大的 Chunk 尺寸能够减少元数据访问的开销，减少同 Master 的交互。

② Chunk 位置信息并不是一成不变的，可能会由于系统的负载均衡、机器节点的增减而动态改变。

块规模是设计中的一个关键参数，GFS 选择的是 64 MB, 这比一般的文件系统的块规模要大得多。每个块的副本作为一个普通的 Linux 文件存储，在需要的时候可以扩展。块规模较大的好处如下。

减少 Client 和 Master 之间的交互。在开始读取文件之前，客户端需要向 Master 请求块位置信息，对于读写大型文件这种减少尤为重要。即使对访问少量数据的随机读操作也可以很方便地为一个规模达几个 TB 的工作集缓存块位置信息。

Client 在一个给定的块上很可能执行多个操作，和一个 ChunkServer 保持较长时间的 TCP 连接可以减少网络负载。

这减少了 Master 上保存的元数据的规模，从而可以将元数据放在内存中。这又会带来一些别的好处。

块规模较大也有不利的一面：Chunk 较大可能产生内部碎片。同一个 Chunk 中存在许多小文件可能产生访问热点，一个小文件可能只包含一个块，如果很多 Client 访问该文件，存储这些块的 ChunkServer 将成为访问的热点。但在实际应用中，应用程序通常顺序地读包含多个块的文件，所以这不是一个主要问题。

（三）GFS 的容错和诊断

GFS 为文件系统提供了很高的容错能力，主要体现在两个方面：高可靠性和数据完整性。

1. 高可靠性

（1）快速恢复。不管如何终止服务，Master 和数据块服务器都会在几秒内恢复状态和运行。实际上，并不对正常终止和不正常终止进行区分，服务器进程都会被切断而终止。客户机和其他服务器会经历一个小小的中断，然后它们的特定请求超时，重新连接重启的服务器，重新请求。

（2）数据块备份。每个数据块都会被备份到不同机架的不同服务器上，通常是每个数据块都有 3 个副本。对不同的名字空间，用户可以设置不同的备份级别。在数据块服务器掉线或数据被破坏时，Master 会按照需要复制数据块。

（3）Master 备份。为确保可靠性，Master 的状态、操作记录和检查点都在多台机器上进行了备份。一个操作只有在数据块服务器硬盘上刷新并被记录在 Master 及其备份上之后，才算是成功的。如果 Master 或硬盘失败，系统监视器会发现并通过改变域名启动它的一个备份机，而客户机仅使用规范的名称访问，并不会发现 Master 的改变。

2. 数据完整性

每个数据块服务器都利用校验和来检验存储数据的完整性。原因是每个服务器随时都有发生崩溃的可能性，在两个服务器间比较数据块也是不现实的，在两台服务器间复制数据并不能保证数据的一致性。

每个 Chunk 按 64 KB 的大小分成块，每个块有 32 位的校验和，校验和日志存储在一起，和用户数据分开。在读数据时，服务器先检查与被读内容相关部分的校验和，因此服务器不会传播错误的数据。如果所检查的内容和校验和不符，服务器就会给数据请求者返回一个错误的信息，并把这个情况报告给 Master。客户机就会读其他的服务器来获取数据，Master 则会从其他的副本来复制数据，等到一个新的副本完成时，Master 就会通知报告错误的服务器删除出错的数据块。

附加写数据时的校验和计算优化了，因为这是主要的写操作。因此，只是更新增加部分的校验和，即使末尾部分的校验和数据已被损坏而没有检查出来，新的校验和与数据会不相符，这种冲突在下次使用时会被检查出来。

相反，如果是覆盖现有数据的写，在写以前，必须检查第一和最后一个数据块，然后才能执行写操作，最后计算和记录校验和。如果在覆盖以前不先检查首位数据块，计算出的校验和会因为没被覆盖的数据而产生错误。

在空闲时间，服务器会检查不活跃的数据块的校验和，这样可以检查出不经常读的数据的错误。一旦错误被检查出来，服务器会复制一个正确的数据块代替错误的。

（四）GFS 的扩展性能

对于分布式文件系统存储来说，系统的可扩展性是系统设计好坏的一个关键指标。由于 GFS 采用单一的 Master 的设计结构，因此扩展主要在于 ChunkServer 节点的加入，每当有 ChunkServer 加入的时候，Master 会询问其所拥有的块的情况，Master 在每次启动的时候也会主动询问所有 ChunkServer 的情况。

GFS 单一 Master 的设计方式使系统管理简单、方便，但也有不利的一面：随着系统规模的扩大，单一 Master 是否会成为瓶颈？这看起来是限制系统可扩展性和可靠性的一个缺陷，因为系统的最大存储容量和正常工作时间受制于主服务器的容量和正常工作时间，也因为它要将所有的元数据进行编制，并且因为几乎所有的动作和请求都经过它。

但是，Google 的工程师辩解说事实并不是这样。元数据是非常紧凑的，只有数 KB 到数 MB 的大小，并且主服务器通常是网络上性能最好的节点之一。至于可靠性，通常有一个“影子”主服务器作为主服务器的镜像，一旦主服务器失败，它将接替工作。另外，主服务器极少成为瓶颈，因为客户端仅取得元数据，然后会将它们缓存起来，随后的交互工作直接与 ChunkServer 进行。同样，使用单个主服务器可以降低软件的复杂性，如果有多个主服务器，软件将变得复杂，才能够保证数据完整性、自动操作、负载均衡和安全性。

根据分布式文件系统存储的特点，并结合上面 GFS 的实例，可总结出分布式文件系统存储在设计、实现时主要关注以下几个方面。

设计特点：分布式能力、性能、容灾、维护和扩展、成本。

分布式文件系统主要关键技术：全局名字空间、缓存一致性、安全性、可用性、可扩展性。

其他关键技术：文件系统的快照和备份技术、热点文件处理技术、元数据集群的负载平衡技术、分布式文件系统的日志技术。

六、分布式块存储

（一）分布式块存储的概念

在讨论分布式块存储之前，先解释一下块存储的概念，块存储简单来说就是提供了块设备存储的接口，用户需要把块存储卷附加到虚拟机或裸机上以与其交互。这些卷都是持久的，因为它们可以从运行实例上被解除或重新附加而数据保持不变。

这样解释，有些人可能还不太了解什么是块存储，下面先从单机块设备工具开始介绍，以便对块存储建立起初步的印象。简单来说，一个硬盘是一个块设备，内核检测到硬盘后，在/

dev/ 下会看到 /dev/sda/。为了用一个硬盘得到不同的分区来做不同的事，可使用 fdisk 工具得到 /dev/sda1、/dev/sda2 等。这种方式通过直接写入分区表来规定和切分硬盘，是比较原始的分区方式。庆幸的是，有一些单机块设备工具能帮我们完成分区，其中 LVM 是一种逻辑卷管理器，通过 LVM 对硬盘创建逻辑卷组和得到逻辑卷，要比 fdisk 方式更加弹性。LVM 基于 Device-mapper 用户程序实现，Device-mapper 是一种支持逻辑卷管理的通用设备映射机制，为存储资源管理的块设备驱动提供了一个高度模块化的内核架构。

在面对极具弹性的存储需求和性能要求下，单机或独立的 SAN 越来越不能满足企业的需要。如同数据库系统一样，块存储在 scale up 的瓶颈下也面临着 scale out 的需要。可以用以下几个特点描述分布式块存储系统的概念。

（1）分布式块存储可以为任何物理机或虚拟机提供持久化的块存储设备。

（2）分布式块存储系统管理块设备的创建、删除和 attach/detach。

（3）分布式块存储支持强大的快照功能，快照可以用来恢复或创建新的块设备。

（4）分布式存储系统能够提供不同 I/O 性能要求的块设备。

（二）分布式块存储实例

分布式块存储目前已经相对成熟，市场上也有很多基于分布式块存储技术实现的产品。下面结合几个市场上流行的产品进行介绍。

1. Amazon EBS

Amazon 作为领先的 IaaS 服务商，其 API 目前是 IaaS 的事实标准。Amazon EC2 目前在大多数方面远超其他 IaaS 服务商。Amazon EBS 是专门为 Amazon EC2 虚拟机设计的弹性块存储服务。Amazon EBS 可以为 Amazon EC2 的虚拟机创建卷 volumes，Amazon EBS 卷类似没有格式化的外部卷设备。卷有设备名称，也提供了块设备接口。用户可以在 Amazon EBS 卷上驻留自己的文件系统，或者直接作为卷设备使用。EBS 定价为每月每 GB 容量 10 美分，或者每向卷发出 100 万次请求 10 美分。据 Amazon 称，用户还可以将虚拟机的数据以快照的方式存储到 Amazon 的 S3。

一般来说，可以创建多达 20 个 Amazon EBS 卷，卷的大小可从 1 GB 到 1 TB。在相同 Avaliablity Zone 中，每个 Amazon EBS 卷可以被任何 Amazon EC2 虚拟机使用。如果需要超过 20 个卷，则需要提出申请。

同时，Amazon EBS 提供了快照功能。可以将快照保存到 Amazon S3 中，其中第一个快照是全量快照，随后的快照都是增量快照。可以使用快照作为新的 Amazon EBS 卷的起始点，这样，当虚拟机数据受到破坏时，可以选择回滚到某个快照来恢复数据，从而提高数据的安全性与可用性。

Amazon EC2 实例可以将根设备数据存储在 Amazon EBS 或本地实例存储上。使用 Amazon EBS 时，根设备中的数据将独立于实例的生命周期保留下来，在停止实例后仍可以重新启动使用，与笔记本电脑关机并在再次需要时重新启动相似。另外，本地实例存储仅在实例的生命周期内保留，这是启动实例的一种经济方式，因为数据没有存储到根设备中。

EBS 可以在卷连接和使用期间实时拍摄快照。不过，快照只能捕获已写入 Amazon EBS 卷的数据，不包含应用程序或操作系统已在本地缓存的数据。如果需要确保能为实例连接的卷获得一致的快照，需要先彻底断开卷连接，再发出快照命令，然后重新连接卷。

EBS 快照目前可以跨 regions 增量备份，意味着 EBS 快照时间会缩短，这也增加了 EBS 使用的安全性。

下面通过 Amazon EBS 容错处理和使用快照加载新卷的过程了解 Amazon EBS 的功能。

Amazon EBS 可以将任何实例（运行中的虚拟机）关联到卷。当一个实例失效时，Amazon EBS 卷可以自动解除与失效节点的关联，从而将该卷关联到新的实例。步骤如下。

（1）运行中的 Amazon EC2 实例被关联到 Amazon EBS 卷，而这个实例突然失效或出现异常。

（2）为了恢复该实例，解除 Amazon EBS 卷和实例的关系（如果没有自动解除），加载一个新的 Amazon EC2 实例，将其关联到 Amazon EBS 卷。

（3）在 Amazon EBS 卷失效的情况下（概率极低），可以根据快照创建一个新的 Amazon EBS 卷。

可以使用 Amazon EBS 快照作为一个起点来加载若干个新卷。加载过程如下。

（1）假设现在有个大数据量的 Web Service 服务正在运行。

（2）当数据都正常的时候，可以为自己的卷创建快照，并将这些快照存储在 Amazon S3 上。

（3）当服务数据剧增时，需要根据快照加载新的卷，然后启动新的实例，再将新的实例关联到新的卷。

（4）当服务下降时，可以关闭一个或多个 Amazon EC2 实例，并删除相关的 EBS 卷。总的来说，Amazon EBS 是目前 IaaS 服务商最引人注目的服务之一，目前的 OpenStack、CloudStack 等其他开源框架都无法提供 Amazon EBS 的弹性和强大的服务。了解和使用 Amazon EBS 是学习 IaaS 块存储的最好手段。

2. Cinder

OpenStack 是目前流行的 IaaS 框架，提供了与 AWS 类似的服务并且兼容其 API。OpenStack Nova 是计算服务，Swift 是对象存储服务，Quantum 是网络服务，Glance 是镜像服务，Cinder 是块存储服务，Keystone 是身份认证服务，Horizon 是控制台 Dashboard, 另外还有 Heat、Oslo、Ceilometer、Ironic 等项目。

OpenStack 的存储主要分为以下三大类。

（1）对象存储服务（Swift）。

（2）块设备存储服务，主要是提供给虚拟机作为“硬盘”的存储。这里又分为两块：本地块存储和分布式块存储。

（3）数据库服务，目前是一个正在孵化的项目 Trove, 前身是 Rackspace 开源出来的 RedDwarf, 对应 AWS 里面的 RDC。

Cinder 是 OpenStack 中提供类似于 EBS 块存储服务的 API 框架，它并没有实现对块设备的管理和实际服务，而是为后端不同的存储结构提供了统一的接口，不同的块设备服务商在 Cinder 中实现其驱动支持以与 OpenStack 进行整合。后端的存储可以是 DAS、NAS、SAN、对象存储或者分布式文件系统。也就是说，Cinder 的块存储数据完整性、可用性保障是由后端存储提供的。

在 CinderSupportMatrix 中可以看到众多存储厂商（如 NetAPP、IBM、SolidFire、EMC) 和众多开源块存储系统对 Cinder 的支持。

从图 3-10 中也可以看到，Cinder 只是提供了一层抽象，然后通过其后端支持的 driver 实现发出命令来得到回应。块存储的分配信息以及选项配置等会被保存到 OpenStack 统一的 DB 中。

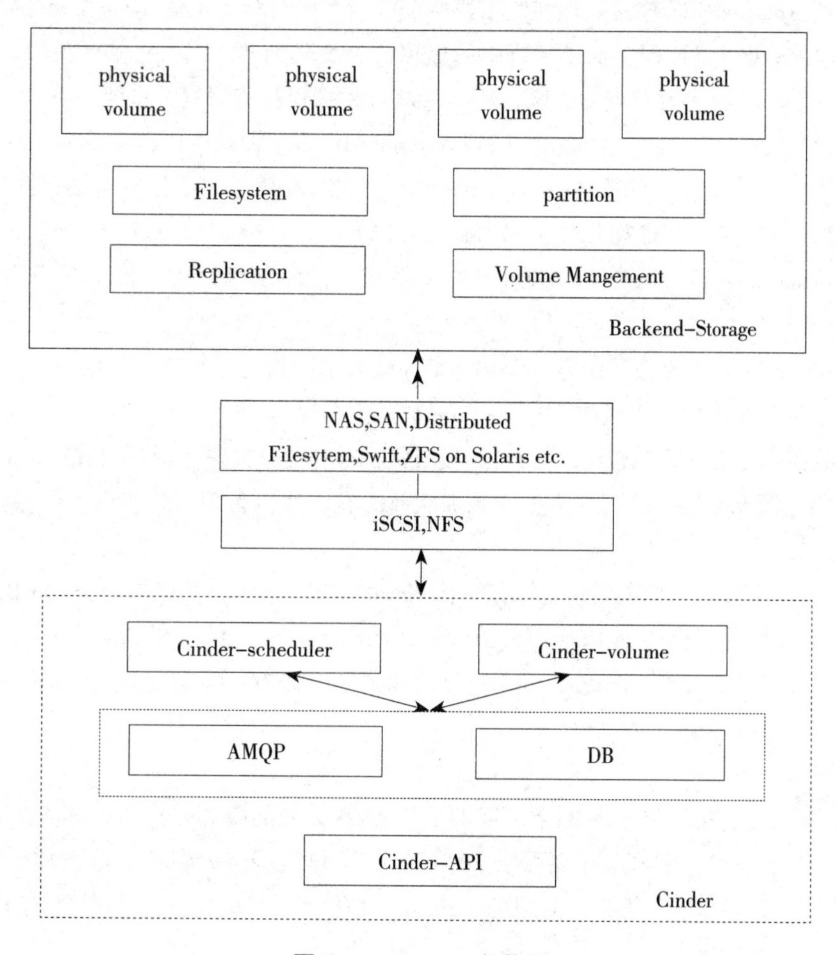

图 3-10 Cinder 架构图

通过上面的介绍，目前分布式块存储的实现仍然由 Amazon EBS 独占鳌头，其卓越稳定的读写性能、强大的增量快照、跨区域块设备迁移以及令人惊叹的 QoS 控制都是目前开源或其他商业实现无法比拟的。

不过，Amazon EBS 始终不是公司私有存储的一部分，作为企业 IT 成本的重要部分，块存储正在发生改变。EMC 发布了其 ViPR 平台，并开放了其接口，试图接纳其他厂商和开源实现。Nexenta 在颠覆传统的存储专有硬件，在其上软件实现原来只有 SDN 的能力，让企业客户完全摆脱了存储与厂商的绑定。Inktank 极力融合 OpenStack，并扩大 Ceph 在 OpenStack 社区的影响力。这些都说明了无论目前的存储厂商还是开源社区都在极力推动整个分布式块存储的发展，存储专有设备的局限性正在进一步弱化原有企业的存储架构。

在分布式块存储和 OpenStack 之间可以打造更巩固的纽带，将块存储在企业私有云平台上做更好的集成和运维。

七、分布式对象存储

（一）对象存储的概念

1. 对象存储的定义

存储局域网（SAN）和网络附加存储（NAS）是目前两种主流网络存储架构，而对象存储是一种新的网络存储架构，基于对象存储技术的设备就是对象存储设备（OSD）。1999 年成立的全球网络存储工业协会（SNIA）的对象存储设备工作组发布了 ANSI 的 X3T10 标准。总体来讲，对象存储综合了 NAS 和 SAN 的优点，同时具有 SAN 的高速直接访问和 NAS 的分布式数据共享等优势，提供了具有高性能、高可靠性、跨平台以及安全的数据共享的存储体系结构。

2. 对象存储的架构

对象存储的核心是将数据通路（数据读或写）和控制通路（元数据）分离，并且基于对象存储设备（OSD）构建存储系统，每个对象存储设备具有一定的智能，能够自动管理其上的数据分布。

对象存储结构组成部分有对象、对象存储设备、元数据服务器、对象存储系统的客户端。

（1）对象。对象是系统中数据存储的基本单位，一个对象实际上就是文件的数据和一组属性信息的组合，这些属性信息可以定义基于文件的 RAID 参数、数据分布和服务质量等，而传统的存储系统中用文件或块作为基本的存储单位，在块存储系统中还需要始终追踪系统中每个块的属性，对象通过与存储系统通信维护自己的属性。在存储设备中，所有对象都有一个对象标识，通过对象标识 OSD 命令访问该对象。通常有多种类型的对象，存储设备上的根对象标识存储设备和该设备的各种属性，组对象是存储设备上共享资源管理策略的对象集合等。

（2）对象存储设备。对象存储设备具有一定的智能，有自己的 CPU、内存、网络和磁盘系统，OSD 同块设备的不同不在于存储介质，而在于两者提供的访问接口，OSD 的主要功能包括数据存储和安全访问。目前，国际上通常采用刀片式结构实现对象存储设备。OSD 提供 3 个主要功能。

① 数据存储。OSD 管理对象数据，并将它们放置在标准的磁盘系统上，OSD 不提供块接口访问方式，Client 请求数据时用对象 ID、偏移进行数据读写。

② 智能分布。OSD 用其自身的 CPU 和内存优化数据分布，并支持数据的预取。由于 OSD 可以智能地支持对象的预取，从而可以优化磁盘的性能。

③ 每个对象元数据的管理。OSD 管理存储在其上对象的元数据，该元数据与传统的 inode 元数据相似，通常包括对象的数据块和对象的长度。在传统的 NAS 系统中，这些元数据是由文件服务器维护的，对象存储架构将系统中主要的元数据管理工作交由 OSD 完成，降低了 Client 的开销。

（3）元数据服务器（MetaData Server, MDS）。MDS 控制 Client 与 OSD 对象的交互，主要提供以下几个功能。

① 对象存储访问：MDS 构造、管理描述每个文件分布的视图，允许 Client 直接访问对象。MDS 为 Client 提供访问该文件所含对象的能力，OSD 在接收到每个请求时先验证该能力，然后才可以访问。

② 文件和目录访问管理：MDS 在存储系统上构建一个文件结构，包括限额控制、目录和文件的创建和删除、访问控制等。

③ Client Cache 一致性：为了提高 Client 性能，在对象存储系统设计时通常支持 Client 方的 Cache。由于引入 Client 方的 Cache，带来了 Cache 一致性问题，MDS 支持基于 Client 的文件 Cache，当 Cache 的文件发生改变时，将通知 Client 刷新 Cache，从而防止 Cache 不一致引发的问题。

（4）对象存储系统的客户端。为了有效支持 Client 访问 OSD 上的对象，需要在计算节点实现对象存储系统的 Client，通常提供 POSIX 文件系统接口。

（二）分布式对象存储实例

分布式对象存储的代表性实例是云计算巨头 AWS 的 S3（Simple Storage Service），在开源界对应着 OpenStack 的 Swift，下面对这两个系统进行详细分析。

1. AWS S3

Amazon Simple Storage Service 是亚马逊 AWS 服务在 2006 年第一个正式对外推出的云计算服务。下面结合实际使用体验，介绍 S3 的数据结构和特点等。

（1）S3 的背景与概览。S3 为开发人员提供了一个高度扩展、高持久性和高可用性的分布式数据存储服务。它是一个完全针对互联网的数据存储服务，应用程序通过一个简单的 Web 服务接口就可以通过互联网在任何时候访问 S3 上的数据。当然，用户存放在 S3 上的数据可以进行访问控制，以保障数据安全性。这里所说的访问 S3 包括读、写、删除等多种操作，在刚开始接触 S3 时要把 S3 与日常所说的网盘区分开来，虽然都属于云存储范畴，但 S3 是针对开发人员、主要通过 API 编程使用的一个服务，网盘这样的云存储服务则提供了一个给最终用户使用的服务界面。虽然 S3 也可以通过 AWS 的 Web 管理控制台或命令行使用，但是 S3 主要针对开发人员，在理解上可以看成云存储的后台服务。比如，Dropbox 是很多人都喜欢使用的云存储服务，它就是一个典型的 AWS 客户，其所有的用户文件保存在 S3 中。

S3 云存储解决了大规模数据持久化存储的问题。前面提到 EBS 虽然是持久化的，但有容量限制，最大容量为 1 TB。在这个信息爆炸的时代，如何保存海量数据成为一大难题。有了 S3 云存储后，用户可以把注意力集中到其他地方，更专注业务，而不用关心运维和容量规划。

（2）S3 的数据结构。S3 的数据存储结构非常简单，就是一个扁平化的两层结构：一层是存储桶又称存储段；另一层是存储对象又称数据元。

存储桶是 S3 中用来归类数据的一个方式，是存储数据的容器。每一个存储对象都需要存储在某一个存储桶中。存储桶是 S3 命名空间的最高层，会成为用户访问数据的域名的一部分，因此存储桶的名字必须是唯一的，而且需要保持 DNS 兼容，如采用小写，不能用特殊字符，等等。例如，如果创建了一个名为 cloud-uestc 的存储桶，那么对应的域名就是 cloud-uestc.s3.amazonaws.com，以后可以通过 http://cloud-uestc.s3.amazonaws.com/ 访问其中存储的数据。

由于数据存储的地理位置有时对用户来说很重要，因此在创建存储桶的时候S3会提示选择区域信息。

存储对象就是用户实际要存储的内容，其构成就是对象数据内容再加上一些元数据信息。这里的对象数据通常是一个文件，而元数据就是描述对象数据的信息，如数据修改的时间等。如果在cloud-uestc的存储桶中存放了一个文件picture.jpg，就可以通过http://cloud-uestc.s3.amazonaws.com/picture.jpg这个URL访问这个文件。从这个URL访问可以看出，存储桶名称需要全球唯一，存储对象的命名需要在存储桶中唯一。只有这样，才能通过一个全球唯一的URL访问到指定的数据。

S3存储对象中的数据大小可以从1字节到5 TB。在默认情况下，每个AWS账号最多能创建100个存储桶，不过用户可以在一个存储桶中存放任意多存储对象，理论上存储桶中的对象数是没有限制的，因为S3完全按照分布式存储方式设计。除了在容量上S3具有很高的扩展性外，S3在性能上也具有高度扩展性，允许多个客户端和应用线程并发访问数据。

S3的存储结构与常见的文件系统还是有一定区别的，在对两者进行比较的时候，需要注意的是S3在架构上只有两层结构，并不支持多层次的树形目录结构。但可以通过设计带“/”的存储对象名称模拟出一个树形结构。例如，有些S3工具就提供了一个操作选项是“创建文件夹”，其实际上就是通过控制存储对象的名称实现的。

（3）S3的特点。作为云存储的典型代表，Amazon S3在扩展性、持久性和性能等几个方面有自己明显的特点。S3云存储最大的特点是无限容量、高持久性、高可用性，但它是一个key-value结构的存储。与EBS相比，它缺少目录结构，所以在用户的业务里一般都会使用数据库保存S3云存储上数据的元信息。

① 耐久性和可用性。为了保证数据的耐久性和可用性，用户保存在S3上的数据会自动地在选定地理区域中多个设施（数据中心）和多个设备中进行同步存储。S3存储提供了AWS平台中最高级别的数据持久性和可用性。除了分布式的数据存储方式外，S3还内置了数据一致性检查机制来提供错误更正功能。S3的设计不存在单点故障，可以承受两个设施同时出现数据丢失，因此非常适合用于任务关键型数据的主要数据存储。实际上，Amazon S3旨在为每个存储对象提供99.999999999%（11个9）的年持久性和99.99%的年可用性。除了内置冗余外，S3还可通过使用S3版本控制功能使数据免遭应用程序故障和意外删除造成的损坏。对于可以根据需要轻松复制的非关键数据（如转码生成的媒体文件、镜像缩略图等），可以使用Amazon S3中的降低冗余存储（RRS）选项。RRS的持久性为99.99%，当然它存储费用更低。尽管RRS的持久性稍逊于标准S3，但仍高出一般磁盘驱动器约400倍。

② 弹性和可扩展性。Amazon S3的设计能够自动提供高水平的弹性和扩展性。一般的文件系统可能会在一个目录中存储大量文件时遇到问题，而S3能够支持在任何存储桶中无限量地存储文件。另外，与磁盘不同的是，磁盘大小会限制可存储的数据总量，而Amazon S3存储桶可以存储无限量的数据。在数据大小方面，目前S3的唯一限制是单个存储对象的大小不能超过5 TB，但是可以存储任意数量的存储对象，S3会自动将数据的冗余副本扩展和分发到同一地区内其他位置的服务器中，这一切完全通过AWS的高性能基础设施实现。

③ 良好的性能。S3 是针对互联网的一种存储服务，因此它的数据访问速度不能与本地硬盘的文件访问相比。但是，从同一区域内的 Amazon EC2 可以快速访问 Amazon S3。如果同时使用多个线程、多个应用程序或多个客户端访问 S3，那么 S3 累计总吞吐量往往远远超出单个服务器可以生成或消耗的吞吐量。S3 在设计上能够保证服务端的访问延时比互联网的延时少很多。

为了加快相关数据的访问速度，许多开发人员将 Amazon S3 与 Amazon DynamoDB 或 Amazon RDS 配合使用。由 S3 存储实际信息，DynamoDB 或 RDS 充当关联元数据（如存储对象名称、大小、关键字等）的存储。数据库提供索引和搜索的功能，通过元数据搜索高效地找出存储对象的引用信息。然后，用户可以借助该结果准确定位存储对象本身，并从 S3 中获取它。当然，为提高最终用户访问 S3 中数据的性能，还可以使用 Amazon CloudFront 这样的 CDN 服务。

④ 接口简单。Amazon S3 提供基于 SOAP 和 REST 两种形式的 Web 服务 API 用于数据的管理操作。这些 API 提供的管理和操作既针对存储桶，也针对存储对象。虽然直接使用基于 SOAP 或 REST 的 API 非常灵活，但是由于这些 API 相对比较底层，因此实际使用起来相当烦琐。为方便开发人员使用 AWS，专门基于 RESP API 为常见的开发语言提供了高级工具包或软件开发包（SDK）。这些 SDK 支持的语言包括 Java、.NET、PHP、Ruby 和 Python 等。另外，如果需要在操作系统中直接管理和操作 S3，那么 AWS 也为 Windows 和 Linux 环境提供了一个集成的 AWS 命令行接口（CLI）。在这个命令行环境中可以使用类似 Linux 的命令实现常用的操作，如 Is、cp、mv、sync 等。还可以通过 AWS 的 Web 管理控制台简单地使用 S3 服务，包括创建存储桶、上传和下载数据对象等操作。当然，现在也有很多第三方的工作能够帮助用户通过图形化的界面使用 S3 服务，如 S3 Organizer（Firefox 的一个免费插件）、CloudBerry Explorer for Amazon S3 等。

2. OpenStack Swift

作为 AWS S3 的开源实现，OpenStack Swift 的出现逐渐打破了 S3 的垄断地位，提供了弹性可伸缩、高可用的分布式对象存储服务，适合存储大规模非结构化数据。下面从 Swift 的背景、数据模型和系统架构入手进行介绍。

（1）OpenStack Swift 背景与概览。Swift 最初是由 Rackspace 公司开发的高可用分布式对象存储服务，于 2010 年贡献给 OpenStack 开源社区作为其最初的核心子项目之一，为其 Nova 子项目提供虚拟镜像存储服务。Swift 构筑在比较便宜的标准硬件存储基础设施上，无须采用 RAID（磁盘冗余阵列），通过在软件层面引入一致性散列技术和数据冗余性，牺牲一定程度的数据一致性达到高可用性和可伸缩性，支持多租户模式、容器和对象读写操作，适合解决互联网的应用场景下非结构化数据存储问题。

Swift 项目是基于 Python 开发的，采用 Apache2.0 许可协议，可用来开发商用系统。

（2）数据模型。Swift 采用层次数据模型，共设三层逻辑结构：Account/Container/Object（账户 / 容器 / 对象），每层节点数均没有限制，可以任意扩展。这里的账户和个人账户不是一个概念，可理解为租户，用来作顶层的隔离机制，可以被多个个人账户共同使用；容器代表封装一组对象，类似文件夹或目录；叶子节点代表对象，由元数据和内容两部分组成，如图 3-11 所示。

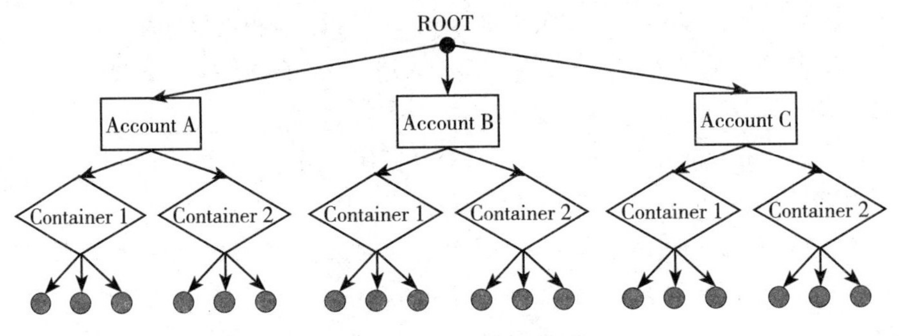

图 3-11　Swift 数据模型

（3）Swift 系统架构。Swift 采用完全对称、面向资源的分布式系统架构设计，所有组件都可扩展，避免因单点失效而扩散并影响整个系统运转。通信方式采用非阻塞式 I/O 模式，提高了系统吞吐和响应能力。

Swift 的系统架构如图 3-12 所示。

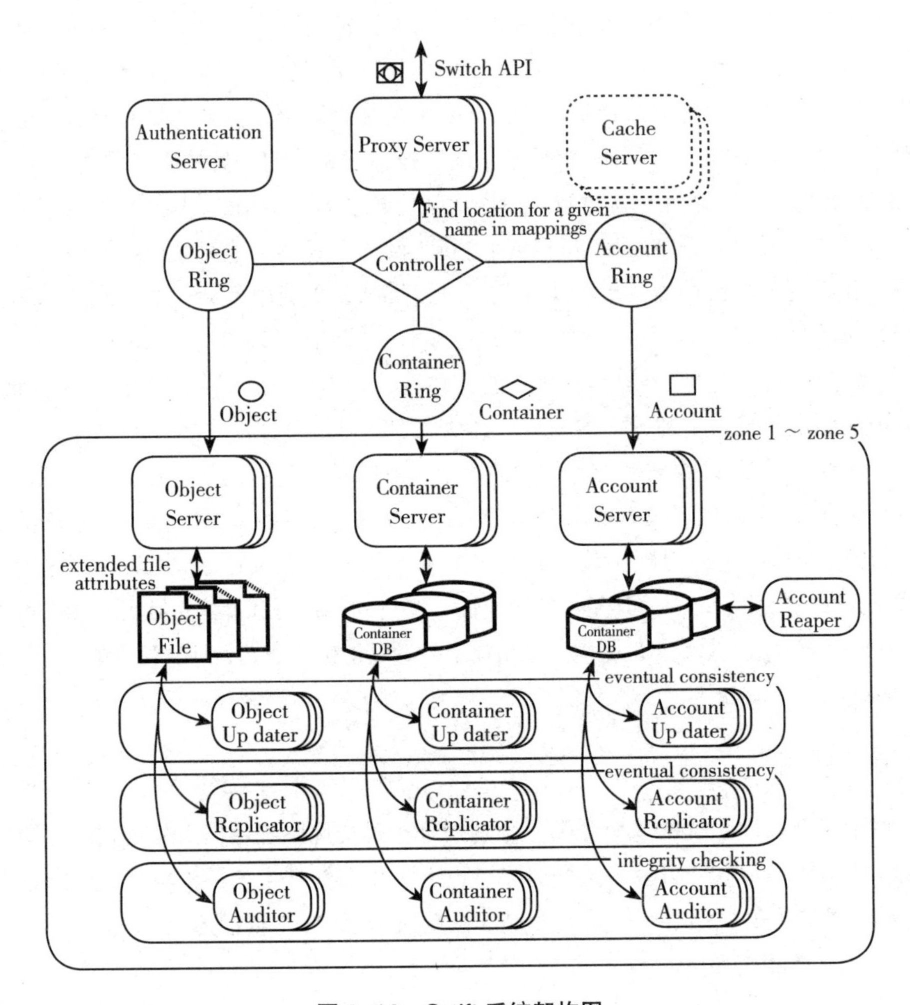

图 3-12　Swift 系统架构图

① 代理服务（Proxy Server）。对外提供对象服务 API，会根据信息查找服务地址并转发用户请求至相应的账户、容器或者对象服务。由于采用无状态的 REST 请求协议，可以进行横向扩展来均衡负载。

② 认证服务（Authentication Server）。验证访问用户的身份信息，并获得一个对象访问令牌，在一定的时间内会一直有效，验证访问令牌的有效性并缓存下来直至过期。

③ 缓存服务（Cache Server）。缓存的内容包括对象服务令牌、账户和容器的存在信息，但不会缓存对象本身的数据。缓存服务可采用 Memcached 集群，Swift 会使用一致性散列算法分配缓存地址。

④ 账户服务。提供账户元数据和统计信息，并维护所含容器列表的服务，每个账户的信息被存储在一个 SQLite 数据库中。

⑤ 容器服务。提供容器元数据和统计信息，并维护所含对象列表的服务，每个容器的信息也存储在一个 SQLite 数据库中。

⑥ 对象服务。提供对象元数据和内容服务，每个对象的内容会以文件的形式存储在文件系统中，元数据会作为文件属性来存储，建议采用支持扩展属性的 XFS 文件系统。

⑦ 复制服务。会检测本地分区副本和远程副本是否一致，具体通过对比散列文件和高级水印来完成，发现不一致时会采用推式（Push）更新远程副本，例如对象复制服务会使用远程文件复制工具 rsync 来同步。另外一个任务是确保被标记删除的对象从文件系统中移除。

⑧ 更新服务。当对象由于高负载的原因无法立即更新时，任务将会被序列化到本地文件系统中进行排队，以便服务恢复后进行异步更新。例如，成功创建对象后容器服务器没有及时更新对象列表，这个时候容器的更新操作就会进行排队，更新服务会在系统恢复正常后扫描队列并进行相应的更新处理。

⑨ 审计服务。检查对象、容器和账户的完整性，如果发现比特级的错误，文件将被隔离，并复制其他的副本以覆盖本地损坏的副本。其他类型的错误会被记录到日志中。

⑩ 账户清理服务。移除被标记为删除的账户，删除其所包含的所有容器和对象。

OpenStack Swift 作为稳定和高可用性的开源对象存储被很多企业作为商业化战略部署开发的产品，如新浪的 App Engine 已经上线，并提供了基于 Swift 的对象存储服务，韩国电信的 Ucloud Storage 服务。有理由相信，因为其完全的开放性、广泛的用户群和社区贡献者，Swift 可能会成为云存储的开放标准，从而打破 Amazon S3 在市场上的垄断地位，推动云计算朝着更加开放和可互操作的方向前进。

八、统一存储

前面讨论了云存储系统的 3 个分类，分别是分布式文件系统存储、分布式块存储和分布式对象存储。所谓统一存储，可以说是同时支持以上 3 种存储技术的一种集成式解决方案。下面从统一存储的概念出发，结合一个统一存储的系统实例 Ceph 进行描述。

（一）统一存储的概念

统一存储实质上是一个可以支持基于文件的网络附加存储（NAS）以及基于数据块的 SAN

的网络化的存储架构。由于其支持不同的存储协议为主机系统提供数据存储，因此也被称为多协议存储，这些多协议系统可以通过网络连接口或者光纤通道连接到服务器上。

统一存储概念的出现要追溯到十余年前。在过去的十余年里，统一存储发展的势头一直不温不火，但发展至最近两年，统一存储开始迸发出新的能量，重新成为存储厂商的夺金点。

统一存储的定义，简而言之，就是既支持基于文件的NAS存储，包括CIFS、NFS等文件协议类型，又支持基于块数据的SAN存储，包括FC、iSCSI等访问协议，并且可由一个统一界面进行管理。

在数据存储架构中部署统一存储系统有如下优势。

1. 规划整体存储容量的能力：部署一个统一存储系统可以不必对文件存储容量以及数据块存储容量分别进行规划。

2. 利用率可以得到提升，容量本身并没有标准限制：统一存储可以避免与分别对数据块及文件存储支持相关的容量利用率方面的问题，用户不必担心多买了支持其中一种协议而少买了支持另外一种协议的存储。

3. 存储资源池的灵活性：用户可以在无须知道应用是否需要数据块或者文件数据访问的情况下，自由分配存储来满足应用环境的需要。

4. 积极支持服务器虚拟化：在很多时候，用户在部署他们的服务器虚拟化环境时会因为性能方面的要求而对基于数据块的裸设备映射（RDM）提出要求。统一存储为用户如何存储他们的虚拟机提供了选择，而无须像之前那样分别购买存储区域网络（SAN）和网络附件存储（NAS）设备。

需要大规模存储数据的企业可能经常面对应用的特殊性能要求带来的存储系统的特殊需求。就目前大家对统一存储使用的趋势来看，统一存储将会在许多次级应用上取代存储区域网络（SAN）以及网络附加存储（CNAS）。2008年企业战略集团（ESG）的研究结果表明，用户们已经陆续开始采取统一存储，参与研究调查的人群中有70%的人表示，他们在实施或者计划开始实施统一存储的解决方案，主要的驱动力在于统一存储解决方案能带来可观的存储效率。

（二）统一存储系统实例

统一存储的一个代表实例就是Ceph。Ceph是开源实现的PB级分布式文件系统，其分布式对象存储机制为上层提供了文件接口、块存储接口和对象存储接口。下面从Ceph的基本概念入手，分析其设计目标与特点、设计架构与组件，并对Ceph的数据分布算法进行重点介绍。

1. Ceph的设计目标与特点

Ceph最初是一项关于存储系统的PhD研究项目，由Sage Weil在University of California，Santa Cruz（UCSC）实施。

先介绍Ceph系统的设计目标。要知道，设计一个分布式文件系统需要多方面的努力，Ceph的目标可以简单定义为3个方面：可轻松扩展到数PB容量，高可靠性，对多种工作负载的高性能（每秒输入/输出操作和带宽）。

对应上面所说的Ceph的设计目标，相对于其他分布式文件系统，Ceph统一存储文件系统有以下几个设计目标。

（1）可扩展性。Ceph的可扩充性主要体现在3个方面：Ceph系统在LGPL许可下基于

POSIX 规范编写，具有良好的二次开发和移植性；存储节点容量可以很容易扩展到 PB 级；Ceph 是一个比较通用的文件系统，不像 GFS 针对大文件的场合比较适合，Ceph 适合于大部分 workloads。

（2）性能和可靠性。可扩展性和性能之间必然有一种平衡，Ceph 的存储节点的扩展导致的性能降低是一种非线性的降低。其可靠性和目前的分布式系统一样采用 N-way 副本策略，但也有自己的特点，即元数据不采用单一节点方式，而采用集群方式，对热点节点的元数据也采用了多副本策略。

（3）负载均衡。负载均衡策略主要体现在元数据和存储节点上。元数据集群中，热点节点的元数据会迁移到新增元数据节点上。存储节点同样会定期迁移到新增节点上，从而保证所有节点的负载均衡。

2. Ceph 的系统架构与组件

Ceph 系统架构可以大致划分为 4 部分：客户端（数据用户）、元数据服务器（缓存和同步分布式元数据）、一个对象存储集群（将数据和元数据作为对象存储，执行其他关键职能）以及集群监视器（执行监视功能）。系统概念架构如图 3-13 所示。

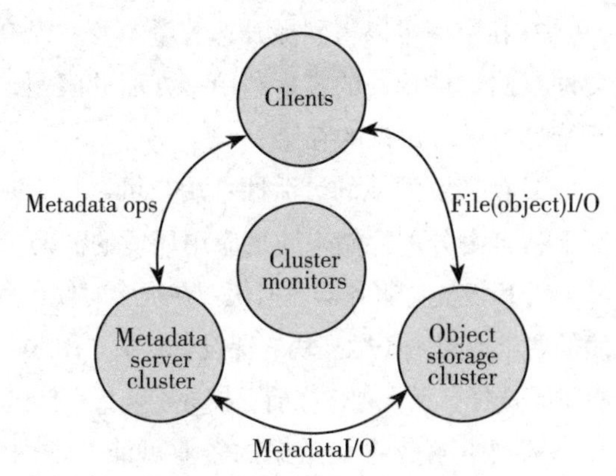

图 3-13　Ceph 系统概念架构

Ceph 和传统的文件系统之间的重要差异之一是，它将智能都用在了生态环境而不是文件系统上。图 3-14 展示了一个简单的 Ceph 生态系统。Ceph client 是 Ceph 文件系统的用户。Ceph metadata daemon 提供了元数据服务器，Ceph object storage daemon 提供了实际存储（对数据和元数据两者）。Ceph monitor 提供了集群管理。要注意的是，Ceph 客户、对象存储端点、元数据服务器（根据文件系统的容量）可以有许多，而且至少有一对冗余的监视器。

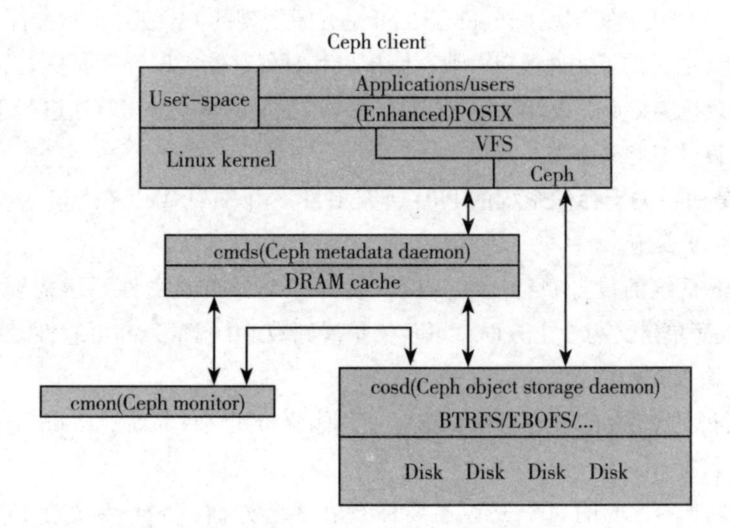

图 3-14　Ceph 生态系统示例

（1）Ceph 客户端。Ceph 文件系统或者至少是客户端接口是在 Linux 内核中实现的。值得注意的是，在大多数文件系统中，所有的控制和智能在内核的文件系统源本身中执行。但是，在 Ceph 中，文件系统的智能分布在节点上，这简化了客户端接口，并为 Ceph 提供了大规模扩展能力。

（2）Ceph 元数据服务器。Ceph 元数据服务器的工作是管理文件系统的名称空间。虽然元数据和数据两者都存储在对象存储集群中，但两者分别管理，支持可扩展性。事实上，元数据在一个元数据服务器集群上被进一步拆分，元数据服务器能够自适应地复制和分配名称空间，避免出现热点。如图 3–15 所示，元数据服务器管理名称空间部分可以（为冗余和性能）进行重叠。元数据服务器到名称空间的映射在 Ceph 中使用动态子树逻辑分区执行，它允许 Ceph 对变化的工作负载进行调整（在元数据服务器之间迁移名称空间），同时保留性能的位置。

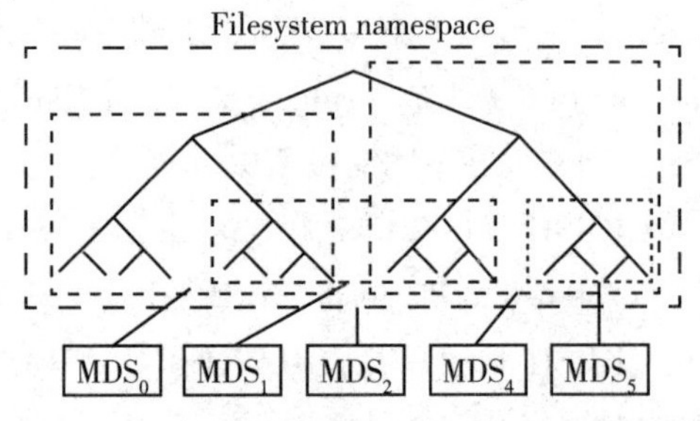

图 3–15　元数据服务器的 Ceph 名称空间的分区

因为每个元数据服务器只是简单地管理客户端入口的名称空间，它的主要应用是一个智能元数据缓存（实际的元数据最终存储在对象存储集群中）。进行写操作的元数据被缓存在一个短期的日志中，最终还是被推入物理存储器中。这个动作允许元数据服务器将最近的元数据回馈给客户（这在元数据操作中很常见）。这个日志对故障恢复也很有用：如果元数据服务器发生故障，它的日志就会被重放，保证元数据安全存储在磁盘上。

元数据服务器管理 inode 空间，将文件名转变为元数据。元数据服务器将文件名转变为索引节点，文件大小和 Ceph 客户端用于文件 I/O 的分段数据。

（3）Ceph 对象存储。和传统的对象存储类似，Ceph 存储节点不仅包括存储，还包括智能。传统的驱动只响应来自启动者的命令，但是对象存储设备是智能设备，它能作为目标和启动者支持与其他对象存储设备的通信和合作。

从存储角度来看，Ceph 对象存储设备执行从对象到块的映射（在客户端的文件系统层中常常执行的任务）。这个动作允许本地实体以最佳方式决定怎样存储一个对象。Ceph 的早期版本在一个名为 EBOFS 的本地存储器上实现一个自定义低级文件系统，这个系统实现一个到底层存储的非标准接口，这个底层存储已针对对象语义和其他特性（例如对磁盘提交的异步通知）调优。

（4）Ceph 监视器。Ceph 包含实施集群映射管理的监视器，但是故障管理的一些要素是在对象存储本身中执行的。当对象存储设备发生故障或者添加新设备时，监视器就检测和维护有效的集群映射。这个功能按一种分布的方式执行，这种方式中映射升级可以和当前的流量通信。Ceph 使用 Paxos，它是一系列分布式共识算法。

3. Ceph 的数据分布算法解析

从 Ceph 的原始论文 *Ceph: Reliable, Scalable, and High-Performance Distributed Storage* 来

看，Ceph 专注于扩展性、高可用性和容错性。Ceph 放弃了传统的 Metadata 查表方式（HDFS），而改用算法（CRUSH）定位具体的 block。在此详细剖析一下 Ceph 的数据分布算法——CRUSH（Controlled Replication Under Scalable Hashing）算法。

CRUSH 是 Ceph 的一个模块，主要解决可控、可扩展、去中心化的数据副本分布问题，它能够在层级结构的存储集群中有效地分布对象的副本。CRUSH 实现了一种伪随机（确定性）的函数，它的参数是 object id 或 object group id，并返回一组存储设备(用于保存 object 副本)。CRUSH 需要 Cluster map(描述存储集群的层级结构）和副本分布策略（rule）。

CRUSH 算法通过每个设备的权重计算数据对象的分布。对象分布是由 Cluster map 和 Data distribution policy 决定的。Cluster map 描述了可用存储资源和层级结构（比如有多少个机架，每个机架上有多少个服务器，每个服务器上有多少个磁盘）。Data distribution policy 由 placement rules 组成。rule 决定了每个数据对象有多少个副本以及这些副本存储的限制条件(比如 3 个副本放在不同的机架中)。

CRUSH 算出 x 到一组 OSD 集合（OSD 是对象存储设备）：

(osd0,osdl,osd2...osdn)=CRUSH(x)

CRUSH 利用多参数 HASH 函数，HASH 函数中的参数包括 x，使从 x 到 OSD 集合是确定和独立的。CRUSH 只使用了 cluster map、placement rules、x。CRUSH 是伪随机算法，相似输入的结果之间没有相关性。

（1）层级的 Cluster map。Cluster map 由 Device 和 Bucket 组成，它们都有 ID 和权重值。Bucket 可以包含任意数量 Item，Item 可以都是 Devices 或者 Buckets。管理员控制存储设备的权重。权重和存储设备的容量有关。Bucket 的权重被定义为它所包含所有 Item 的权重之和。CRUSH 基于 4 种不同的 Bucket Type，每种有不同的选择算法。

（2）副本分布。副本在存储设备上的分布影响数据的安全。Cluster map 反映了存储系统的物理结构。CRUSH placement policies 决定把对象副本分布在不同的区域（某个区域发生故障时并不会影响其他区域）。每个 rule 包含一系列操作（用在层级结构上）。

这些操作如下。

① tack(a)：选择一个 Item，一般是 Bucket，并返回 Bucket 所包含的所有 Item。这些 Item 是后续操作的参数，这些 Item 组成向量 i。

② select(n,t)：迭代操作每个 Item(向量 i 中的 Item)，对于每个 Item（向量 i 中的 Item）向下遍历（遍历这个 Item 所包含的 Item），都返回 n 个不同的 Item（Type 为 t 的 Item），并把这些 Item 都放到向量 i 中。select 函数会调用 $c(r,x)$ 函数，这个函数会在每个 Bucket 中伪随机选择一个 Item。

③ emit: 把向量 i 放到 result 中。

存储设备有一个确定的类型。每个 Bucket 都有 Type 属性值，用于区分不同的 Bucket 类型（比如 row、rack、host 等，Type 可以自定义）。rules 可以包含多个 take 和 emit 语句块，这样就允许从不同的存储池中选择副本的 storage target。

（3）冲突、故障、超载。Select(n,t) 操作会循环选择第 r=1,⋯,n 个副本，r 作为选择参数。

在这个过程中，假如选择到的 Item 遇到 3 种情况（冲突、故障、超载）时，CRUSH 会拒绝选择这个 Item，并使用 r'（r' 和 r、出错次数、firstn 参数有关）作为选择参数重新选择 Item。

① 冲突：这个 Item 已经在向量 i 中，已被选择。

② 故障：设备发生故障，不能被选择。

③ 超载：设备使用容量超过警戒线，没有剩余空间保存数据对象。

故障设备和超载设备会在 Cluster map 上标记（还留在系统中），这样避免了不必要的数据迁移。

（4）MAP 改变和数据迁移。当添加移除存储设备，或有存储设备发生故障时（Cluster map 发生改变时），存储系统中的数据会发生迁移。好的数据分布算法可以最小化数据迁移大小。

（5）Bucket 的类型。CRUSH 映射算法解决了效率和扩展性这两个矛盾的目标，而且当存储集群发生变化时，可以最小化数据迁移，并重新恢复平衡分布。CRUSH 定义了 4 种具有不同算法的 Buckets，每种 Bucket 基于不同的数据结构，并有不同的 $c(r,x)$ 伪随机选择函数。

不同的 Bucket 有不同的性能和特性。

① Uniform Buckets：适用于具有相同权重的 Item，而且 Bucket 很少添加删除 Item，它的查找速度是最快的。

② List Buckets：它的结构是链表结构，所包含的 Item 可以具有任意的权重。CRUSH 从表头开始查找副本的位置，它先得到表头 Item 的权重 Wh、剩余链表中所有 Item 的权重之和 Ws，然后根据 hash (x, r, item) 得到一个 [0 ～ 1] 的值 v，假如这个值 v 在 [0–Wh/Ws] 之中，则副本在表头 Item 中，并返回表头 Item 的 ID，否则继续遍历剩余的链表。

③ Tree Buckets：其结构如图 3–16 所示，链表的查找复杂度是 0(n)，决策树的查找复杂度是 O(log n)。Item 是决策树的叶子节点，决策树中的其他节点知道它左右子树的权重，节点的权重等于左右子树的权重之和。CRUSH 从 root 节点开始查找副本的位置，它先得到节点的左子树的权重 W1，得到节点的权重 Wn，然后根据 hash (x, r，node_id) 得到一个 [0 ～ 1] 的值 v，假如这个值 v 在 [0 ～ W1/Wn) 中，则副本在左子树中，否则在右子树中。继续遍历节点，直到到达叶子节点。Tree Bucket 的关键是当添加删除叶子节点时，决策树中的其他节点的 node_id 不变。决策树中节点的 node_id 的标识是根据对二叉树的中序遍历来决定的（node_id 不等于 Item 的 ID，也不等于节点的权重）。

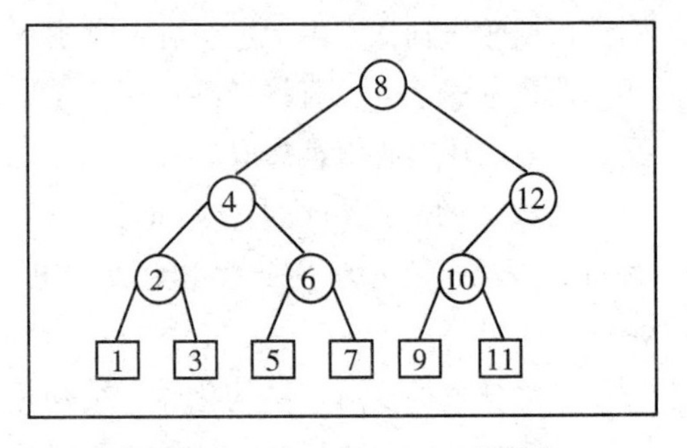

图 3–16　Tree Buckets 的结构

④ Straw Buckets：这种类型让 Bucket 所包含的所有 Item 公平地竞争（不像 list 和 tree 一样需要遍历）。这种算法就像抽签一样，所有的 Item 都有机会被抽中（只有最长的签才能被抽中）。每个签的长度是由 $\text{length} = f(W_i) * \text{hash}(x,r,i)$ 决定的，$f(W_i)$ 和 Item 的权重有关，i 是 Item 的 ID 号。

第四章

大数据的数据获取

大数据技术的核心是从数据中获取价值，而从数据中获取价值的第一步就是要弄清楚有什么数据、怎样获取数据。在企业的生产过程中，数据无所不在，但是如果不能正确获取，或者没有能力获取，就浪费了宝贵的数据资源。

第一节　数据分类与数据获取组件

一、数据获取

数据的分类方法有很多种。

按数据形态可以分为结构化数据和非结构化数据两种。结构化数据如传统的 Data Warehouse 数据；非结构化数据有文本数据、图像数据、自然语言数据等。结构化数据和非结构化数据的区别从字面上就很容易理解：结构化数据的结构固定，每个字段有固定的语义和长度，计算机程序可以直接处理；而非结构化数据是计算机程序无法直接处理的数据，需先对数据进行格式转换或信息提取。

按数据的来源和特点，数据又可以分为网络原始数据、用户面详单信令、信令数据等。例如，运营商数据是一个数据集成，包括用户数据和设备数据。但是运营商的数据又有如下特点。

1. 数据种类复杂，结构化、半结构化、非结构化数据都有。运营商的设备由于传统设计的原因，很多是根据协议来实现的，所以数据的结构化程度比较高，结构化数据易于分析，这点相比其他行业，运营商有天然的优势。

2. 数据实时性要求高，如信令数据都是实时消息，如果不及时获取就会丢失。

3. 数据来源广泛，各个设备数据产生的速度及传送速度都不一样，因而数据关联是一大难题。

让数据产生价值的第一步是数据获取，下面介绍数据获取和数据分发的相关技术。

二、数据获取组件

数据的来源不同，数据获取涉及的技术也不同。很多数据产生于网络设备，你会看到电信特有的探针技术，以及为获取网页数据常用的爬虫、采集日志数据的组件 Flume；数据获取之后，为了方便分发给后面的系统处理，会用到这一节介绍的 Kafka 消息中间件。

从 Kafka 官方网站可以看到 Kafka 消息中间件的生态范围非常广，从发行版、流处理对接、Hadoop 集成、搜索集成到周边组件，如管理、日志、发布、打包、AWS 集成等都有它的身影。图 4-1 展示的是一个 Kafka 应用电信场景，生产数据中心和离线数据中心之间的数据同步。

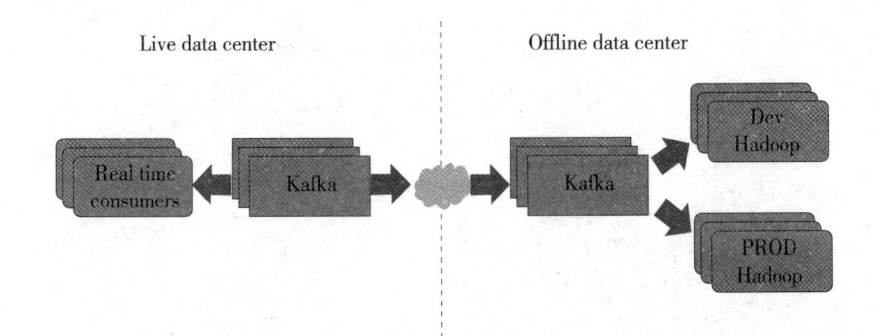

图 4-1　Kafka 应用电信场景，生产数据中心和离线数据中心之间的数据同步

（一）Kafka 性能

测试条件：

2 Linux boxes

16 2.0 GHz cores

6 7200 rpm SATA drive RAID 10

24GB memory

1 Gbit/s network link

200 byte messages

Producer batch size 200 messages

Producer batch size = 40K

Consumer batch size = 1MB

100 topics, broker flush interval = 100K

Producer throughput = 90 MB/sec

Consumer throughput = 60 MB/sec

Consumer latency = 220 ms

(100 topics,1 producer, 1 broker)

1. 吞吐量和时延的关系如图 4-2 所示。2. Broker 和吞吐量的关系如图 4-3 所示，基本呈线性扩展。3. 吞吐量和未消费数据的关系如图 4-4 所示。

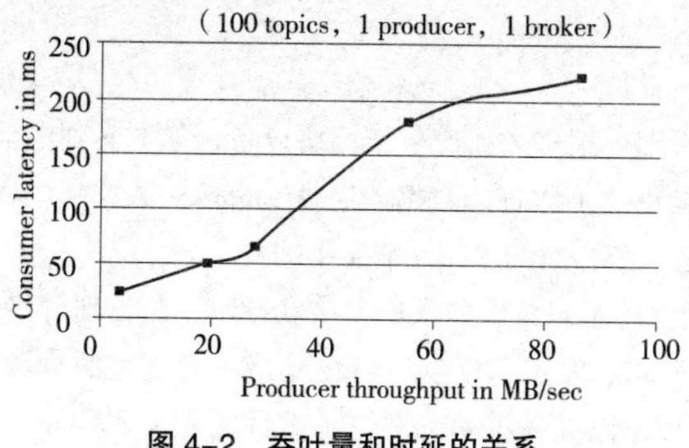

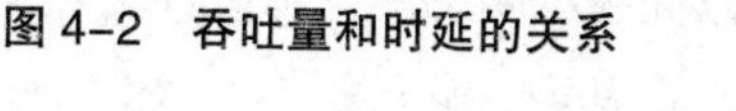

图 4-2 吞吐量和时延的关系

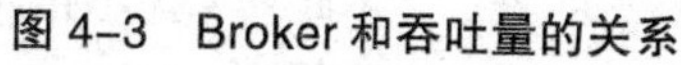

图 4-3 Broker 和吞吐量的关系

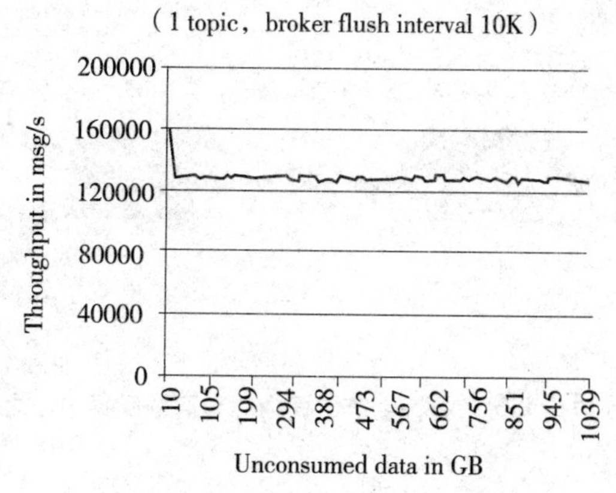

图 4-4 吞吐量和未消费数据的关系

第二节 探针在数据获取中的原理作用

一、探针原理

打电话，手机上网，背后承载的都是网络的路由器、交换机等设备的数据交换。从网络的路由器、交换机上把数据采集上来的专业设备是探针。根据探针放置的位置不同，探针可分为内置 探针和外置探针两种。

内置探针：探针设备和通信商已有设备部署在同一个机框内，可以直接获取数据。

外置探针：在现网中，大部分网络设备已经部署完毕，无法移动原有网络，这时就需要外置探针。

外置探针主要由以下几个设备组成，如图 4-5 所示。

Tap/ 分光器：对承载在铜缆、光纤上传输的数据进行复制，并且不影响原有两个网元间的数据传输。

汇聚 LAN Switch : 汇聚多个 Tap/ 分光器复制的数据，上报给探针服务器。

探针服务器：对接收到的数据进行解析、关联等处理，生成 xDR，并将 xDR 上报给分析系统，作为数据分析的基础。

探针通过分光器取得数据网络中各个接口的数据，然后发送到探针服务器进行解析、关联等处理。经过探针服务器解析、关联的数据，最后送到统一分析系统中进行进一步的分析。

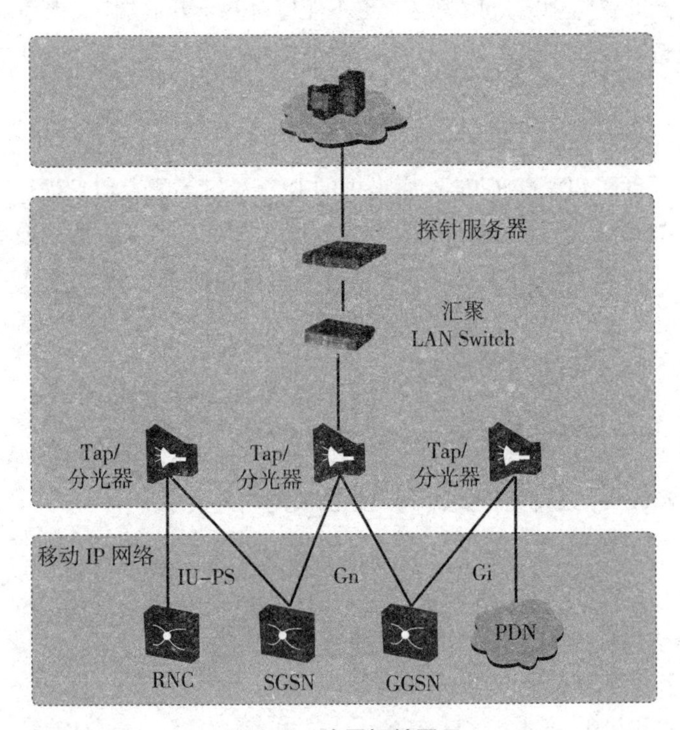

图 4–5　外置探针图示

二、探针的关键能力

(一) 大容量

探针设备需要和电信已有的设备部署在一起。一般来说，原有设备的机房空间有限，所以高容量、高集成度是探针设备非常关键的能力。

探针负责截取、解析、转发网络数据，其中转发能力是最重要的，对网络的要求很高。高性能网络是大容量的保证。

(二) 协议智能识别

传统的协议识别方法采用 SPI (Shallow Packet Inspection) 检测技术。SPI 对 IP 包中的“5 Tuples”，即“五元组（源地址、目的地址、源端口、目的端口及协议类型）”信息进行分析，以确定当前流量的基本信息。传统的 IP 路由器正是通过这一系列信息实现一定程度的流量识别和 QoS 保障的，但 SPI 仅分析 IP 包四层以下的内容，根据 TCP/UDP 的端口来识别应用。这种端口检测技术检测效率很高，但随着 IP 网络技术的发展，SPI 适用的范围越来越小，目前仍有一些传统网络应用协议使用固定的知名端口进行通信。因此，对于这一部分网络应用流量，可以采用端口检测技术进行识别。例如，DNS 协议采用 53 端口，BGP 协议采用 179 端口，MSRPC 远程过程调用采用 135 端口。

许多传统和新兴应用采用了各种端口隐藏技术逃避检测，如在 8000 端口上进行 HTTP 通信、在 80 端口上进行 Skype 通信、在 2121 端口上开启 FTP 服务等。因此，仅通过第四层端口信息已经不能真正判断流量中的应用类型，更不能应对基于开放端口、随机端口甚至加密方式进行传输的应用类型。要识别这些协议，无法单纯依赖端口检测，而必须在应用层对这些协议的特征进行识别。

除了逃避检测的情况外，目前还出现了运营商和 OTT 合作的模式，如 Facebook 包月套餐。在这种情况下，运营商可以基于 OTT 厂商提供的 IP、端口等配置信息进行计费。但是这种方式有很大的限制，如系统配置的 IP 和端口数量有限、OTT 厂商经常置换或者增加服务器造成频繁修改配置等。协议智能识别技术能够深度分析数据包所携带的 L3 ~ L7/L7+ 的信息内容、连接的状态 / 交互信息（如连接协商的内容和结果状态、交互消息的顺序等）等，从而识别详细的应用程序信息（如协议和应用的名称等）。

（三）安全的影响

探针的核心能力是获取通信数据，但随着越来越多的网站使用 HTTPS/QUIC 加密 L7 协议，传统的探针能力受到极大的限制而无法解析 L7 协议的内容。

比如，想分析 YouTube 的流量，只有通过解析加密的 L7 协议才能知道用户访问的流量，所以加密会影响探针的解析能力，令很多业务无法进行。

现在业界尝试使用深度学习识别协议，如奇虎 360 设计了一个 5 ~ 7 层的深度神经网络，能够自动学习特征并识别数据中的 50 ~ 80 种协议。

（四）IB (InfiniBand) 技术

为了达到高效的转发能力，传统的 TCP/IP 网络无法满足需求，因此需要更高速度、更大带宽、更高效率的 InfiniBand 网络。

1. 什么是 IB 技术

InfiniBand 架构是一种支持多并发链接的“转换线缆”技术。这种技术仅有一个链接的时候运行速度是 500 MB/s，在有 4 个链接的时候运行速度是 2 GB/s, 在有 12 个链接的时候运行速度可以达到 6 GB/s。IBTA 成立于 1999 年 8 月 31 日，由 Compaq、惠普、IBM、戴尔、英特尔、微软和 SUN 七家公司牵头，共同研究高速发展的、先进的 I/O 标准。最初命名为 System I/O,1999 年 10 月正式更名为 InfiniBand。InfiniBand 是一种长缆线的连接方式，具有高速、低延迟的传输特性。

InfiniBand 用于服务器系统内部并没有发展起来，原因在于英特尔和微软在 2002 年退出了 IBTA。在此之前，英特尔早已另行倡议 Arapahoe, 也称为 3GIO(3rd Generation I/O，第三代 I/O), 即今日鼎鼎大名的 PCI-Express (PCI-E)。InfiniBand、3GIO 经过一年的并行，英特尔最终选择了 PCI-E。因此，现在 InfiniBand 主要用于服务器集群、系统之间的互联。

2. IB 速度快的原因

随着 CPU 性能的飞速发展，I/O 系统的性能成为服务器性能提升的瓶颈，于是人们开始重新审视使用了十几年的 PCI 总线架构。虽然 PCI 总线架构把数据的传输从 8 位 /16 位一举提升到 32 位，甚至当前的 64 位，但是它的一些先天劣势限制了其继续发展的势头。PCI 总线有如下缺陷。

（1）由于采用了基于总线的共享传输模式，在 PCI 总线上不可能同时传送两组以上的数据，当一个 PCI 设备占用总线时，其他设备只能等待。

（2）随着总线频率从 33 MHz 提高到 66 MHz, 甚至 133 MHz(PCI-X)，信号线之间的相互干扰变得越来越严重，在一块主板上布设多条总线的难度也就越来越大。

（3）由于 PCI 设备采用了内存映射 I/O 地址的方式建立与内存的联系，热添加 PCI 设备变成了一件非常困难的工作。目前的做法是在内存中为每个 PCI 设备划出一块 50 ~ 100MB 的区域，这段空间用户是不能使用的。因此，如果一块主板上支持的热插拔 PCI 接口越多，用户损失的内存就越多。

（4）PCI 总线上虽然有 Buffer 作为数据的缓冲区，但是不具备纠错的功能。如果在传输过程中发生了数据丢失或损坏的情况，则控制器只能触发一个 NMI 中断，通知操作系统在 PCI 总线上发生了错误。

3. IB 介绍

（1）InfiniBand 架构。InfiniBand 架构如图 4-6 所示。

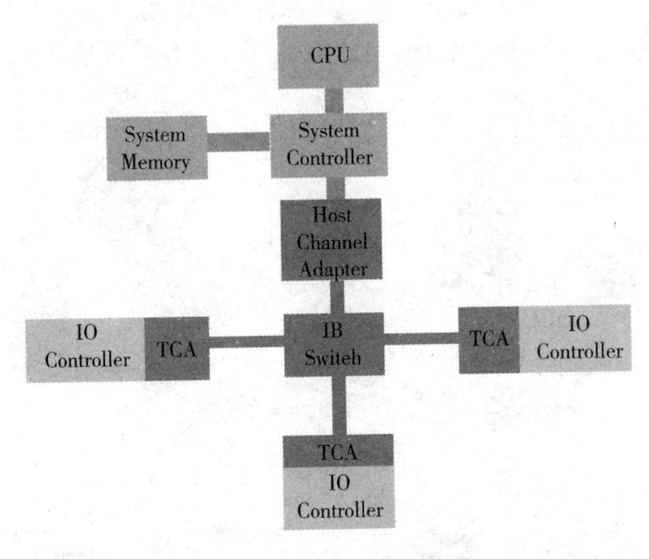

图 4-6　InfiniBand 架构图

InfiniBand 采用双队列程序提取技术，使应用程序直接将数据从适配器送入应用内存（远程直接存储器存取，RDMA), 反之亦然。在 TCP/IP 协议中，来自网卡的数据先复制到核心内存，然后再复制到应用存储空间，或从应用存储空间将数据复制到核心内存，再经由网卡发送到 Internet。这种 I/O 操作方式始终需要经过核心内存的转换，不仅增加了数据流传输路径的长度，而且大大降低了 I/O 的访问速度，增加了 CPU 的负担。而 SDP 则是将来自网卡的数据直接复制到用户的应用存储空间，从而避免了核心内存的参与。这种方式被称为零拷贝，它可以在进行大量数据处理时，达到该协议所能达到的最大吞吐量。

InfiniBand 的协议采用分层结构，各个层次之间相互独立，下层为上层提供服务。其中，物理层定义了在线路上如何将比特信号组成符号，然后再组成帧、数据符号及包之间的数据填充，详细说明了构建有效包的信令协议等；链路层定义了数据包的格式及数据包操作的协议，如流控、路由选择、编码、解码等；网络层通过在数据包上添加一个 40 字节的全局的路由报头 (Global Route Header, GRH) 来进行路由的选择，对数据进行转发，在转发过程中，路由器仅仅进行可变的 CRC 校验，这样就保证了端到端数据传输的完整性；传输层再将数据包传送到某个指定的队列偶 (Queue Pair，QP)，并指示 QP 如何处理该数据包以及当信息的数据净核部分大于通道的最大传输单元（MTU) 时，对数据进行分段和重组。

（2）InfiniBand 基本组件。InfiniBand 的网络拓扑结构如图 4-7 所示，其组成单元主要分为 4 类。

① HCA(Host Channel Adapter)。它是连接内存控制器和 TCA 的桥梁。

② TCA(Target Channel Adapter)。它将 I/O 设备（如网卡、SCSI 控制器）的数字信号打包发送给 HCA。

③ InfiniBandlink。它是连接 HCA 和 TCA 的光纤。InfiniBand 架构允许硬件厂家以 1 条、4 条、12 条光纤 3 种方式连接 TCA 和 HCA。

④ 交换机和路由器。无论是 HCA 还是 TCA，其实质都是一个主机适配器，它是一个具备一定保护功能的可编程 DMA（Direct Memory Access, 直接内存存取）引擎。

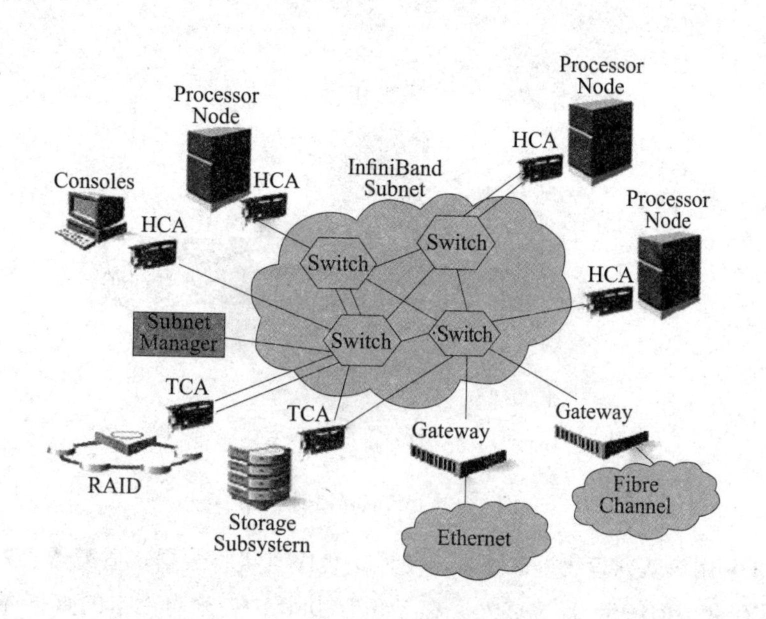

图 4-7 InfiniBand 的网络拓扑结构

（3）InfiniBand 应用。在高并发和高性能计算应用场景中，当客户对带宽和时延都有较高的要求时，前端和后端均可采用 IB 组网，或前端网络采用 10 Gbit/s 以太网，后端网络采用 IB

组网。IB 由于具有高带宽、低时延、高可靠性及满足集群无限扩展能力的特点，并采用 RDMA 技术和专用协议卸载引擎，所以能为存储客户提供足够的带宽和较低的响应时延。

IB 目前可以实现及未来规划的更高带宽工作模式如下（以 4X 模式为例）。

SDR(Single Data Rate): 单倍数据率，即 8 Gbit/s。

DDR(Double Data Rate): 双倍数据率，即 16 Gbit/s。

QDR(Quad Data Rate) :4 倍数据率，即 32 Gbit/s。

FDR(Fourteen Data Rate):14 倍数据率，即 56 Gbit/s。

EDR(Enhanced Data Rate):100 Gbit/s。

HDR(High Data Rate) :200 Gbit/s。

NDR(Next Data Rate) :1000 Gbit/s+。

4. IB 常见的运行协议

IPoIB 协议：Internet Protocol over InfiniBand，简称 IPoIB。传统的 TCP/IP 协议栈的影响实在太大了，几乎所有的网络应用是基于此开发的。IPoIB 实际是 InfiniBand 为了兼容以太网不得不做的一种折中，毕竟谁也不愿意使用不兼容大规模已有设备的产品。IPoIB 基于 TCP/IP 协议，对用户应用程序是透明的，并且可以提供更大的带宽，也就是原先使用 TCP/IP 协议栈的应用不需要任何修改就能使用 IPoIB 协议。例如如果使用 InfiniBand 做 RAC 的私网，默认使用的就是 IPoIB 协议。图 4-8 左侧是传统以太网 TCP/IP 协议栈的拓扑结构，右侧是 InfiniBand 使用 IPoIB 协议的拓扑结构。

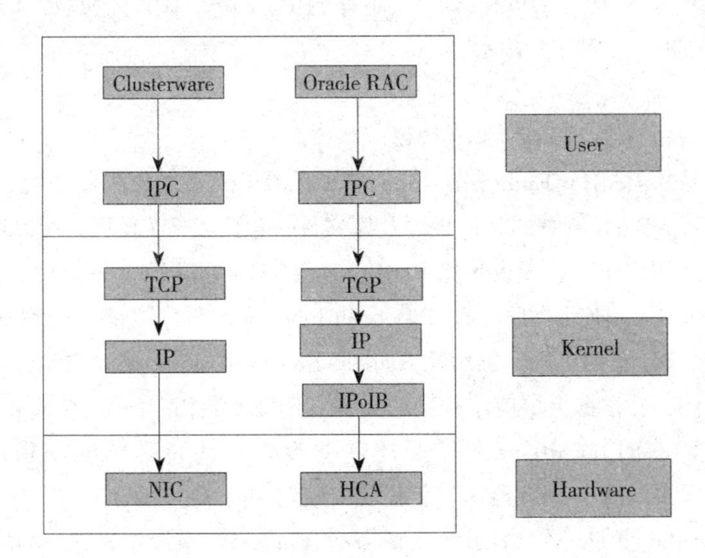

图 4-8　InfiniBand 使用 IPoIB 协议的拓扑结构与传统以太网 TCP/IP 协议栈的拓扑结构对比

RDS 协议：Reliable Datagram Sockets(RDS) 实际是由 Oracle 公司研发的运行在 InfiniBand 上的、直接基于 IPC 的协议。之所以出现这样一种协议，根本原因在于传统的 TCP/IP 协议栈过于低效，高速互联开销太大，导致传输的效率太低。RDS 相比 IPoIB，CPU 的消耗量减少了50%；相比传统的UDP协议，网络延迟减少了一半。图4-9左侧是使用IPoIB协议的InfiniBand设备的拓扑结构，右侧是使用RDS协议的InfiniBand设备的拓扑结构。在默认情况下，RDS协议不会被使用，需要进行重新链接（relink）。另外，即使重新链接RDS库以后，RAC节点间的CSS通信也无法使用RDS协议，节点间的心跳维持及监控都采用IPoIB协议。

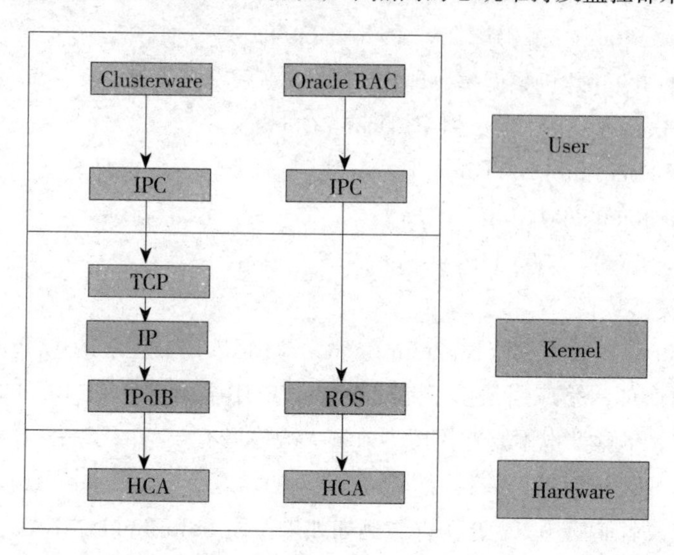

图4-9 使用IPoIB协议和使用RDS协议的InfiniBand设备的拓扑结构对比

除了上面介绍的IPoIB、RDS协议外，还有SDP、ZDP、IDB等协议。Orade Exadata一体机为达到较高的性能，也使用了IB技术。

5. IB在Linux上的配置

下面介绍在Linux上配置和使用IB协议。

RedHat产品是从RedHat Enterprise Linux 5.3开始正式在内核中集成对InfiniBand网卡的支持的，并且将InfiniBand所需的驱动程序及库文件打包到发行CD里，所以对于有InfiniBand应用需求的RedHat用户来说，建议采用RedHat Enterprise Linux 5.3及以后的系统版本。

（1）安装InfiniBand驱动程序。在安装InfiniBand驱动程序之前，先确认InfiniBand网卡已经被正确地连接或分配到主机，然后从RedHat Enterprise Linux 5.3的发行CD中获得Tablel中给出的RPM文件，并根据上层应用程序的需要，选择安装相应的32位或64位软件包。

另外，对于特殊的InfiniBand网卡，还需要安装一些特殊的驱动程序。例如，对于Galaxyl/Galaxy2类型的InfiniBand网卡，就需要安装与ehca相关的驱动。

（2）启动openibd服务。在RedHat Enterprise Linux 5.3系统中，openibd服务在默认情况下是不打开的，所以在安装完驱动程序后，在配置IPoIB网络接口之前，需要先使能openibd服务以保证相应的驱动被加载到系统内核。

如果用户需要在系统重新启动后仍保持openibd使能，则需要使用chkconfig命令将其添加到系统服务列表中。

（3）配置IPoIB网络接口。在RedHat Enterprise Lirmx 5.3系统中配置IPoIB网络接口的方

法与配置以太网接口的方法类似，即在 /etc/sysconfig/network-scripts 路径下创建相应的 IB 接口配置文件，如 ifcfg-ib0、ifcfg-ib1 等。

IB 接口配置文件创建完成后，需要重新启动接口设备以使新配置生效。这时可以使用 ifconfig 命令检查接口配置是否已经生效。

至此，IPoIB 接口配置工作基本完成。如果需要进一步验证其工作是否正常，则可以参考以上步骤配置另一个节点，并在两个节点之间运行 ping 命令。如果 ping 运行成功，则说明 IPoIB 配置成功。

第三节　网页采集与日志收集

一、网页采集

大量的数据散落在互联网中，要分析互联网上的数据，需要先从网络中获取数据，这就需要网络爬虫技术。

（一）基本原理

网络爬虫是搜索引擎抓取系统的重要组成部分。爬虫的主要目的是将互联网上的网页下载到本地，形成一个联网内容的镜像备份。

1. 网络爬虫的框架

一个通用的网络爬虫的框架如图 4-10 所示。

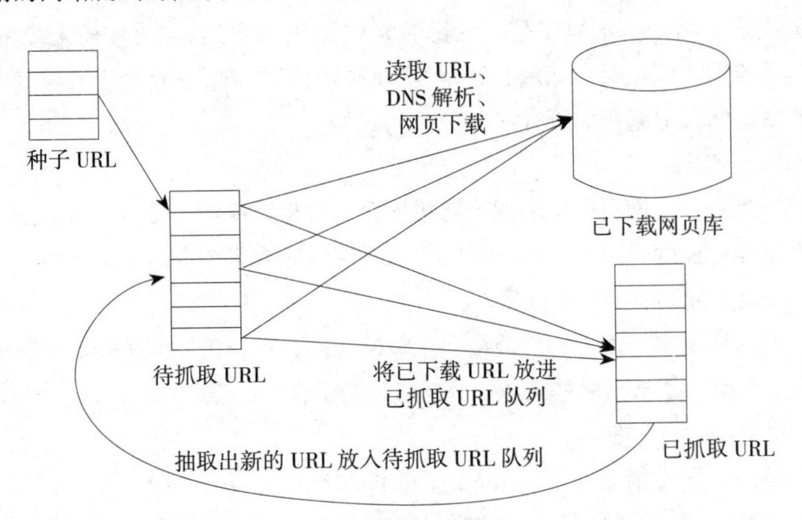

图 4-10　网络爬虫框架

2. 网络爬虫的基本工作流程

网络爬虫的基本工作流程如下。

（1）选取一部分种子 URL。

（2）将这些 URL 放入待抓取 URL 队列。

（3）从待抓取 URL 队列中取出待抓取的 URL，解析 DNS，得到主机的 IP，并将 URL 对应的网页下载下来，存储到已下载网页库中。此外，将这些 URL 放入已抓取 URL 队列。

（4）分析已抓取的网页内容中的其他 URL，并且将 URL 放入待抓取 URL 队列进入下一个循环。

（5）已下载未过期网页。

（6）已下载已过期网页：抓取到的网页实际上是互联网内容的一个镜像与备份。互联网是动态变化的，一部分互联网上的内容已经发生变化，这时，这部分抓取到的网页就已经过期了。

（7）待下载网页：也就是待抓取 URL 队列中的那些页面。

（8）可知网页：还没有抓取下来，也没有在待抓取 URL 队列中，但是可以通过对已抓取页面或者待抓取 URL 对应页面进行分析获取 URL，这些网页被称为可知网页。

（9）还有一部分网页，爬虫是无法直接抓取下载的，这些网页被称为不可知网页。

（二）抓取策略

在爬虫系统中，待抓取 URL 队列是很重要的一部分。待抓取 URL 队列中的 URL 以什么样的顺序排列也是一个很重要的问题，因为其决定了先抓取哪个页面、后抓取哪个页面。而决定这些 URL 排列顺序的方法叫作抓取策略。下面重点介绍几种常见的抓取策略。

1. 深度优先遍历策略

深度优先遍历策略是指网络爬虫会从起始页开始，一个链接一个链接地跟踪下去，处理完这条线路之后再转入下一个起始页，继续跟踪链接。

2. 宽度优先遍历策略

宽度优先遍历策略的基本思路是：将新下载网页中发现的链接直接插入待抓取 URL 队列的末尾。也就是说网络爬虫会先抓取起始网页中链接的所有网页，然后再选择其中的一个链接网页，继续抓取此网页中链接的所有网页。

3. 反向链接数策略

反向链接数是指一个网页被其他网页链接指向的数量。反向链接数表示的是一个网页的内容受到其他人推荐的程度。因此，很多时候搜索引擎的抓取系统会使用这个指标评价网页的重要程度，从而决定不同网页的抓取顺序。

在真实的网络环境中，由于广告链接、作弊链接的存在，反向链接数不可能完全等同于网页的重要程度。因此，搜索引擎往往考虑一些可靠的反向链接数。

4. PartialPageRank 策略

PartialPageRank 策略借鉴了 PageRank 策略的思想：对于已经下载的网页，连同待抓取 URL 队列中的 URL，形成网页集合，计算每个页面的 PageRank 值；计算完成后，将待抓取 URL 队列中的 URL 按照 PageRank 值的大小排列，并按照该顺序抓取页面。

如果每次只抓取一个页面，则要重新计算 PageRank 值。一种折中的方案是：每抓取 K 个页面后，重新计算一次 PageRank 值。但是这种情况还会产生一个问题：对于已经下载下来的页面中分析出的链接，也就是未知网页部分，暂时是没有 PageRank 值的。为了解决这个问题，会赋予这些页面一个临时的 PageRank 值，将这个网页所有入链传递进来的 PageRank 值进行汇总，这样就形成了该未知面的 PageRank 值，从而参与排序。

5. OPIC 策略

该策略实际上也是对页面重要性进行打分。在策略开始之前，给所有页面一个相同的初始现金（cash）。当下载了某个页面 P 之后，将 P 的现金分摊给所有从 P 中分析出的链接，并且将 P 的现金清空。对于待抓取 URL 队列中的所有页面，按照现金数进行排序。

6. 大站优先策略

对于待抓取 URL 队列中的所有网页，根据所属的网站进行分类；对于待下载页面数多的网站，则优先下载。这种策略也因此被叫作大站优先策略。

（三）更新策略

互联网是实时变化的，具有很强的动态性。网页更新策略主要用来决定何时更新已经下载的页面。常见的更新策略有以下三种。

1. 历史参考策略

顾名思义，历史参考策略是指根据页面的历史更新数据，预测该页面未来何时会发生变化。一般来说，是通过泊松过程进行建模来预测的。

2. 用户体验策略

尽管搜索引擎针对某个查询条件能够返回数量巨大的结果，但是用户往往只关注前几页结果。因此，抓取系统可以优先更新那些在查询结果中排名靠前的网页，然后再更新排名靠后的网页，这种更新策略也需要用到历史信息。用户体验策略保留网页的多个历史版本，并且根据过去每次的内容变化对搜索质量的影响得出一个平均值，将该值作为决定何时重新抓取的依据。

3. 聚类抽样策略

前面提到的两种更新策略都有一个前提：需要网页的历史信息。这样就会存在两个问题：第一，系统如果为每个网页保存多个历史版本信息，则无疑增加了系统负担；第二，如果新的网页完全没有历史信息，则无法确定更新策略。

这种策略认为，网页具有很多属性，相似属性的网页可以认为其更新频率也是相近的。要计算某个类别网页的更新频率，只需对这类网页抽样，以网页样本的平均更新周期作为整个类别的更新周期。

（四）系统架构

一般来说，分布式抓取系统需要面对的是整个互联网上数以亿计的网页，单个抓取程序不可能完成这样的任务，往往需要多个抓取程序一起处理。一般来说，抓取系统往往是一个分布式的三层结构。

最底层是分布在不同地理位置的数据中心，在每个数据中心里有若干台抓取服务器，而每台抓取服务器上可能部署了若干套爬虫程序，这就构成了一个基本的分布式抓取系统。

对于一个数据中心里的不同抓取服务器，协同工作的方式有以下几种。

1. 主从式（Master-Slave）

主从式的基本结构如图 4-11 所示。

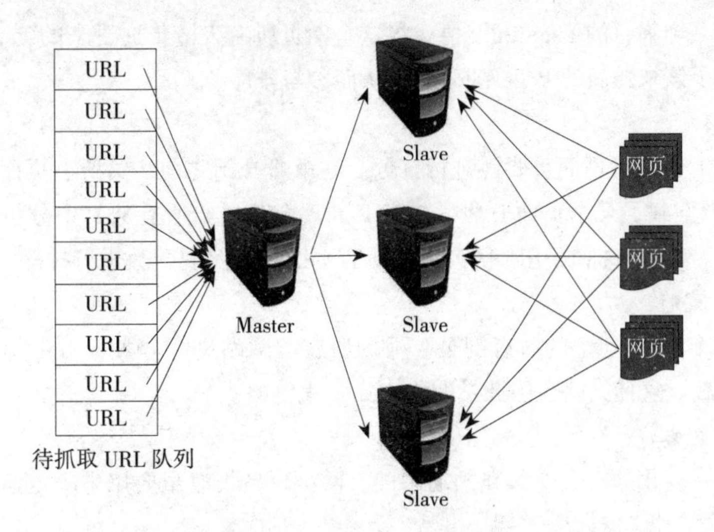

图 4-11 主从式的基本结构

对于主从式而言，有一台专门的 Master 服务器来维护待抓取 URL 队列，它负责每次将 URL 分发到不同的 Slave 服务器，而 Slave 服务器则负责实际的网页下载工作。Master 服务器除了维护待抓取 URL 队列及分发 URL 外，还要负责调解各 Slave 服务器的负载情况，以免某些 Slave 服务器过于清闲或者过于劳累。在这种模式下，Master 往往容易成为系统瓶颈。

2. 对等式（Peer to Peer)

对等式的基本结构如图 4-12 所示。

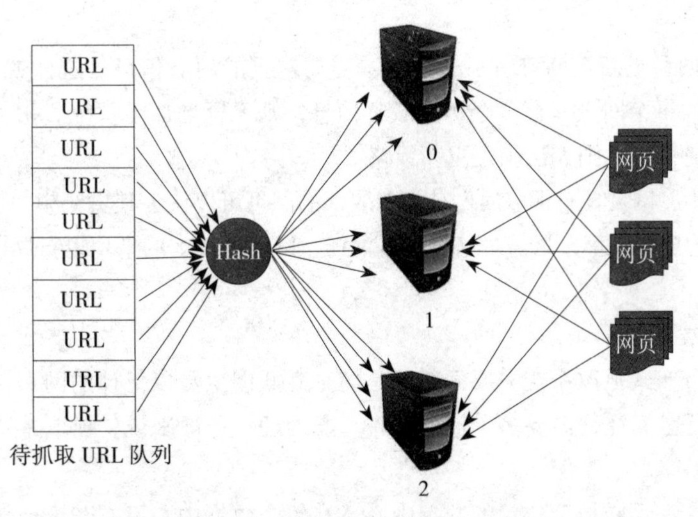

图 4-12 对等式的基本结构

在这种模式下，所有的抓取服务器在分工上没有区别。每台抓取服务器都可以从待抓取 URL 队列中获取 URL，然后对该 URL 的主域名计算 Hash 值 H，然后计算 Hmodm（其中，m 是服务器的数量，以图 4-12 为例，m=3)，计算得到的数值就是处理该 URL 的主机编号。

举例：假设对于 URL“www.baidu.com”，计算其 Hash 值 H=8，m=3，则 H mod m=2，因此由编号为 2 的服务器进行该链接的抓取。假设这时由 0 号服务器拿到这个 URL，那么它会将该 URL 转给服务器 2，由服务器 2 进行抓取。

这种模式有一个问题，即当一台服务器死机或者添加新的服务器时，所有 URL 的哈希求余的结果都将发生变化。也就是说，这种方式的扩展性不佳。针对这种情况，又提出了一种改进方案，即使用一致性哈希算法来确定服务器分工。其基本结构如图 4-13 所示。

一致性哈希算法对 URL 的主域名进行哈希运算，映射为范围在 0 ~ 232 的某个数；然后将这个范围平均分配给 m 台服务器，根据 URL 主域名哈希运算的值所处的范围判断由哪台服务器进行抓取。

如果某台服务器出现问题，那么原本由该服务器负责的网页则按照顺时针顺延，由下一台服务器进行抓取。这样，即使某台服务器出现问题，也不会影响其他服务器的正常工作。

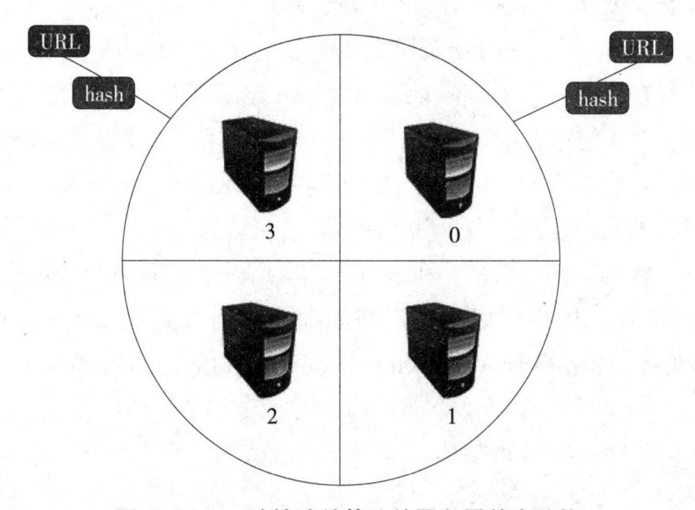

图 4-13　一致性哈希算法的服务器基本结构

二、日志收集

任何一个生产系统在运行过程中都会产生大量的日志，日志往往隐藏了很多有价值的信息。在没有分析方法之前，这些日志存储一段时间后就会被清理。随着技术的发展和分析能力的提高，日志的价值被重新重视起来。在分析这些日志之前，需要将分散在各个生产系统中的日志收集起来。本节介绍广泛应用的 Flume 日志收集系统。

（一）概述

Flume 是 Cloudera 公司的一款高性能、高可用的分布式日志收集系统，现在已经是 Apache 的顶级项目。同 Flume 相似的日志收集系统还有 Facebook Scribe、Apache Chuwka。

（二）Flume 发展历程

Flume 初始的发行版本目前被统称为 Flume OG（Original Generation），属于 Cloudera。但随着 Flume 功能的扩展，Flume OG 代码工程臃肿、核心组件设计不合理、核心配置不标准等缺点逐渐暴露出来，尤其是在 Flume OG 的最后一个发行版本 0.94.0 中，日志传输不稳定现象尤为严重。为了解决这些问题，2011 年 10 月 22 日，Cloudera 完成了 Flume-728，对 Flume 进行了里程碑式的改动：重构核心组件、核心配置及代码架构，重构后的版本统称为 Flume NG（Next Generation）；改动的另一原因是将 Flume 纳入 Apache 旗下，Cloudera Flume 更名为 Apache Flume。

（三）Flume 架构分析

1. 系统特点

（1）可靠性。当节点出现故障时，日志能够被传送到其他节点上而不会丢失。Flume 提供了三种级别的可靠性保障，从强到弱依次为：end-to-end（收到数据后，Agent 首先将事件写到磁盘上，当数据传送成功后将事件数据删除；如果数据发送失败，则重新发送）、Store on Failure（这也是 Scribe 采用的策略，当数据接收方崩溃时，将数据写到本地，待恢复后继续发送）、Best Effort（数据发送到接收方后，不会进行确认）。

（2）可扩展性。Flume 采用了分层架构，分别为 Agent、Collector 和 Storage，每一层均可以水平扩展。其中，所有的 Agent 和 Collector 均由 Master 统一管理，这使系统容易被监控和维护。并且 Master 允许有多个（使用 ZooKeeper 进行管理和负载均衡），这样就避免了单点故障问题。

（3）可管理性。当有多个 Master 时，Flume 利用 ZooKeeper 和 Gossip 保证动态配置数据的一致性。用户可以在 Master 上查看各个数据源或者数据流执行情况，并且可以对各个数据源进行配置和动态加载。Flume 提供了 Web 和 Shell Script Command 两种形式对数据流进行管理。

（4）功能可扩展性。用户可以根据需要添加自己的 Agent、Collector 或 Storage。此外，Flume 自带了很多组件，包括各种 Agent（File、Syslog 等）、Collector 和 Storage（File、HDFS 等）。

2. 系统架构

如图 4-14 所示是 Flume OG 的架构。

Flume NG 的架构如图 4-15 所示。

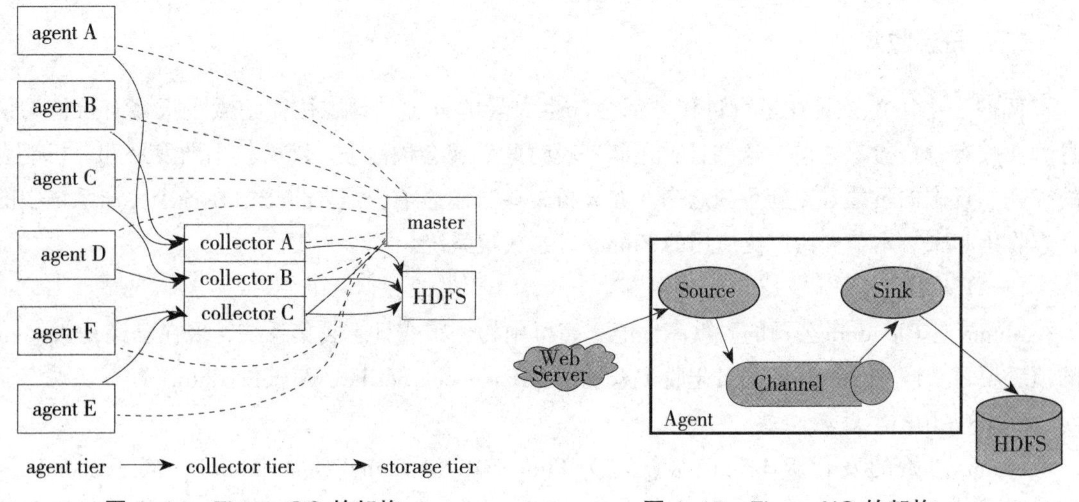

图 4-14　Flume OG 的架构　　图 4-15　Flume NG 的架构

Flume 采用了分层架构，分别为 Agent、Collector 和 Storage。其中，Agent 和 Collector 均由 Source 和 Sink 两部分组成，Source 是数据来源，Sink 是数据去向。

Flume 使用了两个组件：Master 和 Node。Node 根据在 Master Shell 或 Web 中的动态配置，决定其是作为 Agent 还是作为 Collector。

3. 组件介绍

本书所说的 Flume 基于 1.4.0 版本。

（1）Client。路径：apache-flume-1.4.0-src\flume-ng-clients。

操作最初的数据，把数据发送给 Agent。在 Client 与 Agent 之间建立数据沟通的方式有两种。

第一种方式：创建一个 iclient，继承 Flume 已经存在的 Source，如 Avro Source 或者 Syslog Tcp Source，但是必须保证所传输的数据 Source 可以理解。

第二种方式：写一个 Flume Source，通过 IPC 或者 RPC 协议直接与已经存在的应用通信，需要转换成 Flume 可以识别的事件。

Client SDK：是一个基于 RPC 协议的 SDK 库，可以通过 RPC 协议使应用与 Hume 直接建立连接。可以直接调用 SDK 的 api 函数而不用关注底层数据是如何交互的。

（2）NettyAvroRpcClient。Avro 是默认的 RPC 协议。NettyAvroRpcClient 和 ThriftRpcClient 分别对 RpcClient 接口进行了实现。

为了监听到关联端口，需要在配置文件中增加端口和 Host 配置信息。

除了以上两类实现外，FailoverRpcClient.java 和 LoadBalancingRpcClient.java 也分别对 RpcClient 接口进行了实现。

（3）FailoverRpcClient。　路　径：apache-flume-1.4.0-src\flume-ng-sdk\src\main\java\org\apache\flume\api\FailoverRpcClient.java。

该组件主要实现了主备切换，采用 <host>:<port> 的形式，一旦当前连接失败，就会自动寻找下一个连接。

（4）LoadBalancingRpcClient。该组件在有多个 Host 的时候起到负载均衡的作用。

（5）Embeded Agent。Flume 允许用户在自己的 Application 里内嵌一个 Agent。这个内嵌的 Agent 是一个轻量级的 Agent，不支持所有的 Source Sink Channel。

（6）Transaction。Flume 的三个主要组件——Source、Sink 和 Channel 必须使用 Transaction 进行消息收发。在 Channel 的类中会实现 Transaction 的接口，不管是 Source 还是 Sink，只要连接上 Channel，就必须先获取 Transaction 对象，如图 4-16 所示。

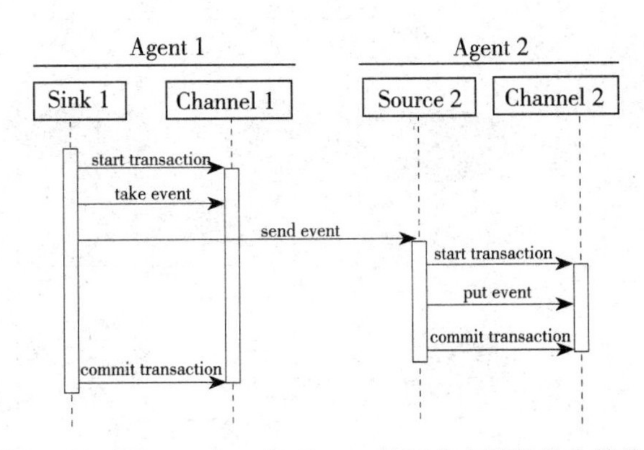

图 4-16　Transaction 在 Flume 的三个主要组件中的作用

（7）Sink。Sink 的一个重要作用就是从 Channel 里获取事件，然后把事件发送给下一个 Agent，或者把事件存储到另外的仓库内。一个 Sink 会关联一个 Channel，这是配置在 Flume 的配置文件里的。SinkRunner.start() 函数被调用后，会创建一个线程，该线程负责管理 Sink 的整个生命周期。Sink 需要实现 LifecycleAware 接口的 start() 和 stop() 方法。

Sink.start0：初始化 Sink，设置 Sink 的状态，可以进行事件收发。

Sink.stop()：进行必要的 cleanup 动作。

Sink.process()：负责具体的事件操作。

（8）Source。Source 的作用是从 Client 端接收事件，然后把事件存储到 Channel 中。PollableSourceRunner.start() 用于创建一个线程，管理 PollableSource 的生命周期。同样也需要实现 start() 和 stop() 两种方法。需要注意的是，还有一类 Source，被称为 EventDrivenSource。与 PollableSource 不同，EventDrivenSource 有自己的回调函数用于捕捉事件，并不是每个线程都会驱动一个 EventDrivenSource。

4. Flume 使用模式

（1）多 Agent 串联，如图 4-17 所示。

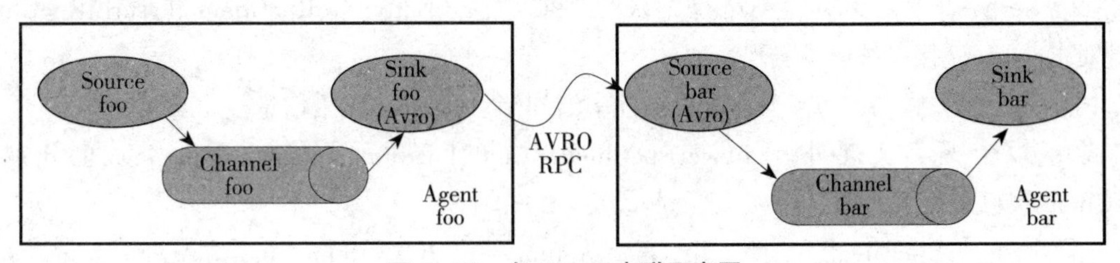

图 4-17　多 Agent 串联示意图

（2）多 Agent 合并，如图 4-18 所示。

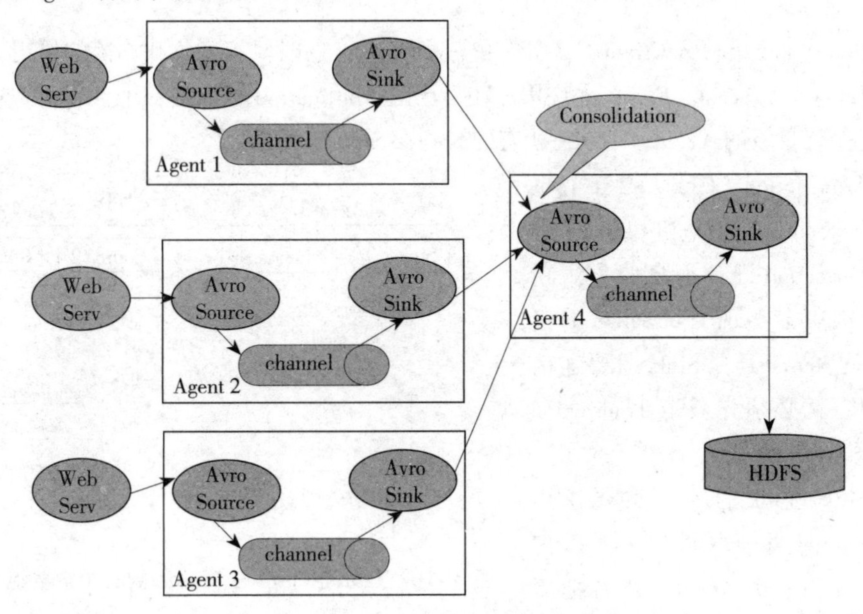

图 4-18　多 Agent 合并示意图

（3）单 Source 的多种处理，如图 4-19 所示。

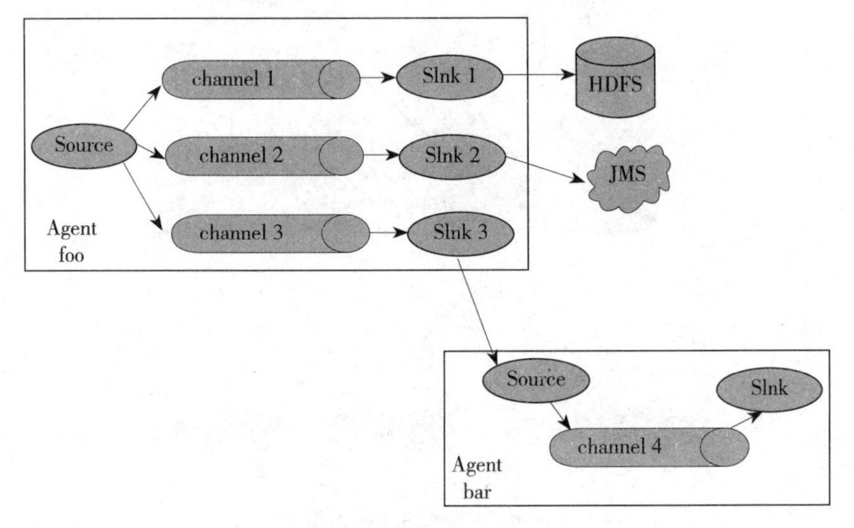

图 4-19　单 Source 的多种处理

第四节　数据分发中间件的作用分析

一、数据分发中间件的作用

数据采集上来后，需要送到后端的组件进行进一步的分析，前段的采集和后端的处理往往是多对多的关系。为了简化传送逻辑、增强灵活性，在前端的采集和后端的处理之间需要一个消息中间件来负责消息转发，以保障消息可靠性，匹配前后端的速度差。

二、Kafka 架构和原理

（一）Kafka 产生背景

Kafka 是 LinkedIn 于 2010 年 12 月开发的消息系统，主要用于处理活跃的流式数据。活跃的流式数据在 Web 网站应用中很常见，这些数据包括网站的 PV、用户访问的内容、用户搜索的内容等。这些数据通常以日志的形式记录下来，然后每隔一段时间进行一次统计处理。

传统的日志分析系统提供了一种离线处理日志消息的可扩展方案，但若要进行实时处理，通常会有较大延迟。而现有的消息（队列）系统能够很好地处理实时或者近似实时的应用，但未处理的数据通常不会写到磁盘上，这对于 Hadoop 之类（一小时或者一天只处理一部分数据）的离线应用而言，可能存在问题。Kafka 正是为了解决以上问题而设计的，它能够很好地处理离线和在线应用。

（二）Kafka 架构

Kafka 架构如图 4-20 所示。

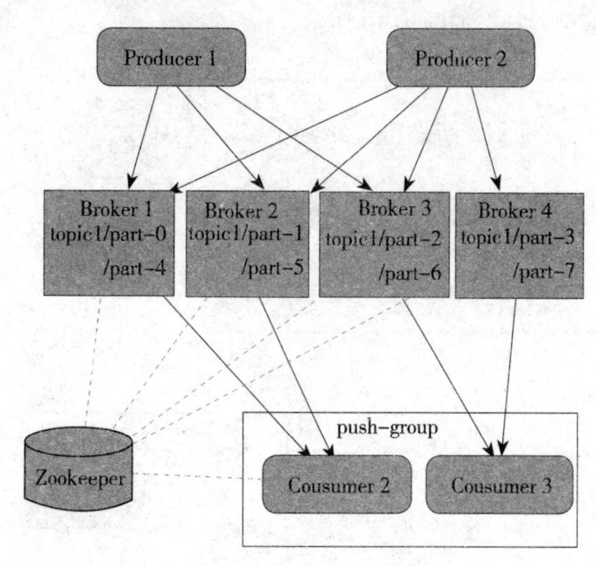

图 4-20 Kafka 架构图

整个架构中包括三个角色。

生产者（Producer）：消息和数据产生者。

代理（Broker）：缓存代理，Kafka 的核心功能。

消费者（Consumer）：消息和数据消费者。

整体架构很简单 ,Kafka 给 Producer 和 Consumer 提供注册的接口，数据从 Producer 发送到 Broker，Broker 承担一个中间缓存和分发的作用，负责分发注册到系统中的 Consumer。

（三）设计要点

Kafka 非常高效，下面介绍一下 Kafka 高效的原因，对理解 Kafka 非常有帮助。

1. 直接使用 Linux 文件系统的 Cache 高效缓存数据。

2. 采用 Linux Zero-Copy 提高发送性能。传统的数据发送需要发送 4 次上下文切换，采用 Sendee 系统调用之后，数据直接在内核态交换，系统上下文切换减少为 2 次。根据测试结果，可以使数据发送性能提高 60%。Zero-Copy 的技术细节可以参考 https：//www.ibm.com/developerworks/linux/library/j-zerocopy/。数据在磁盘上的存取代价为 0(1)。

Kafka 以 Topic 进行消息管理，每个 Topic 包含多个 Part(ition)，每个 Part 对应一个逻辑 Log，由多个 Segment 组成。每个 Segment 中存储多条消息，消息 ID 由其逻辑位置决定，即从消息 ID 可直接定位到消息的存储位置，避免 ID 到位置的额外映射。每个 Part 在内存中对应一个 Index，记录每个 Segment 中的第一条消息偏移。

发布者发到某个 Topic 的消息会被均匀地分布到多个 Part 上（随机或根据用户指定的回调函数进行分布），Broker 收到发布消息后往对应 Part 的最后一个 Segment 上添加该消息。当某个 Segment 上的消息条数达到配置值或消息发布时间超过阈值时，Segment 上的消息便会被 flush 到磁盘上，只有 flush 到磁盘上的消息订阅者才能订阅，Segment 达到一定的大小后将不会再往该 Segment 写数据，Broker 会创建新的 Segment。

全系统分布式，即所有的 Producer、Broker 和 Consumer 都默认有多个，均为分布式的。Producer 和 Broker 之间没有负载均衡机制。Broker 和 Consumer 之间利用 ZooKeeper 进行负载均衡。所有 Broker 和 Consumer 都会在 ZooKeeper 中进行注册，且 ZooKeeper 会保存它们的一些元数据信息。如果某个 Broker 和 Consumer 发生了变化，那么所有其他的 Broker 和 Consumer 都会得到通知。

（四）Kafka 消息存储方式

首先深入了解一下 Kafka 中的 Topic。Topic 是发布的消息的类别或者 Feed。对于每个 Topic，Kafka 集群都会维护这一分区的 Log。

每个分区都是一个有序的、不可变的消息队列，并且可以持续添加。分区中的消息都被分配了一个序列号，称为偏移量（offset），每个分区中的偏移量都是唯一的。

Kafka 集群保存所有的消息，直到它们过期，无论消息是否被消费。实际上，消费者所持有的仅有的元数据就是这个偏移量，也就是消费者在这个 Log 中的位置。在正常情况下，当消费者消费消息的时候，偏移量会线性增加。但是实际偏移量由消费者控制，消费者可以重置偏移量，以重新读取消息。

可以看到，这种设计方便消费者操作，一个消费者的操作不会影响其他消费者对此 Log 的处理。

再来说说分区。Kafka 中采用分区的设计有两个目的：一是可以处理更多的消息，而不受单台服务器的限制，Topic 拥有多个分区，意味着它可以不受限制地处理更多的数据；二是分区可以作为并行处理的单元。

Kafka 会为每个分区创建一个文件夹，文件夹的命名方式为 topicName- 分区序号，如图 4-21 所示。

```
pw@linux:/home/pw/nmon_stat> ll /home/pw/kafka/kafka_log/
total 36
-rw-r--r-- 1 root root   81 2015-10-19 16:06 recovery-point-offset-checkpoint
-rw-r--r-- 1 root root  116 2015-10-19 16:07 replication-offset-checkpoint
drwxr-xr-x 2 root root 4096 2015-10-19 15:59 test10-0
drwxr-xr-x 2 root root 4096 2015-10-19 15:59 test10-2
drwxr-xr-x 2 root root 4096 2015-10-19 15:59 test10-3
drwxr-xr-x 2 root root 4096 2015-10-19 15:59 test10-4
drwxr-xr-x 2 root root 4096 2015-10-19 15:59 test10-6
drwxr-xr-x 2 root root 4096 2015-10-19 15:59 test10-8
drwxr-xr-x 2 root root 4096 2015-10-19 15:59 test10-9
```

图 4-21　Kafka 的文件夹创建命名

而分区是由多个 Segment 组成的，为了方便进行日志清理、恢复等工作。每个 Segment 以该 Segment 第一条消息的 offset 命名并以“.log”作为后缀。另外还有一个索引文件，它标明了每个 Segment 包含的 Log Entiy 的 offset 范围，文件命名方式也是如此，以“.index”作为后缀。

索引和日志文件内部的关系，如图 4-22 所示。

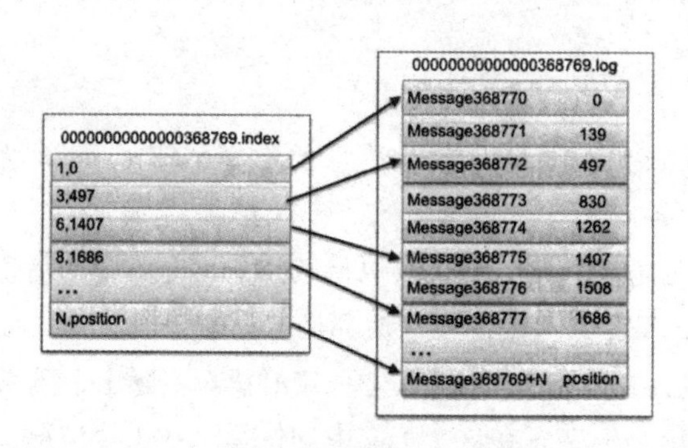

图 4-22 索引和日志文件内部的关系

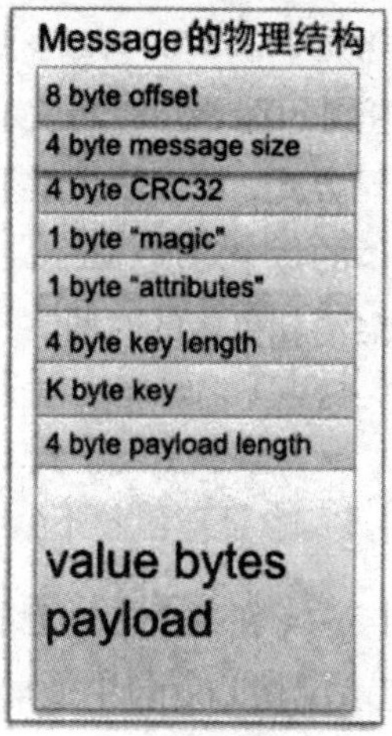

Message的物理结构
8 byte offset
4 byte message size
4 byte CRC32
1 byte "magic"
1 byte "attributes"
4 byte key length
K byte key
4 byte payload length
value bytes payload

图 4-23 Message 的物理结构

索引文件存储大量元数据，数据文件存储大量消息（Message），索引文件中的元数据指向对应数据文件中 Message 的物理偏移地址。以索引文件中的元数据 3497 为例，依次在数据文件中表示第三个 Message（在全局 Partition 中表示第 368 772 个 Message），以及该消息的物理偏移地址为 497。

Segment 的 Log 文件由多个 Message 组成，下面详细说明 Message 的物理结构，如图 4-23 所示。

参数说明如表 4-1 所示。

表 4-1 Message 的参数说明

关键字	解释说明
8 byte offset	在分区（Partition）内的每条消息都有一个有序的 ID，这个 ID 被称为偏移（offset），它可以唯一确定每条消息在分区（Partition）内的位置。即 offset 表示 Partition 的第多少个 Message
4 byte message size	Message 的大小
4 byte CRC32	用 CRC32 校验 Message
1 byte " magic "	表示本次发布的 Kafka 服务程序协议版本号
1 byte " atiributes "	表示为独立版本，或标识压缩类型，或编码类型
4 byte key length	表示 key 的长度。当 key 为 -1 时，K byte key 字段不填
K byte key	可选
value bytes payload	表示实际消息数据

（五）如何通过 offset 查找 Message

例如，读取 offset=368776 的 Message, 需要通过如下两个步骤查找。

第一步：查找 Segment File。

00000000000000000000.index 表示最开始的文件，起始偏移量（offset）为 0；第二个文件 00000000000000368769.index 的起始偏移量为 368770（368769 + 1）；同样，第三个文件 00000000000000737337.index 的起始偏移量为 737338（737337 + 1），依此类推。以起始偏移量命名并排序这些文件，只要根据 offset** 二分查找 ** 文件列表，就可以快速定位到具体文件。

当 offset=368776 时，定位到 00000000000000368769.index|logo

第二步：通过 Segment File 查找 Message。

通过第一步定位到 Segment File，当 offset=368776 时，依次定位到 00000000000000368769.index 的元数据物理位置和 00000000000000368769.log 的物理偏移地址，然后再通过 00000000000000368769.log 顺序查找，直到 offset=368776 为止。

Segment Index File 采取稀疏索引存储方式，可以减少索引文件大小，通过 Linux mmap 接口可以直接进行内存操作。稀疏索引为数据文件的每个对应 Message 设置一个元数据指针，它比稠密索引节省了更多的存储空间，但查找起来需要消耗更多的时间。

（六）主要代码解读

LogManager 管理 Broker 上所有的 Logs（在一个 Log 目录下），一个 Topic 的一个 Partition 对应一个 Log（一个 Log 子目录）。这个类应该说是 Log 包中最重要的类，也是 Kafka 日志管理子系统的入口。日志管理器（Log Manager）负责创建日志、获取日志、清理日志。所有的日志读写操作都交给具体的日志实例来完成。日志管理器维护多个路径下的日志文件，并且会自动比较不同路径下的文件数目，然后选择在最少的日志路径下创建新的日志。Log Manager 不会尝试移动分区。另外，专门有一个后台线程定期裁剪过量的日志段。下面来看看这个类的构造函数参数。

1. logDirs：Log Manager 管理的多组日志目录。

2. topicConfigs：topic=>topic 的 LogConfig 的映射。

3. defaultConfig：一些全局性的默认日志配置。

4. cleanerConfig：日志压缩清理的配置。

5. ioThreads：每个数据目录都可以创建一组线程执行日志恢复和写入磁盘，这个参数就是这组线程的数目，由 num.recovery.threads.per.data.dir 属性指定。

6. flushCheckMs：日志磁盘写入线程检查日志是否可以写入磁盘的间隔，默认是毫秒，由 log.flush.scheduler.interval.ms 属性指定。

7. flushCheckpointMs：Kafka 标记上一次写入磁盘结束点为一个检查点，用于日志恢复的间隔，由 log.flush.offset.checkpoint.interval.ms 属性指定，默认是 1 分钟，Kafka 强烈建议不要修改此值。

8. retentionCheckMs：检查日志段是否可以被删除的时间间隔，由 log.retention.check.interval.ms 属性指定，默认是 5 分钟。

9. scheduler：任务调度器，用于指定日志删除、写入、恢复等任务。

10. brokerState：Kafka Broker 的状态类（在 kafka.server 包中）。Broker 的状态默认有未运行（not running）、启动中（starting）、从上次未正常关闭中恢复（recovering from unclean shutdown）、作为 Broker 运行中（running as broker）、作为 Controller 运行中（running as controller）、挂起中（pending），以及关闭中（shutting down）。当然，Kafka 允许自定制状态。

11. time：和很多类的构造函数参数一样，是提供时间服务的变量。Kafka 在恢复日志的时候是借助检查点文件进行的，因此每个需要进行日志恢复的路径下都需要有这样一个检查点文件，名称固定为“recovery-point-offset-checkpoint”。另外，由于在执行一些操作时需要将目录下的文件锁住，因此，Kafka 还创建了一个扩展名为 .lock 的文件用来标识这个目录当前是被锁住的。

下面针对具体的方法一一分析。

（1）createAndValidateLogDirs：创建并验证给定日志路径的合法性，特别要保证不能出现重复路径，并且要创建那些不存在的路径，还要检查每个目录都是可读的。

（2）lockLogDirs：在给定的所有路径下创建一个 .lock 文件。如果某个路径下已经有 .lock 文件，则说明 Kafka 的另一个进程或线程正在使用这个路径。

（3）loadLogs：恢复并加载给定路径下的所有日志。具体做法是为每个路径创建一个线程池。为了向后兼容，该方法要在路径下寻找是否存在一个 .kafk_deanShutdown 文件，如果存在就跳过这个恢复阶段，否则将 Broker 的状态设置为恢复中，真正的恢复工作是由 Log 实例完成的。然后读取对应路径下的 recovery-point-offset-checkpoint 文件，读出要恢复的检查点。前面提到检查点文件的格式类似于下面的内容。

第一行必须是版本 0;第二行是 Topic/ 分区数；以下每行都有三个字段，即 Topic、Partition、Offset。读完这个文件后，会创建一个 TopicAndPartition=>offset 的 Map。

之后为每个目录下的子目录都构建一个 Log 实例，然后使用线程池调度执行清理任务，最后删除这些任务对应的 cleanShutdown 文件。至此，日志加载过程结束。

（4）startup：开启后台线程进行日志冲刷（flush）和日志清理。主要使用调度器安排 3 个调度任务：cleanupLogs、flushDirtyLogs 和 checkpointRecoveryPointOffsets，3 个调度任务自然有 3 个对应的实现方法。

同时判断是否启用了日志压缩，如果启用了，则调用 Cleaner 的 startup 方法开启日志清理。

（5）shutdown：关闭所有日志。首先关闭所有清理者线程，然后为每个日志目录创建一个线程池，执行目录下日志文件的写入磁盘与关闭操作，同时更新外层文件中检查点文件的对应记录。

（6）logsByTopicPartition：返回一个 Map，保存 TopicAndPartition=>Log 的映射。

（7）allLogs：返回所有 Topic 分区的日志。

（8）logsByDir：日志路径 => 路径下所有日志的映射。

（9）flushDirtyLogs：将任何超过写入间隔且有未写入消息的日志全部冲刷到磁盘上。

（10）checkpointLogsInDir：在给定的路径中标记一个检查点。

（11）checkpointRecoveryPointOffsets：将日志路径下所有日志的检查点写入一个文本文件中（recovery-point-offset-checkpoint）。

（12）truncateTo：截断分区日志到指定的 Offset，并使用这个 Offset 作为新的检查点（恢复点）。具体做法就是遍历给定的 Map 集合，获取对应分区的日志，如果要截断的 Offset 比该日志当前正在使用的日志段的基础位移小（截断一部分当前日志段），则需要暂停清理者线程，之后开始执行阶段操作，最后再恢复清理者线程。

（13）tuncateFullyAndStartAt：删除一个分区所有的数据并在新 Offset 处开启日志。操作前后分别需要暂停和恢复清理者线程。

（14）getLog：返回某个分区的日志。

（15）createLog：为给定分区创建一个新的日志。如果日志已经存在，则返回。

（16）deleteLog：删除一个日志。

（17）nextLogDir：创建日志时选择下一个路径。目前实现的途径是计算每个路径下的分区数，然后选择最少的那个。

（18）cleanupExpiredSegments：删除那些过期的日志段，也就是当前时间减去最近修改时间超出规定的那些日志段，并且返回被删除日志段的个数。

（19）cleanupSegmentsToMaintainSize：如果没有设定 log.retention.bytes，则直接返回 0，表示不需要清理任何日志段（这也是默认情况，因为 log.retention.bytes 默认是 -1）；反之则需要计算该属性值与日志大小的差值，如果这个差值能够容纳某个日志段的大小，那么这个日志段就需要被删除。

（20）cleanupLogs：删除所有满足条件的日志，返回被删除的日志数。

从 Kafka 官方网站可以看出它的生态范围非常广，覆盖了从流处理对接、Hadoop 集成、搜索集成到周边组件（如管理、日志、发布、打包、AWS 集成等）等多种系统。

第五章

机器学习和数据挖掘技术

机器学习（Machine Learning, ML）是一门多领域交叉学科，涉及概率论、统计学、逼近论、凸分析、算法复杂度理论等多门学科，专门研究计算机是怎样模拟或实现人类的学习行为以获取新的知识或技能，重新组织已有的知识结构，不断改善自身的性能的。

数据挖掘和机器学习有很大的交集。机器学习和数据挖掘是两个非常难的领域，本书更多地从架构和应用角度进行解读，对理论知识则不进行重点阐述。

第一节　机器学习与数据挖掘的关系

一、典型的数据挖掘和机器学习过程

一个典型的推荐类应用，需要找到“符合条件的”潜在人员。要想从用户界面中得出用户列表，需要挖掘客户特征，然后选择一个合适的数据进行预测，最后从用户界面中得出结果，过程如图 5-1 所示。

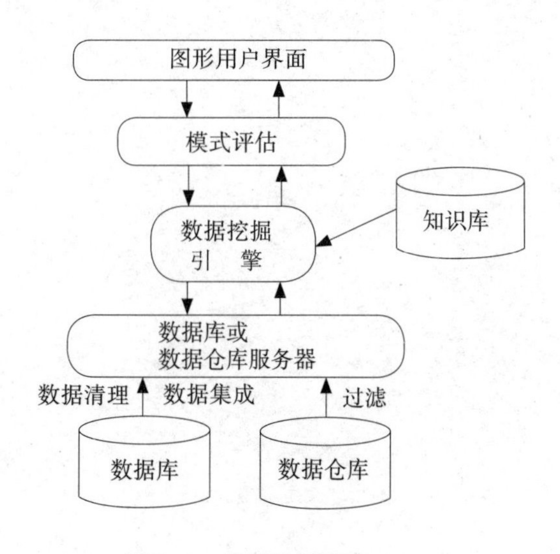

图 5-1　应用示例流程

把上述例子中的用户列表获取过程进行细分，可以分为如下几个部分。

业务理解：理解业务本身，其本质是什么？是分类问题还是回归问题？数据怎么获取？应用哪些模型才能解决？

数据理解：获取数据之后，分析数据里面有什么内容、数据是否准确，为下一步的预处理做准备。

数据预处理：原始数据会有噪声，格式化也不好，所以为了保证预测的准确性，需要进行数据的预处理。

特征提取：它是机器学习中最重要、最耗时的一个阶段。

模型构建：使用适当的算法，获取预期准确的值。

模型评估：根据测试集评估模型的准确度。

模型应用：将模型部署应用于实际生产环境中。

应用效果评估：根据最终的业务，评估最终的应用效果。

整个用户列表获取过程会不断反复，模型也会不断调整，直至达到理想的效果。

二、机器学习和数据挖掘的联系与区别

数据挖掘是从海量数据中获取有效的、新颖的、潜在有用的、最终可理解的模式的过程。数据挖掘中用了大量的机器学习界提供的数据分析技术和数据库界提供的数据管理技术。从数据分析的角度看，数据挖掘与机器学习有很多相似之处，但不同之处也十分明显，如数据挖掘并没有像机器学习一样探索人的学习机制，数据挖掘中的数据分析是针对海量数据进行的等。从某种意义上说，机器学习的科学成分更重一些，数据挖掘的技术成分更重一些。

学习能力是智能行为的一个重要特征，不具有学习能力的系统很难称之为一个真正的智能系统，而机器学习希望（计算机）系统能够利用经验改善自身的性能，因此该领域一直是人工智能的核心研究领域之一。在计算机系统中，“经验”通常是以数据的形式存在的，因此机器学习不仅涉及对人的认知学习过程的探索，还涉及对数据的分析处理。实际上，机器学习已经成为计算机数据分析技术的创新源头之一。由于几乎所有的学科都要面对数据分析任务，因此机器学习已经开始影响计算机科学的众多领域，甚至影响着计算机科学之外的很多学科。机器学习是数据挖掘中的一种重要工具。然而，数据挖掘不仅要研究、拓展、应用一些机器学习方法，还要通过许多非机器学习技术解决数据仓储、大规模数据、数据噪声等实践问题。机器学习的涉及面也很宽，常用于数据挖掘，但是机器学习不仅可以用于数据挖掘，还可以用于一些机器学习的子领域甚至与数据挖掘关系不大的领域，如增强学习与自动控制等。因此，数据挖掘是从目的而言的，机器学习是从方法而言的，两个领域有相当大的交集，但不能等同。

第二节 机器学习的方式与类型

机器学习的算法有很多，这里从两个方面进行介绍，一是学习方式，二是算法类似性。

一、学习方式

根据数据类型的不同，对一个问题的建模可以有不同的方式。在机器学习或人工智能领域，人们一般会先考虑学习方式算法。在机器学习领域有以下几种学习方式。

（一）监督式学习

在监督式学习下，输入数据被称训练数据，每组训练数据都有一个明确的标识或结果，如对防垃圾邮件系统中的“垃圾邮件”“非垃圾邮件”，对手写数字识别中的“1”“2”“3”“4”等等。在建立预测模型时，监督式学习会建立一个学习过程，将预测结果与训练数据的实际结果进行比较，不断地调整预测模型，直到模型的预测结果达到预期的准确率为止。监督式学习的常见应用场景包括分类问题和回归问题；常见算法包括逻辑回归（Logistic Regression）和反向传递神经网络（Back Propagation Neural Network）。

（二）非监督式学习

在非监督式学习下，数据并不被特别标识，学习模型是为了推断数据的一些内在结构。非监督式学习常见的应用场景包括关联规则的学习及聚类等；常见算法包括 Apriori 算法和 K-Means 算法。

（三）半监督式学习

在半监督式学习下，输入的数据部分被标识，部分没有被标识。这种学习模型可以用来进行预测，但需要先学习数据的内在结构，以便合理地组织数据进行预测。半监督式学习的应用场景包括分类和回归；常见算法包括一些常用监督式学习算法的延伸。这些算法试图先对未标识的数据进行建模，然后在此基础上对标识的数据进行预测，如图论推理算法（Graph Inference) 或拉普拉斯支持向量机（Laplacian SVM）等。

（四）强化学习

在强化学习下，输入数据是对模型的反馈，不像监督模型那样，仅是一种检查模型对错的方式。在强化学习下，输入数据直接反馈到模型，模型必须对此立刻做出调整。强化学习的常见应用场景包括动态系统及机器人控制等；常见算法包括 Q-Learning 及时间差学习（Temporal Difference Learning）等。

在企业数据应用的场景下，人们最常用的是监督式学习和非监督式学习。在图像识别等领域，由于存在大量的非标识数据和少量的可标识数据，目前半监督式学习也是一个很热门的话题。而强化学习更多地应用于机器人控制及其他需要进行系统控制的领域。

二、算法类似性

根据算法的功能和形式的类似性，可以对算法进行分类，如基于树的算法、基于神经网络的算法等。当然，机器学习的范围非常庞大，有些算法很难明确归为某一类。而对于有些分类来说，同一分类的算法可以针对不同类型的问题。下面把常用的算法按照最容易理解的方式进行分类。

（一）回归算法

回归算法是试图采用对误差的衡量探索变量之间关系的一类算法，它是统计机器学习的利器。常见的回归算法包括最小二乘法（Ordinary Least Square）、逻辑回归（Logistic Regression）、逐步式回归（Stepwise Regression）、多元自适应回归样条（Multivariate Adaptive Regression Splines）及本地散点平滑估计（Locally Estimated Scatterplot Smoothing）等。

（二）基于实例的算法

基于实例的算法常常用于对决策问题建立模型，这样的模型常常先选取一批样本数据，然后根据某些近似性把新数据与样本数据进行比较，从而找到最佳的匹配。因此，基于实例的算法常常被称为“赢家通吃学习”或“基于记忆的学习”。常见的基于实例的算法包括 K-Nearest Neighbor(KNN)、学习矢量量化（Learning Vector Quantization, LVQ）及自组织映射算法（Self-Organizing Map, SOM）等。

（三）正则化算法

正则化算法是其他算法（通常是回归算法）的延伸，根据算法的复杂度对算法进行调整。正则化算法通常对简单模型予以奖励，对复杂算法予以惩罚。常见的正则化算法包括 Ridge Regression、Least Absolute Shrinkage and Selection Operator(LASSO) 及弹性网络（Elastic Net）等。

（四）决策树算法

决策树算法是根据数据的属性采用树状结构建立决策模型的，常用来解决分类和回归问题。常见的决策树算法包括分类及回归树（Classification and Regression Tree, CART)、ID3（Iterative Dichotomiser 3）、C4.5、Chi-squared Automatic Interaction Detection（CHAID）、Decision Stump、随机森林（Random Forest）、多元自适应回归样条（MARS）及梯度推进机（Gradient Boosting Machine, GBM）等。

（五）贝叶斯算法

贝叶斯算法是基于贝叶斯定理的一类算法，主要用来解决分类和回归问题。常见的贝叶斯算法包括朴素贝叶斯算法、平均单依赖估计（Averaged One-Dependence Estimators, AODE) 及 Bayesian Belief Network（BBN）等。

（六）基于核的算法

基于核的算法中最著名的莫过于支持向量机（SVM）。基于核的算法是把输入数据映射到一个高阶的向量空间，在这些高阶向量空间里，有些分类或者回归问题能够更容易解决。常见的基于核的算法包括支持向量机（Support Vector Machine, SVM）、径向基函数（Radial Basis Function, RBF) 及线性判别分析（Linear Discriminate Analysis, LDA）等。

（七）聚类算法

聚类算法通常按照中心点或者分层的方式对输入数据进行归并。所有的聚类算法都试图找到数据的内在结构，以便按照最大的共同点将数据进行归类。常见的聚类算法包括 K-Means 算法及期望最大化算法（Expectation Maximization, EM）等。

（八）关联规则学习

关联规则学习通过寻找最能够解释数据变量之间关系的规则，找出大量多元数据集中有用的关联规则。关联规则学习常见的算法包括 Apriori 算法和 Eclat 算法等。

（九）人工神经网络算法

人工神经网络算法模拟生物神经网络，是一类模式匹配算法，通常用于解决分类和回归问题。人工神经网络是机器学习的一个庞大分支，有几百种不同的算法（深度学习就是其中的一类算法）。常见的人工神经网络算法包括感知器神经网络（Perceptron Neural Network）、反向传递（Back Propagation）、Hopfield 网络、自组织映射（Self-Organizing Map, SOM）及学习矢量量化（Learning Vector Quantization, LVQ）等。

（十）深度学习算法

深度学习算法是人工神经网络的发展。在计算能力变得日益廉价的今天，深度学习算法试图建立大得多也复杂得多的神经网络。很多深度学习算法是半监督式学习算法，用来处理存在少量未标识数据的大数据集。常见的深度学习算法包括受限波尔兹曼机（Restricted Boltzmann Machine, RBN）、Deep Belief Networks（DBN）、卷积网络 (Convolutional Network）及堆栈式自动编码器（Stacked Auto-encoders）等。

（十一）降低维度算法

与聚类算法一样，降低维度算法试图分析数据的内在结构，不过降低维度算法是通过非监督式学习试图利用较少的信息归纳或者解释数据。这类算法可以用于高维数据的可视化，或用来简化数据以便监督式学习使用。常见的降低维度算法包括主成分分析（Principle Component Analysis, PCA）、偏最小二乘回归（Partial Least Square Regression, PLSR）、Sammon 映射、多维尺度 (Multi-Dimensional Scaling, MDS）及投影追踪（Projection Pursuit）等。

（十二）集成算法

集成算法用一些相对较弱的学习模型独立地就同样的样本进行训练，然后把结果整合起来进行整体预测。集成算法的主要难点在于究竟集成哪些独立的、较弱的学习模型以及如何把学习结果整合起来。这是一类非常强大的算法，也非常流行。常见的集成算法包括 Boosting、Bootstrapped Aggregation（Bagging）、AdaBoost、堆叠泛化（Stacked Generalization, Blending）、梯度推进机（Gradient Boosting Machine, GBM）及随机森林（Random Forest）等。

第三节 机器学习与数据挖掘的应用

一、尿布和啤酒的故事

总部位于美国阿肯色州的世界著名商业零售连锁企业沃尔玛拥有世界上最大的数据仓库系统。为了能够准确地了解顾客在其门店的购买习惯，沃尔玛对其顾客的购物行为进行了购物篮分析，想知道顾客经常一起购买的商品有哪些。沃尔玛数据仓库里集中了其各门店的详细原始交易数据，在这些原始交易数据的基础上，沃尔玛利用 NCR 数据挖掘工具对这些数据进行了分析和挖掘。一个意外的发现是，跟尿布一起购买最多的商品竟然是啤酒！这是数据挖掘技术对历史数据进行分析的结果，反映了数据的内在规律。那么，这个结果符合现实情况吗？是否有利用价值?

于是，沃尔玛派出市场调查人员和分析师对这一数据挖掘结果进行了调查分析，从而揭示了隐藏在“尿布与啤酒”背后的美国人的一种行为模式。在美国，一些年轻的父亲下班后经常要到超市去买婴儿尿布，而他们中有 30% ~ 40% 的人同时会为自己买一些啤酒。产生这一现象的原因是，美国的太太们常叮嘱她们的丈夫下班后为小孩买尿布，丈夫们则在买完尿布后又随手带回了他们喜欢的啤酒。

因为尿布与啤酒一起被购买的机会很多，所以沃尔玛在其各门店将尿布与啤酒摆放在一起，结果是尿布与啤酒的销售量双双增长。

二、决策树用于通信领域故障快速定位

通信领域比较常见的应用场景是决策树，利用决策树进行故障定位。比如，用户投诉上网慢，其中有很多种原因，有可能是网络的问题，也有可能是用户手机的问题，还有可能是用户自身感受的问题。那么，怎样快速分析和定位问题，给用户一个满意的答复？这就需要用到决策树。

三、图像识别领域

（一）小米面孔相册

这项功能的名字叫“面孔相册”，可以利用图像分析技术，自动地对云相册照片内容按照面孔进行分类整理。开启“面孔相册”功能后，可以自动识别、整理云相册中的不同面孔。

“面孔相册”还支持手动调整分组、移出错误面孔、通过系统推荐确认面孔等功能，从而弥补机器识别的不足。这项功能的背后使用的是深度学习技术，可以自动识别图片中的人脸，然后进行自动识别和分类。

（二）支付宝扫脸支付

马云在 2015 CeBIT 展会开幕式上首次展示了蚂蚁金服的最新支付技术，即扫脸支付（Smile to Pay），惊艳全场。支付宝宣称，Face++Financial 人脸识别技术在 LFW 国际公开测试集中不仅达到了 99.5% 的准确率，还能运用“交互式指令 + 连续性判定 +3D 判定”技术。人脸识别技术基于神经网络，让计算机学习人的大脑，并通过“深度学习算法”大量训练，使其变得极为“聪明”，能够“认人”。实现人脸识别不需要用户自行提交照片，有资质的机构在需要进行人脸识别时，可以向全国公民身份证号码查询服务中心提出申请，将采集的照片与该部门的权威照片库进行比对。也就是说，用户在进行人脸识别时，只需打开手机或电脑的摄像头，对着自己的正脸进行拍摄即可。在智能手机全面普及的今天，这项技术的参与门槛低到可以忽略不计。

用户容易担心的隐私问题在人脸识别领域也能有效避免，因为照片的来源极其权威，同时一种特有的“脱敏”技术可以将照片模糊处理成肉眼无法识别而只有计算机才能识别的图像。

（三）图片内容识别

前面两个案例介绍的都是图片识别，比图片识别更难的是图片语义的理解和提取，百度和

Google 都在进行这方面的研究。

百度的百度识图能够有效地处理特定物体的检测识别（如人脸、文字或商品等）、通用图像的分类标注。来自 Google 研究院的科学家发表了一篇博文，展示了 Google 在图形识别领域的最新研究进展。或许未来 Google 的图形识别引擎不仅能够识别图片中的对象，还能够对整个场景进行简短而准确的描述。这种突破性的概念来自机器语言翻译方面的研究成果，即通过一种递归神经网络（RNN）将一种语言的语句转换成向量表达，并采用第二种 RNN 将向量表达转换成目标语言的语句。Google 将以上过程中的第一种 RNN 用深度卷积神经网络 CNN 替代，这种网络可以用来识别图像中的物体。通过这种方法可以将图像中的对象转换成语句，对图像场景进行描述。概念虽然简单，但实现起来十分复杂，科学家表示目前实验中的语句合理性不错，但距离完美仍有差距，这项研究尚处于早期阶段。

（四）自然语言识别

自然语言识别一直是一个非常热门的领域，最著名的是苹果的 Siri，不仅支持资源输入，调用手机自带的天气预报、日常安排、搜索资料等等，还能够不断学习新的声音和语调，提供对话式的应答。

微软的 Skype Translator 可以实现中英文之间的实时语音翻译功能，这将使英文和中文普通话之间的实时语音对话成为现实。在准备好的数据被录入机器学习系统后，机器学习软件会在这些对话和环境涉及的单词中搭建一个统计模型。当用户说话时，软件会在该统计模型中寻找相似的内容，然后应用于预先“学到”的转换程序中，将音频转换为文本，再将文本转换成另一种语言。

虽然语音识别一直是近几十年的重要研究课题，但该技术的发展普遍受到错误率高、麦克风敏感度差异、噪声环境等因素的阻碍。因此，将深层神经网络（DNN）技术引入语音识别，极大地降低了错误率，提高了可靠性，最终使这项语音翻译技术得以广泛应用。

第四节　深度学习的实践与发展

深度学习（Deep Learning）的概念由 Hinton 等人于 2006 年提出，源于人工神经网络的研究，是机器学习中一个非常接近人工智能的领域，其动机在于建立模拟人脑进行分析学习的神经网络。深度学习是相对于简单学习而言的，目前多数分类、回归等学习算法都属于简单学习，其局限性在于有限样本和计算单元对复杂函数的表示能力有限，针对复杂分类问题，其泛化能力受到一定的制约。深度学习可通过学习一种深层非线性网络结构实现复杂函数逼近，发现输入数据的分布式表示，并展现出强大的从少数样本集中学习数据集本质特征的能力。深度学习模拟更多的神经层神经活动，通过组合低层特征形成更加抽象的高层特征，以发现数据的分布式特征表示。

一、深度学习介绍

（一）深度学习的概念

研究人员通过分析人脑的工作方式发现，通过计算感官信号从视网膜传递到前额大脑皮质再到运动神经的时间，可以推断出大脑皮质并未直接对数据进行特征提取处理，而是使接收的刺激信号通过一个复杂的层状网络模型，进而获取观测数据展现的规则。也就是说，人脑并不是直接根据外部世界在视网膜上的投影识别物体，而是根据经聚集和分解过程处理后的信息识别物体。因此，视皮层的功能是对感知信号进行特征提取和计算，而不是简单地重现视网膜的图像。人类感知系统这种明确的层次结构极大地降低了视觉系统处理的数据量，并保留了物体有用的结构信息。深度学习正是希望通过模拟人脑多层次的分析方式提高学习的准确性。

实际生活中，人们为了解决一个问题，如对象的分类（对象可是文档、图像等），必须先抽取一些特征表示一个对象，因此特征对结果的影响非常大。在传统的数据挖掘方法中，特征的选择一般都是通过手工完成的，通过手工选取的好处是可以借助人的经验或者专业知识选择正确的特征，缺点是效率低，而且在复杂的问题中，人工选择可能会陷入困惑。于是，人们开始寻找一种能够自动选择特征，还能保证特征准确的方法。深度学习能够通过组合低层特征形成更抽象的高层特征，从而实现自动选择特征的目的，不再需要人参与特征的选取。

接下来分析深度学习的核心思想。假设有一个系统 S，它有 n 层（$S_1,\cdots, S_n$)，它的输入是 I，输出是 O，如果输出 O 等于输入 I，即输入 I 经过这个系统变化之后没有任何的信息损失，保持不变，则意味着输入 I 经过每一层 S_i 都没有任何的信息损失，即在任何一层 S_i，它都是原有信息（即输入 I）的另外一种表示。在深度学习中，需要自动地学习特征，假设有一堆输入 I（如一堆图像或者文本），并且设计了一个系统 S（有 n 层），通过调整系统中的参数，使它的输出仍然是输入 I，那么就可以自动获取输入的一系列层次特征。

对于深度学习来说，其思想就是堆叠多个层，也就是将上一层的输出作为下一层的输入。通过这种方式可以实现对输入信息进行分级表达的目的。另外，之前假设输出等于输入，这个限制过于严格，也可以略微地放宽这个限制，如只要使输入与输出的差别尽可能小即可，而且放宽限制会引出另外一类深度学习方法。

（二）深度学习的结构

深度学习的结构有以下三种。

1. 生成性深度结构

生成性深度结构描述了数据的高阶相关特性、观测数据及相应类别的联合概率分布。与传统区分型神经网络不同，它可获取观测数据和标签的联合概率分布，这方便了先验概率和后验概率的估计，而区分型模型仅能对后验概率进行估计。DBN 解决了传统 Back Propagation (BP) 算法训练多层神经网络的难题：① 需要大量含标签训练样本集；② 收敛速度较慢；③ 因不合适的参数选择而陷入局部最优。

DBN 由一系列受限玻尔兹曼机（Restricted Boltzmann Machine, RBM）单元组成。RBM 是一种典型神经网络，该网络可视层和隐藏层单元彼此互连（层内无连接），隐单元可获取输入可视单元的高阶相关性。相较传统 Sigmoid 信度网络，RBM 权值的学习更容易。为了获取生成性权值，预训练采用无监督贪心逐层方式实现。在训练过程中，先将可视向量值映射给隐单元，然后由隐单元重建可视单元，将这些新的可视单元再次映射给隐单元，就获取了新的隐单元。通过自底向上组合多个 RBM 可以构建一个 DBN。应用高斯—伯努利 RBM 或伯努利—伯努利 RBM, 可将隐单元的输出作为训练上层伯努利—伯努利 RBM 的输入，第二层的输出作为第三层的输入等，如图 5-2 所示。

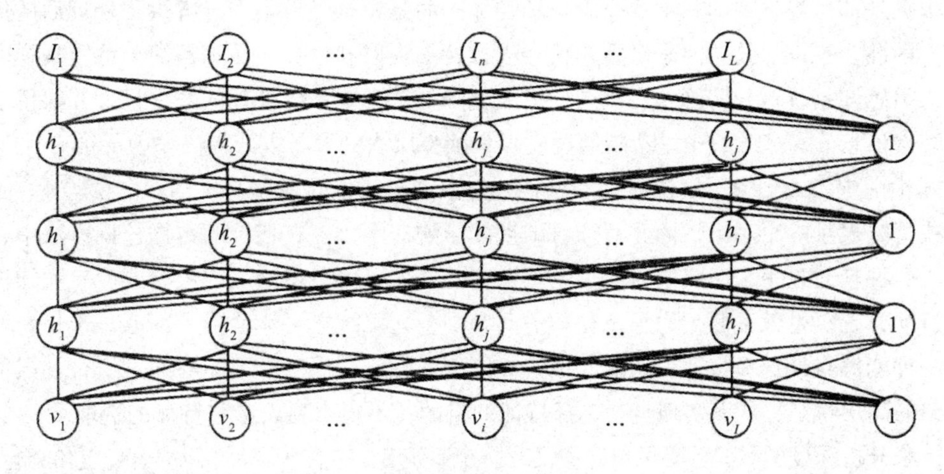

图 5-2　DBN 模型

2. 区分性深度结构

区分性深度结构的作用是提供对模式分类的区分性能力，通常描述数据的后验分布。卷积神经网络（Convolutional Neural Network, CNN）是第一个真正成功训练多层网络结构的学习算法，与 DBN 不同，它属于区分性训练算法。受视觉系统结构的启示，当具有相同参数的神经元应用于前一层的不同位置时，就可获取一种变换不变性的特征。后来 LeCun 等人沿着这种思路，利用 BP 算法设计并训练了 CNN。CNN 作为深度学习框架是基于最小化预处理数据要求而产生的。受早期的时间延迟神经网络影响，CNN 靠共享时域权值降低复杂度。CNN 是利用空间关系减少参数数目以改善一般前向 BP 训练的一种拓扑结构，并在多个实验中获取了较好的性能。在 CNN 中，图像的一小部分（局部感受区域）作为分层结构的最低层输入。信息通过不同的网络层次进行传递，因此在每一层都能够获取对平移、缩放和旋转不变的观测数据的显著特征。

3. 混合型结构

混合型结构的学习过程包含两个部分：生成性部分和区分性部分。现有典型的生成性单元通常最终用于区分性任务，生成性模型应用于分类任务时，预训练可结合其他典型区分性学习算法对所有权值进行优化。这个区分性寻优过程通常是附加一个顶层变量表示训练集提供的期望输出或标签。BP 算法可用于优化 DBN 权值，它的初始权值是在 RBM 和 DBN 预训练中得到的而非随机产生的，这样的网络通常比仅通过 BP 算法单独训练的网络性能更加优越。可以认为 BP 对 DBN 训练仅完成局部参数空间搜索，与前馈型神经网络相比加速了训练和收敛的时间。

（三）从机器学习到深度学习

机器学习算法无一例外要对数据集进行各种人工干预，主要分为两个阶段的干预。机器学习需要把数据表示成特征的集合，究竟用何种特征表示数据是由实现该算法的程序员决定的，这是第一阶段的人工干预，称为特征选择。第二阶段的人工干预产生于人们对机器学习算法的选择，一旦选择了某种算法，就相当于假设数据集与这个算法的模型相似。

机器学习的终极目标是让计算机能够自己从数据中学习知识，从而为人服务。但机器学习的人工干预使这个目标无法实现，既然需要人工干预，就无法实现知识产生的自动化，不过是将人的想法用代码实现而已。但在这些机器学习算法中，人工神经网络与其他算法有着明显的不同：① 多层神经网络可以实现一种叫作自动编码器的算法，自动编码器的隐藏层实际上相当于一个自动的特征筛选过程，这个过程被称为表示学习；② 神经网络从理论上讲，与大多数机器学习算法相似，可以实现模型选择的自动化。

目前，基于神经网络的特征表示基本可以看成浅层学习，因为这些神经网络的隐藏层都很少。这是由于传统神经网络训练过程有很多局限性：① 梯度扩散，传统算法在求解过程中依赖后向传播的梯度信号，但是随着层数的增加，梯度误差矫正信号的强度会逐渐变小，以至于最后不可用；② 容易得到局部最优解，而非全局最优解；③ 对数据要求高，尤其要求数据必须是有标签的数据，在实际中有标签的数据很难获得，而神经网络参数有很多，很可能无法训练出有效的模型。

虽然面对诸多困难，但浅层神经网络目前依然广泛应用于图像识别等领域，这说明少量的隐藏层在合理的调试下依然能够被应用到现实中。但正因为调试困难，神经网络在数据挖掘中的应用才没有其他机器学习算法广泛。

深度学习的出现，使这个难题有了解决的思路。深度学习的主要思想是增加神经网络中隐藏层的数量，使用大量的隐藏层增强神经网络对特征筛选的能力，从而能够用较少的参数表达复杂的模型函数，逼近机器学习的终极目标——知识的自动发现。

深度学习的核心技术就是一个能够有效解决传统神经训练方法种种问题的算法，这个算法将在后续部分中阐述。

二、深度学习基本方法

如今，深度学习的训练方法已经有许多复杂的变种实现，但这些实现的基本思想都是相同的。

（一）自动编码器

深度学习的基本算法被称为逐层贪心算法，该算法在每一次迭代中训练一层网络，然后使用一个类似于后向传播的算法对深度网络进行调优。具体来说，要将深度网络看成一连串的自动编码器。每个自动编码器可以看成由两个阶段构成：第一个阶段是编码阶段，编码阶段对应的是输入层到隐藏层的映射；第二个阶段是解码阶段，对应的是隐藏层到输出层的映射。自动编码器实现编码的学习过程是先用隐藏层进行编码，再将编码结果作为输入传递给输出层进行解码，解码后的结果应该与原始输入相似但不相同，通过将结果与原始输入的误差最小化得到最优编码方案，把中间层参数提取出来就是一个最优编码方案。

1. 前向训练阶段

在逐层贪心算法中，在整体上将自动编码器拆开，编码过程用以下公式表示：

$$a^{(l)} = f(Z^{(l)})$$
$$Z^{(l+1)} = W^{(l,1)}a^{(l)} + b^{(l,1)}$$

解码过程用下面的公式表示：

$$a^{(n+1)} = f(Z^{(n+1)})$$
$$Z^{(n+l+1)} = W(Z^{(n-l,2)})Z^{(n+l)} + b^{(n-l,2)}$$

其中，$a^{(n)}$ 就包含了我们想要的高阶特征。

一个更具体的含两个隐藏层的训练步骤如下。

（1）训练第一层自动编码器，如图 5-3 所示。

（2）将第一层自动编码器的解码部分拿掉，直接将第一层的编码结果作为输入，利用这个输入训练第二层编码器（图 5-4）。

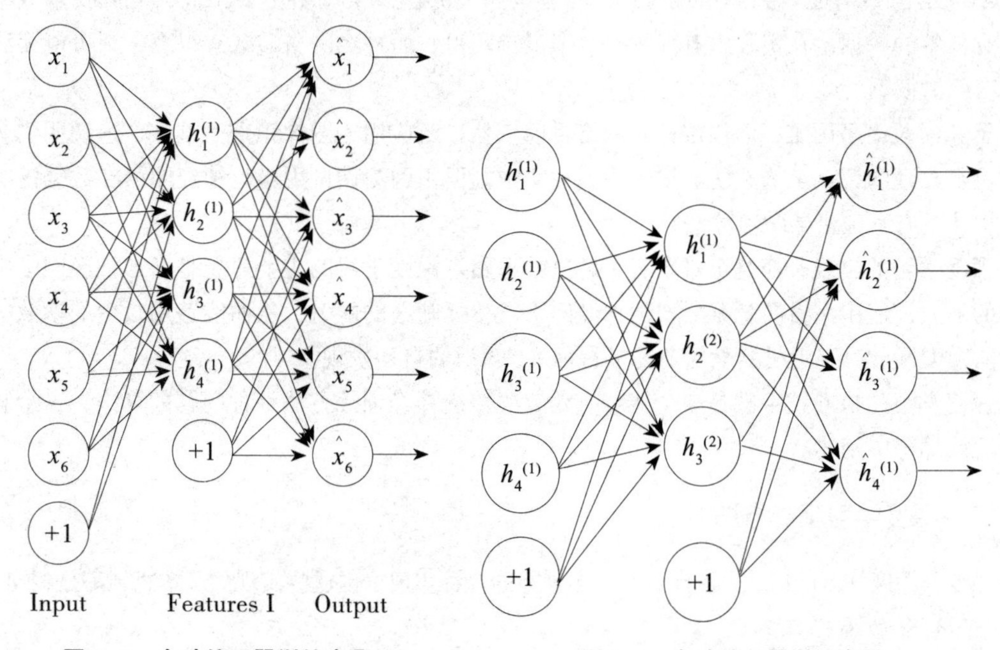

图 5-3　自动编码器训练步骤 1　　　图 5-4　自动编码器训练步骤 2

（3）根据需要将第二层的解码部分换成相应的分类函数即可实现一个简单的分类器（图 5-5）。

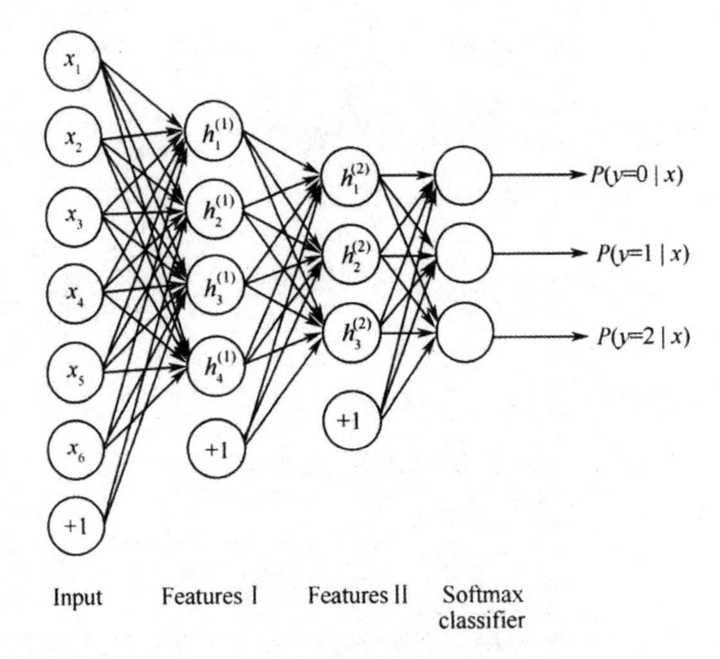

图 5-5　自动编码器训练步骤 3

2. 后向调优阶段

后向调优阶段的调优过程如下。

（1）从输出层 nl 开始，计算参数：

$$\delta^{(nl)} = -\left(\nabla_{a^{(nl)}} J\right) \cdot f'\left(z^{(nl)}\right)$$

（2）对于 $l=nl-1$，$nl-2$，…，2 层，计算参数：

$$\delta^{(l)} = \left(\left(W^{(l)}\right)^{\mathrm{T}} \delta^{(l+1)}\right) \cdot f'\left(z^{(l)}\right)$$

（3）计算目标偏微分：

$$\nabla_{W^{(l)}} J(W,b;x,y) = \delta^{(l+1)}\left(a^{(l)}\right)^{\mathrm{T}}$$
$$\nabla_{b^{(l)}} J(W,b;x,y) = \delta^{(l+1)}$$
$$J(W,b) = \left[\frac{1}{m}\sum_{i=1}^{m} J(W,b;x^{(i)},y^{i})\right]$$

（4）使用偏微分对各参数进行更新：

$$\Delta W^{(l)} = \Delta W^{(l)} + \nabla_{W^{(l)}} J(W,b;x,y)$$
$$\Delta b^{(l)} = \Delta b^{(l)} + \nabla_{b^{(l)}} J(W,b;x,y)$$

$$W^{(l)}=W^{(l)}-a\left[\left(\frac{1}{m}\Delta W^{(l)}\right)+\lambda W^{(l)}\right]$$

$$b^{(l)}=b^{(l)}-a\left[\left(\frac{1}{m}\ \Delta b^{(l)}\ \right)\right]$$

（5）完成更新后，即完成一次优化迭代。

（二）稀疏编码

如果把输出必须和输入相等的限制放松，同时利用线性代数中基的概念，可以得到这样一个优化问题：

$\min|I-O|$

其中，I 表示输入，O 表示输出。

通过求解这个最优化式子，可以求得系数和基，这些系数和基就是输入的另外一种近似表达。

$$x=\sum_{i=1} a_i\phi_i$$

因此，它们可以用来表达输入 I，这个过程也是自动学习得到的。如果在上述式子中加上 $L1$ 的正则因子限制，则得到

$$\min|I-O|+u\times(|a_1|+|a_2|+\ldots+|a_n|)$$

这种方法被称为稀疏编码（Sparse Coding)。通俗地说，就是将一个信号表示为一组基的线性组合，而且要求只需要较少的几个基就可以将信号表示出来。稀疏性定义为：只有很少的几个非零元素或只有很少的几个远大于零的元素。要求系数 a_i 稀疏的意思就是对一组输入向量，只想有尽可能少的几个系数远大于零。选择使用具有稀疏性的分量表示输入数据是有原因的，因为绝大多数的感官数据（如自然图像）可以被表示成少量基本元素的叠加，在图像中这些基本元素可以是面或线。同时，与初级视觉皮层的类比过程因此得到了提升（人脑有大量的神经元，但只对某些图像或者边缘只有很少的神经元兴奋，其他都处于抑制状态）。

稀疏编码算法是一种无监督学习方法，它可以用来寻找一组“超完备”基向量以更高效地表示样本数据。虽然主成分分析技术（PCA）能方便地找到一组“完备”基向量，但这里是找到一组“超完备”基向量表示输入向量（也就是说，基向量的个数比输入向量的维数要大）。超完备基的好处是它们能更有效地找出隐含在输入数据内部的结构与模式。然而，对于超完备基来说，系数 a_i 不再由输入向量唯一确定。因此，在稀疏编码算法中，我们另加了一个评判标准“稀疏性”来解决因超完备而导致的退化(degeneracy)问题。稀疏编码算法可分为Training和Coding两个阶段。

1. Training 阶段

给定一系列的样本图片 $[x_1, x_2, \cdots]$，需要学习得到一组基 $[\phi_1, \phi_2, \cdots]$，也就是字典。

稀疏编码是 K-Means 算法的变体，两者训练过程相差不多。由于 K-Means 聚类算法为 EM 算法的具体应用，EM 算法的思想是，如果要优化的目标函数包含两个变量，如 $L(W, B)$，那么可以先固定 W，调整 B 使 L 最小，然后固定 B，调整 W 使 L 最小，这样迭代交替，不断将 L 推向最小值。

稀疏编码的训练过程就是一个重复迭代的过程，按上面所说，交替地更改 a 和 ϕ，使下面这个目标函数最小：

$$\min_{a,\phi}\sum_{i=1}\left\|x_i-\sum_{j=1}a_{i,j}\phi_j\right\|^2+\lambda\sum_{i=1}\sum_{j=1}a_{i,j}$$

每次迭代分两步：

（1）固定字典 $\phi_{[k]}$，然后调整 $a_{[k]}$，使上式，即目标函数最小（即解 LASSO 问题）。

（2）然后固定 $a_{[k]}$，调整 $\phi_{[k]}$，使上式，即目标函数最小（即解凸 QP 问题）。

不断迭代，直至收敛，这样就可以得到一组可以良好表示这一系列 x 的基，也就是字典。

2. Coding 阶段

给定一个新的图片 x，由上面得到的字典，通过解一个 LASSO 问题得到稀疏向量 a。这个稀疏向量就是这个输入向量 x 的一个稀疏表达。

$$\min_{a}\sum_{i=1}\left\|x_i-\sum_{j=1}a_{i,j}\phi_j\right\|^2+\lambda\sum_{i=1}\sum_{j=1}\left|a_{i,j}\right|$$

三、深度学习模型

同机器学习方法一样，深度学习方法也有生成模型与判别模型之分，不同的学习框架下建立的学习模型不同。例如，卷积神经网络是一种深度判别模型，而深度置信网络是一种生成模型。

（一）深度置信网络

深度置信网络（DBN) 是一个概率生成模型，与传统的判别模型的神经网络相对，生成模型是建立一个观察数据和标签之间的联合分布，对 P(Observation|Label) 和 P(Label|Observation) 都做了评估；而判别模型仅评估了后者，也就是 P(Label|Observation)。对深度神经网络应用传统的 BP 算法时，DBN 遇到了以下问题：

（1）需要为训练提供一个有标签的样本集。

（2）学习过程较慢。

（3）不适当的参数选择会导致学习收敛于局部最优解。

DBN 由多个受限玻尔兹曼机（Restricted Boltzmann Machines, RBM）层组成，一个典型的 DBN 结构如图 5-6 所示。这些网络被“限制”为一个可视层和一个隐藏层，层间存在连接，但层内的单元间不存在连接。隐层单元被训练去捕捉在可视层表现出来的高阶数据的相关性。

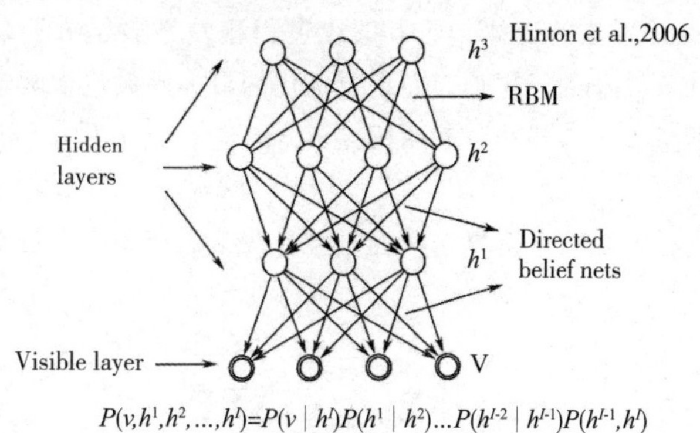

$P(v,h^1,h^2,\ldots,h^l)=P(v \mid h^l)P(h^1 \mid h^2)\ldots P(h^{l-2} \mid h^{l-1})P(h^{l-1},h^l)$

图 5-6 DBN 结构

先不考虑在最顶部构成一个联想记忆（Associative Memory）的两层，一个 DBN 的连接是通过自顶向下的生成权值指导确定的，RBM 就像一个建筑块一样，相较传统和深度分层的 Sigmoid 信念网络，它更易连接权值的学习。

最开始的时候，通过一个非监督贪心逐层方法去预训练获得生成模型的权值，非监督贪心逐层方法被 Hinton 证明是有效的，并被其称为对比分歧（Contrastive Divergence）。在这个训练阶段，在可视层会产生一个向量 v，通过它将值传递到隐藏层。反过来，可视层的输入会被随机选择，以尝试去重构原始的输入信号。最后，这些新的可视的神经元激活单元将前向传递重构隐层激活单元，获得 h(在训练过程中，先将可视向量值映射给隐单元，然后由隐单元重建可视单元，再将这些新的可视单元映射给隐单元，这样就可获取新的隐单元，执行的这种反复步骤被称为吉布斯采样）。这些后退和前进的步骤就是吉布斯采样，而隐层激活单元和可视层输入之间的相关性差别就是权值更新的主要依据。

因为 DBN 只需要单个步骤就可以接近最大似然学习，训练时间会显著减少。增加进网络的每一层都会改进训练数据的对数概率，可以理解为越来越接近能量的真实表达。这个有意义的拓展和无标签数据的使用，是任何一个深度学习应用的决定性因素。

在最高两层，权值被连接到一起，这样更低层的输出将会提供一个参考的线索或者关联给顶层，顶层就会将其联系到它的记忆内容。

在预训练后，DBN 可以利用带标签的数据以 BP 算法对判别性能做调整。在这里，一个标签集将被附加到顶层（推广联想记忆），通过自下向上学习的识别权值获得一个网络的分类面。这个性能会比单纯的 BP 算法训练的网络更好。这可以很直观地解释，DBN 的 BP 算法只需要对权值参数空间进行局部搜索，相较前向神经网络来说，训练较快，而且收敛的时间较少。

DBN 的灵活性使它的拓展比较容易。一个拓展就是卷积 DBN（Convolutional Deep Belief Network, CDBN）。DBN 并没有考虑到二维结构信息，因为输入是简单地从一个图像矩阵一维向量化的。而 CDBN 就考虑到了这个问题，它利用邻域像素的空域关系，通过一个被称为卷积 RBM 的模型区达到生成模型的变换不变性的目的，且容易变换为高维图像。DBN 框架如图 5-7 所示。

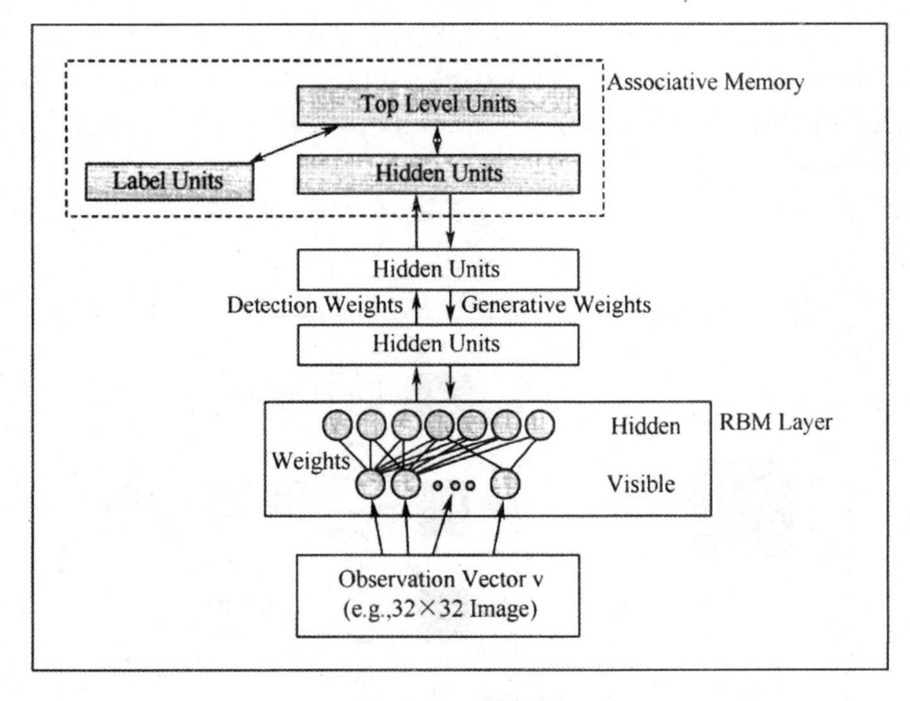

图 5-7 DBN 框架

目前，和 DBN 有关的研究包括堆叠自动编码器，即用堆叠自动编码器来替换传统 DBN 里面的 RBM。这就可以通过同样的规则产生深度多层神经网络架构，但堆叠自动编码器缺少层的参数化的严格要求。与 DBN 不同，自动编码器使用的是判别模型，这样这个结构就很难采样输入采样空间，使网络更难捕捉它的内部表达。但是，降噪自动编码器能很好地避免这个问题，并且比传统的 DBN 更优秀。它通过在训练过程中添加随机的污染并堆叠产生泛化性能。训练单一的降噪自动编码器的过程和 RBM 训练生成模型的过程一样。

（二）卷积神经网络

卷积神经网络（CNN）是人工神经网络的一种，已成为当前语音分析和图像识别领域的研究热点。它的权值共享网络结构使其更类似于生物神经网络，降低了网络模型的复杂度，减少了权值的数量。该优点在网络的输入是多维图像时表现得更为明显，使图像可以直接作为网络的输入，避免了传统识别算法中复杂的特征提取和数据重建过程。卷积网络是为识别二维形状而特殊设计的一个多层感知器，这种网络结构对平移、比例缩放、倾斜或其他形式的变形具有高度不变性。

CNN 受早期的延时神经网络（TDNN）的影响。延时神经网络通过在时间维度上共享权值降低学习复杂度，适用于语音和时间序列信号的处理。

CNN 是第一个真正成功训练多层网络结构的学习算法。它利用空间关系减少需要学习的参数数目，以提升一般前向 BP 算法的训练性能。CNN 作为一个深度学习架构被提出是为了最小化数据的预处理要求。在 CNN 中，图像的一小部分（局部感受区域）作为层级结构的最底层的输入，信息再依次传输到不同的层，每层通过一个数字滤波器获得观测数据的最显著特征。这个方法能够获取平移、缩放和旋转不变的观测数据的显著特征，因为图像的局部感受区域允许神经元或者处理单元访问最基础的特征，如定向边缘或者角点等。

1. 卷积神经网络的结构

卷积神经网络是一个多层的神经网络，每层由多个二维平面组成，每个平面则由多个独立神经元组成。

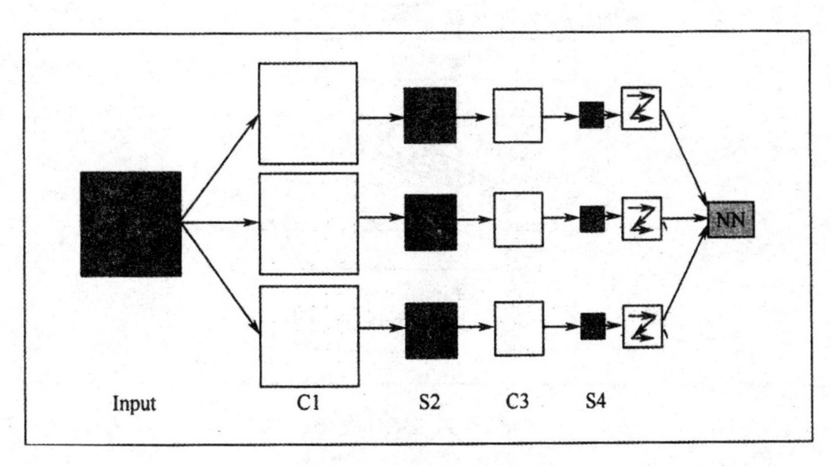

图 5-8　卷积神经网络

将输入图像、三个可训练的滤波器及可加偏置进行卷积，滤波过程如图 5-8 所示，卷积后在 C1 层产生三个特征映射图，然后对特征映射图中每组的 4 个像素进行求和，加权值，加偏置，通过一个 Sigmoid 函数得到三个 S2 层的特征映射图。这些映射图再经过滤波得到 C3 层。这个层级结构再和 S2 一样产生 S4。最终，这些像素值被光栅化，并连接成一个向量输入传统的神经网络，得到输出。

一般，C 层为特征提取层，每个神经元的输入与前一层的局部感受域相连，并提取该域局部特征，该局部特征被提取后，它与其他特征间的位置关系也随之确定下来；S 层是特征映射层，网络的每个计算层由多个特征映射组成，每个特征映射为一个平面，平面上所有神经元的权值相等。特征映射结构采用影响函数核大小的 Sigmoid 函数作为卷积网络的络激活函数，使特征映射具有位移不变性的特点。

此外，由于一个映射面上的神经元共享权值，因而减少了网络自由参数的个数，降低了网络参数选择的复杂度。卷积神经网络中的每一个特征提取层（C 层）都紧跟着一个用来求局部平均与二次提取的计算层（S 层），这种特有的两次特征提取结构使网络在识别时对输入样本有较高的畸变容忍能力。

2. 训练过程

神经网络用于模式识别的主流是有监督学习网络，无监督学习网络更多的是用于聚类分析。对有指导的模式识别，由于任一样本的类别是已知的，样本在空间的分布不再依据其自然分布倾向划分，而是根据同类样本在空间的分布及同类样本之间的分离程度找到一种适当的空间划分方法，或者找到一个分类边界，使不同类样本分别位于不同的区域内。这就需要一个长时间且复杂的学习过程，不断调整以划分样本空间的分类边界的位置，使尽可能少的样本被划分到非同类区域中。

卷积网络在本质上是一种输入到输出的映射，它能够学习大量的输入与输出之间的映射关系，而不需要任何输入和输出之间精确的数学表达式，只要用已知的模式对卷积网络加以训练，网络就具有输入输出对之间的映射能力。卷积网络执行的是有监督训练，所以其样本集是由向量对（输入向量，理想输出向量）构成的。因此，这些向量对都应该来自网络即将模拟的系统的实际“运行”结果。它们可以是从实际运行系统中采集来的。在开始训练前，所有的权值都应该用一些不同的小随机数进行初始化。“小随机数”用来保证网络不会因权值过大而进入饱和状态，从而导致训练失败；“不同”用来保证网络可以正常地学习。实际上，如果用相同的数进行初始化权值矩阵，网络是无能力学习的。

训练算法与传统的 BP 算法相似，主要分为两个阶段，共 4 个步骤。

（1）向前传播阶段。

① 从样本集中取一个样本 (X, Y_p)，将 X 输入网络。

② 计算相应的实际输出 O_p。

在此阶段，信息从输入层经过逐级变换传送到输出层。这个过程也是网络在完成训练后正常运行时执行的过程。在此过程中，网络执行的是计算（实际上就是输入与每层的权值矩阵相乘，得到最后的输出结果）：

$$O_p = F_n(\ldots(F_2(F_1(X_p W^{(1)})W^{(2)})\ldots)W^{(n)})$$

（2）向后传播阶段。

①计算实际输出 O_p 与相应的理想输出 Y_p 的差。

②按极小化误差的方法反向传播调整权值矩阵。

3. 卷积神经网络的优点

卷积神经网络主要用来识别位移、缩放及其他形式扭曲不变性的二维图形。因为 CNN 的特征检测层通过训练数据进行学习，所以在使用 CNN 时避免了显式的特征抽取，而隐式地可以从训练数据中进行学习。再者，因为同一特征映射面上的神经元权值相同，所以网络可以并行学习，这也是卷积网络相对神经元彼此相连网络的一大优势。卷积神经网络以其局部权值共享的特殊结构在语音识别和图像处理方面有着独特的优越性，其布局更接近实际的生物神经网络，权值共享降低了网络的复杂性，特别是多维输入向量的图像可以直接输入网络，这一特点避免了特征提取和分类过程中数据重建的复杂度。

流的分类方式几乎都是基于统计特征的，这意味着在进行分辨前必须提取某些特征。然而，显式的特征提取并不容易，在一些应用问题中也并非总是可靠的。卷积神经网络避免了显式的特征取样，隐式地从训练数据中进行学习。这使卷积神经网络明显有别于其他基于神经网络的分类器，通过结构重组和减少权值能将特征提取功能融合进多层感知器中。它可以直接处理灰度图片，直接用于处理基于图像的分类。

卷积网络较一般神经网络在图像处理方面有如下优点：① 输入图像和网络的拓扑结构能很好地吻合；② 特征提取和模式分类同时进行，并同时在训练中产生；③ 权重共享可以减少网络的训练参数，使神经网络结构变得更简单，适应性更强。

四、深度学习的训练加速

深度学习模型训练需要各种技巧，如网络结构的选取、神经元个数的设定、权重参数的初始化、学习率的调整、Mini-batch 的控制等。即便对这些技巧十分精通，实践中也需要多次训练，反复摸索尝试。此外，深层模型参数多，计算量大，训练数据的规模更大，需要消耗大量计算资源。如果让训练加速，就可以在同样的时间内多尝试几个新方案，多调试几组参数，工作效率会明显提升，对于大规模的训练数据和模型来说，更可以将难以完成的任务变成可能。

（一）GPU 加速

矢量化编程是提高算法速度的一种有效方法。为了提升特定数值运算操作（如矩阵相乘、矩阵相加、矩阵和向量相乘等）的速度，数值计算和并行计算的研究人员努力了几十年。矢量化编程强调单一指令并行操作多条相似数据，形成单指令流多数据流（SIMD）的编程泛型。深层模型的算法，如 BP、Auto-Encoder、CNN 等，都可以写成矢量化的形式。然而，在单个 CPU 上执行时，矢量运算会被展开成循环的形式，本质上还是串行执行。

GPU（Graphic Process Units）的众核体系结构包含几千个流处理器，可将矢量运算并行化执行，大幅缩短计算时间。随着 NVIDIA、AMD 等公司不断推进 GPU 的大规模并行架构支持，面向通用计算的 GPU（General-Purposed GPU，GPGPU）已成为加速可并行应用程序的重要手段。得益于 GPU 众核（Many-core）体系结构，程序在 GPU 系统上的运行速度相较单核 CPU 往往提升几十倍乃至上千倍。目前，GPU 已经发展到了较为成熟的阶段，受益最大的是科学计算领域，典型的成功案例包括多体问题（N-Body Problem）、蛋白质分子建模、医学成像分析、金融计算、密码计算等。

利用 GPU 训练深度神经网络，可以充分发挥其数以千计计算核心的高效并行计算能力，在使用海量训练数据的场景下，耗费的时间大幅缩短，占用的服务器也更少。如果对适当的深度神经网络进行合理优化，一块 GPU 卡的计算能力相当于数十甚至上百台 CPU 服务器的计算能力，因此 GPU 已经成为业界在深度学习模型训练方面的首选解决方案。

（二）数据并行

数据并行是指对训练数据做切分，同时采用多个模型实例，对多个分片的数据并行训练（图 5-9）。

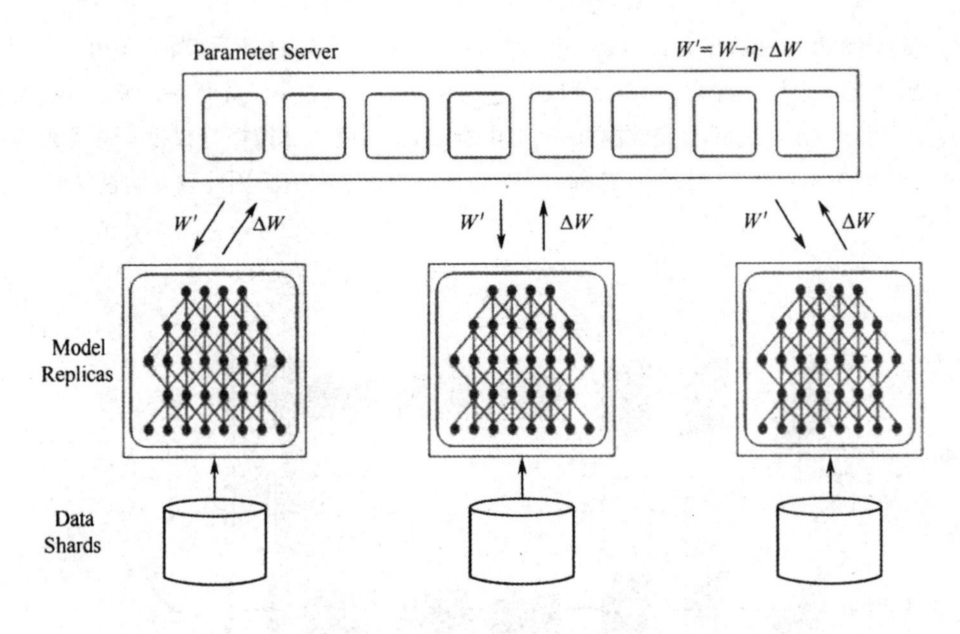

图 5-9　数据并行的基本架构

要完成数据并行需要做参数交换，通常由一个参数服务器（Parameter Server）帮助完成。在训练过程中，多个训练过程相互独立，训练的结果（模型的变化量 ΔW）需要汇报给参数服务器，由参数服务器负责更新为最新的模型 $W'=W-\eta\cdot\Delta W$，然后将最新的模型分发给训练程序，以便从新的起点开始训练。

数据并行有同步模式和异步模式之分。同步模式中，所有训练程序同时训练一个批次的训练数据，完成后经过同步，再同时交换参数。参数交换完成后所有的训练程序就有了共同的新模型作为起点，再训练下一个批次。异步模式中，训练程序完成一个批次的训练数据，立即和参数服务器交换参数，不考虑其他训练程序的状态。异步模式中一个训练程序的最新结果不会立刻体现在其他训练程序中，直到它们进行下次参数交换。

参数服务器只是一个逻辑上的概念，不一定部署为独立的一台服务器。它有时会附属在某一个训练程序上，有时会将参数服务器按照模型划分为不同的分片，分别部署。

（三）模型并行

模型并行是指将模型拆分成几个分片，由几个训练单元分别持有，共同协作完成训练（图 5-10）。当一个神经元的输入来自另一个训练单元的神经元的输出时，会产生通信开销。

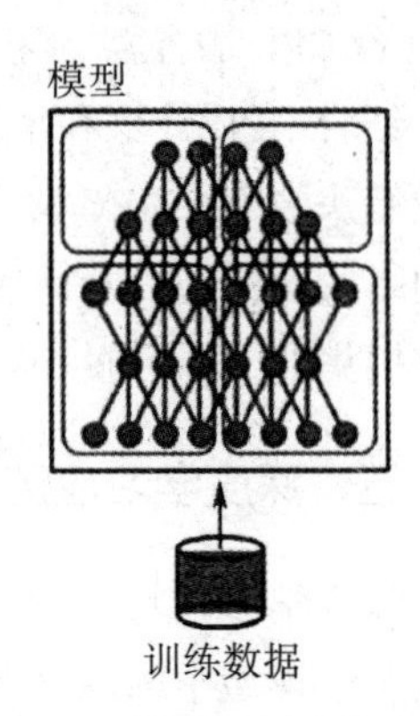

图 5-10　模型并行的基本架构

多数情况下，模型并行带来的通信开销和同步消耗超过数据并行，因此加速比也不及数据并行。对于单机内存无法容纳的大模型来说，模型并行是一个很好的选择。数据并行和模型并行都不能无限扩展。数据并行的训练程序太多时，不得不减小学习率，以保证训练过程的平稳；模型并行的分片太多时，神经元输出值的交换量会急剧增加，效率会大幅下降。因此，同时进行模型并行和数据并行也是一种常见的方案。如图 5-11 所示，4 个 GPU 分为两组，GPU0 和 GPU1 为一组模型并行，GPU2 和 GPU3 为另一组，每组模型并行在计算过程中交换输出值和残差。两组 GPU 之间形成数据并行，Mini-batch 结束后交换模型权重，考虑到模型的黑色部分由 GPUO 和 GPU2 持有，白色部分由 GPU1 和 GPU3 持有，因此只有同色的 GPU 之间需要交换权重。

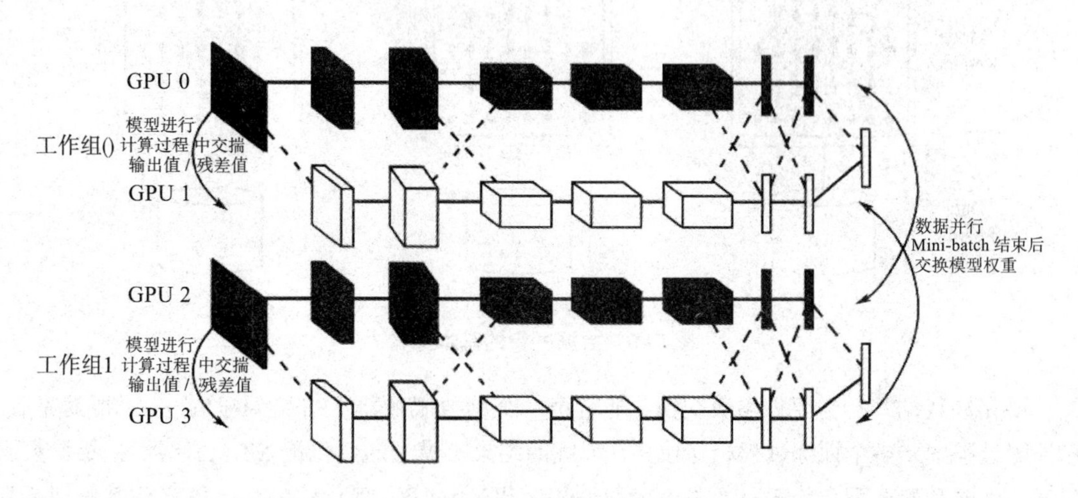

图 5-11　4 个 GPU 的数据并行和模型并行混合架构

（四）计算集群

搭建 CPU 集群用于深度神经网络模型训练也是业界常用的解决方案，其优势在于利用大规模分布式计算集群的强大计算能力，利用模型可分布式存储、参数可异步通信的特点，达到快速训练深层模型的目的。

CPU 集群方案的基本架构包含用于执行训练任务的 Worker、用于分布式存储分发模型的参数服务器（Parameter Server) 和用于协调整体任务的主控程序（Master)。CPU 集群方案适合训练 GPU 内存难以容纳的大模型以及稀疏连接神经网络。Andrew Ng 和 Jeff Dean 在 Google 用 1000 台 CPU 服务器，完成了模型并行和 Downpour SGD 数据并行的深度神经网络训练。

结合 GPU 计算和集群计算技术，构建 GPU 集群正在成为加速大规模深度神经网络训练的有效解决方案。GPU 集群搭建在 CPU-GPU 系统之上，采用万兆网卡或 Infmiband 等更加快速的网络通信设施以及树形拓扑等逻辑网络拓扑结构。在发挥单节点较高计算能力的基础上，充分挖掘集群中多台服务器的协同计算能力，进一步加速大规模训练任务的完成时间。

五、深度学习应用

深度学习在几个主要领域都获得了突破性的进展：在语音识别领域，深度学习用深层模型替换声学模型中的混合高斯模型（Gaussian Mixture Model, GMM），获得了 30% 左右的相对错误率降低；在图像识别领域，通过构造深度卷积神经网络，将 Top5 错误率由 26% 大幅降低至

15%，又通过加大加深网络结构，进一步降低到11%；在自然语言处理领域，深度学习基本获得了与其他方法水平相当的结果，但可以免去烦琐的特征提取步骤。目前为止，深度学习是最接近人类大脑的智能学习方法。下面将介绍深度学习在业界的应用。

（一）Google

2012年，由人工智能、机器学习顶级学者Andrew Ng、分布式系统顶级专家Jeff Dean领衔的梦幻阵容开始打造Google Brain项目，用包含16 000个CPU核的并行计算平台训练超过10亿个神经元的深度神经网络，在语音识别和图像识别等领域取得了突破性的进展。Google把从YouTube随机挑选的1 000万张200×200像素缩略图输入该系统，让计算机寻找图像中重复出现的特征，从而对含有这种特征的物体进行识别。这种新的面部识别方式本身已经是一种技术创新，更不用提有史以来机器首次对猫脸或人体这种“高级概念”有了认知。下面简单介绍该应用系统的工作原理。

在开始分析数据之前，工作人员不会教授系统或者向系统输入“脸、肢体、猫的长相是什么样子”这类信息。一旦系统发现了重复出现的图像信息，计算机就创建出“图像地图”，该地图稍后会帮助系统自动检测与前述图像信息类似的物体。Google把它命名为“神经系统”。

以往传统的面部识别技术，一般是由研究者先在计算机中通过定义识别对象的形状边缘等信息“教会”计算机该对象的外观应该如何，然后计算机对包含同类信息的图片做出标识，从而达到“识别”的目的。Jeff Dean表示，在Google的这个新系统里，工作人员从不向计算机描述“猫长什么样”这类信息，计算机基本上靠自己产生“猫”这一概念。

截至目前，这个系统还不完美。但它取得的成功有目共睹，Google已经将该项目从GoogleX中独立出来，现在由总公司的搜索及商业服务小组继续完成。Googk的目标是宏伟的，它希望能开创一种全新的算法，并将其应用于图像识别、语言识别以及机器语言翻译等更广阔的领域中。

（二）百度

在深度学习方面，百度已经在学术理论、工程实现、产品应用等多个领域取得了显著的进展，已经成为业界推动“大数据驱动的人工智能”的领导者之一。

在图像技术应用中，传统的从图像到语义的转换是极具挑战性的课题，业界称其为语义鸿沟。百度深度学习算法构造出多层非线性层叠式神经元网络，能够很好地模拟视觉信号。从视网膜开始逐层处理传递，直至大脑深处的整个过程。这样的学习模式能够以更高的精度和更快的速度跨越语义鸿沟，让机器快速地对图像中蕴含的成千上万种语义概念进行有效识别，进而确定图片的主题。在人脸识别方面最困难的是识别照片中的人是谁或者通过照片寻找相似的人。百度在深度学习的基础上，借鉴认知学中的一些概念与方法，探索出了独特的相似度量学习方法寻找图像的相似性和关联，做到了举一反三。

在深度神经网络训练方面，伴随着计算广告、文本、图像、语音等训练数据的快速增长，传统的基于单GPU的训练平台已经无法满足需求。为此，百度搭建了Paddle (Parallel Asynchronous Distributed Deep Learning)多机并行的GPU训练平台。数据分布到不同的机器，通过Parameter Server协调各机器进行训练，多机训练使大数据的模型训练成为可能。

在算法方面，单机多卡并行训练算法研发的难点在于通过并行提高计算速度一般会降低收敛速度。百度则研发了新算法，在不影响收敛速度的条件下图像计算速度提升至 2.4 倍，语音计算速度提升至 1.4 倍，这使新算法在单机上的图像收敛速度提升至 12 倍、语音收敛速度提升至 7 倍。相较 Google 的 DistBelief 系统用 200 台机器加速约 7.3 倍而言，百度的算法优势更加明显。

（三）腾讯 Mariana

面对机遇和挑战，腾讯打造了深度学习平台 Mariana, 该平台包括三个框架：深度神经网络的 GPU 数据并行框架、深度卷积神经网络的 GPU 数据并行和模型并行框架、DNNCPU 集群框架。基于上述三个框架，Mariana 具有多种特性：

（1）支持并行加速，针对多种应用场景，解决深度学习训练极慢的问题。

（2）通过模型并行，支持大模型。

（3）提供默认算法的并行实现，以减少新算法的开发量，简化实验过程。

（4）面向语音识别、图像识别、广告推荐等众多应用领域。

腾讯深度学习平台 Mariana 重点研究多 GPU 卡的并行化技术，完成 DNN 的数据并行框架以及 CNN 的模型并行和数据并行框架。数据并行指将训练数据划分为多份，每份数据有一个模型实例进行训练，再将多个模型实例产生的梯度合并后更新模型。模型并行指将模型划分为多个分片，每个分片在一台服务器上，全部分片协同对一份训练数据进行训练。

DNN 的数据并行框架已经成功应用在微信语音识别中。微信中语音识别功能的入口是语音输入法、语音开放平台以及长按语音消息转文本等。Mariana 大大提升了微信语音识别的准确率，目前识别能力已经达到业界一流水平。同时，Mariana 可以满足语音业务海量的训练样本需求，通过缩短模型更新周期，使微信语音业务及时满足各种新业务需求。

此外，Mariana 的 CNN 模型并行和数据并行框架，针对 ImageNet 图像分类问题，在单机 4GPU 卡配置下，获得了相对于单卡 2.52 倍的加速，并支持更大模型，在 ImageNet2012 数据集中获得了 87% 的 Top5 准确率。Mariana 在广告推荐及个性化推荐等领域也正在积极探索和实验中。

第六章

交互式分析

交互式分析基于历史数据的交互式查询（Interactive Query)，通常时间跨度在数十秒到数分钟之间。

第一节　交互式分析的含义与特点

在数据仓库领域有一个概念叫 Ad hoc Query，中文一般译为即席查询。即席查询是指用户在使用系统时，根据自己当时的需求定义的查询。在大数据领域，Interactive Query（交互式查询）是最常见的一种，通常用于客户投诉处理、实时数据分析、在线查询等。因为是查询应用，所以通常具有以下特点：

（1）时延低（数据获取在数十秒到数分钟之间，可以查询到的数据近实时）；

（2）查询条件复杂（多个维度，且维度不固定）。

（3）查询范围大（通常查询表记录在几十亿条级别）。

（4）返回结果数小（几十条甚至几千条）。

（5）并发数要求高（几百、上千条同时并发）。

（6）需要支持 SQL 等接口。

传统上，常常使用数据仓库承担 Ad hoc Query 的责任。为了提升查询体验、降低时延，数据库专家想了很多办法优化数据库，如常见的数据库索引、Sybase IQ 的列式存储等。

建立索引的思路是通过索引减少数据扫描，更适合传统的 TP 场景，如并发要求高、获取数据少等场景。列式存储则根据查询列的选择性比较强的特性减少数据的读取，是一个不错的思路。

当数据库本身无法承担时，大家又想到用内存缓存或 Cube 承担这一任务。内存缓存是利用内存的速度，将数据提前缓存到内存中，提高缓存的命中率。Cube 的思路是将数据按所有维度预聚合好，数据仓库通过创建索引应对多维度的复杂查询。

传统的一些做法在大数据时代仍会得到延续，但也存在明显的缺点，如扩展性不强、索引创建成本高、索引易失效等，需要一些并行处理技术应对数据急剧增大的趋势。

第二节 SQL on Hadoop

SQL on Hadoop 是一个泛化的概念，是指 Hadoop 领域里一系列支持 SQL 接口的组件和技术。下面讨论几种常见的 SQL on Hadoop 技术。

一、Hive

Hive 的基本架构如图 6-1 所示。

由图6-1可知，Hadoop和MapReduce是Hive架构的根基。Hive架构包括如下组件：CLI (Command Line Interface)、JDBC/ODBC、Thrift Server、Web GUI、MetaStore 和 Driver(Complier、Optimizer 和 Executor)。这些组件可以分为两大类：服务端组件和客户端组件。

首先，介绍一下服务端组件。

Driver 组件：该组件包括 Complier、Optimizer 和 Executor, 其作用是将 HiveQL（类 SQL）语句进行解析、编译优化，生成执行计划，然后调用底层的 MapReduce 计算框架。

MetaStore 组件：元数据服务组件，这个组件存储 Hive 的元数据。Hive 的元数据存储在关系型数据库里，Hive 支持的关系型数据库有 Derby、MySQL。元数据对于 Hive 来说十分重要，因此 Hive 支持把 MetaStore 服务独立出来，安装到远程的服务器集群里，从而解耦 Hive 服务和 MetaStore 服务，保证 Hive 运行的健壮性。

Thrift 服务：Thrift 是 Facebook 开发的一个软件框架，用来进行可扩展且跨语言服务的开发。Hive 集成了该服务，能让不同的编程语言调用 Hive 的接口。

其次，介绍一下客户端组件。

CLI：Command Line Interface, 命令行接口。

Thrift 客户端：图 6-1 所示的架构图里没有写上 Thrift 客户端，但是 Hive 架构的许多客户端接口都是建立在 Thrift 客户端之上的，包括 JDBC 和 ODBC 接口。

Web GUI：Hive 客户端提供了一种通过网页的方式访问 Hive 提供的服务。这个接口对应 Hive 的 HWI(Hive Web Interface) 组件，使用前要启动 HWI 服务。

最后，着重介绍 MetaStore 组件。

Hive 的 MetaStore 组件是 Hive 元数据的集中存放地。MetaStore 组件包括两部分：MetaStore 服务和后台数据的存储。后台数据存储的介质是关系型数据库，如 Hive 默认的嵌入式磁盘数据库 Derby 以及 MySQL 数据库。MetaStore 服务是建立在后台数据存储介质之上，并且可以和 Hive 服务进行交互的服务组件。在默认情况下，MetaStore 服务和 Hive 是安装在一起的，运行在同一个进程中。也可以把 MetaStore 服务从 Hive 中剥离出来，独立安装在一个集群里，Hive 远程调用 MetaStore 服务，这样就可以把元数据这一层放到防火墙之后，客户端访问 Hive，就可以连接元数据这一层，从而提供了更好的管理性和安全保障。使用远程的 MetaStore 服务，可以让 MetaStore 服务和 Hive 运行在不同的进程里，既保证了 Hive 的稳定性，又提升了 Hive 的效率。

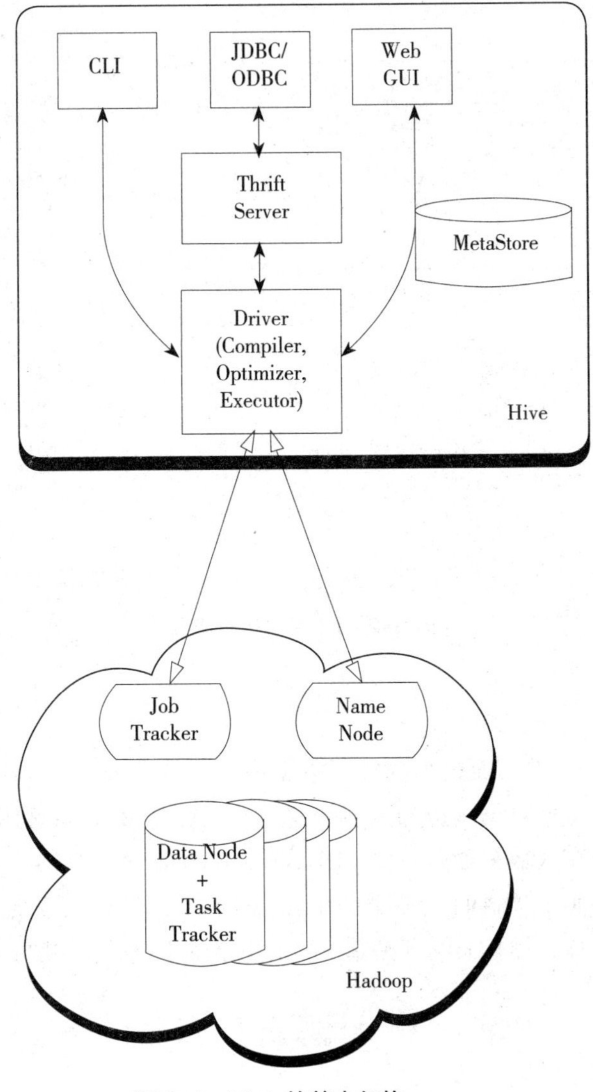

图 6-1　Hive 的基本架构

Hive 的执行流程如图 6-2 所示。

一句话描述 Hive: Hive 是基于 Hadoop 的一个数据仓库工具，可以将结构化的数据文件映射为一张数据库表，并提供完整的 SQL 查询功能，可以将 SQL 语句转换为 MapReduce 任务运行。Hive 支持 HSQJL, 这是一种类 SQL。也正是由于这种机制，导致 Hive 最大的缺点是慢。Map/Reduce 调度本身只适合批量、长周期任务，类似查询这种要求短、平、快的业务，代价太高。

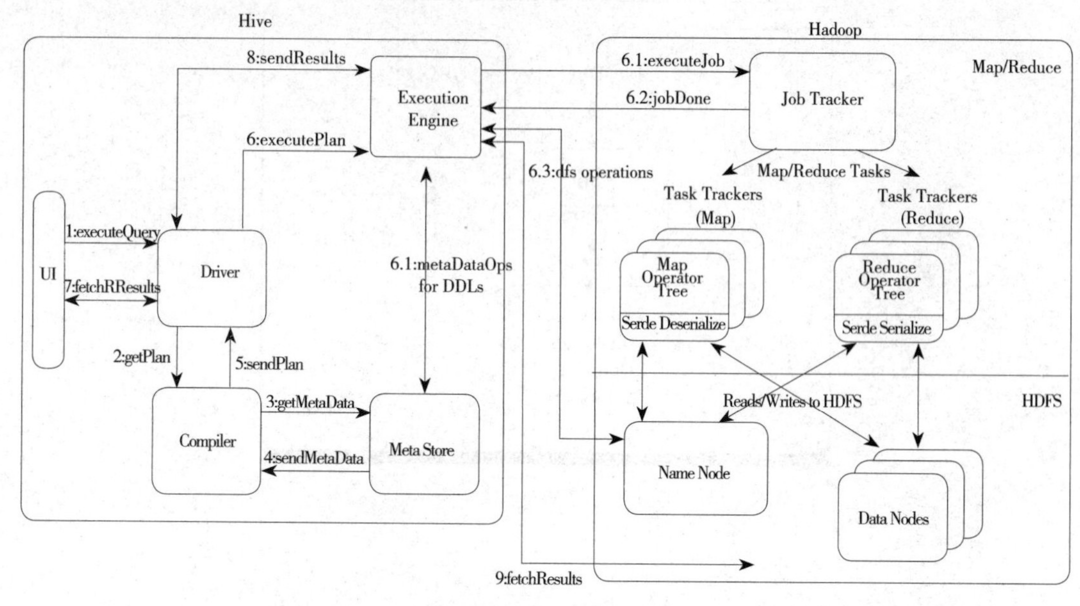

图 6-2　Hive 的执行流程

二、Phoenix

HBase 是一个分布式的、面向列的开源数据库，该技术来自 Changetal 撰写的 Google 论文“Bigtable：一个结构化数据的分布式存储系统”。就像 Bigtable 利用了 Google 文件系统（File System）提供的分布式数据存储一样，HBase 在 Hadoop 之上提供了类似 Bigtable 的能力。HBase 是 Apachy 的 Hadoop 项目的子项目。HBase 不同于一般的关系数据库，它是一个适合非结构化数据存储的数据库，而且 HBase 是基于列而不是基于行的，如图 6-3 所示。

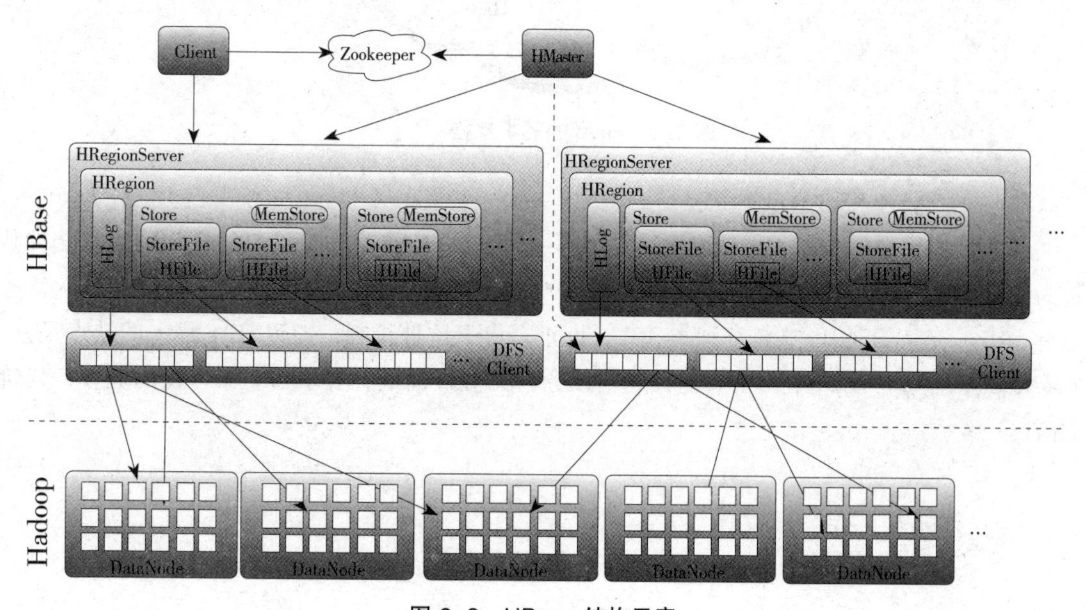

图 6-3　HBase 结构示意

HBase的核心是将数据抽象成表，表中只有rowkey和columnfamily。rowkey是记录的主键，通过Key/Value很容易找到；columfamily中存储实际的数据，仅能通过主键（rowkey)和主键的range检索数据，仅支持单行事务（可通过Hive支持实现多表Join等复杂操作）。主要用来存储非结构化和半结构化的松散数据。

正是由于HBase的这种结构，应对查询中带了主键（useid）的应用非常有效，查询结果返回速度非常快。而在应对查询中没有带主键且通过多个维度查询时，就非常困难。为了解决这个问题，在HBase上进行了一些技术改进，效果差强人意。

二级索引，其核心思路是仿照数据库建索引的方式对需要查询的列建索引，伴随的问题是影响加载速度、数据膨胀率大。二级索引不能建太多，最多建1～2个。

HBase自身的协处理器遇到不带rowkey的查询时，由协处理器通过线程并行扫描。

因为HBase不支持SQL语法，使用非常不便，所以诞生了Phoenix。Phoenix是通过一个嵌入的JDBC驱动存储在HBase中的数据的查询。Phoenix可以让开发者在HBase数据集上使用SQL查询。Phoenix查询引擎会将SQL查询转换为一个或多个HBase的扫描操作，合并执行以生成标准的JDBC结果集。对于简单查询来说，Phoenix的性能甚至胜过Hive。

三、Impala

Impala是Cloudera在受到Google的Dremel启发下开发的实时交互SQL大数据查询工具。Impala没有再使用缓慢的Hive+MapReduce批处理，在架构上使用了与传统并行关系数据库中类似的分布式查询引擎（由QueryPlanner、QueryCoordinator和QueryExecEngine三部分组成），可以直接从HDFS或HBase中用SELECT、JOIN和统计函数查询数据，从而大大改善了延迟问题。其架构如图6-4所示，主要由Impalad、StateStore和CLI组成。

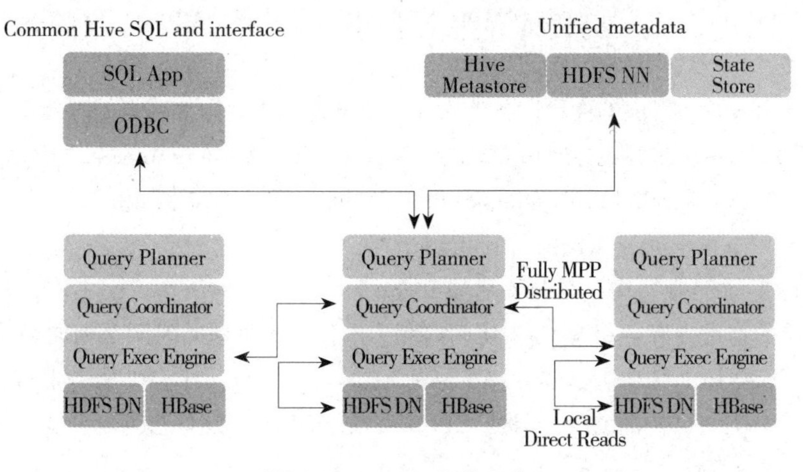

图6-4　Impala架构示意

Impalad：与DataNode运行在同一节点上，由Impalad进程表示，它接收客户端的查询请求（接收查询请求的Impalad为Coordinator，Coordinator通过JNI调用Java前端解释SQL查询语句，生成查询计划树，再通过调度器把执行计划分发给具有相应数据的其他

Impalad 执行），读 / 写数据，并执行查询，把结果通过网络流式传输传送给 Coordinator，由 Coordinator 返回给客户端。同时 Impalad 与 State Store 保持连接，用于确定哪个 Impalad 是健康的，可以接受新的工作。在 Impalad 中启动三个 Thrift Server，即 beeswax_server(连接客户端)、hs2_server(借用 Hive 元数据)、be_server(Impalad 内部使用) 和一个 ImpalaServer 服务。

State Store：跟踪集群中 Impalad 的健康状态及位置信息，由 State Stored 进程表示，它通过创建多个线程处理 Impalad 的注册订阅和与各 Impalad 保持心跳连接，各 Impalad 都会缓存一份 State Store 中的信息，当 State Store 离线后（Impalad 发现 State Store 处于离线状态时，会进入 Recovery 模式，反复注册，当 State Store 重新加入集群后，自动恢复正常，更新缓存数据），因为 Impalad 有 StateStore 的缓存，仍然可以工作，但会因为有些 Impalad 失效且已缓存的数据无法更新，从而把执行计划分配给失效的 Impalad, 导致查询失败。

CLI：提供给用户查询使用的命令行工具（Impala Shell 使用 Python 实现），同时提供了 Hue、JDBC、ODBC 等使用接口。

第三节　MPP DP 技术及其实践应用

随着数据量的增大，传统数据库如 Oracle、MySQL、PostgreSQL 等单实例模式将无法支撑大量数据的处理，因此数据仓库采用分布式技术成为自然的选择。

一、MPP 的概念

在讨论 MPP DB 之前，我们先把 MPP 本身的概念搞清楚。MPP 是系统架构角度的一种服务器分类方法。

从系统架构来看，目前的商用服务器大体可以分为三类，即对称多处理器结构（Symmetric Multi-Processor,SMP)、非一致存储访问结构（Non-Uniform Memory Access, NUMA), 以及海量并行处理结构（MassiveParallel Processing,MPP)。它们的特征分别描述如下。

（一）SMP(Symmetric Multi-Processor)

所谓对称多处理器结构，是指服务器中的多个 CPU 对称工作，无主次或从属关系。各 CPU 共享相同的物理内存，每个 CPU 访问内存中的任何地址所需时间是相同的，因此 SMP 也被称为一致存储器访问结构（Uniform Memory Access，UMA)。对 SMP 服务器进行扩展的方式包括增加内存、使用更快的 CPU、增加 CPU、扩充 I/O(槽口数与总线数）及添加更多的外部设备（通常是磁盘存储)。

SMP 服务器的主要特征是共享，系统中的所有资源（如 CPU、内存、I/O 等）都是共享的。也正是由于这种特征，造成了 SMP 服务器的主要问题，即它的扩展能力非常有限。对于 SMP 服务器而言，每个共享的环节都可能造成 SMP 服务器扩展时的瓶颈，而最受限制的则是内存。由于每个 CPU 必须通过相同的内存总线访问相同的内存资源，因此随着 CPU 数量的增加，内存访问冲突将迅速增加，最终造成 CPU 资源的浪费，使 CPU 性能的有效性大大降低。实验证明，SMP 服务器 CPU 率最好的情况是 2 ~ 4 个 CPU。

（二）NUMA(Non-Uniform Memory Access)

由于 SMP 在扩展能力上的限制，人们开始探究如何进行有效的扩展从而构建大型系统的技术，NUMA 就是这种努力下的结果之一。利用 NUMA 技术，可以把几十个 CPU(甚至上百个 CPU）组合在一台服务器内。其 CPU 模块结构如图 6-5 所示。

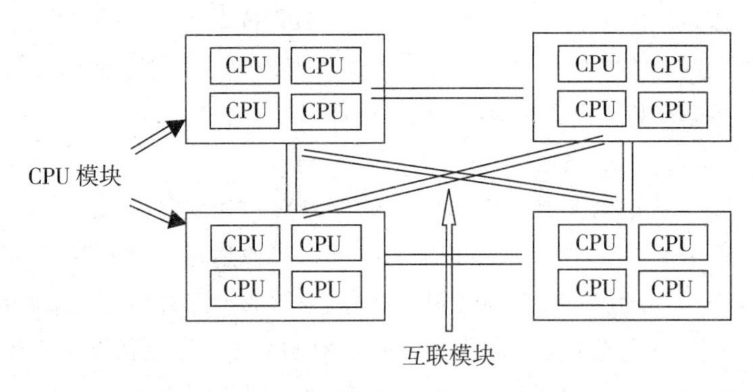

图 6-5　NUMA 技术的 CPU 模块结构

NUMA 服务器的基本特征是拥有多个 CPU 模块，每个 CPU 模块由多个 CPU(如 4 个）组成，并且具有独立的本地内存、I/O 槽口等。由于其节点之间可以通过互联模块（Crossbar Switch) 进行连接和信息交互，因此每个 CPU 都可以访问整个系统的内存（这是 NUMA 系统与 MPP 系统的重要区别）。显然，访问本地内存的速度将远远高于访问异地内存（系统内其他节点的内存）的速度，这也是非一致存储访问 NUMA 的由来。由于这个特点，为了更好地发挥系统性能，开发应用程序时需要尽量减少不同 CPU 模块之间的信息交互。利用 NUMA 技术，可以较好地解决原来 SMP 系统维护扩展问题，在一台物理服务器内可以支持上百个 CPU。比较典型的 NUMA 服务器包括惠普的 Superdome、SUN15K，IBMp690 等。

但 NUMA 技术同样有一定的缺陷，由于访问异地内存的时延远远超过访问本地内存，因此当 CPU 数量增加时，系统性能无法线性增加。如惠普公司发布 Superdome 服务器时，曾公布了它与惠普其他 UNIX 服务器的相对性能值，结果发现,64 路 CPU 的 Superdome 服务器（NUMA 结构）的相对性能值是 20, 而 8 路 N4000(共享的 SMP 结构）的相对性能值是 6.3。从这个结果可以看出 8 倍数量的 CPU 换来的只是 3 倍性能的提升。

（三）MPP(Massive Parallel Processing)

和 NUMA 不同，MPP 提供了另外一种进行系统扩展的方式，它由多台 SMP 服务器通过一定的节点互联网络进行连接，协同工作，完成相同的任务，从用户角度来看是一个服务器系统。其基本特征是由多台 SMP 服务器（每台 SMP 服务器称为节点）通过节点互联网络连接而成，每个节点只访问自己的本地资源（内存、存储等），是一种完全无共享（Share Nothing) 结构，因而扩展能力最强，理论上可以无限扩展，目前的技术可以实现 512 个节点互联，包含数千个 CPU。目前业界对节点互联网络暂无标准，如 NCR 的 Bynet、IBM 的 SPSwitch，它们都采用了不同的内部实现机制。但节点互联网络仅供 MPP 服务器内部使用，对用户而言是透明的。

在 MPP 系统中，每个 SMP 节点也可以运行自己的操作系统、数据库等。但和 NUMA 不同的是，它不存在异地内存访问的问题。换言之，每个节点内的 CPU 不能访问另一个节点的内存。节点之间的信息交互是通过节点互联网络实现的，这个过程一般称为数据重分配（Data Redistribution)。

但是 MPP 服务器需要一种复杂的机制来调度和平衡各个节点的负载和并行处理过程。目前，一些基于 MPP 技术的服务器往往通过系统级软件（如数据库）来屏蔽这种复杂性。举例来说，NCR 的 Teradata 就是基于 MPP 技术的一个关系数据库软件，基于此数据库进行开发应用时，不管后台服务器由多少个节点组成，开发人员面对的都是同一个数据库系统，因而无须考虑如何调度其中某几个节点的负载。

（四）NUMA 与 MPP 的区别

从架构来看，NUMA 与 MPP 有许多相似之处：它们都由多个节点组成；每个节点都有自己的 CPU、内存、I/O；节点之间都可以通过节点互联机制进行信息交互。那么二者的区别在哪里？通过分析 NUMA 和 MPP 服务器的内部架构与工作原理不难发现其差异所在。

首先是节点互联机制不同。NUMA 的节点互联机制是在同一台物理服务器内部实现的，当某个 CPU 需要进行异地内存访问时，它必须等待，这也是 NUMA 服务器无法实现 CPU 增加时性能线性扩展的主要原因。而 MPP 的节点互联机制是在不同的 SMP 服务器外部通过 I/O 实现的，每个节点只访问本地内存和存储，节点之间的信息交互与节点本身的处理是并行进行的。因此，MPP 在增加节点时，其性能基本上可以实现线性扩展。

其次是内存访问机制不同。在 NUMA 服务器内部，任何一个 CPU 都可以访问整个系统的内存，但异地内存访问的性能远远低于本地内存访问，因此在开发应用程序时应该尽量避免异地内存访问。而在 MPP 服务器中，每个节点只访问本地内存，不存在异地内存访问的问题。

（五）数据仓库的选择

哪种服务器更加适应数据仓库环境？这需要从数据仓库环境本身的负载特征入手。众所周知，典型的数据仓库环境具有大量复杂的数据处理和综合分析，要求系统具有很高的 I/O 处理能力，并且存储系统需要提供足够的 I/O 带宽与之匹配。而一个典型的 OLTP 系统则以联机事务处理为主，每次交易所涉及的数据不多，要求系统具有很高的事务处理能力，能够在单位时间里处理尽量多的交易。显然，这两种应用环境的负载特征完全不同。

从 NUMA 架构来看，它可以在一台物理服务器内集成多个 CPU，使系统具有较高的事务处理能力，但由于异地内存访问时延远长于本地内存访问，因此需要尽量减少不同 CPU 模块之间的数据交互。显然，NUMA 架构更适用于 OLTP 事务处理环境，当用于数据仓库环境时，由于大量复杂的数据处理必然导致大量的数据交互，将使 CPU 的利用率大大降低。

相对而言，MPP 服务器架构的并行处理能力更优越，更适合复杂的数据综合分析与处理环境。当然，它需要借助支持 MPP 技术的关系数据库系统来屏蔽节点之间负载平衡与调度的复杂性。另外，这种并行处理能力也与节点互联网络有很大的关系。显然，适应数据仓库环境的 MPP 服务器，其节点互联网络的 I/O 性能应该非常突出，这样才能充分发挥整个系统的性能。

（六）MPP 数据仓库架构分类

前面讲到 MPP 架构非常复杂，通常用到数据库系统来屏蔽节点间的负载平衡和调度的复杂性。在数据库架构设计中，又有多种架构，主要分为 Share Disk 和 Share Nothing。

1. Share Disk

各个处理单元使用自己的私有 CPU 和 Memory, 共享磁盘系统。典型代表是 OracleRac, 它的共享数据，可以通过增加节点来提高并行处理能力，扩展能力较好。处理节点采用的是 MPP 架构，但是需要共享一套磁盘系统，因此当存储器接口达到饱和的时候，增加节点并不能获得更高的性能。

2. Share Nothing

各个处理单元都有自己私有的 CPU、内存、硬盘等，不存在共享资源，类似于 MPP(大规模并行处理) 模式，各处理单元之间通过协议通信，并行处理和扩展能力更好。典型代表是 DB2 DPF 版本和 Greenplum, 各节点相互独立，各自处理自己的数据，处理后的结果可能向上层汇总或在节点间流转。

常说的 Sharding，其实就是 Share Nothing 架构，它把某张表从物理存储上水平分割，并分配给多台服务器（或多个实例），每台服务器可以独立工作，具备共同的 Schema, 如 MySQL Proxy 和 Google 的各种架构，只需增加服务器数量就可以增加处理能力和容量。

Share Nothing 因为数据尤其是元数据存储在不同的服务器上，所以对各台服务器间的元数据同步及故障恢复来说是一场灾难。相对而言，Share Disk 不存在同步问题，计算节点故障后简单复位就可以恢复工作，但是存在共享存储导致的存储瓶颈问题。

二、典型的 MPP 数据库

（一）Greenplum 架构

最早采用 MPP 架构的是 Teradata 数据库，整体上采用 Share Nothing 架构进行组织。Teradata 定位于大型数据仓库系统，定位较高，软硬件（包括协议）都是自己私有的，以一体机的形式销售，广泛应用于金融、证券、电信等行业。

Greenplum 数据库在开源的 PostgreSQL 的基础上采用了 MPP 架构，做出了性能非常强大的关系型分布式数据仓库。为了兼容 Hadcwp 生态，又推出了 HAWQ, 分析引擎保留了 Greenplum 的高性能引擎，下层存储不再采用本地硬盘而改用 HDFS, 规避本地硬盘可靠性差的问题，同时融入 Hadoop 生态。

目前，EMC 已收购 Greenplum, 和 VMware 一起成立一家新的公司 Pivotal 来运营 Greenplum&HAWQ 等。

1. Share Nothing 架构

Greenplum 采用 Share Nothing 架构（MPP), 主机、操作系统、内存、存储都是自我控制的，不存在共享。该架构主要由 Master Host(主节点)、Segment Host(工作节点)、Interconnect(内部通信) 三大部分组成。

了解了 Greenplum 的架构，理解其工作流程也就相对简单了。因为 Greenplum 采用了 MPP 架构，其主要优点是大规模的并行处理能力，所以应该把主要精力放在大规模存储与并行处理两个方面。

（1）大规模存储。Greenplum 数据库通过将数据分布到多个节点上来实现规模数据的存储。

数据库的瓶颈经常发生在 I/O 方面，数据库的诸多性能问题最终总能归咎到 I/O 身上，久而久之 I/O 瓶颈就成了数据库性能的永恒话题。

Greenplum 采用分而治之的方法，将数据规律地分布到节点上，充分利用 Segment 主机的 I/O 能力，以此让系统达到最大的 I/O 能力（主要是带宽），如图 6-6 所示。

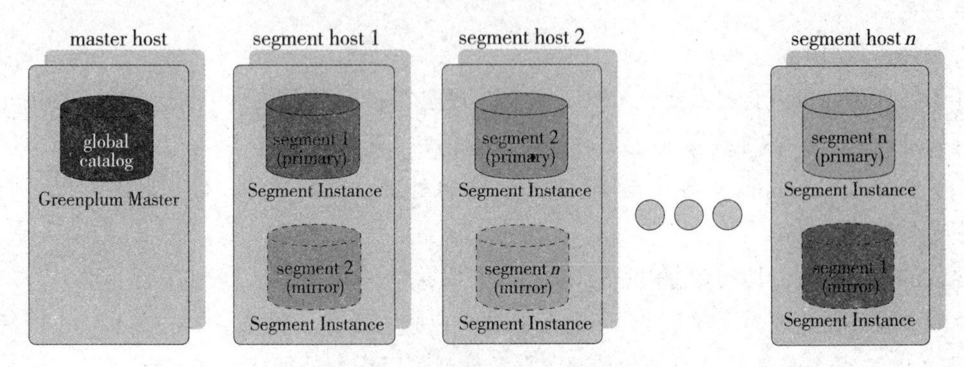

图 6-6 Greenplum 的数据分布

在 Greenplum 中，每张表都是分布在所有节点上的。Master Host 首先通过对表的某列或多列进行 Hash 运算，然后根据 Hash 结果将表的数据分布到 Segment Host 中。在整个过程中，Master Host 中不存放任何用户数据，只是对客户端进行访问控制和存储表分布逻辑的元数据。

（2）并行处理。Greenplum 的并行处理主要体现在外部表并行装载、并行备份恢复与并行查询处理三个方面。数据仓库的主要精力一般集中在数据的装载和查询上。数据的并行装载主要采用外部表或者 Web 表方式，通常情况下通过 gpfdist 程序来实现，如图 6-7 所示。

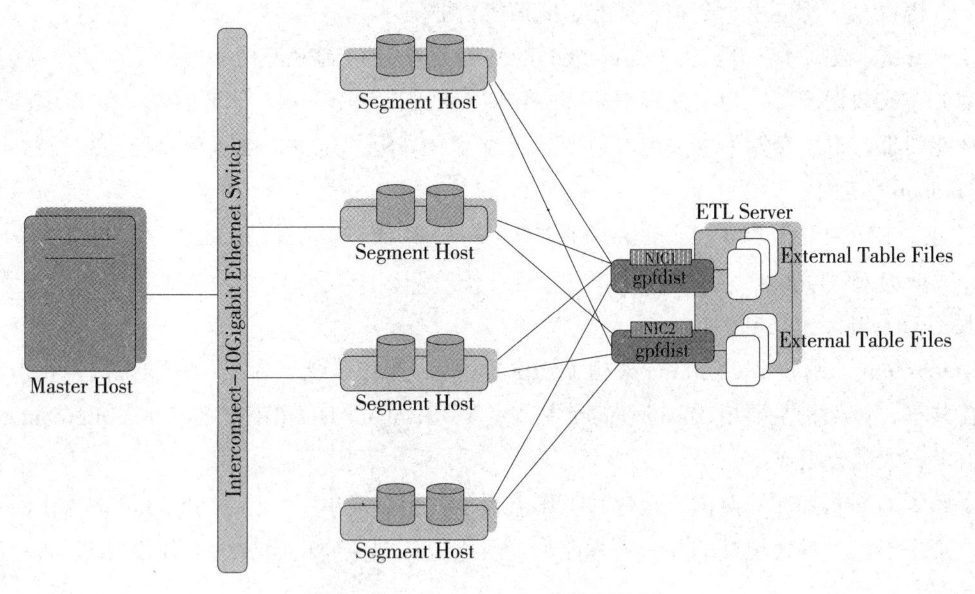

图 6-7 Greenplum 的并行处理

Gpfdist 程序能够以 370 MB/S 的速度装载 TEXT 格式的文件，以 200 MB/S 的速度装载 CSV 格式的文件。在 ETL 带宽为 1 GB 的情况下，可以同时运行 3 个 gpfdist 程序装载 TEXT 格式的文件，或者同时运行 5 个 gpfdist 程序装载 CSV 格式的文件。例如，（图 6-3）中采用两个 gpfdist 程序进行数据装载。可以根据实际环境，通过配置 postgresql.conf 参数文件来优化装载性能。

查询性能的强弱往往由查询优化器的水平来决定，Greenplum 主节点负责解析 SQL 与生成执行计划。Greenplum 的执行计划生成同样采用基于成本的方式，由于数据库是由诸多 Segment 实例组成的，所以在选择执行计划时，主节点还要综合考虑节点间传送数据的代价。

其工作原理如图 6-8 所示。

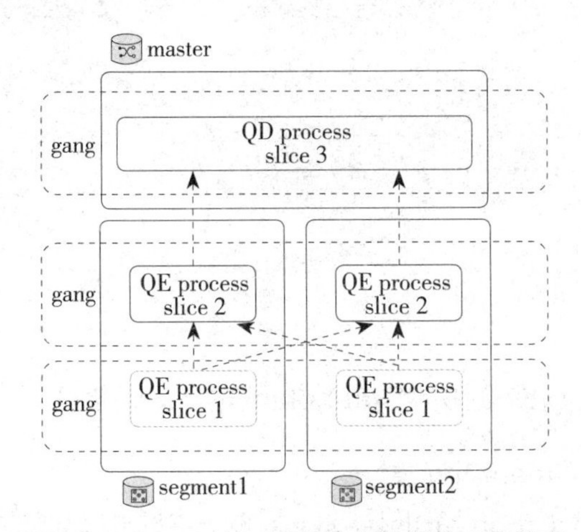

图 6-8　Greenplum 选择执行计划的工作原理

在主节点上存在 Query Dispatcher（QD）进程，该进程前期负责查询计划的创建和调度，待返回结果后，再进行聚合和向用户展示。在工作节点上存在 Query Executor（QE）进程，该进程负责其他节点相互通信与执行 QD 调度的执行计划。

2. 架构分析

Greenplum 的高性能得益于其良好的体系架构。Greenplum 采用了 MPP 架构（大规模并行处理），如图 6-9 所示。在 MPP 架构中，每个 SMP 节点可以运行自己的操作系统、数据库等。换言之，每个节点内的 CPU 不能访问另一个节点的内存。节点之间的信息交互是通过节点互联网络实现的，这个过程一般称为数据重分配（Data Redistribution）。与传统的 SMP 架构明显不同，MPP 架构因为要在不同处理单元之间传送信息，所以它的效率要比 SMP 差一点，但这也不是绝对的，因为 MPP 架构不共享资源。因此，对它而言资源要比 SMP 多，当需要处理的事务达到一定规模时，MPP 的效率要比 SMP 高。这需要视通信时间占用计算时间的比例而定，如果通信时间比较多，那么 MPP 架构就不占优势；相反，如果通信时间比较少，那么 MPP 架构可以充分发挥资源的优势，达到高效率。在当前使用的 OTLP 程序中，用户访问一个中心数据库，如果采用 SMP 架构，其效率要比采用 MPP 架构高得多。而 MPP 架构在决策支持和数据挖掘方面有明显的优势，也就是说，如果操作相互之间没有什么关系，处理单元之间需要进行的通信比较少，那么采用 MPP 架构较好；相反就不合适了。

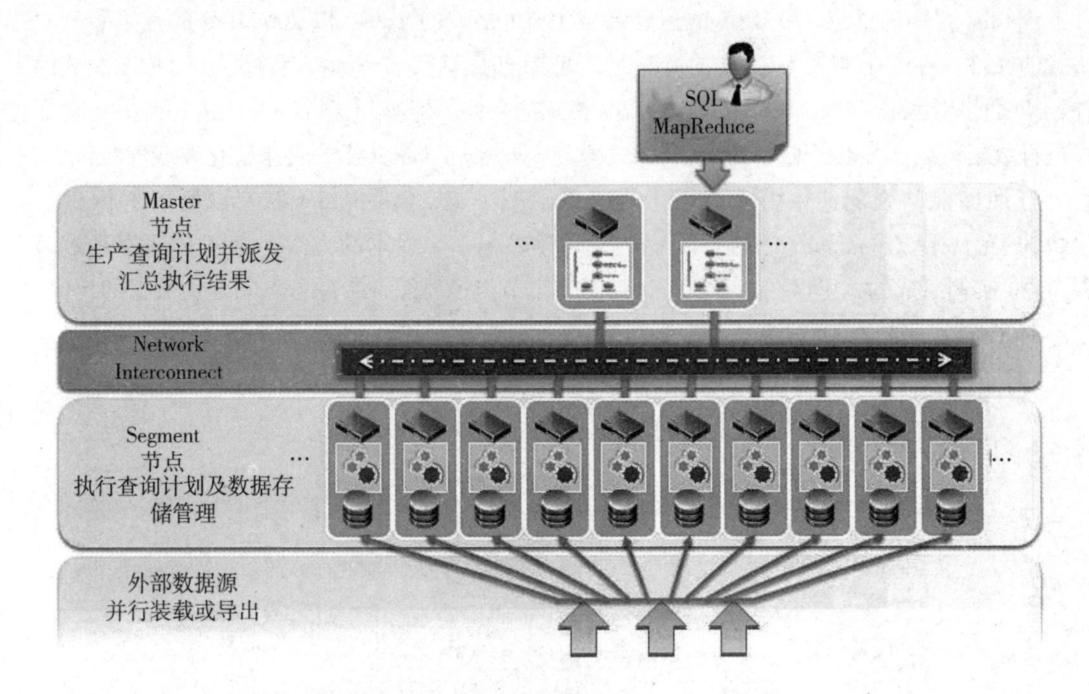

图 6–9 Greenplum 的 MPP 架构

（二）DB2 DPF 和 Greenplum 对比

IBM 推出的 ISAS（IBM Smart Analytics System）一体机解决方案里面装载的是 DB2 的 DPF（Database Partitioning Feature）版本，采用的也是 MPP 架构，下面就来看二者的区别。

1. 架构相似

DB2 DPF 采用的也是 MPP 架构，每个数据库都有独立的日志、引擎、锁、缓存管理。服务器之间是通过万兆交换机交换数据的。服务器内部通过 share–memory 实现互相访问。服务器为 16 core, 每个 core 对应 8 GB 内存和一个 RAID 组。

2. 分区技术

在 MPP 架构中解决了各个节点的并行处理问题。Greenplum 和 DB2 DPF 都采取了同样的思路——表分区，就是将一张完整的表，通过 Hash 算法，尽量均衡地分布在不同的节点上。

DB2 DPF 和 Greenplum 的多维分区如下：

（1）哈希分区。DB2 DFP 中的分区键必须指定，没有类似 Greenplum 中随机分区的概念。如果没有一个合适的列作为分区键，可以给表新增一个自动生成列，列中填充随机数据，然后以这个自动生成列作为分区键。支持多列作为分区键，数据库自动通过这些列计算出 Hash 值，然后决定分区位置。在指定分区键后，会生成 Hash map，如果数据不均匀，可以调整 Hash map 微调数据分布。目前，在 Greenplum 中没有看到这个功能，所以 DB2 DPF 的功能更强大一些。

（2）表分区。DB2 DPF 在哈希分区的基础上，将同一范围的数据存放在同一物理位置。目前，只支持 RANGE 分区，不支持 LIST 分区。

表分区是在哈希分区的基础上进一步将表进行划分，查询的时候减少扫描的数据量，减少

I/O。其中，DB2 DPF 中的表可以指定分区，例如维度表可以指定存放在 0 分区上，然后通过表复制，32 个分区上就都有维度表的数据。事实表和维度表非分区键合并连接时，要避免在分区之间发送数据，从而提高查询性能。

总的来说，DB2 DPF 的分区可调性更强一些，在一些特殊场景下适用。

3. 细节区别

两种都是 MPP 架构的数据，设计思路类似，但在一些细节上还是有区别的。

（1）数据装载。Greenplum Master 节点只承担少量的控制功能，以及和客户端的交互，完全不承担任何计算。DB2 DPF 装载必须由 admin 节点来完成，通过 admin 节点上的多进程对数据进行分发。装载需要消耗一定的性能。与之相反的是，Greenplum 在进行数据装载时，不是我们一般想象的存在一个中心数据分发节点，而是所有节点同时读取数据，然后根据 Hash 算法，将属于自己的数据留下，将其他节点的数据通过网络直接传送给它们，所以数据装载的速度非常快。

（2）HA 架构。① Greenplum 的 HA 架构如图 6-10 所示。

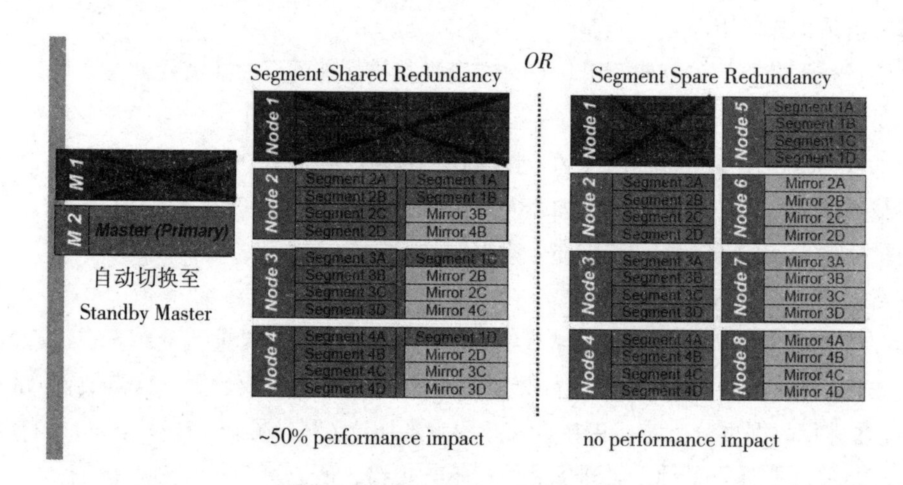

图 6-10　Greenplum 的 HA 架构

Master 是通过单独的 Host 进行冗余备份的。其最大的特点是 Segment 通过 mirror(镜像)来实现冗余。Segment 镜像和 Segment 保存在不同的 Host 上，Master 如果连接不上，就标记为 invalid 状态；下次连接上了，就标记为 valid 状态。

系统如果没有配置镜像，那么 Master 检测 invalid 的 Segment 时，就会关闭数据库来保证数据不出错。如果系统配置了镜像，那么系统在 read-only 和 continue 模式下的处理方式不同，前者不允许 DDL 和 DML 操作，可以在线恢复；后者的操作必须限制在非 invalid 的 Segment 上的数据，而且 invalid 的 Segment 在恢复时必须重启数据库系统。

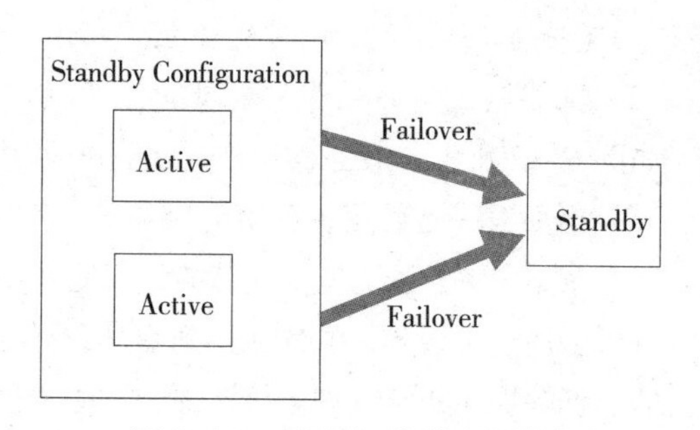

图 6-11　DB2 DPF 的 HA 架构

② DB2 DPF 的 HA 架构如图 6-11 所示。一般

通过操作系统或者第三方的软件实现 HA。

（3）数据存储。DB2 DPF 只支持行存储。

Greenplum 支持混合存储和普通的行存储，支持读 / 写及列存储只读，不支持 update,delete 操作。列存储的优势在于适合宽表设计，在只查询部分字段的情况下，效率高于行模式（因为只需读出相应的列，减少了 I/O）。同时，因为都是同样的数据类型，所以更容易压缩。

（4）数据压缩技术。DB2 DPF 压缩基于表级别，目前不能指定压缩级别。提供类似 WinZip 的压缩级别。ISAS 压缩的特点是不仅对数据进行压缩，索引和临时表也会自动压缩。Greenplum 支持两种压缩算法：一种是 ZLIB, 压缩比较高，提供 1 ～ 9 个级别，数字越大，压缩比越高；另一种是 QUICKLZ, 其压缩比较小，相应的 CPU 负荷较低。4.2 版本以后提供一种新的、基于列的压缩算法 RLE, 提供基于列级别的压缩。

（5）索引技术。DB2 DPF 只支持 B+ 索引。

Greenplum 支持三种索引：B-Tree、Bitmap 和 Hash。Greenplum 还可以指定对语句创建部分索引。索引影响 insert、update 操作，创建的时候消耗 CPU。

创建索引须遵守以下原则。

①不要对经常变更的列创建索引。只有在全表扫描性能不好时才需要创建索引。

②不要创建重复的索引并给索引命名。

③低基数的列使用 Bitmap 索引；单列查询使用 B-Tree 索引。

④加载数据的时候先删除索引，加载完成后再重新创建索引。

⑤扫描一张大表的子集时，使用部分索引。

⑥重新创建索引执行 Analyze 操作。

（6）在线扩容。二者都支持在线扩容，扩容时，表数据需要重新分布。在进行表重分布时，是一张接一张表进行的。正在进行数据重分布的表不能加载数据。这点类似 Greenplum，Greenplum 在进行数据重分布时，正在重分布的表不能读 / 写。另外，Greenplum 会自动去掉唯一性限制，在进行表重分布时，遇到重复的行不会报错，所以可能导致 ETL 出错。

三、MPP DB 调优实战

前面介绍了 Greenplum 数据库，在实际使用中，要发挥数据库的最大效果，调优必不可少，下面介绍 Linux 系统及数据库的调优技术。

（一）Linux 系统调优原理

性能调优是一项非常艰难的任务，它要求对硬件、操作系统和应用都有相当深入的了解。如图 6-12 所示，服务器的性能受到众多因素的影响。

当面对一台使用单独 IDE 硬盘的、有 20 000 用户的数据库服务器时，即使我们使用数周时间去调整 I/O 子系统也是徒劳的，但通常一个新的驱动或者应用程序的一次更新（如 SQL 优化）就可以使这台服务器的性能得到明显的提升。正如前面提到的，系统的性能是受多方面因素影响的。理解操作系统管理系统资源的方法，将有助于我们在面对问题时更好地判断应该对哪个子系统进行调整。

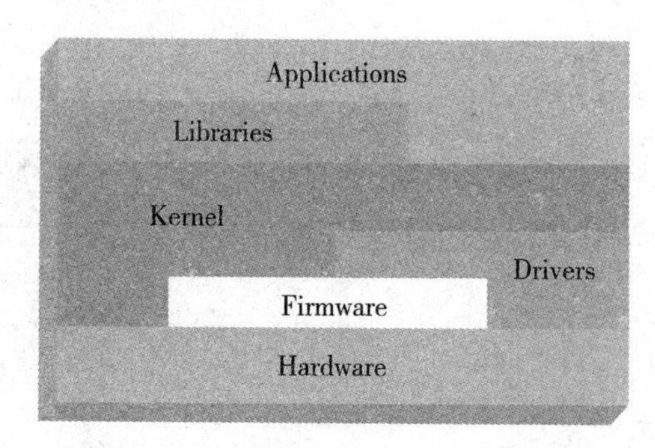

图 6-12 Linux 系统调优影响因素

1. Linux 的 CPU 调度

任何计算机的基本功能都十分简单，那就是计算。为了实现计算的功能，就必须有一种方法去管理计算资源、处理器和计算任务（也称线程或者进程）。Ingo Molnar 为 Linux 内核带来了复杂度为 0（1）的 CPU 调度器。区别于原有的调度器，新的调度器是动态的，支持负载均衡，并以恒定的速度进行操作。

新调度器的可扩展性非常好，无论是进程数量还是处理器数量，而且调度器本身的系统开销更小。新调度器的算法使用两个优先级队列：活动运行队列和过期运行队列。

调度器的一个重要目标是根据优先级权限有效地为进程分配 CPU 时间片，当分配完成后，它被列入 CPU 的活动运行队列中。除了 CPU 的活动运行队列外，还有一个过期运行队列。当活动运行队列中的一个任务用完自己的时间片后，它就被移动到过期运行队列中。在移动过程中，会对其时间片重新进行计算。如果活动运行队列中已经没有某个给定优先级的任务，那么指向活动运行队列和过期运行队列的指针就会交换，这样就可以让过期优先级列表变成活动优先级列表。通常交互式进程（相对于实时进程而言）都有一个较高的优先级，它占有更长的时间片，可以比低优先级的进程获得更多的计算时间，但通过调度器自身的调整并不会使低优先级的进程完全被忽略。新调度器的优势是显著地改变 Linux 内核的可扩展性，使新内核可以更好地处理一些由大量进程和大量处理器组成的企业级应用。新的复杂度为 0（1）的调度器包含在 2.6 内核中，同时也向下兼容 2.4 内核。

新调度器的另一个重要优势体现在对 NUMA 和 SMP 的支持上，如 Intel 的超线程技术。改进的 NUMA 支持保证了负载均衡不会发生在 CECs 或者 NUMA 节点之间，除非一个节点超出负载限度。

2. Linux 的内存架构

今天，我们面对是选择 32 位操作系统还是 64 位操作系统的情况。对企业级用户来说，它们之间最大的区别是 64 位操作系统可以支持大于 4 GB 的内存寻址。从性能角度来讲，我们需要了解 32 位和 64 位操作系统都是如何进行物理内存和虚拟内存的映射的，如图 6-13 所示。

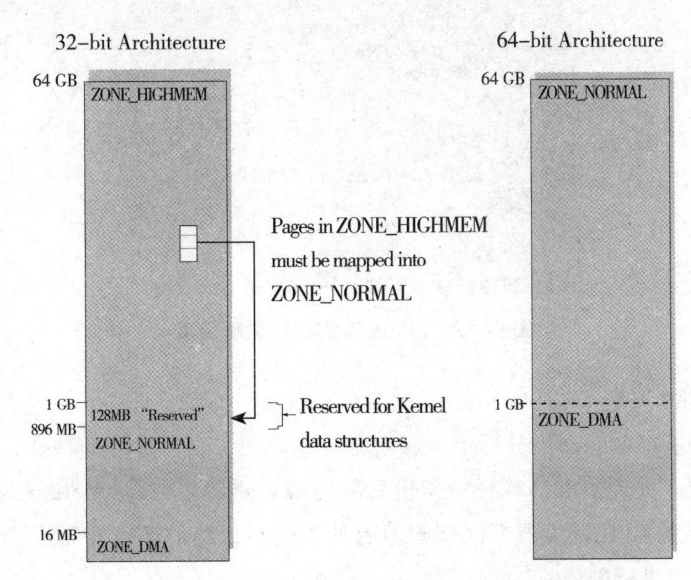

图 6-13　Linux 的内存架构进行物理内存和虚拟内存映射示意

从（图 6-13）中可以看到，64 位和 32 位 Linux 内核在寻址上有着显著的不同。

在 32 位架构中，如 IA-32，Linux 内核可以直接寻址的范围只有物理内存的第一个 GB（如果去掉保留部分，还剩下 896 MB），访问内存必须被映射到这小于 1 GB 的所谓 Z0NE_N0RMAL 空间中。这个操作是由应用程序完成的。但是分配在 ZONE_HIGHMEM 中的内存页将导致性能降低。

在 64 位架构中，如 x86_64(也称作 EM64T 或者 AMD64），Z0NE_N0RMAL 空间将扩展到 64 GB 或者 128 GB（实际上可以更多，但是这个数值受到操作系统本身支持内存容量的限制）。正如我们所看到的，使用 64 位操作系统排除了因 ZONE_HIGHMEM 部分内存对性能的影响的情况。

实际上，在 32 位架构下，由于上面所描述的内存寻址问题，对大内存、高负载应用来说，会导致死机或严重缓慢等问题。虽然使用 hugemen 核心可以缓解，但采取 x86_64 架构是最佳的解决办法。

3. 虚拟内存管理

因为操作系统将内存都映射为虚拟内存，所以操作系统的物理内存结构对用户和应用来说通常都是不可见的。如果想要理解 Linux 系统内存的调优，就必须了解 Linux 的虚拟内存机制。应用程序并不分配物理内存，而是向 Linux 内核请求一部分映射为虚拟内存的内存空间。如图 6-14 所示的虚拟内存并不一定是映射物理内存中的空间，如果应用程序有一个大容量的请求，那么也可能被映射到磁盘子系统的 Swap 空间中。

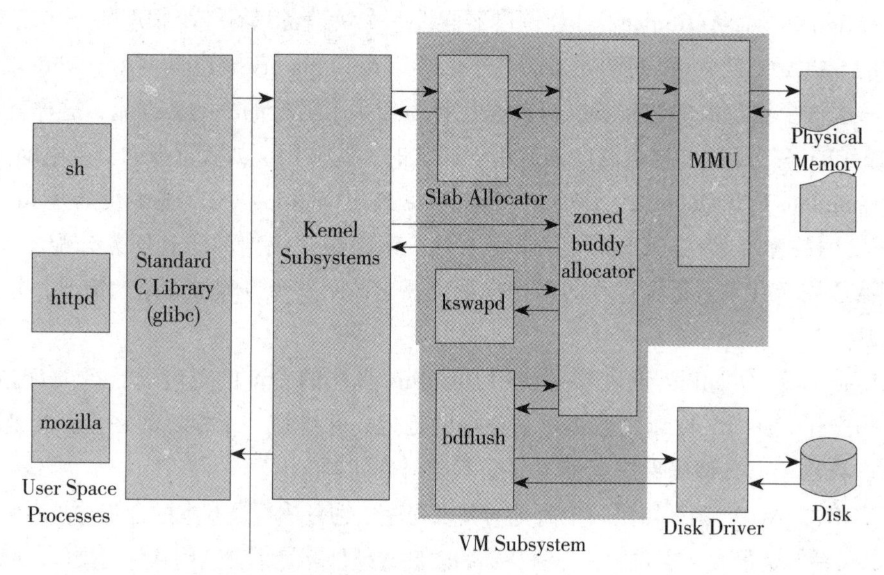

图 6-14　虚拟内存映射示意

另外要提到的是，通常应用程序不直接将数据写到磁盘子系统中，而是写入缓存和缓冲区中。bdflush 守护进程定时将缓存或者缓冲区中的数据写到硬盘上。

Linux 内核处理数据写入磁盘子系统和管理磁盘缓存是紧密联系在一起的，相对于其他操作系统都是在内存中分配指定的一部分作为磁盘缓存，Linux 处理内存更加有效。在默认情况下，虚拟内存管理器分配所有可用内存空间作为磁盘缓存，这就是为什么有时我们观察一个配置有数个 GB 内存的 Linux 系统，可用内存只有 20 MB 的原因。

同时 Linux 使用 Swap 空间的机制也是相当高效的，如图 6-14 所示的虚拟内存空间是由物理内存和磁盘子系统中的 Swap 空间共同组成的。如果虚拟内存管理器发现一个已经分配完成的内存分页已经长时间没有被调用，那么它将把这部分内存分页移到 Swap 空间中。我们经常会发现一些守护进程，如 getty，会随系统启动，但是很少会被应用到，这时为了释放昂贵的内存资源，系统会将这部分内存分页移动到 Swap 空间中。上述就是 Linux 使用 Swap 空间的机制，当 Swap 分区使用超过 50% 时，并不意味物理内存的使用已经达到瓶颈，Swap 空间只是 Linux 内核更好地使用系统资源的一种方法。

简单理解，Swap usage 只表示了 Linux 管理内存的有效性。对于识别内存瓶颈来说，Swap In/Out 才是一个比较有意义的依据。如果 Swap In/Out 的值长期保持在每秒 200 ～ 300 个页面，通常就表示系统可能存在内存的瓶颈。

4. 模块化的 I/O 调度器

Linux 2.6 内核为我们带来了很多新的特性，其中就包括新的 I/O 调度机制。Linux 2.4 内核使用一个单一的 I/O 调度器，而 2.6 内核则提供了 4 个可选择的 I/O 调度器。因为 Linux 系统应用范围很广，不同的应用对 I/O 设备和负载的要求都不相同。例如，一台笔记本电脑和一台有着 10 000 用户的数据库服务器对 I/O 的要求肯定有很大的区别。

（1）Anticipatory。Anticipatory I/O 调度器假设一个块设备只有一个物理的查找磁头（例如，一块单独的 SATA 硬盘）。正如调度器的名字一样，Anticipatory 调度器使用“Anticipatory”算法向硬盘写入一个比较大的数据流，以此来代替写入多个随机的小的数据流，这样就有可能导致写 I/O 操作的一些延迟。这个调度器适用于通常的一些应用，如大部分的个人电脑。

（2）Complete Fair Queuing（CFQ）。Complete Fair Queuing（CFQ）调度器是 Red Flag DC Server 5.0 使用的标准算法。CFQ 调度器使用 QoS 策略为系统内的所有任务分配相同的带宽。CFQ 调度器适用于有大量计算进程的多用户系统。它试图避免进程被忽略的情况，并实现了比较低的延迟。

（3）Deadline。Deadline 调度器是使用 Deadline 算法的轮询的调度器，提供对 I/O 子系统接近实时的操作。Deadline 调度器提供了很小的延迟，并维持一个很好的磁盘吞吐量。如果使用 Deadline 算法，那么请确保进程资源分配不会出现问题。

（4）NOOP。NOOP 调度器是一个简化的调度程序，它只执行最基本的合并与排序操作。其与桌面系统的关系不是很大，主要用在一些特殊的软件与硬件环境下。这些软件与硬件一般都拥有自己的调度机制，对内核支持的要求很小，很适合一些嵌入式系统环境。作为桌面用户，我们一般不会选择它。

5. 网络子系统

新的网络中断缓和（NAPI）给网络子系统带来了改变，提高了大流量网络的性能。Linux 内核在处理网络堆栈时，相比降低系统占用率和高吞吐量，更关注可靠性和低延迟。所以在某些情况下，Linux 建立一个防火墙或者文件、打印、数据库等企业级应用的性能可能会低于相同配置的 Windows 服务器。

在传统的处理网络封包的方式中，正如（图 6-15）中的箭头所描述的，一个以太网封包到达网卡接口后，如果 MAC 地址相符合，则会被送到网卡的缓冲区中。然后，网卡将封包移到操作系统内核的网络缓冲区中，并且对 CPU 发出一个硬中断，CPU 会处理这个封包到相应的网络堆栈中，可能是一个 TCP 端口或者 Apache 应用中。

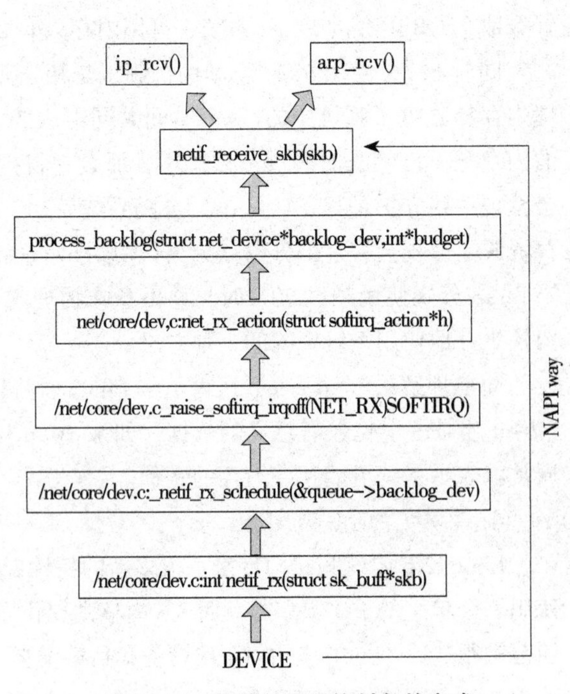

图 6-15　传统处理网络封包的方式

这是一个处理网络封包的简单流程，但从中可以看到这种处理方式的缺点。每次有适合的网络封包到达网络接口时，都将对 CPU 发出一个硬中断信号，中断 CPU 正在处理的其他任务，导致切换动作和对 CPU 缓存的操作。在只有少量的网络封包到达网卡的情况下，这并不是问题，但是千兆网络和现代应用将带来每秒成千上万的网络数据，这就有可能对性能造成不良的影响。

正因为此，NAPI在处理网络通信的时候引入了计数机制。对第一个封包，NAPI以传统的方式进行处理，但是对后面的封包，网卡引入了POLL的轮询机制。如果一个封包在网卡DMA环的缓存中，就不再为这个封包申请新的中断，直到最后一个封包被处理或者缓冲区被耗尽。这样就有效地减少了因为过多地中断CPU对系统性能的影响。同时，NAPI通过创建可以被多处理器执行的软中断改善了系统的可扩展性。NAPI将为大量的企业级多处理器平台带来帮助，它需要一个启用了NAPI的驱动程序。目前，很多驱动程序默认没有启用NAPI，这就为调优网络子系统的性能提供了更广阔的空间。

6. 理解Linux调优参数

因为Linux是一个开源操作系统，所以有大量可用的性能监测工具。对这些工具的选择取决于个人喜好和对数据细节的要求。所有的性能监测工具都是按照同样的规则来工作的，所以无论使用哪种监测工具，都需要理解这些参数。下面列出了一些重要的参数，对有效地理解它们大有裨益。

（1）处理器参数。

CPU utilization：这是一个很简单的参数，它直观地描述了每个CPU的利用率。在xSeries架构中，如果CPU的利用率长时间地超过80%，就有可能出现处理器的瓶颈。

Runableprocesses：描述了正在准备被执行的进程。在一个持续时间里，这个值不应该超过物理CPU数量的10倍，否则CPU方面就可能存在瓶颈。

Blocked：描述了那些因为等待I/O操作结束而不能被执行的进程，Blocked可能指出用户正面临的I/O瓶颈。

User time：描述了处理用户进程的百分比，包括Nice time。如果User time的值很高，则说明系统正在处理实际的工作。

System time：描述了CPU花费在处理内核操作（包括IRQ和软件中断）上的百分比。如果System time很高，则说明系统可能存在网络或者驱动堆栈方面的瓶颈。一个系统通常只花费很少的时间去处理内核的操作。

Idle time：描述了CPU空闲的百分比。

Nice time：描述了CPU花费在处理re-nicing进程上的百分比。

Context switch：系统中线程之间进行交换的数量。

Waiting：CPU花费在等待I/O操作上的总时间。与Blocked相似，一个系统不应该花费太多的时间在等待I/O操作上，否则应该进一步检测I/O子系统是否存在瓶颈。

Interrupts：Interrupts值包括硬Interrupts和软Interrupts，硬Interrupts会对系统性能带来很多不利的影响。高Interrupts值指出系统可能存在一个软件的瓶颈，可能是内核或者驱动程序。应该注意的是，Interrupts值中包括CPU时钟导致的中断现代的xServer系统每秒会产生1 000个Interrupts值。

（2）内存参数。

Free memory：相比其他操作系统，Linux空闲内存的值不应该作为一个性能参考的重要指标，因为Linux内核会分配大量没有被使用的内存作为文件系统的缓存，所以这个值通常比较小。

Swap usage：描述了已经被使用的 Swap 空间。

Buffer and cache：描述了为文件系统和块设备分配的缓存。在 Red Flag DC Server 5.0 版本中，可以通过修改 /proc/sys/vm 中的 page_cache_tuning 来调整空闲内存中作为缓存的数量。

Slabs：描述了内核使用的内存空间，注意内核的页面是不能被交换到磁盘上的。

Active versus inactive memory: 提供了关于系统内存的 active 内存信息。inactive 内存被 kswapd 守护进程交换到磁盘上的空间。

（3）网络参数。

Packets received and sent: 描述了一个指定网卡接收和发送的数据包的数量。

Bytes received and sent: 描述了一个指定网卡接收和发送的数据包的子节数。

Collisions per second：提供了发生在指定网卡上的网络冲突的数量。持续出现这个值则表示在网络架构上出现了瓶颈，而不是在服务器端出现了问题。在正常配置的网络中，冲突是非常少见的，除非用户的网络环境都是由 Hub 组成的。

Packets dropped: 描述了被内核丢掉的数据包数量，可能是因为防火墙或者网络缓存的缺乏。

Overruns：表达了超出网络接口缓存的次数。这个参数应该和 Packets dropped 一起来判断是否存在网络缓存或者网络队列过长方面的瓶颈。

Errors：记录了标志为失败的帧的数量。这可能是由错误的网络配置或者部分网线损坏导致的。在铜口千兆以太网环境中，部分网线的损害是影响性能的一个重要因素。

（4）块设备参数。

Io wait：CPU 等待 I/O 操作所花费的时间。这个值持续很高通常是 I/O 瓶颈所导致的。

Average queue length：I/O 请求的数量，通常一个磁盘队列值为 2 ~ 3 为最佳情况，更高的值则说明系统可能存在 I/O 瓶颈。

Average wait：响应一个 I/O 操作的平均时间。该值包括实际 I/O 操作的时间和在 I/O 队列里等待的时间。

Transfers per second：描述了每秒执行多少次 I/O 操作（包括读和写）。Transfers per second 的值与 kBytes per second 的值结合起来可以用于估计系统的平均传输块大小，当这个传输块大小和磁盘子系统的条带化大小相符合时，可以获得最好的性能。

Blocks read/write per second：表达了每秒读 / 写的 Blocks 数量。在 2.6 内核中 Blocks 的大小是 1024 Bytes, 在早些的内核版本中 Blocks 可以是不同的大小，从 512 Bytes 到 4 KB。

Kilo bytes per second read/write: 以 KB 为单位表示读 / 写块设备的实际数据的数量。

（二）常用 Linux 调优命令和工具

要实现对 Linux 的调优，就需要用到一些 Linux 系统命令和工具来观察与监控系统的性能。下面介绍几个最常用的 Linux 调优命令和工具。

1. iostat 命令

iostat 命令可以给我们提供丰富的 I/O 状态数据。

（1）基本使用。

$iostat –d –k 1 10

参数 -d 表示设备（磁盘）的使用状态；-k 表示某些以 Block 为单位的列强制使用 Kilobytes 为单位；1 10 表示数据显示每隔 1 秒刷新一次，共显示 10 次。

tps: 该设备每秒的传输次数（Indicate the number of transfers per second that were issued to the device）。“一次传输”意思是“一次 I/O 请求”。多个逻辑请求可能会被合并为“一次 I/O 请求”。“一次传输”请求的大小是未知的。

kB_read/S：每秒从设备读取的数据量；kB_wrtn/s: 每秒向设备写入的数据量；kB_read：读取的总数据量；kB_wrtn: 写入的总数据量；这些值的单位都为 Kilobytes。

在上面的例子中，可以看到磁盘 sda 及它的各个分区的统计数据，当时统计的磁盘总 TPS 是 39.29，下面是各个分区的 TPS(因为是瞬间值，所以总 TPS 并不严格等于各个分区 TPS 的总和)。

（2）-x 参数。

使用 -x 参数可以获得更多的统计信息。

iostat -d -x -k 1 10

Device: rrqm/s wrqm/s r/s w/s rsec/s wsec/s rkB/s wkB/s avgrq-sz avgqu-sz await svctm %util

Sda 1.56 28.31 7.80 31.49 42.51 2.92 21.26 1.46 1.16 0.03 0.79 2.62 10.28

rrqm/s：每秒这台设备相关的读取请求有多少被合并了（当系统调用需要读取数据的时候，VFS 将请求发送到各个 FS，如果 FS 发现不同的读取请求读取的是相同 Block 的数据，那么 FS 会将这些请求合并)。

wrqm/s：每秒这台设备相关的写入请求有多少被合并了。

rsec/s：每秒读取的扇区数。

wsec/s：每秒写入的扇区数。

r/s：每秒读请求。

w/s：每秒写请求。

await：每个 I/O 请求处理的平均时间（单位是微秒或毫秒)。这里可以理解为 I/O 的响应时间。一般情况下，系统 I/O 响应时间应该低于 5 ms。

在统计时间内所有处理 I/O 时间除以总统计时间。例如，如果统计间隔为 1 s，该设备有 0.8 s 在处理 I/O, 则有 0.2 s 在闲置，所以该参数暗示了设备的繁忙程度。一般情况下，如果该参数是 100%，则表示设备已经接近满负荷运行了（当然，如果是多磁盘，即使 %util 为 100%，由于磁盘的并发能力，磁盘使用未必达到瓶颈)。

（3）-c 参数。iostat 命令还可以用来获取 CPU 部分状态值，如下。

iostat -c 1 10

avg-cpu: %user %nice %sys %iowait %idle

1.98 0.00 0.35 11.45 86.22

Avg-cpu: %user %nice %sys %iowait %idle

1.62 0.00 0.25 34.46 63.67

（4）常见用法。

$iostat –d –k 1 10　　　# 查看 TPS 和吞吐量信息

iostat –d –x –k 1 10　　　# 查看设备使用率（% util)、响应时间（await)

iostat –c 1 10　　　# 查看 cpu 状态

2. nmon 工具使用

前面介绍的是零散的命令，nmon 是分析 AIX 和 Linux 性能的免费工具。它综合收集系统的信息，以图形化的形式展现出来，方便系统管理对性能的分析。

（1）下载 nmon。根据 CPU 的类型选择下载相应的版本。

（2）初始化 nmon 工具。根据不同的平台，初始化对应平台的 nmon 工具，然后直接运行 nmon 即可。

直接运行 nmon 可以实时监控系统资源的使用情况，执行下面的步骤可以展现一段时间内系统资源消耗的报告。

（3）生成 nmon 报告。

①采集数据。

#nmon – s10 –c60 –f –m /home/

参数解释：

-s10：每 10 秒采集一次数据。

–c60：采集 60 次，即采集 10 分钟的数据。

–f：生成的数据文件名中包含文件创建的时间。

–m：生成的数据文件的存放目录。

这样就会生成一个 nmon 文件，每 10 秒更新一次，直到 10 分钟后。生成的文件名如 <hostname>_90824_1306.nmon，其中“hostname”是这台主机的名称。

使用 nmon –h 命令可以查看更多帮助信息。

②生成报表，下载 nmon analyser(生成性能报告的免费工具)。将之前生成的 nmon 数据文件上传到 Windows 机器中，用 Excel 打开分析工具 nmonanalyserv3C.xls。单击 Excel 文件中的“Analyzenmondata”按钮，选择 nmon 数据文件，这样就会生成一个分析后的结果文件 hostname_090824_1306.nmon.xls，用 Excel 打开生成的文件就可以看到结果。如果宏不能运行，则需要执行以下操作：工具—宏—安全性—中，然后打开文件并允许运行宏。

③自动按天采集数据。在 crontab 中增加一条记录：

00 * * * root nmon –s300 –c288 –f –m /home/ > /dev/null 2>&1

300 × 288=86 400（秒），正好是一天的数据。

（三）数据库调优思路

数据库调优和具体的数据库强相关，需要综合的计算机知识。这里介绍一些通用的思路，要想真正成为数据库调优高手，还需要结合具体的数据库知识和长期的实战经验。

调优是门技术活，需要建立一个科学的方法。在调优前，要记住调优的原则，动手测试基准值，并且做好备份，每次调优只改动一个参数，只有这样才知道每个参数的调优效果。

调优一般分业务调优、数据库调优、操作系统调优等几大块，调优一定是一个端到端的、系统的优化过程，越是上层业务，一般来说越有效果。所以，对一个稳定的业务系统来说，千万不要第一时间去调整数据库或者系统参数，而是要彻底理解业务逻辑。一般来说，自顶向下调优效果最明显。

下面介绍一些常见的调优思路。

1. 业务优化

数据库调优，业务上的优化绝对是第一位的，越是底层的东西越稳定，所有出现了数据库运行缓慢的场景，不要一上来就期望通过调整参数来达到效果，性能低下往往是使用不当导致的。

2. 读写分离

这在Web应用中非常普遍。随着一个网站的业务不断扩展，数据量不断增加，数据库的压力也会越来越大，对数据库或者SQL的基本优化可能达不到最终的效果，这时可以采用读写分离的策略来改变现状。读写分离简单地说就是把对数据库读和写的操作分开，对应不同的数据库服务器，这样既能有效地减轻数据库压力，也能减轻I/O压力。主数据库提供写操作，从数据库提供读操作，其实在很多系统中，主要进行的是读操作。当主数据库进行写操作时，数据要同步到从数据库，这样才能有效保证数据库的完整性。MySQL数据库也有自己的同步数据技术，主要通过二进制日志来复制数据，通过日志在从数据库中重复主数据库的操作来达到复制数据的目的。比较好的复制策略是通过异步方法，把数据同步到从数据库。

在主数据库同步到从数据库后，从数据库一般由多台数据库组成，才能达到减轻压力的目的。同时，根据服务器的压力把读操作分配到服务器，而不是简单地随机分配。

3. 查询缓存

MySQLQuepyCache和OracleResultCache可以通过修改数据库配置文件来实现查询缓存，将SQL语句作为Key,将结果作为Value,当数据表发生改变时，相应的Cache就会失效。

适用场合：对数据不经常更新，查询方式比较固定（支持表连接，但不支持函数）。

4. 分表分区

对一些超大型的表，分区是非常有用的。分区是一种逻辑概念，和Oracle的分区概念是一样的。在通常情况下，一张表就是一个整体，当发生数据访问的时候，也就是对整张表或整张表的索引进行访问。所谓分区，就是把表按一定的规律划分成更小的逻辑单位，当发生访问的时候，不以表为单位进行访问，而是先在表的基础上判断数据在哪个分区，然后对特定的分区进行访问。正确的分区有利于提高查询性能。

5. 中间表

将原数据根据想得到的目标数据进行一系列的处理，得出一套中间表，直接从中间表中进行查询，通过定时调度定时更新中间表。

适用场合：对数据内容实时性要求不高，如数据分析。

6. 索 引

索引是各种关系型数据库系统中最常见的一种逻辑单元，是关系型数据库系统举足轻重的组成部分，对提高检索数据速度有至关重要的作用。索引的原理是根据索引值得到行指针，然后快速定位到数据库记录。索引的使用是一把双刃剑，一定要适当。

为什么要创建索引？因为，创建索引可以大大提高系统的性能：第一，通过创建唯一性索引，可以保证数据库表中每一行数据的唯一性；第二，可以大大加快数据的检索速度，这也是创建索引的最主要原因；第三，可以加速表和表之间的连接，特别是在实现数据的参考完整性方面特别有意义；第四，在使用分组和排序子句进行数据检索时，同样可以显著减少查询中分组和排序的时间；第五，通过使用索引，可以在查询过程中使用优化隐藏器，从而提高系统的性能。

也许有人会问：增加索引有如此多的优点，为什么不对表中的每一列创建一个索引呢？这种想法虽然有其合理性，但也有其片面性。索引虽然有许多优点，但是为表中的每一列都增加索引，是非常不明智的。因为增加索引也有许多不利的方面：第一，创建索引和维护索引要耗费时间，并随着数据量的增加而增加；第二，索引需要占物理空间，除了数据表占数据空间外，每个索引还要占一定的物理空间，如果要建立聚簇索引，那么需要的空间就会更大；第三，当对表中的数据进行增加、删除和修改操作时，索引也要动态维护，这样就降低了数据的维护速度。

索引是建立在数据库表中的某些列上面的。因此，在创建索引的时候，应该仔细考虑在哪些列上可以创建索引，在哪些列上不能创建索引。一般来说，应该在这些列上创建索引：在经常需要搜索的列上，可以加快搜索的速度；在作为主键的列上，强制该列的唯一性和组织表中数据的排列结构；在经常用在连接的列上，这些列主要是一些外键，可以加快连接的速度；在经常需要根据范围进行搜索的列上，因为索引已经排序，其指定的范围是连续的；在经常需要排序的列上，因为索引已经排序，可以加快排序查询时间；在经常使用 WHERE 子句的列上，可以加快条件的判断速度。

同样，有些列不应该创建索引。一般来说，不应该创建索引的列具有下列特点：第一，对那些在查询中很少使用或者参考的列不应该创建索引；第二，对那些只有很少数据值的列也不应该创建索引；第三，对那些定义为 text、image 和 bit 数据类型的列不应该创建索引；第四，当修改性能远远大于检索性能时，不应该创建索引。

7. SQL 优化

一条 SQL 语句大约要经过三个阶段：编译优化、执行和取值。很多人不知道 SQL 语句在 SQL Server 中是如何执行的，他们担心自己所写的 SQL 语句会被 SQL Server 误解。

事实上，这样的担心是不必要的。在 SQL Server 中有一个“查询分析优化器”，它可以计算出 WHERE 子句中的搜索条件，并确定哪个索引能缩小表扫描的搜索空间，也就是说它能实现自动优化。

8. 系统调优

系统调优就是通过调整硬件（RiAD 卡、网卡等）参数及操作系统等各种系统参数来实现数据库最大性能。比如，RAID 卡常用参数：readahead,always writeback with bbu, diskcache enable, stripesize 128 K。各参数的含义如下。

readahead：预读扇区的内容，适合请求时连续的情况，所有请求都是随机的情况下选择 No-read- ahead 更合适。

always writeback with bbu：RAID 卡配置有电池时使用的选项。在写磁盘的时候，先写入

RAID 卡的 cache，然后由 cache 写入磁盘中，从而提高写盘速度。

stripesize 128 K：条带参数设置，一般情况下数据库推荐值和表的一条记录大小一致。

第四节　大数据仓库的技术分析

前面讲到的 MPP DB、SQL on Hadoop 实际解决的都是传统数据仓库的多维查询问题，但为什么大家不用数据仓库去解决呢？核心原因有两个。

（1）在大数据时代，数据量的大小已经远超传统数据库处理的范围，数据的量变带来了对技术需求的质变。用新技术解决传统数据仓库的问题，可以称之为大数据仓库。

（2）成本的原因。相比传统数据仓库的高性能硬件，Hadoop 技术一般使用大量廉价硬件，相对而言，有很大的成本优势。

一、数据仓库的概念

数据仓库一词由比尔·恩门（Bill Inmon) 于 1990 年提出，其主要功能是将 OLTP 经年累月所积累的大量资料，通过使用各种分析方法如联机分析处理（OLAP)、数据挖掘（DataMining) 进行系统的分析，从而支持构建如决策支持系统（DSS)、主管资讯系统（EIS) 等，帮助决策者快速、有效地从大量数据中分析出有价值的知识，从而对应快速变化的商业环境，做出最佳决策，帮助建构商业智能（BI）。

数据仓库之父比尔·恩门（Bill Inmon）在 1991 年出版的 *Building the Data Warehouse*（《建立数据仓库》）一书中所提出的定义被广泛接受：数据仓库（Data Warehouse) 是一个面向主题的（Subject Oriented)、集成的（Integrated)、相对稳定的（Non Volatile)、反映历史变化（Time Variant) 的数据集合，用于支持管理决策（Decision Making Support)。

二、OLTP/OLAP 对比

数据仓库里面有 OLTP/OLAP 之分，OLTP 是传统关系型数据库的主要应用，其主要面向基本的、日常的事务处理，如银行交易；OLAP 是数据仓库系统的主要应用，支持复杂的分析操作，侧重决策支持，并且提供直观易懂的查询结果，如表 6-1 所示。

表 6-1　OLTP/OLAP 对比

	OLTP	OLAP
面向应用	日常交易处理	明细查询，分析决策
访问模式	简单小事务，操作少量数据	复杂聚合查询，可以操作大量数据
数据	当前最新数据	历史数据
数据规模	GB	TB ～ PB

续　表

	OLTP	OLAP
数据更新	实时更新	批量更新
数据组织	满足 3NF	反范式，星形模型

三、大数据场景下的同与不同

在大数据时代，大数据仓库面对的最基本、最典型的场景还是传统的 OLAP 场景，最明显的区别是数据规模的急剧膨胀，从传统的单表千万级到现在的单表百亿级、万亿级，维度也从传统的几十维到现在的一些互联网企业存在的万维。因为系统的交互对象是人，虽然数据量急剧增大，但系统的响应延迟要求仍为秒级。

在大数据时代，数据价值越来越大，分析手段和分析工具也越来越多。传统 SQL 包打天下的局面可能不复存在，SQL、Python、R、BI 工具 / 可视化工具都有需求。因此，除了性能之外，大数据仓库必然支持更多的处理模式和接口，通常称之为“泛 SQL”。

要解决传统数据仓库不能解决的扩展性和性能问题，需要从存储引擎和查询引擎两个层次进行优化。下面讲解一些常见的思路和技术。

四、查询引擎

传统数据库为了追求性能，在设计的时候将存储引擎和查询引擎耦合在一起，从而带来扩展性不佳的问题。大数据仓库的一个明显的设计思路是对存储引擎和查询引擎分别进行扩展和优化。

目前，大数据仓库优化在技术上和传统的数据库相比并没有质的突破，优化器主要有基于规则的优化器（RBO）与基于代价的优化器（CBO）两种。

下面介绍一种基于统计的优化技术——直方图技术。

（一）何谓直方图

在分析表或索引时，直方图用于记录数据的分布。通过获得该信息，基于成本的优化器就可以决定使用返回少量行的索引，而避免使用基于限制条件返回许多行的索引。直方图的使用不受索引的限制，可以在表的任何列上构建直方图，类似（图 6–16）。可以看到，一张表只有两个字段（Start_time 和 User_ID) 和 3 个分区。创建直方图就是对列上的信息进行统计，如选取 U1/U2/U3, 构造出来的统计信息类似直方图。

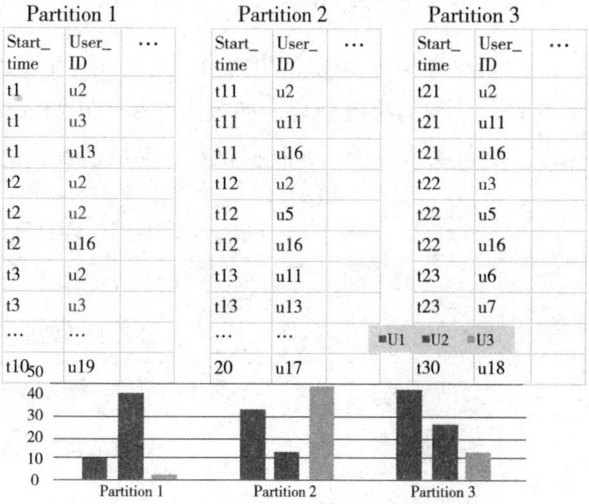

构造直方图是为了帮助优化器在表中数据严重偏斜时做出更好的规划。例如，

Partition 1

Start_time	User_ID	…
t1	u2	
t1	u3	
t1	u13	
t2	u2	
t2	u2	
t2	u16	
t3	u2	
t3	u3	
…	…	
t10	u19	

Partition 2

Start_time	User_ID	…
t11	u2	
t11	u11	
t11	u16	
t12	u2	
t12	u5	
t12	u16	
t13	u11	
t13	u13	
…	…	
20	u17	

Partition 3

Start_time	User_ID	…
t21	u2	
t21	u11	
t21	u16	
t22	u3	
t22	u5	
t22	u16	
t23	u6	
t23	u7	
t30	u18	

U1　U2　U3
50
40
30
20
10
0
Partition 1　Partition 2　Partition 3

图 6–16　直方图示意

如果1～2个值构成了表中的大部分数据（数据偏斜），相关的索引就可能无法帮助减少满足查询所需的I/O数S量。创建直方图可以让基于成本的优化器知道何时使用索引最合适，或者何时根据WHERE子句中的值返回表中80%的记录。

（二）何时使用直方图

通常情况下，建议在以下场合中使用直方图。

（1）当WHERE子句引用了列值分布存在明显偏差的列时。当这种偏差相当明显，以至于WHERE子句中的值将会使优化器选择不同的执行计划时，应该使用直方图来帮助优化器修正执行路径。

（2）当列值导致不正确的判断时，这种情况通常会发生在多表连接时。

（三）直方图的种类

Oracle利用直方图来提高非均匀数据分布的选择率和技术的计算精度。实际上，oracle会采用两种不同的策略来生成直方图：一种是针对包含很少不同值的数据集；另一种是针对包含很多不同值的数据集。Oracle会针对第一种情况生成频率直方图，针对第二种情况生成高度均衡直方图。通常情况下，当BUCTET小于表的NUM_DISTINCT值时，得到的是高度均衡直方图；而当BUCTET大于表的NUM_DISTINCT值时，得到的是频率直方图。

五、存储引擎

传统的数据管理方式不太适合大数据下的极限性能要求，存储引擎的好坏基本决定了整个数据仓库的基础。

（一）Kudu目标

由于HBase、Parquet不能兼顾分析和更新的需求，所以需要一个新的存储引擎以同时支持高吞吐的分析应用及少量更新的应用——Kudu存储引擎便应运而生了。Cloudera的设计目标如下。

（1）在扫描和随机访问两种场景下都有很强的性能，帮助客户简化混合架构；

（2）高CPU利用率；

（3）高I/O效率，充分利用现代存储；

（4）支持数据原地更新；

（5）支持双活集群。

（二）Kudu核心机制

Kudu的核心机制如下。

（1）模仿数据库，以二维表的形式组织数据，创建表的时候需要指定Schema，所以只支持结构化数据。

（2）每张表指定一个或多个主键。

（3）支持insert、update、delete操作，这些修改操作都要指定主键。

（4）read操作，只支持scan原语。

（5）一致性模型，默认支持snapshot。

（6）Cluster类似HBase简单的主备结构。

（7）单张表支持水平分割。

（8）使用 Raft 协议，可以根据 SLA 指定备份块数量。

（9）列式存储。

（10）数据先更新到内存中，最后再合并到最终存储中，有专门的后台进程负责。

（11）延迟物化，好处是代码实际执行时，对一些选择性条件的查询，可以直接跳过不必要的数据。

（12）支持 MR、Spark、Impala 等集成，支持 Locality、Columnar Projection、Predicate Pushdown 等。

（三）Mesa 技术

传统的数据仓库通常会遇到两个问题：更新的 throughput 不高；更新影响查询。

为了解决这两个问题，Google 的 Mesa 系统设计了一个 MVCC 数据模型，通过增量更新和合并技术，将离散的更新 I/O 转变成批量 I/O，平衡了查询和更新的冲突，提高了更新的吞吐量。

Mesa 设计了一种多版本管理技术来解决更新的问题，说明如下。

（1）使用二维表来管理数据。

（2）每个字段用 Key/Value 来管理。

（3）每个字段指定一个聚合函数 F。

（4）数据更新时，按照 MVCC 增量更新，并给增量更新指定一个版本号 N 和谓词 P。

（5）在进行查询时，自动识别聚合函数，把所有版本的更新按照聚合函数自动计算出来。

（6）多版本如果永远不合并，那么存储的代价将非常大。因为每次查询都需要遍历所有版本号，所以版本过多会影响查询。因此，定期的合并是必须的。

（7）采用两段更新的策略。

为了应对 BI（商业智能）领域少量更新和大量扫描分析场景，Kudu 借鉴了很多传统的数据仓库技术。在这个领域，目前是 Impala+Kudu/Hive/Spark SQL/Greenplum MPP 数据库在混战，未来将走向融合，传统的 MPP 数据库在分析领域可能会是一个过渡产品。

相比传统的数据仓库，大数据技术有以下几个方面的优势。

（1）支持非结构化数据；

（2）扩展性增强；

（3）与新的分析方法和算法的结合；

（4）成本降低。

相比传统数据仓库，大数据也有很多劣势。

（1）小数据量时比传统的 MPP 差，大数据量时不能满足交互式分析秒级响应的需求。

（2）对 SQL 的支持不充分。业界有不少厂商在做这方面的探索，如 Cloudera 的 Impala、星环的 Inceptor、阿里的 ADS、百度的 Palo 等。

第七章

批处理技术

第一节　批处理技术的含义与特点

20 世纪 50 年代中期，人们发明了晶体管，开始用晶体管替代真空管来制作计算机，从而出现了第二代计算机。它不仅使计算机的体积大大减小，功耗显著降低，同时可靠性也得到大幅提高，使计算机已具有推广应用的价值，但计算机系统仍非常昂贵。为了能充分地利用它，应尽量使该系统连续运行，减少空闲时间。为此，通常是把一批作业以脱机方式输入到磁带上，并在系统中配上监督程序 (Monitor)，在它的控制下使这批作业能一个接一个地连续处理。其自动处理过程是：先由监督程序将磁带上的第一个作业装入内存，并把运行控制权交给该作业。当该作业处理完成时，又把控制权交还给监督程序，再由监督程序把磁带上的第二个作业调入内存。计算机系统就这样自动地一个作业接一个作业地进行处理，直至磁带上的所有作业全部完成，这样便形成了早期的批处理系统。

批处理是指用户将一批作业提交给操作系统后就不再干预，由操作系统控制它们自动运行。这种采用批量处理作业技术的操作系统称为批处理操作系统，批处理操作系统不具有交互性，它是为了提高 CPU 的利用率而提出的一种操作系统。

数据批处理发展得最早，应用也最为广泛。其最主要的应用场景就是传统的 ETL 过程，如电信领域的 KPI、KQI 计算。单据经过探针采集上来后，按照一定的规则转换成原始单据，根据业务需求，按周期（15 分钟、60 分钟、天）等粒度计算成业务单据。这一过程使用数据库来承担，传统的数据库扩展性遇到瓶颈后，就出现了 MPP 技术。Google 的研究员另辟蹊径，从传统的函数式编程里得到灵感，发明了 MapReduce, 使大规模扩展成为可能。Spark 一开始是为了替代 MapReduce, 后来逐渐发展成数据处理统一平台。除了迭代式的计算外，大规模机器学习需要另外的框架，所以本章还会讲到 BSP 技术。在这个过程中会讲到两种关键技术：一种是 CodeGen, 另一种是 CPU 亲和技术。提高批处理的吞吐量，CPU 的利用率是关键。

所谓批处理 (batch processing) 就是将作业按照它们的性质分组 (或分批)，然后再成组 (或成批) 地提交给计算机系统，由计算机自动完成后再输出结果，从而减少作业建立和结束过程中的时间浪费。根据在内存中允许存放的作业数，批处理系统又分为单道批处理系统和多道批处理系统。早期的批处理系统属于单道批处理系统，其目的是减少作业间转换时的人工操作，从而减少 CPU 的等待时间。它的特征是内存中只允许存放一个作业，即当前正在运行的作业，只有它才能驻留内存，作业的执行顺序是先进先出，即按顺序执行。

由于在单道批处理系统中，一个作业单独进入内存并独占系统资源，直到运行结束后下一个作业才能进入内存，当作业进行 I/O 操作时,CPU 只能处于等待状态，因此 CPU 利用率较低，尤其是对 I/O 操作时间较长的作业。为了提高 CPU 的利用率，在单道批处理系统的基础上引入了多道程序设计 (multiprogramming) 技术，这就形成了多道批处理系统，即在内存中可同时存在若干道作业。作业执行的次序与进入内存的次序无严格的对应关系，因为这些作业是通过一定的作业调度算法来使用 CPU 的，一个作业在等待 I/O 处理时，CPU 可以调度另外一个作业运行，因此 CPU 的利用率显著地提高了。

批处理系统主要指多道批处理系统，它通常用在以科学计算为主的大中型计算机上，由于多道程序能交替使用 CPU，因此提高了 CPU 及其他系统资源的利用率，同时也提高了系统的效率。多道批处理系统的缺点是延长了作业的周转时间，用户不能进行直接干预，缺少交互性，不利于程序的开发与调试。

批处理有以下特点。

（1）多道：在内存中同时存放多个作业，一个时刻只有一个作业运行，这些作业共享 CPU 和外部设备等资源。

（2）成批：用户和其作业之间没有交互性。用户自己不能干预自己作业的运行，发现作业错误不能及时改正。

（3）批处理系统的目的是提高系统吞吐量和资源的利用率。

多道处理系统的优点是由于系统资源为多个作业所共享，其工作方式是作业之间自动调度执行，在运行过程中用户不干预自己的作业，从而大大提高了系统资源的利用率和作业吞吐量。其缺点是无交互性，用户一旦提交作业就失去了对其运行的控制能力，而且是批处理的，作业周转时间长，用户使用不方便。

第二节 MapReduce 模式解析

一、MapReduce 起源

MapReduce 的灵感来源于函数式语言（如 Lisp）中的内置函数 Map 和 Reduce。简单来说，在函数式语言里，Map 表示对一张列表（List）中的每个元素进行计算，Reduce 表示对一张列表中的每个元素进行迭代计算。它们具体的计算是通过传入的函数来实现的，而 Map 和 Reduce 提供的是计算的框架。不过，从这样的解释到现实中的 MapReduce 相差太远，仍然需要一个跳跃。再仔细看，Reduce 既然能做迭代计算，那就表示列表中的元素是相关的；而 Map 则对列表中的每个元素做单独处理，这表示列表中的数据是杂乱无章的。这样看来，就有点联系了。在 MapReduce 里，Map 处理的是原始数据，自然是杂乱无章的，各条数据之间没有联系；到了 Reduce 阶段，数据是以 Key 后面跟着若干个 Value 来组织的，这些 Value 有相关性，符合函数式语言里 Map 和 Reduce 的基本思想。

这样就可以把 MapReduce 理解为：把一堆杂乱无章的数据按照某种特征归纳起来，然后处理并得到最后的结果。Map 面对的是杂乱无章的、互不相关的数据，它解析每个数据，从中提取出 Key 和 Value，也就是提取数据的特征。经过 MapReduce 的 Shuffle 阶段之后，在 Reduce 阶段看到的是已经归纳好的数据，在此基础上可以做进一步处理以便得到结果。

二、MapReduce 原理

MapReduce 是云计算的核心计算模式，是一种分布式运算技术，也是简化的分布式并行编程模式，主要用于大规模并行程序并行问题。

MapReduce 模式的主要思想是自动将一个大的计算（如程序）拆解成 Map(映射）和 Reduce(化简）的方式。

数据被分割后，通过 Map 函数将数据映射成不同的区块，分配给计算机集群进行处理，以达到分布式运算的效果，再通过 Reduce 函数将结果汇整，输出开发者所需的结果。

MapReduce 借鉴了函数式程序设计语言的设计思想，其软件实现是指定一个 Map 函数，把键值对（Key/Value）映射成新的键值对，形成一系列中间结果形式的键值对（Key/Value），然后把它们传递给 Reduce（规约）函数，把具有相同中间形式 Key 的 Value 合并在一起。Map 和 Reduce 函数具有一定的关联性。

MapReduce 致力于解决大规模数据处理的问题，因此在设计之初就考虑了数据的局部性原理，将整个问题分而治之。MapReduce 集群由普通 PC 构成，为无共享式架构。在处理之前，将数据集分布至各个节点；在处理时，每个节点就近读取本地存储的数据处理（Map），将处理后的数据进行合并（Combine）、排序（Shuffle and Sort）后再分发（至 Reduce 节点），从而避免了大量数据的传输，提高了处理效率。无共享式架构的另一个好处是配合复制（Replication）策略，集群具有良好的容错性，一部分节点宕机不会影响整个集群的正常工作。

三、Shuffle

Shuffle 过程是 MapReduce 的核心，也被称为奇迹发生的地方。Shuffle 的原意是洗牌或弄乱，可能大家更熟悉的是 Java API 里的 Collections.shuffie（list）方法，它会随机打乱参数 list 里的元素顺序。如果不知道 MapReduce 里的 Shuffle 是什么，就以（图 7-1）进行说明。

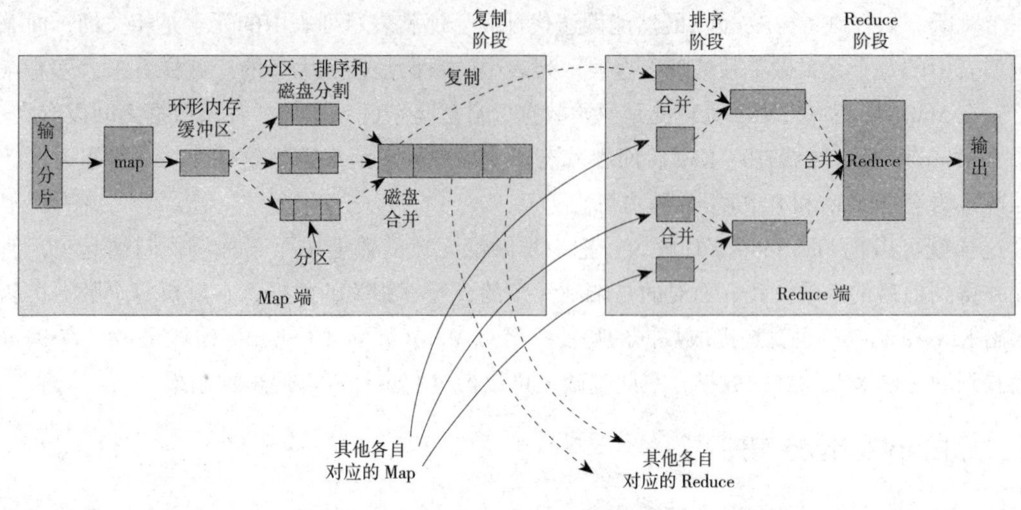

图 7-1　Shuffle 示意图

Shuffle 的大致范围就是怎样把 MapTask 的输出结果有效地传送到 Reduce 端。也可以这样理解，Shuffle 描述了数据从 MapTask 输出到 ReduceTask 输入的这一过程。

在 Hadoop 这样的集群环境中，大部分 MapTask 与 ReduceTask 的执行在不同的节点上。当然，很多情况下 Reduce 在执行时需要跨节点去拉取其他节点上的 MapTask 结果。如果集群正在运行的 Job 有很多，那么 Task 的正常执行对集群内部的网络资源消耗就会很严重。这种网络消耗是正常的，我们不能限制，能做的就是最大化地减少不必要的消耗。另外，在节点内，相比于内存，磁盘 I/O 对 Job 完成时间的影响也是可观的。从最基本的要求来说，我们对 Shuffle 过程的期望可以包括：完整地从 Map 端拉取数据到 Reduce 端；在跨节点拉取数据时，尽可能地减少对带宽的不必要消耗；减少磁盘 I/O 对 Task 执行的影响。以 WordCount 为例，假设它有 8 个 MapTask 和 3 个 ReduceTask。从（图 7-1）中可以看出，Shuffle 过程横跨 Map 与 Reduce 两端，所以接下来会分两部分来讲解。先看看 Map 端的情况，如图 7-2 所示。

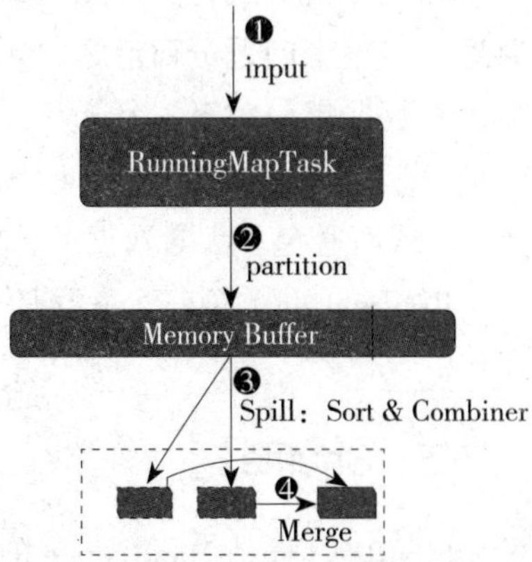

图 7-2　Shuffle 过程 Map 端的情况

整个流程分为四步。

（1）在 MapTask 执行时，其输入数据来源于 HDFS 的 Block。Split 与 Block 的对应关系默认是一对一。在 WordCount 例子中，假设 Map 的输入数据都是像“aaa”这样的字符串。

（2）在经过 Mapper 的运行后，输出是这样一个 Key/Value 对：Key 是“aaa”，Value 是数值 1。我们知道这个 Job 有 3 个 ReduceTask，到底当前的“aaa”应该交由哪个 Reducer 去处理，是需要现在决定的。MapReduce 提供了 Partitioner 接口，其作用是根据 Key 或 Value 及 Reduce 的数量来决定当前的这对输出数据最终应该交由哪个 ReduceTask 处理。默认对 Key 进行哈希运算后，再以

ReduceTask 数量取模。在该例中，“aaa”经过 Partition(分区）后返回 0, 也就是这对输出数据应当交由第一个 Reducer 来处理。接下来需要将数据写入内存缓冲区中。缓冲区的作用是批量收集 Map 结果，减少磁盘 I/O 的影响。

（3）内存缓冲区是有大小限制的，默认是 100 MB。当 MapTask 的输出结果有很多时，内存可能不足，所以需要在一定条件下将缓冲区中的数据临时写入磁盘，然后重新利用这个缓冲区。这个从内存往磁盘写数据的过程被称为 Spill, 中文可译为溢写。

（4）每次溢写都会在磁盘上生成一个溢写文件，如果 Map 的输出结果很大，就会有多次这样的溢写发生，磁盘上就会有多个溢写文件存在。当 MapTask 真正完成时，内存缓冲区中的数据将全部溢写，磁盘中形成一个溢写文件，最终磁盘中至少会有一个这样的溢写文件存在（如果 Map 的输出结果很少，那么当 Map 执行完成时，只会产生一个溢写文件）。因为最终的文件只有一个，所以需要将这些溢写文件归并到一起，这个过程就叫作 Merge。至此，Map 端的所有工作都已结束。

每个 ReduceTask 不断地通过 RPC 从 JobTracker 那里获取 MapTask 是否完成的信息。如果 ReduceTask 获知某台 TaskTracker 上的 MapTask 执行完成，那么 Shuffle 的后半段过程开始启动。简单地说,ReduceTask 在执行之前的工作就是不断地拉取当前 Job 里每个 MapTask 的最终结果，然后对从不同地方拉取过来的数据不断地进行 Merge, 最终形成一个文件作为 ReduceTask 的输入文件，如图 7–3 所示。

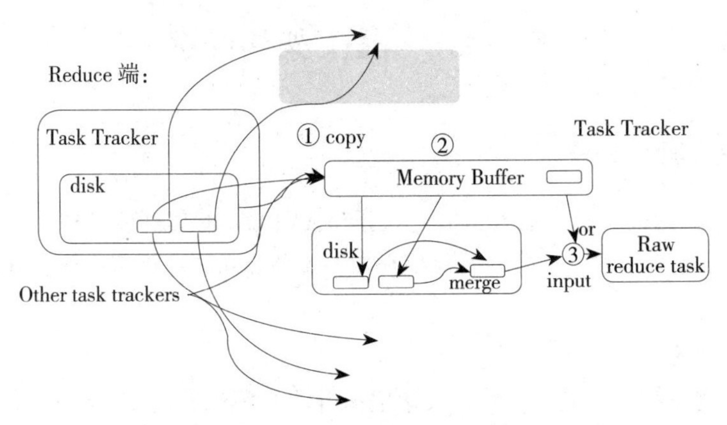

图 7–3　Shuffle 的 Reduce 情况

如同 Map 端的细节图，Shuffle 在 Reduce 端的过程也能用（图 7–3）标明的三点来概括。

copy 过程，即简单地拉取数据。Reduce 进程启动一些数据 copy 线程（Fetcher）, 通过 HTTP 方式请求 MapTask 所在的 TaskTracker 获取 MapTask 的输出文件。因为 MapTask 早已结束，所以这些文件就由 TaskTracker 管理。

Merge 阶段。同 Map 端的 Merge 动作，只是数组中存放的是不同 Map 端复制过来的数据。复制过来的数据会先放入内存缓冲区中，当内存中的数据量到达一定阈值时，就会启动内存到磁盘的 Merge。与 Map 端类似，这也是溢写的过程，会在磁盘中生成众多的溢写文件，然后将这些溢写文件进行归并。

Reduce 的输入文件。不断进行 Merge 后，最后会生成一个“最终文件”。这个文件可能存放在磁盘上，也可能存放在内存中，但默认存放在磁盘上。当 Reduce 的输入文件已定时，整个 Shuffle 过程才最终结束。

四、性能差的主要原因

宏观上，Hadoop 的每个作业都要经历两个阶段：MapPhase 和 ReducePhase。MapPhase 主要包含 4 个子阶段：从磁盘上读数据 —— 执行 Map 函数 —— Combine 结果 ——将结果写到本地磁盘上；ReducePhase 同样包含 4 个子阶段：从各个 MapTask 上读取相应的数据（Shuffle）——Sort —— 执行 Reduce 函数 —— 将结果写到 HDFS 中。

Hadoop 处理流程中的两个子阶段严重降低了其性能。一方面，Map 阶段产生的中间结果要写到磁盘上，这样做的主要目的是提高系统的可靠性，但代价是降低了系统性能；另一方面，Shuffle 阶段采用 HTTP 协议从各个 MapTask 上远程复制结果，这种设计思路同样降低了系统性能。

可以看出，磁盘读 / 写速度慢是导致 MapReduce 性能差的主要原因。Spark 恰好找到了内存容量增大和成本降低的方法，决定用一个基于内存的架构去替代 MapReduce，在性能上有了极大的提升。

第三节　Spark 架构详解

一、Spark 的起源和特点

Spark 发源于美国加利福尼亚大学伯克利分校 AMPLab 的集群计算平台。它立足于内存计算，从多迭代批量处理出发，兼收并蓄数据仓库、流处理和图计算等多种计算范式，是罕见的“全能选手”。

（一）内存发展趋势

磁盘由于其物理特性限制，导致发展速度提升非常困难，远远跟不上 CPU 和内存的发展速度。近十几年来，内存的发展一直遵循摩尔定律，价格一直下降，而容量一直增加。现在的主流服务器，内存的发展使内存数据库得以实现，如著名的 VoltDB。Spark 也看好这种趋势，所以设计的是一个基于内存的分布式处理软件，也就是说 Spark 的目标是取代 MapReduce。

（二）Spark 的愿景

当前开源社区针对不同的场景，存在多种引擎，如 Hadoop、Cassandra、Mesos 等。Spark 的愿景是做一个统一的引擎，可以统一批处理、交互式处理、流处理等多种场景，降低开发与运维难度。

（三）Spark 与 Hadoop 对比

（1）Spark 的中间数据存放在内存中，对于迭代运算而言，效率更高。

（2）Spark 更适合迭代运算比较多的数据挖掘和机器学习运算，因为在 Spark 里有 RDD 的抽象概念。

（3）Spark 比 Hadoop 更通用。

（4）Spark 提供的数据集操作类型有很多，而 Hadoop 只提供了 Map 和 Reduce 两种操作。

（5）容错性。在分布式数据集计算时通过 Checkpoint 来实现容错。

（6）可用性。Spark 通过提供丰富的 Scala、Java、Python API 及交互式 Shell 来提高可用性。

（四）Spark 与 Hadoop 结合

Spark 可以直接对 HDFS 进行数据读/写，同样支持 Spark on YARN。Spark 可以和 MapReduce 运行在同一集群中，共享存储资源与计算。

（五）Spark 的适用场景

Spark 是基于内存的迭代计算框架，适用于需要多次操作特定数据集的场合。需要反复操作的次数越多，需要读取的数据量越大，性能提升越大；数据量小但是计算密集度较大的场合，性能提升就相对较小。

由于 RDD 的特性，Spark 不适合那种异步细粒度更新状态的应用，如 Web 服务的存储或者增量 Web 爬虫和索引。

总的来说，Spark 的适用范围较广，且较为通用。

二、Spark 的核心概念

（一）概　念

1. 基本概念（Basic Concepts）

RDD：Resilient Distributed Dataset，弹性分布式数据集。

Operation：作用于 RDD 的各种操作，包括 Transformation 和 Action。

Job：作业，一个 Job 包含多个 RDD 及作用于相应 RDD 上的各种 Operation。

Stage：一个作业分为多个阶段。

Partition：数据分区，一个 RDD 中的数据可以分成多个不同的区。

DAG：Directed Acycle Graph，有向无环图，反映 RDD 之间的依赖关系。

Narrow Dependency：窄依赖，子 RDD 依赖于父 RDD 中固定的 Data Partition。

Wide Dependency：宽依赖，子 RDD 对父 RDD 中的所有 Data Partition 都有依赖。

Caching Management：缓存管理，对 RDD 的中间计算结果进行缓存管理，以加快整体的处理速度。

2. 编程模型（Programming Model）

RDD 是只读的数据分区集合，注意是数据集。

作用于 RDD 上的 Operation 分为 Transformation 和 Action。经 Transformation 处理之后，数据集中的内容会发生更改，由数据集 A 转换成数据集 B；而经 Action 处理之后，数据集中的内容会被归约为一个具体的数值。

只有当 RDD 上有 Action 时，该 RDD 及其父 RDD 上的所有 Operation 才会被提交到 Cluster 中真正被执行。

Spark 代码演示如图 7-4 所示。

```
val sc = new SparkContext( " Spark://... " , " MyJob " ,home,jars)
val file = sc.textFile( " hdfs://... " )
val errors = file.filter(_.contains( " ERROR " )
errors.cache()
errors.count()
```

3. 运行态（Runtime View）

不管是什么样的静态模型，其在动态运行的时候无外乎由进程、线程组成。

用 Spark 的术语来说，Static View 称为 Dataset View, 而 Dynamic View 称为 Partition View，二者之间的关系如图 7-4 所示。

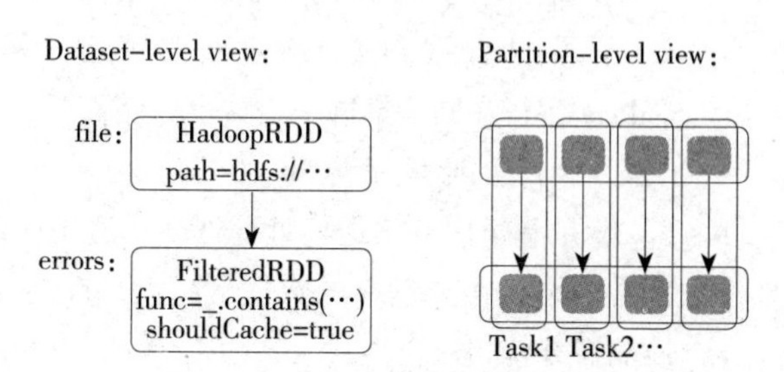

图 7-4 Dataset View 与 Partition View 的关系

4. 部 署（Deployment View）

当有 Action 作用于某 RDD 时，该 Action 会作为一个 Job 被提交。

在提交的过程中，DAGScheduler 模块介入运算，计算 RDD 之间的依赖关系。RDD 之间的依赖关系就形成了 DAG。

每个 Job 被分为多个 Stage。划分 Stage 的一个主要依据是当前计算因子的输入是否是确定的。如果是，则将其分在同一个 Stage, 从而避免多个 Stage 之间的消息传递开销。

当 Stage 被提交之后，由 TaskScheduler 来根据 Stage 计算所需的 Task, 并将 Task 提交到对应的 Worker。

Spark 支持 Standalone、Mesos、YARN 等部署模式，这些部署模式将作为 TaskScheduler 的初始化入参。

5. Resilient Distributed Dataset(RDD) 弹性分布数据集

RDD 是 Spark 的最基本抽象，是对分布式内存的抽象使用，以操作本地集合的方式来操作分布式数据集的抽象实现。RDD 是 Spark 最核心的内容，它表示已被分区、不可变的、能够被并行操作的数据集，不同的数据集格式对应不同的 RDD 实现。RDD 必须是可序列化的。RDD 可以缓存到内存中，每次对 RDD 数据集的操作结果都可以存放到内存中，下一个操作可以直接从内存中输入，省去了 MapReduce 大量的磁盘 I/O 操作。这对迭代运算比较常见的机器学习算法、交互式数据挖掘来说，效率提升比较大。

（1）RDD 的特点。

它是在集群节点上的不可变的、已分区的集合对象。

通过并行转换的方式来创建。

失败自动重建。

可以控制存储级别（内存、磁盘等）来进行重用。

必须是可序列化的。

是静态类型的。

（2）RDD 的优势。

RDD 只能从持久存储或通过 Transformation 操作产生，相比于分布式共享内存（DSM），可以更高效地实现容错。对于丢失部分数据的分区，只需根据其 Lineage（血统）重新计算，而不需要做特定的 Checkpoint。

RDD 的不变性，可以实现类 Hadoop MapReduce 的推测式执行。

RDD的数据分区特性，可以通过数据的本地性提高性能，这与Hadoop MapReduce是一样的。

RDD 是可序列化的，在内存不足时可自动降级为磁盘存储，把 RDD 存储于磁盘上。这时性能会有明显的下降，但不会差于现在的 MapReduce。

（3）RDD 的存储与分区。

用户可以选择不同的存储级别存储 RDD 以便重用。

当前 RDD 默认存储于内存中，但当内存不足时，RDD 会溢出到磁盘上。

RDD 是根据每条记录的 Key 进行分区的（如 Hash 分区），具有相同 Key 的数据会存储在同一个节点上，以保证两个数据集在 Join 时能高效进行。

（4）RDD 的内部表示。

RDD 由以下几个主要部分组成。

partitions：partition 集合，一个 RDD 中有多个 data partition。

Dependencies：RDD 依赖关系。

compute（parition）：对于给定的数据集，需要进行哪些计算。

preferredLocations：对于 data partition 的位置偏好。

partitioner：对于计算出来的数据结果如何分发。

（5）RDD 的存储级别。

RDD 根据 useDisk、useMemory、deserialized、replication4 个参数的组合提供了 11 种存储级别，如下所示。

```
val NONE = new StorageLevel(false,false,false)
val DISK_ONLY = new StorageLevel(true,false,false)
val DISK_0NLY_2 = new StorageLevel(true,false,false,2)
val MEMORY_ONLY = new StorageLevel(false,true,true)
val MEMORY_ONLY_2 = new StorageLevel(false,true,true,2)
val MEMORY_ONLY_SER = new StorageLevel(false,true,false)
val MEMORY_ONLY_SER_2 = new StorageLevel(false,true,false,2)
val MEMORY_AND_DISK = new StorageLevel(true,true,true)
val MEMORY_AND_DISK_2 = new StorageLevel(true,true,true,2)
val MEMORY_AND_DISK_SER = new StorageLevel(true,true,false)
val MEMORY_AND_DISK_SER_2 = new StorageLevel(true,true,false,2)
```

RDD 定义了各种操作，不同类型的数据由不同的 RDD 类抽象表示，不同的操作也由 RDD 进行抽象实现。

（6）RDD 的创建。

RDD 有两种创建方式。

①从 Hadoop 文件系统（或与 Hadoop 兼容的其他存储系统）输入（如 HDFS）创建。

②从父 RDD 转换得到新的 RDD。

（7）RDD 的转换与操作。

对于 RDD 有两种计算方式：转换（Transformations，返回值还是一个 RDD）与操作（Actions，返回值不是一个 RDD）。

下面通过一个例子说明 Transformations 与 Actions 在 Spark 中的使用，如图 7-5 所示。

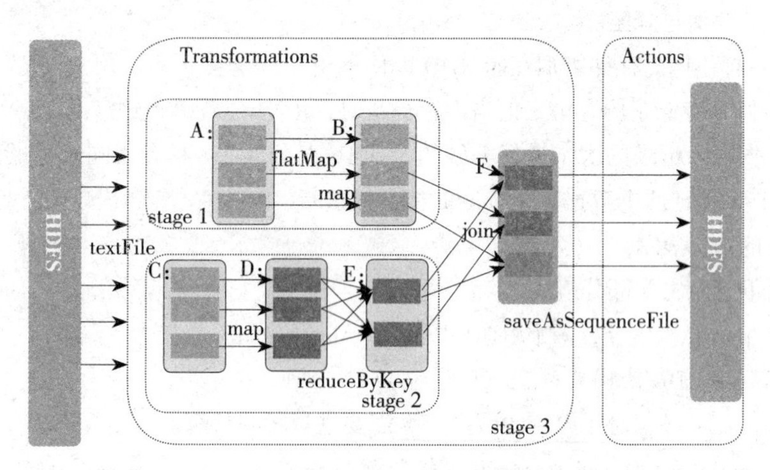

图 7-5 Transformations 与 Actions 在 Spark 中的使用

（8）Lineage（血统）。

利用内存加快数据加载，在众多的 In-Memory 类数据库或 Cache 类系统中也有实现，而 Spark 的特殊之处在于它在处理分布式运算环境下的数据容错性（节点失效、数据丢失）问题时采用的方案。为了保证 RDD 中数据的鲁棒性，RDD 数据集通过所谓的血统关系（Lineage）记住了它是如何从其他 RDD 中演变过来的。相比其他系统的细颗粒度的内存数据更新级别的备份或者 Log 机制，RDD 的 Lineage 记录的是粗颗粒度的特定数据转换（Transformations）操作。当这个 RDD 的部分分区数据丢失时，它可以通过 Lineage 获取足够的信息重新运算和恢复丢失的数据分区。这种粗颗粒度的数据模型限制了 Spark 的适用场合，但相比细颗粒度的数据模型而言，也带来了性能上的提升。

RDD 在 Lineage 依赖方面分为窄依赖与宽依赖两种，用来解决数据容错的高效性。窄依赖是指父 RDD 的每个分区最多被一个子 RDD 的分区所用，表现为一个父 RDD 的分区对应于一个子 RDD 的分区或多个父 RDD 的分区对应于一个子 RDD 的分区，也就是说一个父 RDD 的一个分区不可能对应一个子 RDD 的多个分区。宽依赖是指子 RDD 的分区依赖于父 RDD 的多个分区或所有分区，也就是说，存在一个父 RDD 的一个分区对应一个子 RDD 的多个分区。

（9）容错性。

在 RDD 计算中，通过 Checkpoint 进行容错有两种方式：一种是 Checkpoint data, 另一种是 Logging the updates。用户可以控制采用哪种方式实现容错，默认采用 Logging the updates 方式，通过记录跟踪所有生成 RDD 的转换（Transformations），也就是记录每个 RDD 的 Lineage(血统），重新计算生成丢失的分区数据。

6. 缓存机制（Caching）

RDD 的中间计算结果可以被缓存起来。缓存优先选择内存，如果内存不足，则会被写入磁盘。根据 LRU（Last-Recent Update）决定哪些内容继续保存在内存，哪些内容保存到磁盘。

7. 集群管理和资源管理

Task 运行在 Cluster 之上，除了 Spark 自身提供的 Standalone 部署模式外，还内在支持 YARN 和 Mesos。

YARN 负责计算资源的调度和监控。YARN 会自动重启失效的 Task, 如果有新的 Node 加入，则会自动重分布 Task。

Spark on YARN 在 Spark 0.6 版本时引入，但真正可用的是 branch-0.8 版本。Spark on YARN 遵循 YARN 的官方规范实现，得益于 Spark 天生支持多种 Scheduler 和 Executor 的良好设计，对 YARN 的支持也就非常容易。让 Spark 运行于 YARN 之上与 Hadoop 共用集群资源，可以提高资源利用率。

（二）Spark 机制详解

1. 编程接口

Spark 通过与编程语言集成的方式暴露 RDD 的操作，类似于 DryadLINQ 和 FlvmeJava, 每个数据集都表示为 RDD 对象，对数据集的操作就表示为对 RDD 对象的操作。Spark 主要的编程语言是 Scala, 选择 Scala 是因为它的简洁性（Scala 可以很方便地在交互式下使用）和性能（JVM 上的静态强类型语言）。

Spark 和 Hadoop MapReduce 类似，由 Master（类似于 MapReduce 的 JobTracker）和 Worker（Spark 的 Slave 工作节点）组成。用户编写的 Spark 程序被称为 Driver 程序，Driver 程序会连接 Master 并定义对各 RDD 的转换与操作，而对 RDD 的转换与操作通过 Scala 闭包（字面量函数）表示，Scala 使用 Java 对象表示闭包且都可序列化，以此把对 RDD 的闭包操作发送到各 Worker 节点。Worker 存储数据分块和享有集群内存，是运行在工作节点上的守护进程，当它收到对 RDD 的操作时，根据数据分片信息进行本地化数据操作，生成新的数据分片、返回结果或把 RDD 写入存储系统。

（1）Scala。Spark 使用 Scala 开发，默认使用 Scala 作为编程语言。编写 Spark 程序比编写 Hadoop MapReduce 程序要简单得多。Spark 提供了 Spark-Shell, 可以在 Spark-Shell 中测试程序。编写 Spark 程序的一般步骤就是创建或使用（SparkContext）实例，即使用 SparkContext 创建 RDD，然后对 RDD 进行操作。

（2）Java。Spark 支持 Java 编程，但没有了 Spark-Shell 这样方便的工具，其他与 Scala

编程是一样的。因为都是 JVM 上的语言，所以 Scala 与 Java 可以互操作，Java 编程接口其实就是对 Scala 的封装。

（3）Python。现在 Spark 也提供了 Python 编程接口，Spark 使用 Py4J 来实现 Python 与 Java 的互操作，从而使用 Python 编写 Spark 程序。Spark 同样提供了 PySpark，它是一个 Spark 的 Python-Shell，可以以交互的方式使用 Python 编写 Spark 程序。

（4）Spark SQL。Spark 之所以长盛不衰，是因为 Spark SQL 起到的作用非常大。经过数据库多年的使用和发展以及 SQL 的简单易用，一个处理平台具备 SQL 能力是基本要求。

Spark 诞生之后，立刻就有 Hive on Spark/Shark 等项目想做 SQL on Spark，Hive on Spark/Shark 引擎由于在机制上是架构在 Spark 引擎外面的，所以优化能力非常有限，性能不理想。因此，DataBricks 最初只是想替换掉 Shark, 提供一个更高效的 SQL on Spark。在这一过程中推出两个 API, 分别是 DataSource API 和 DataFrame API，将 Spark 的易用性及生态对 Spark 的支持提升到一个新的高度。

（5）DataSource API。Spark 1.2（2014 年 12 月）在发布 DataSource API 短短 4 个月后，就已经获得 10 余家厂商的支持。DataSource API 的主要特点如下。

API 适配简单易用；支持针对数据源增加优化规则，实现最优数据访问。

API 是事实标准，是社区接纳的标准。

DataSource API 只需实现 3 个接口、500 行代码即可实现与 Apache Avro 文件对接。这三个接口介绍如下。

① RelationProvider。这个 API 提供给外部数据源来负责实现，接受 Parse 后传入的参数，生成对应的 External Relation，其本质上是一个反射生产外部数据源 Relation 的接口。

② BaseRelation。这是外部数据源的抽象，里面存放了 Schema 的映射以及扫描数据的规则。

③ BuildScan。默认支持 4 种 BaseRelation, 分别为 TableScan、PrunedScan、PrunedFilterScan 和 CatalystScan。

TableScan：默认的 Scan 策略。

PrunedScan：这里可以传入指定的列，不需要的列不会从外部数据源加载，从而节省 I/0, 提高效率。

PrunedFilterScan：在列裁剪的基础上加入 Filter（过滤）机制，在加载数据的同时进行过滤，而不是在客户端请求返回时进行过滤。

CatalystScan：支持根据优化器优化的表达式执行，通过 Data Source API 吸引大量第三方场景对接，形成一个非常大的 Spark 生态。

（6）DataFrame。与 RDD 类似，DataFrame 也是一个分布式数据容器。但 DataFrame 更像传统数据库的二维表，除了数据外，还掌握着数据的结构信息，即 Schema。同时，与 Hive 类似，DataFrame 也支持嵌套数据类型（struct、array 和 map）。从 API 易用性的角度来看，DataFrame API 提供的是一套更高抽象的关系操作接口，比函数式的 RDD API 更加友好、门槛更低。由于与 R 和 Pandas 的 DataFrame 类似，因而 Spark DataFrame 很好地继承了传统单机数据分析的开发体验。

如图 7-6 所示，直观地体现了 DataFrame 和 RDD 的区别。左侧的 RDD[Person] 虽然以 Person 为类型参数，但 Spark 框架本身并不了解 Person 类的内部结构。右侧的 DataFrame 却提供了详细的结构信息，使 Spark SQL 可以清楚地知道该数据集中包含哪些列、每列的名称和类型各是什么。了解这些信息之后，Spark SQL 的查询优化器就可以进行有针对性的优化。

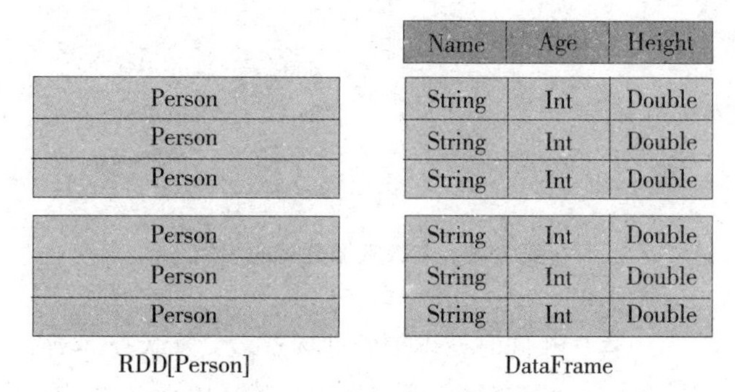

图 7-6　DataFrame 和 RDD 的区别

（7）查询优化。Spark SQL 的第三个目标就是让查询优化器帮助优化执行效率，解放开发者的生产力，让新手也能写出高效的程序。

DataFrame 的背后是 Spark SQL 的全套查询优化引擎，其整体架构如图 7-7 所示。通过分析 SQL/HiveQL Parser 或 DataFrame API 构造的逻辑执行计划，再经优化得到优化执行计划，接着转为物理执行计划，最终转换为 RDD DAG 在 Spark 引擎上执行。

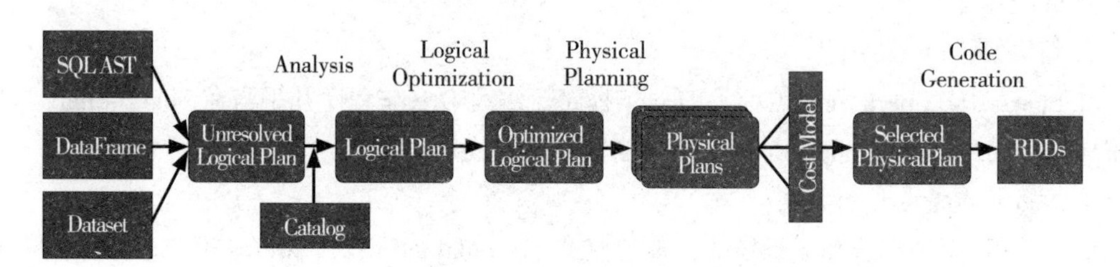

图 7-7　DataFrame 整体架构

如图 7-8 所示，展示了人口数据分析的示例，进一步说明了查询优化。图中构造了两个 DataFrame，将它们 Join 之后又执行了一次 Filter 操作。如果原封不动地执行这个计划，那么最终的执行效率不高。这是因为 Join 是一个代价较大的操作，可能会产生一个较大的数据集。如果能将 Filter 下推到 Join 下方，先对 DataFrame 进行过滤，再 Join 过滤较小的结果集，则可以有效地缩短执行时间。而 Spark SQL 的查询优化器正是这样做的。简言之，逻辑查询计划优化就是一个利用基于关系代数的等价变换将高成本操作替换为低成本操作的过程。

得到的优化执行计划在转换成物理执行计划的过程中，还可以根据具体数据源的特性将过滤条件下推至数据源内。

对于普通开发者而言，查询优化器的意义在于，即便是由经验并不丰富的程序员写出的查询也可以被尽可能地转换为高效的形式予以执行。

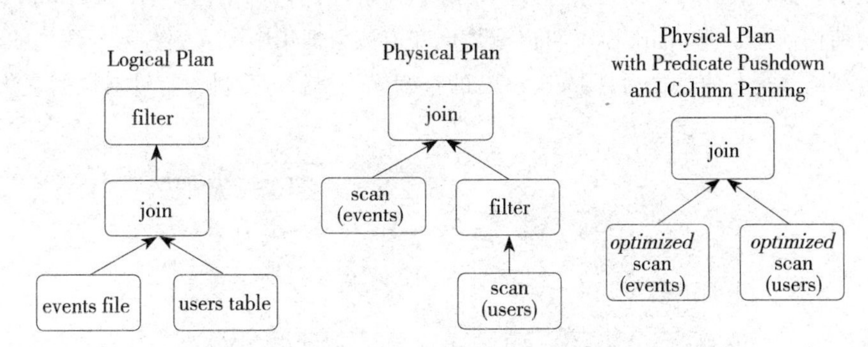

图 7-8 人口数据分析的示例

在 Spark2.0 中统一用一套 API 同时处理批处理场景、交互式查询场景、机器学习场景及流处理场景，DataFrame 的结构会发生变化，形象地表示就是由固定的变成无穷大小的。

2. 使用 Spark-Shell

Spark-Shell 的使用很简单，当 Spark 以 Standalone 模式运行后，使用 $SPARK_HOME/Spark-Shell 进入 Shell 即可。在 Spark-Shell 中，SparkContext 已经创建好，实例名为 sc，可以直接使用。另外，需要注意的是，在 Standalone 模式下，Spark 默认使用的调度器是 FIFO 调度器，而 Spark-Shell 作为一个 Spark 程序一直运行在 Spark 上，其他 Spark 程序就只能排队等待，也就是说同一时间只能有一个 Spark-Shell 在运行。在 Spark-Shell 上写程序非常简单，就像在 Scala-Shell 上写程序一样。

3. 编写 Driver 程序

在 Spark 中，Spark 程序被称为 Driver 程序。编写 Driver 程序几乎与在 Spark-Shell 上写程序相同，不同之处就是 SparkContext 需要自己创建。

4. Spark 支持的运行模式

Spark 支持多种部署和运行模式：本地模式、Standalone 模式、Mesos 模式、YARN 模式。

（1）Standalone 模式。为了方便推广使用，Spark 提供了 Standalone 模式。Spark 一开始就设计运行于 Apache Mesos 资源管理框架上，虽然这是非常好的设计，但部署测试十分复杂，Standalone 运行模式是由一个 Spark Master 和多个 Spark Worker 组成，与 Hadoop MapReduce 1 类似，就连集群启动方式也几乎相同。

以 Standalone 模式运行 Spark 集群，步骤如下。

① 下载 Scala 2.9.3，并配置 SCALAJHOME。

② 下载 Spark 代码。

③ 解压 spark-0.7.3-prebuilt-cdh4.tgz 安装包。

④ 修改环境变量（修改 conf/ 配置工作节点的主机名 /spark-env.sh)。

⑤ 把 Hadoop 配置复制到 conf 目录下。

⑥ 在 Master 主机上对其他机器进行 SSH 无密码登录。

⑦ 把配置好的 Spark 程序使用 SCP 复制到其他机器。

⑧ 在 Master 主机上启动集群。

（2）YARN 模式。Spark-Shell 现在还不支持 YARN 模式，要使用 YARN 模式运行，需要把 Spark 程序全部打包并成一个 JAR 包提交到 YARN 上。YARN 模式运行 Spark 的步骤如下。

① 下载 Spark 代码。

② 切换到 0.8.0。

③ 使用 SBT 编译 Spark。

④ 把 Hadoop YARN 配置复制到 conf 目录下。

⑤ 运行测试。

5. Job 运行机制

下面以 WordCount 为例，详细说明 Spark 创建和运行 Job 的过程，重点是进程和线程的创建。

（1）基本条件。在进行后续操作前，请确保已满足下列条件。

① 下载 Spark Binary 0.9.1。

② 安装 Scala。

③ 安装 SBT。

④ 安装 java。

（2）启动 Spark-Shell。单机模式运行，即 Local 模式。

Local 模式运行简单，只需执行以下命令即可（假设当前目录是 $SPArk_HOME）。

MASTER=local bin/spark-shell。

其中，“MASTER=local”表明当前运行在单机模式下。

（3）Local Cluster 模式运行。Local Cluster 模式是一种伪 Cluster 模式，在单机环境下模拟 Standalone 的集群，启动顺序如下。

① 启动 Master。注意运行时的输出，日志默认保存在 $SPARK_HOME/logs 目录下。Master 主要运行 org.apache.spark.deploy.master.Master 类，在 8080 端口启动监听。

② 运行 Worker。Worker 启动完成，连接到 Master。打开 Maser 的 Web UI，即可看到连接的 Worker。Master Web UI 的监听地址是 http://localhost:8080。

③ 启动 Spark-Shell。如果一切顺利，将看到提示信息。

可以用浏览器打开 localhost:4040 来查看如下内容：Stages、Storage、Environment 和 Executors。

（4）WordCount。上述环境准备好后，在 Spark-Shell 中运行一下最简单的例子。在 Spark-Shell 中输入如下代码。

scala>sc.textFile(" README.md ").filter(_.contains(" Spark ")).count

上述代码统计在 README.md 中含有的 Spark 行数。

（5）部署过程详解。Spark 布置环境中的组件构成如图 7-9 所示。

各组件的含义如下。

Driver Program：简单来说，其与在 Spark-Shell 中输入的 WordCount 语句相对应。

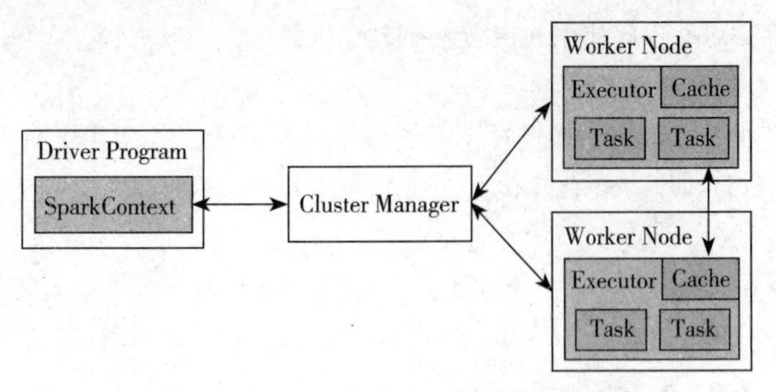

图 7-9　Spark 布置环境中的组件构成

Cluster Manager：与 Master 相对应，主要起到部署和管理的作用。

Worker Node：与 Master 相比，这是 Slave 节点。其上运行各个 Executor，Executor 可以与线程相对应。Executor 处理两种基本的业务逻辑。一种是 Driver Program；另一种是 Job 在提交之后拆分成各个 Stage，每个 Stage 可以运行一个或多个 Task。

其中，在集群（Cluster）方式下，Cluster Manager 运行在一个 JVM 进程中，而 Worker 运行在另一个 JVM 进程中。在 Local Cluster 中，这些 JVM 进程都运行在同一台机器中。如果是集群模式（Standalone、Mesos、YARN 集群），Worker 与 Master 可能分布于不同的主机上。

（6）Job 的生成和运行。runJob 方法的调用是后面一连串反应的起点，关键性的跃变就发生在此处。

调用路径大致如下。

sc.runJob → dagScheduler.runJob → submitJobo

DAGScheduler:submitJob 会创建 JobSummitted 的 event 发送给内嵌类 eventProcessActor。

eventProcessActor 在接收到 JobSubmmitted 后，调用 processEvent 处理函数。

Job 到 Stage 的转换，生成 finalStage 并提交运行，关键是调用 submitStage。

在 submitStage 中会计算 Stage 之间的依赖关系，分为宽依赖和窄依赖。

如果在计算中发现当前的 Stage 没有任何依赖，或者所有依赖都已经准备完毕，则提交 Task。

提交 Task 是通过调用 submitMissingTasks 函数完成的。

Task 真正运行在哪个 Worker 上是由 TaskScheduler 管理的，也就是说 submitMissingTasks 会调用 TaskScheduler:submitTasks。

在 TaskSchedulerImpl 中会根据 Spark 的当前运行模式创建相应的 Backend，如果是在单机上运行，则创建 LocalBackend。

LocalBackend 收到 TaskSchedulerImpl 传递进来的 ReceiveOffers 事件。

最终的逻辑处理发生在 TaskRunner 这个 Executor 之内。将运算结果包装成 MapStatus，然后通过一系列的内部消息传递，反馈到 DAGScheduler。

6. Task 流程分析

接下来阐述在 TaskRunner 中执行的 Task 的业务逻辑是如何被调用到的。另外，试图讲清楚运行着的 Task 的输入数据从哪里获取、处理的结果返回哪里以及如何返回。

（1）准备。

Spark 已经安装完毕。

Spark 运行在 Local 或 Local Cluster 模式。

（2）Driver Program 的初始化分析。

初始化过程涉及的主要源文件如下。

SparkContext.scala：整个初始化过程的入口。

SparkEnv.scala: 创建 BlockManager、MapOutputTrackerMaster、ConnectionManager 和 CacheManager。

DAGScheduler.scala：任务提交的入口，即将 Job 划分成各个 Stage 的关键。

TaskSchedulerImpl.scala：决定每个 Stage 可以运行几个 Task，每个 Task 分别在哪个 Executor 上运行。

如果是最简单的单机运行模式，则看 LocalBackend.scala；如果是集群模式，则看源文件 SparkDeploySchedulerBackend。

初始化过程步骤详解如下。

步骤 1：先根据初始化过程生成 SparkConf，再根据 SparkConf 创建 SparkEnv。SparkEnv 中主要包含 BlockManager、MapOutputTracker、ShuffleFetcher 和 ConnectionManager 4 个关键性组件。

步骤 2：创建 TaskScheduler, 根据 Spark 的运行模式选择相应的 SchedulerBackend，同时启动 TaskScheduler。这一步最为关键。

步骤 3：以步骤 2 中创建的 TaskScheduler 实例为入参创建 DAGScheduler，并启动运行。

步骤 4：启动 WebUI。

（3）RDD 的转换过程。

以最简单的 WordCount 为例说明 RDD 的转换过程。

sc.textFile(" README.md ").flatMap(line=>line.split(" ")).map(word=> (word,1)).reduceByKey(_+_)

这一行简短的代码其实发生了很复杂的 RDD 转换，下面详细解释每一步的转换过程和转换结果。

步骤 1：val rawFile = sc.textFile(" README.md ")。

textFile 先生成 HadoopRDD，然后通过 Map 操作生成 MappedRDD。如果在 Spark-Shell 中执行上述语句，那么得到的结果可以证明刚才所做的分析。

scala> sc.textFile(" README.md ")

14/04/23 13:11:48 WARN SizeEstimator:Failed to check whether UseCompressedOops is set; assuming yes

14/04/23 13:11:48 INFO MemoryStore:ensureFreeSpace(119741) called with curMem=0,maxMem=311387750

14/04/23 13:11:48 INFO MemoryStore:Block broadcast_0 stored as values to memory (estimated size 116.9 KB,free 296.8 MB)

14/04/23 13:11:48 DEBUG BlockManager:Put block broadcast_0 locally took 277 ms

14/04/23　13:11:48 DEBUG BlockManager: Put for block broadcast_0 without replication took 281 ms

res0: org.apache.spark.rdd.RDD[String] = MappedRDD[1] at textFile at :13

步骤 2：val splittedText = rawFile.flatMap(line => line.split(" "))。

flatMap 将原来的 MappedRDD 转换成 FlatMappedRDD。

def flatMap[U: ClassTag](f: T =>TraversableOnce[U]): RDD[U]= new FlatMappedRDD(this,sc.clean(f))

步骤 3：val wordCount = splittedText.map(word => (word,1))。

利用 word 生成相应的键值对，将步骤 2 得到的 FlatMappedRDD 转换成 MappedRDD。

步骤 4：val reduceJob = wordCount.reduceByKey(_+_)。这一步最为复杂。

步骤 2 和步骤 3 中用到的 Operation 全部定义在 RDD.scala 中，这里用到的 reduceByKey 却在 RDD.scala 中见不到踪迹。reduceByKey 的定义出现在源文件 PairRDDFunctions.scala 里。

（4）RDD 转换小结。

整个 RDD 转换过程为：HadoopRDD → MappedRDD → FlatMappedRDD → MappedRDD → PairRDDFunctions → ShuffleRDD → MapPartitionsRDD。

整个转换过程发生在任务提交之前。

（5）数据集操作分类。

在对任务运行过程中的函数调用关系进行分析之前，先来探讨一个偏理论的问题，作用于 RDD 之上的转换可以抽象成哪几类。

对这个问题的解答将涉及数学知识。从理论抽象的角度来说，任务处理都可以归结为"input → processing → output"。input 和 output 对应于数据集 dataset。

在此基础上做一下简单的分类。

one-one：一个 dataset 在转换之后还是一个 dataset，而且 dataset 的 size 不变，如 Map；一个 dataset 在转换之后还是一个 dataset，但 size 发生更改，这种更改有两种可能，即增大或缩小，如 flatMap 是 size 增大的操作，subtract 是 size 缩小的操作。

many-one：多个 dataset 合并为一个 dataset，如 Combine、Join。

one-many：一个 dataset 分裂为多个 dataset，如 groupBy。

（6）Task 运行期间的函数调用。

前面介绍了 Task 的提交过程，下面主要讲解 Task 在运行期间是如何一步步调用作用于 RDD 上的各个 Operation 的。

```
TaskRunner.run
  Task.run
    Task. runTask（Task 是一个基类，有两个子类，分别为 ShuffleMapTask 和 ResultTask）
      RDD.iterator
        RDD.computeOrReadCheckpoint
          RDD.compute
```

或许当读者看到 RDD.compute 函数的定义时，仍觉得 f 没有被调用。以 MappedRDD 的 compute 函数定义为例，如下。

```
override def compute(split: Partition,context: TaskContext) =
firstParent[T].iterator(split,context).map(f)
```

需要注意的是，这里最容易产生错觉的地方就是 map 函数。这里的 map 不是 RDD 中的 map，而是 Scala 中定义的 Iterator 的成员函数 map，请自行参考 http://www.scala-lang.Org/api/2.10.4/index.html#scala.collection.Iterator。

（7）堆栈输出。

```
80 at org.apache.spark.rdd.HadoopRDD.getJobConf(HadoopRDD.scala:111)
81 at org.apache.spark.rdd.HadoopRDD$$anon$l.(HadoopRDD.scala:154)
82 at org.apache.spark.rdd.HadoopRDD.compute(HadoopRDD.scala:149)
83 at org.apache.spark.rdd.HadoopRDD.compute(HadoopRDD.scala:64)
84 at org.apache.spark.rdd.RDD.computeOrReadCheckpoint(RDD.scala:241)
85 at org.apache.spark.rdd.RDD.iterator(RDD.scala:232)
86 at org.apache.spark.rdd.MappedRDD.compute(MappedRDD.scala:31)
87 at org.apache.spark.rdd.RDD.computeOrReadCheckpoint(RDD.scala:241)
88 at org.apache.spark.rdd.RDD.iterator(RDD.scala:232)
89 at org.apache.spark.rdd.FlatMappedRDD.compute(FlatMappedRDD.scala:33)
90 at org.apache.spark.rdd.RDD.computeOrReadCheckpoint(RDD.scala:241)
91 at org.apache.spark.rdd.RDD.iterator(RDD.scala:232)
92 at org.apache.spark.rdd.MappedRDD.compute(MappedRDD.scala:31)
93 at org.apache.spark.rdd.RDD.computeOrReadCheckpoint (RDD.scala:241)
94 at org.apache.spark.rdd.RDD.iterator(RDD.scala:232)
95 at org.apache.spark.rdd.MapPartitionsRDD.compute(MapPartitionsRDD.scalar: 34)
96 at org.apache.spark.rdd.RDD.computeOrReadCheckpoint(RDD.scala:241)
97 at org.apache.spark.rdd.RDD.iterator(RDD.scala:232)
98 at org.apache.spark.scheduler.ShuffleMapTask.runTask(ShuffleMapTask. scala:161)
99 at org.apache.spark.scheduler.ShuffleMapTask.runTask (ShuffleMapTask.
scala:102)
100 at org.apache.spark.scheduler.Task.run(Task.scala:53)
101 at org.apache.spark.executor.Executor$TaskRunner$$anonfun$run$1.apply
$mcV$sp(Executor.scala : 211)
```

（8）ResultTask。

compute 函数的计算过程对 ShuffleMapTask 来说比较复杂，而相对于 ResultTask 来说较简单。如下。

```
override def runTask(context: TaskContext): U = {
```

```
    metrics = Some(context.taskMetrics)
    try {
  func(context,rdd.iterator(split,context))
    } finally {
      context.executeOnCompleteCallbacks()
    }
  }
```

（9）计算结果的传递

从上面的分析过程可知，WordCount 这个 Job 在最终提交后，被 DAGScheduler 分为两个 Stage：ShuffleMapTask 和 ResultTask。那么，对 ShuffleMapTask 的计算结果如何被 ResultTask 获取这一过程做如下简述。

ShMeMapTask 将计算的状态（而不是具体的数据）包装为 MapStatus 返回给 DAGScheduler。

DAGScheduler 将 MapStatus 保存到 MapOutputTrackerMaster 中。

ResultTask 在执行到 ShuffleRDD 时会调用 BlockStoreShuffleFetcher 的 fetch 方法获取数据。

咨询 MapOutputTrackerMaster 所要获取数据的位置。

根据返回的结果调用 BlockManager.getMultiple 获取真正的数据。

BlockStoreShuffleFetcher 的 fetch 函数伪码如下。

```
val blockManager = SparkEnv.get.blockManager
val startTime = System.currentTimeMillis
val statuses = SparkEnv.get.mapOutputTracker.getServerStatuses(shuffieId， reduceId)
logDebug( " Fetching map  output location for shuffle %d,reduce %d took %d ms " .format(
shuffieId,reduceId,System.currentTimeMillis - startTime))
val blockFetcherItr = blockManager.getMultiple(blocksByAddress,serializer)
val itr = blockFetcherItr.flatMap(unpackBlock)
```

注意上述代码中的 getServerStatuses 和 getMultiple, 一个用来询问数据的位置，另一个用来获取真正的数据。

（10）两种调度算法的优先级比较。

调度算法的基本工作之一就是比较两个可执行的 Task 的优先级。Spark 提供的 FIFO 和 FAIR 的优先级比较在 SchedulingAlgorithm 接口中体现。

FIFO：

计算优先级的差。需要注意的是，在程序中，通常情况下优先级的数字越小，优先级越高。

如果优先级相同，那么 Stage 编号越靠前，优先级越高。

如果优先级字段和 Stage 编号都相同，那么 s2 比 s1 优先级高。

FAIR：

没有达到最小资源的 Task 比已经达到最小资源的 Task 优先级高。

如果两个 Task 都没有达到最小资源，那么比较它们占用最小资源的比例，比例越小，优先级越高，也可比较占用权重资源的比例，比例越小，优先级越高。

如果上述比较都相同，那么名字小的优先级高。

如果名字相同，则 s2 优先级高。

7. Shuffle 实现

在 MapReduce 框架中，Shuffle 是连接 Map 和 Reduce 的桥梁，在 Map 和 Reduce 两个过程中必须经过 Shuffle 这个环节，Shuffle 的性能高低直接影响着整个程序的性能和吞吐量。Spark 作为 MapReduce 框架的一种实现，自然也就实现了 Shuffle 的逻辑。下面深入研究 Spark 的 Shuffle 是如何实现的、有什么优缺点以及与 Hadoop MapReduce 的 Shuffle 有什么不同。

（1）Shuffle 简介。Shuffle 是 MapReduce 框架中一个特定的 Phase，介于 Map Phase 和 Reduce Phase 之间。当 Map 的输出结果被 Reduce 使用时，输出结果需要按 Key 进行哈希运算，并且分发到每一个 Reducer 上，这个过程就是 Shuffle。由于 Shuffle 涉及磁盘的读 / 写和网络的传输，因此 Shuffle 性能的高低直接影响着整个程序的运行效率。

概念上，Shuffle 就是一座沟通数据连接的桥梁。下面就以 Spark 为例，讲解 Shuffle 在 Spark 中的实现。

（2）Spark Shuffle 进化史。先简单描述一下 Spark 中 Shuffle 的整个流程，如图 7-10 所示。

首先，每个 Mapper 会根据 Reducer 的数量创建相应的 bucket，bucket 的数量是 M×R，其中 M 是 Map 的个数，R 是 Reduce 的个数。

其次，Mapper 产生的结果会根据设置的 Partition 算法填充到每个 bucket 中。这里的 Partition 算法是可以自定义的。当然，默认算法是根据 Key 哈希到不同的 bucket 中去。

再次，当 Reducer 启动时，它会根据自己 Task 的 ID 和所依赖的 Mapper 的 ID 从远端或本地的 Block Manager 中取得相应的 bucket，作为 Reducer 的输入进行处理。

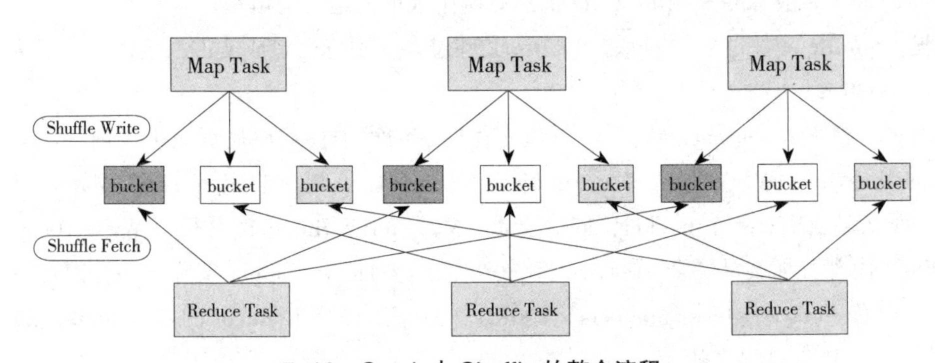

7-10　Spark 中 Shuffle 的整个流程

这里的 bucket 是一个抽象概念，在实现中每个 bucket 可以对应一个文件，也可以对应文件的一部分或其他。

接下来分别从 Shuffle Write 和 Shuffle Fetch 两方面来讲述 Spark 的 Shuffle 进化史。

① Shuffle Write。在 Spark0.6 和 0.7 两个版本中，将 Shuffle 数据以文件形式存储在 Block Manager 中，与 rdd.persist(StorageLevel.DISk_ONLY) 采取的策略相同。

Spark 在每个 Mapper 中为每个 Reducer 创建一个 bucket, 并将 RDD 的计算结果放到 bucket 中。需要注意的是，每个 bucket 是一个 ArrayBuffer，Map 的输出结果会先存储在内存中。

接着，Spark 会将 ArrayBuffer 中的 Map 输出结果写入 Block Manager 所管理的磁盘中，这里文件的命名方式为: shuffle_+shuffle_id + " _ " + map partition id + " _ " +shuffle partition id。

早期的 Shuffle Write 有两个比较大的问题。

Map 的输出必须先全部存储到内存中，然后才能写入磁盘。这对于内存来说是一个非常大的开销，当内存不足时，就会出现 OOM。

每个 Mapper 都会产生 Reducer number 个 Shuffle 文件，如果 Mapper 的个数是 lk,Reducer 的个数也是 1k, 那么就会产生 1M 个 Shuffle 文件，这对于文件系统来说是一个非常大的负担。同时，在 Shuffle 数据量不大而 Shuffle 文件又非常多的情况下，随机写也会严重降低 I/O 的性能。

在 Spark0.8 版本中，Shuffle Write 采用了与 RDD Block Write 不同的方式，同时为 Shuffle Write 单独创建了 ShuffleBlockManager，部分解决了 0.6 和 0.7 版本中遇到的问题。

在 Spark0.8 版本中为 Shuffle Write 添加了一个新的类 ShuffleBlockManager, 由该类负责分配和管理 bucket。同时，ShuffleBlockManager 为每个 bucket 分配一个 DiskObjectWriter，每个 Write Handler 默认拥有 100KB 的缓存，可以使用这个 Write Handler 将 Map output 写入文件中。可以看到，现在的写入方式变为 buckets.writers(bucketId).write(pair)，即 Map output 的 key-value pair 是逐个写入磁盘中的，而不是预先把所有数据存储在内存中再整体写到磁盘中。

Spark0.8 显著减少了 Shuffle 的内存压力。现在 Map output 不需要先全部存储在内存中，再写到磁盘中，而是按照记录级别写入磁盘中。同时，对于 Shuffle 文件也独立出新的 ShuffleBlockManager 进行管理。

但是 Spark0.8 版本的 Shuffle Write 仍然有两个大的问题没有解决。

首先，Shuffle 文件过多的问题。Shuffle 文件过多，不仅会造成文件系统的压力过大，也会降低 I/O 的吞吐量。

其次，虽然 Map Output 数据不需要预先存储在内存中，从而显著减少了内存压力，但是新引入的 DiskObjectWriter 所带来的 buffer 开销也不容小觑。假定有 1K 个 Mapper 和 1K 个 Reducer, 那么就会有 1M 个 bucket，同时会有 1M 个 Write Handler, 而每个 Write Handler 默认需要 100KB 内存，那么共需要 100GB 内存。当然，这 1K 个 Mapper 实际上是分时运行的，所需的内存只有 cores × reducer numbers × 100KB。但是，如果 Reducer 的数量很多，那么这个 buffer 的内存开销也是很高的。

为了解决 Shuffle 文件过多的情况，Spark0.8.1 引入了新的 Shuffle Consolidation, 以期显著减少 Shuffle 文件的数量。

先介绍一下 Shuffle Consolidation 的原理，如图 7-11 所示。

假定该 Job 有 4 个 Mapper、4 个 Reducer 和 2 个 core, 也就是能并行运行两个 Task。由此，可以计算出 Spark 的 Shuffle Write 共需要 16 个 bucket, 也就有了 16 个 Write Handler。在之前的 Spark 版本中，每个 bucket 对应一个文件，因此在这里会产生 16 个 Shuffle 文件。

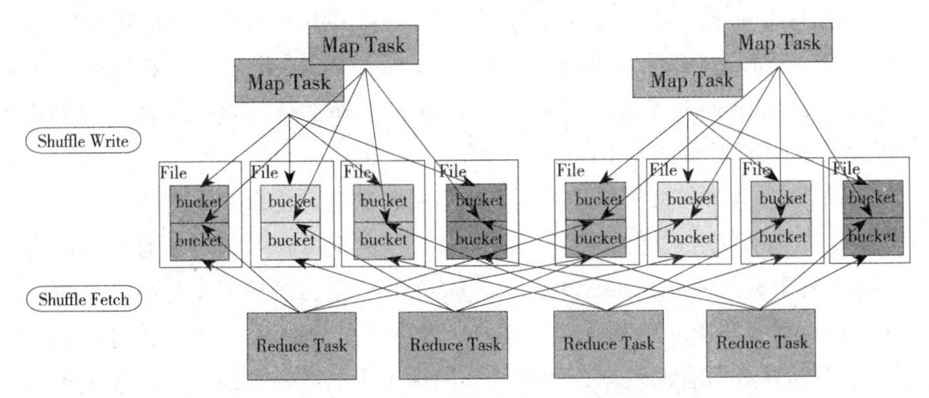

图 7-11 Shuffle Consolidation 的原理

在 Shuffle Consolidation 中，每个 bucket 并非对应一个文件，而是对应文件中的一个 Segment, 同时 Shuffle Consolidation 所产生的 Shuffle 文件数量与 Spark core 的个数也有关系。在图 7-11 中，Job 的 4 个 Mapper 分两批运行。第一批的两个 Mapper 运行时，会申请 8 个 bucket, 产生 8 个 Shuffle 文件；第二批的两个 Mapper 运行时，申请的 8 个 bucket 并不会再产生 8 个新的文件，而是追加到之前的 8 个文件后面，这样就只有 8 个 Shuffle 文件，而在文件内部只有 16 个不同的 Segment。因此，从理论上讲，Shuffle Consolidation 所产生的 Shuffle 文件数量为 C×R，其中 C 是 Spark 集群的 core 个数，R 是 Reducer 的个数。

Shuffle Consolidation 显著减少了 Shuffle 文件的数量，解决了之前版本存在的一个比较严重的问题，但 Writer Handler 的 buffer 开销依然过大。若要减少 Writer Handler 的 buffer 开销，只能减少 Reducer 的数量，但这又会引发新的问题。

② Shuffle Fetch and Aggregator。Shuffle Write 写出去的数据要被 Reducer 使用，就需要 Shuffle Fetcher 将所需的数据取过来。Spark 对 Shuffle Fetcher 实现了两套不同的框架: NIO 通过 Socket 连接去取数据; OIO 通过 Netty Server 取数据。这两套框架分别对应 BasicBlockFetcherIterator 和 NettyBlockFetcherIterator 类。

在 Spark0.7 及早期版本中，只支持 BasicBlockFetcherIterator，而 BasicBlockFetcherIterator 在 Shuffle 数据量比较大的情况下表现始终不是很好，无法充分利用网络带宽。为了解决这个问题，添加了新的 Shuffle Fetcher 试图获得更好的性能。

接下来说一下 Aggregator。在 Hadoop MapReduce 的 Shuffle 过程中，Shuffle 获取过来的数据会进行 merge sort（合并排序），使得相同 Key 下的不同 Value 按序归并到一起供 Reducer 使用。

所有的 merge sort 都是在磁盘上进行的，从而有效地控制了内存的使用，但需要更多的磁盘 I/O。

那么，Spark 是否也有 merge sort，还是以其他方式实现。下面来详细说明。

虽然 Spark 属于 MapReduce 体系，但是对传统的 MapReduce 算法进行了一定的改变。Spark 假定在大多数用户的 case 中，Shuffle 数据的 sort 不是必需的，强制进行排序只会使性能变差，因此 Spark 并不在 Reducer 端进行 merge sort。既然没有 merge sort, 那么 Spark 进行 Reduce 就要涉及 Aggregator。

Aggregator 本质上是一个 Hash map, 它是以 map output 的 Key 为 Key、以任意所要合并的

类型为 Value 的 Hash map。当 word count 这个计算进行 reduce 计算 count 值的时候，它会将 Shuffle 获取到的每个 Key/Value 对更新或插入 Hash map 中。这样就不需要预先把所有的 Key/Value 对进行 merge sort，而是来一个处理一个，省去了外部排序这一步骤。需要注意的是，Reducer 的内存必须足以存放这个 Partition 的所有 Key 和 Count 值。

在上面的例子中，Value 会不断地更新，不需要将其全部记录在内存中，因此内存的使用比较少。如果是按 Key 分组这样的操作，Reducer 需要得到 Key 对应的所有 Value。在 Hadoop MapReduce 中，由于有了 merge sort，给予 Reducer 的数据已经按 Key 分组，而 Spark 中没有这一步操作，所以需要将 Key 和对应的 Value 全部存放在 Hash map 中，并将 Value 合并成一个 Array。为了能够存放所有的数据，用户必须确保每个 Partition 足够小，这对内存而言是一个严峻的考验。因此，Spark 文档中建议用户涉及这类操作时尽量增加 Partition，也就是增加 Mapper 和 Reducer 的数量。

增加 Mapper 和 Reducer 的数量固然可以减小 Partition，使内存可以容纳此 Partition，但 bucket 和对应于 bucket 的 Write Handler 是由 Mapper 和 Reducer 的数量决定的，Task 越多，bucket 就会增加，从而导致 Write Handler 所需的 buffer 也会更多，因此陷入内存使用的两难境地。

为了减少内存的使用，只能将 Aggregator 的操作从内存转移到磁盘上进行，Spark 社区也意识到了 Spark 在处理规模远远大于内存大小的数据时所带来的问题，因此 PR303 提供了外部排序的实现方案。

8. 存储子系统分析

Spark 的计算速度远胜 Hadoop 的原因之一就在于中间结果是缓存在内存中的，而不是直接写入磁盘中的。下面尝试分析 Spark 中存储子系统的构成，并以数据写入和数据读取为例，讲述存储子系统中各部件的交互关系。

（1）存储子系统概览。如图 7–12 所示是 Spark 存储子系统中几个主要模块的关系示意图。

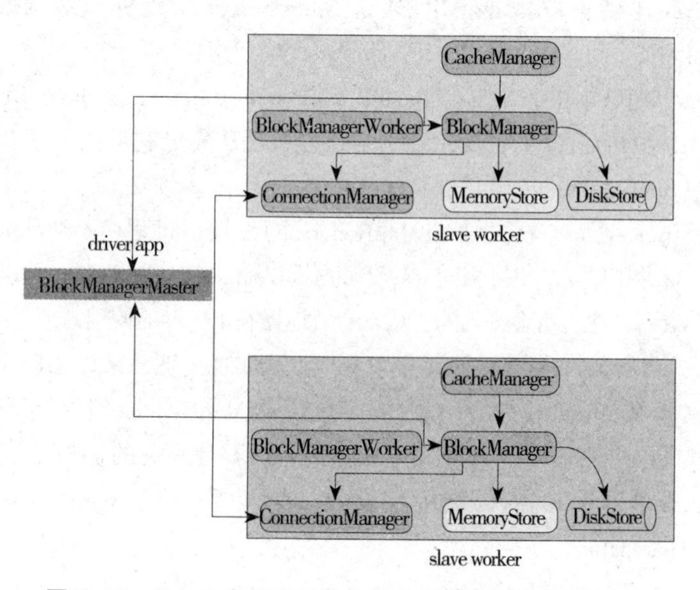

图 7–12　Spark 存储子系统中几个主要模块的关系示意图

下面简要介绍其中的几个主要模块。

CacheManager：RDD在进行计算的时候，通过CacheManager来获取数据，并通过CacheManager存储计算结果。

BlockManager：CacheManager在进行数据读取和存储的时候，主要依赖BlockManager接口实现，BlockManager决定数据是从内存（MemoryStore）还是从磁盘（DiskStore）中获取。

MemoryStore：负责将数据保存在内存或从内存中读取。

DiskStore：负责将数据写入磁盘或从磁盘中读取。

BlockManagerWorker：数据写入本地的MemoryStore或DiskStore是一个同步操作，为了实现容错，需要将数据复制到其他计算节点，以便数据丢失后能够恢复。数据复制的操作是异步完成的，由BlockManagerWorker处理。

ConnectionManager：负责与其他计算节点建立连接，并负责数据的发送和接收。

BlockManagerMaster：该模块只运行在Driver Application所在的Executor上，其功能是负责记录所有BlockIds存储在哪个SlaveWorker上。

（2）支持的操作。由于BlockManager起到实际的存储管控作用，所以在介绍支持的操作时，以BlockManager中的Public API为例。

Put：数据写入。

Get：数据读取。

remoteRDD：数据删除。一旦整个Job完成，所有的中间计算结果都可以删除。

（3）启动过程分析。上述各个模块由SparkEnv创建，创建过程在SparkEnv.create中完成。初始化过程中的一个主要动作就是BlockManager需要向BlockManagerMaster发起注册。

（4）数据写入过程分析。数据写入的简要流程如图7-13所示。

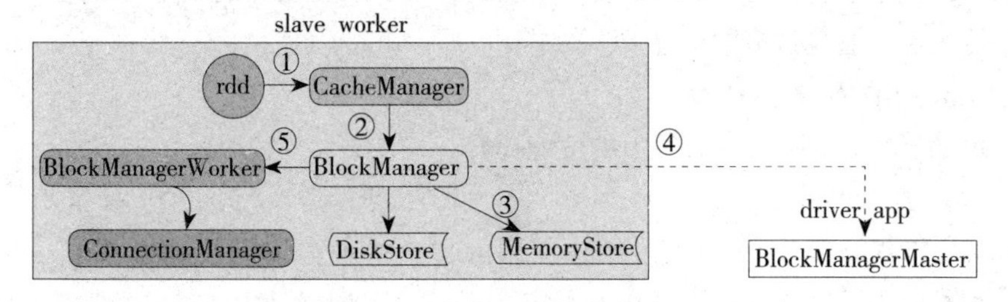

图7-13　数据写入的简要流程

① RDD.iterator是与存储子系统交互的入口。

② CacheManager.getOrCompute调用BlockManager的put接口写入数据。

③数据优先写入MemoryStore（内存）。如果MemoryStore中的数据已满，则将最近使用次数不频繁的数据写入磁盘。

④通知BlockManagerMaster有新的数据写入，在BlockManagerMaster中保存元数据。

⑤将写入的数据与其他Slave Worker进行同步。一般来说，在本机写入的数据，同时会用另台机器进行备份。

（5）序列化与否。写入的具体内容可以是序列化之后的 Bytes, 也可以是没有序列化的 Value。此处有一个对 Scala 的语法中 Either、Left、Right 关键字的理解。

（6）数据读取过程分析。数据读取过程的代码如下。

```
def get(blockId: BlockId): Option[Iterator[Any]] = {
  val local = getLocal(blockId)
  if (local.isDefined) {
logInfo ( " Found block %s locally " .format(blockId))
    return local
  }
  val remote = getRemote(blockId)
  if (remote.isDefined) {
LogInfo( " Found block %s remotely " .format(blockId))
    return remote
  }
  None
}
```

（7）本地读取。先查询在本机的 MemoryStore 和 DiskStore 中是否存在所需的 Block 数据，如果不存在，则发起远程数据获取。

（8）远程读取。远程获取调用路径：getRemote → doGetRemote。在 doGetRemote 中最主要的就是调用 BlockManagerWorker.syncGetBlock 远程获取数据。

（9）TachyonStore。在 Spark 的最新源码中，存储子系统引入了 TachyonStore。TachyonStore 是在内存中实现了 HDFS 文件系统的接口，其主要目的是尽可能地利用内存，使之成为数据持久层，避免过多的磁盘 I/O 操作。

（三）Spark2.0 的主要特性

相比之前的版本，Spark2.0 有很大的性能提升。

1. 统一 API 到 Dataset

DataFrame 和 Dataset 都是提供给用户使用的，包括各类操作接口的 API。1.3 版本引入 DataFrame，1.6 版本引入 Dataset，2.0 版本将二者统一，即保留 Dataset, 而把 DataFrame 定义为 Dataset[Row]，即 Dataset 里的元素对象为 Row 的一种（SPARK-13485）。

DataFrame 提供了一系列操作 API, 与 RDD API 相比，DataFrame 里操作的数据都带有 Schema 信息，所以 DataFrame 里的所有操作可以享受 Spark SQL Catalyst optimizer 带来的性能提升，如 Code Generation、Tungsten 等。

但在有些情况下，用 RDD 可以表达的逻辑用 DataFrame 无法表达。比如，要对 group by 或 join 后的结果用自定义的函数，可能用 SQL 是无法表达的。

2. 全流程代码自动生成

先看一个例子。

select count (*) from store_sales where ss_item_sk = 1000

翻译成计算引擎的执行计划如图 7-14 所示。

针对如何使计算引擎的物理执行速度达到 hard code 的性能，提出了 whole-stage code generation，即对物理执行的多次调用转换为代码 for 循环。此次优化带来的性能提升如图 7-15 所示。

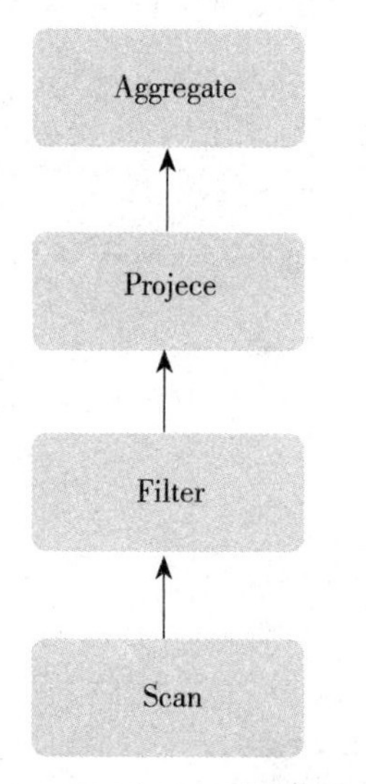

图 7-14　代码自动生成的执行计划

cost per row(single thread)

primitive	Spark1.6	Spark2.0
filter	15ns	1.1ns
sum w/o group	14ns	0.9ns
sum w/ group	79ns	10.7ns
hash join	115ns	4.0ns
sort（8-bit entropy)	620ns	5.3ns
sort（64-bit entropy)	620ns	40ns
sort-merge join	750ns	700ns

图 7-15　优化性能提升示意

从结果可以看出，使用该特性后，各操作的性能都有很大的提升。TPC-DS 的对比测试结果（Spark1.6 对比 Spark2.0）如图 7-16 所示。

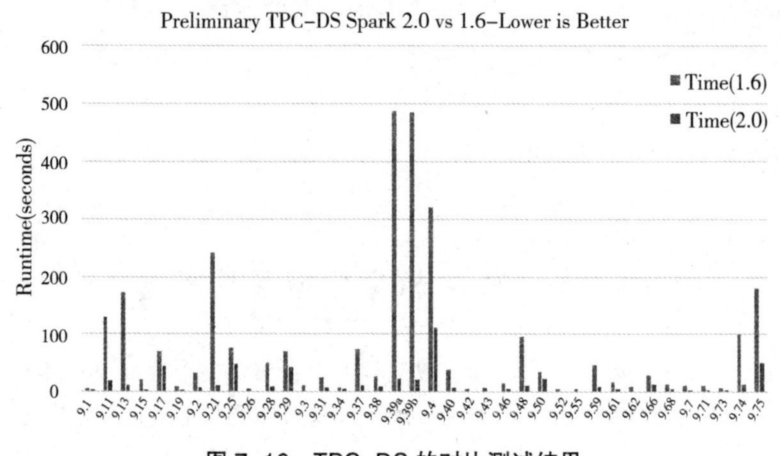

图 7-16　TPC-DS 的对比测试结果

3. 抛弃 DStreamAPI，新增结构化流 API

Spark Streaming 把流式计算看作一个个离线计算，提供了一套 DStream 的流 API。相比其他的流式计算，Spark Streaming 的优点是有较高的容错性和吞吐量。关于 Spark Streaming 的详细设计思想和分析，可以到 https://github.com/lw-lin/CoolplaySpark 进行详细学习和了解。

在 2.0 版本之前，如果既有流式计算，又有离线计算，则需要用两套 API 编写程序，一套是 RDD API，另一套是 DStream API。DStream API 在易用性上远不如 SQL 或 DataFrame。

为了真正将流式计算和离线计算在编程 API 上统一，同时让 Streaming 作业享受到 DataFrame/Dataset 带来的优势，提出了 Structured Streaming。现在只要基于 DataFrame/Dataset 开发流式计算和离线计算的程序，即可得到与 Dataflow 同样的效果。

在 DataFrame/Dataset 这个 API 上可以完成如图 7-17 所示的所有应用。

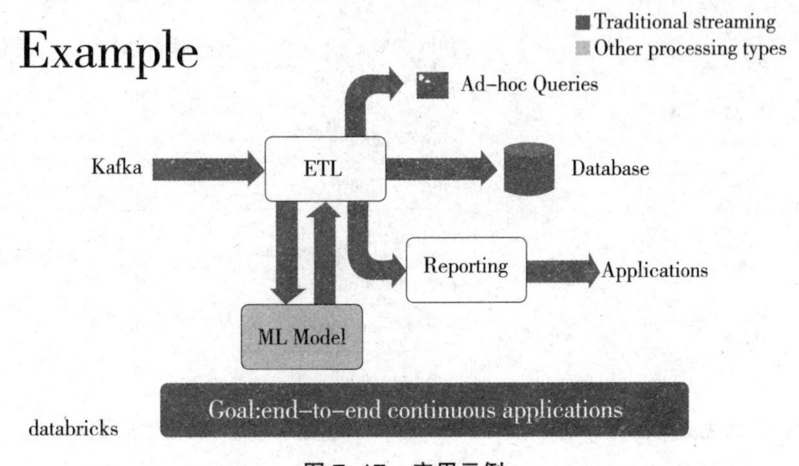

图 7-17　应用示例

4. 其他特性

用 SparkSession 替换 SQLContext 和 HiveContext。

MLlib 里的计算用 DataFrame-basedAPI 代替 RDD 计算逻辑。

提供更多的分布式 R 语言算法。

支持 ML Pipeline 持久化。

更简单、更高性能的 Accumulator API。

第四节　BSP 框架模型及其实现

Spark、Hadoop 是迭代模式，只适合一般的计算，在机器学习等计算量非常大的领域，传统的迭代模型不再适用。BSP 的出现就是为了解决一些特定场景下的计算量问题。

一、什么是 BSP 模型

BSP（Bulk Synchronous Parallel，整体同步并行计算模型）是一种并行计算模型，由英国计算机科学家 Viliant 在 20 世纪 80 年代提出。Google 发布的一篇论文（Pregel：A System for Large-Scale Graph Processing）使这一概念被更多人认识。和 MapReduce 一样，Google 并没有

开源 Pregel，Apache 按 Pregel 的思想提供了类似的框架 Hamar。

并行计算模型指从并行算法的设计和分析出发，将各种并行计算机（至少是某一类并行计算机）的基本特征抽象出来，形成一个抽象的计算模型。从更广的意义上说，并行计算模型为并行计算提供了硬件和软件界面。在该界面的约定下，并行系统硬件设计者和软件设计者可以开发对并行性的支持机制，从而提高系统的性能。

二、并行模型介绍

常用的并行计算模型有 PRAM 模型、LogP 模型、BSP 模型、C3 模型、BDM 模型。

在介绍 BSP 模型之前，先了解一下其他并行模型。

（一）PRAM 模型

PRAM（Parallel Random Access Machine，随机存取并行机器）模型也称为共享存储的 SIMD 模型，是一种抽象的并行计算模型，它是从串行的 RAM 模型直接发展起来的。在这种模型中，假定存在一台容量无限大的共享存储器以及有限台或无限台功能相同的处理器，且它们都具有简单的算术运算和逻辑判断功能，在任何时刻各处理器都可以通过共享存储单元相互交互数据。

1. PRAM 模型的优点

PRAM 模型适合并行算法的表达、分析和比较，使用简单，有很多关于并行计算机的底层细节，如处理器间通信、存储系统管理和进程同步等，都被隐含在该模型中；易于设计算法且稍加修改便可以运行在不同的并行计算机系统上。根据需要，可以在 PRAM 模型中加入一些同步和通信等需要考虑的内容。

2. PRAM 模型的缺点

（1）模型中使用了一台全局共享存储器，局存容量较小，不足以描述分布主存多处理器的性能瓶颈，而且共享单一存储器的假定显然不适合分布存储结构的 MIMD 机器。

（2）PRAM 模型是同步的，这就意味着所有的指令都按照锁步（Clock Step）的方式操作。用户虽然感觉不到同步的存在，但同步的存在的确耗费时间，而且不能反映现实中很多系统的异步性。

（3）PRAM 模型假设每台处理器可在单位时间内访问共享存储器的任一单元，因此要求处理器间通信无延迟、无限带宽和无开销。假定每台处理器均可以在单位时间内访问任何存储单元，略去了实际存在的、合理的细节，如资源竞争和有限带宽，这是不现实的。

（4）未能描述多线程技术和流水线预取技术，而这两种技术是当今并行体系结构应用最普遍的技术。

（二）LogP 模型

LogP 模型是由 Culler（1993）提出的，一种分布存储的、点到点通信的多处理器模型。其中，通信由一组参数描述，实行隐式同步。

1. LogP 模型的通信网络由 4 个主要参数描述

（1）L（Latency）：表示源处理器与目的处理器进行消息（一个或几个字）通信所需的等待或延迟时间的上限，表示网络中消息的延迟。

（2）o（overhead）：表示处理器准备发送或接收每条消息的时间开销（包括操作系统核心开销和网络软件开销），在这段时间内处理器不能执行其他操作。

（3）g（gal）：表示一台处理器连续两次发送或接收消息时的最小时间间隔，其倒数即微处理器的通信带宽。

（4）P（Processor）：处理器 / 存储器模块个数。

2. LogP 模型的特点

（1）抓住了网络与处理器之间的性能瓶颈。g 反映了通信带宽，单位时间内最多有 L/g 个消息能进行处理器间传送。

（2）处理器间异步工作，并通过处理器间的消息传送完成同步。

（3）对多线程技术有一定的反映。每台物理处理器可以模拟多台虚拟处理器（VP），当某台 VP 有访问请求时，计算不会终止，但 VP 的数目受限于通信带宽和上下文交换的开销。VP 受限于网络容量，最多有 L/g 台 VP。

（4）消息延迟不确定，但延迟不大于 L。消息经历的等待时间是不可预测的，但在没有阻塞的情况下最大不超过 L。

（5）LogP 模型鼓励编程人员采用一些好的策略，如作业分配、计算与通信重叠及平衡的通信模式等。

（6）可以预估算法的实际运行时间。

3. LogP 模型的不足

（1）对网络中的通信模式描述得不够深入，如对重发消息可能占满带宽、中间路由器缓存饱和等未进行描述。

（2）LogP 模型主要适用于消息传递算法设计针对共享存储模式，则简单地认为异地读操作相当于两次消息传递，未考虑流水线预取技术、Cache 引起的数据不一致性及 Cache 命中率对计算的影响。

（3）未考虑多线程技术的上下文开销。

（4）LogP 模型假设用点对点消息路由器进行通信，这增加了编程者考虑路由器相关通信操作的负担。

（三）C3 模型

C3 模型假定处理器不能同时发送和接收消息，它对超步的性能分析分为两部分：计算单元（CU），依赖于本地计算量；通信单元（COU），依赖于处理器发送和接收数据的多少、消息的延迟及通信引起的拥挤量。该模型考虑了两种路由（存储转发路由和虫蚀寻径路由）和两种发送 / 接收原语（阻塞和无阻塞）对 COU 的影响。

1. C3 模型的特点

（1）用 CI 和 Cp 来度量网络的拥挤对算法性能的影响。

（2）考虑了不同路由和不同发送或接收原语对通信的影响。

（3）不需要用户指定调度细节，就可以评估超步的时间复杂性。

（4）类似于 H-PRAM 模型的层次结构，C3 模型给编程者提供了 K 级路由算法的思路，即系统被分为K级子系统，各级子系统的操作相互独立，用超步代替了H-PRAM中的Sub PRAM进行分割。

2. C3模型的不足

（1）C1度量的前提为同一通信对中的两台处理器要分别位于对分网络的不同子网络内。

（2）该模型假设网络带宽等于处理器带宽，从而影响了正确描述可扩展系统。

（3）在K级算法中，处理器间的顺序可以有多种排列，但C3模型不能区分不同排列的难易程度。

（四）BDM模型

1996年，J.F.JaJa等人提出了一种块分布存储模型（Block Distributed ModeI，BDM），它是共享存储编程模式与基于消息传递的分布存储系统之间的桥梁模型。

1. 主要有4个参数

（1）P：处理器个数。

（2）T：处理器从发出访问请求到得到远程数据的最大延迟时间，包括准备请求时间、请求包在网络中路由的时间、目的处理器接收请求的时间以及将包中M个连续字返回给原处理器的时间。

（3）M：局部存储器中连续的M个字。

（4）a：处理器发送数据到网络或从网络接收数据的时间。

2. BDM模型的特点

（1）用M反映出空间局部性特点，提供了一种评价共享主存算法的性能方法，度量了因远程访问引起的处理器间的通信。

（2）BDM认可流水线技术。

（3）考虑了共享主存中的存储竞争问题。

（4）可以分析网络路由情况。

3. BDM模型的不足

（1）认为初始数据置于内部存储中，对于共享主存程序的编程者来说，需要额外增加数据移动操作。

（2）未考虑网络中影响延迟的因素，如处理器的本地性、网络拥挤等。

（3）未考虑系统开销。

三、BSP模型基本原理

BSP模型是一种异步MIMD-DM模型（DM——Distributed Memory，SM——Shared Memory），支持消息传递系统、块内异步并行、块间显式同步。该模型基于一个Master协调，所有的Worker同步（lock-step）执行，数据从输入的队列中读取。

BSP计算模型不仅是一种体系结构模型，也是设计并行程序的一种方法。BSP程序的设计准则是整体同步（Bulk Synchrony），其独特之处在于超步（Super Step ）概念的引入。一个BSP程序同时具有水平和垂直两个方向的结构。从垂直上看，一个BSP程序由一系列串行的超步（Super Step）组成，如图 7-18 所示，这种结构类似于一个串行程序结构；从水平上看，在一个超步中，所有的进程并行执行局部计算。一个超步可分为三个阶段。

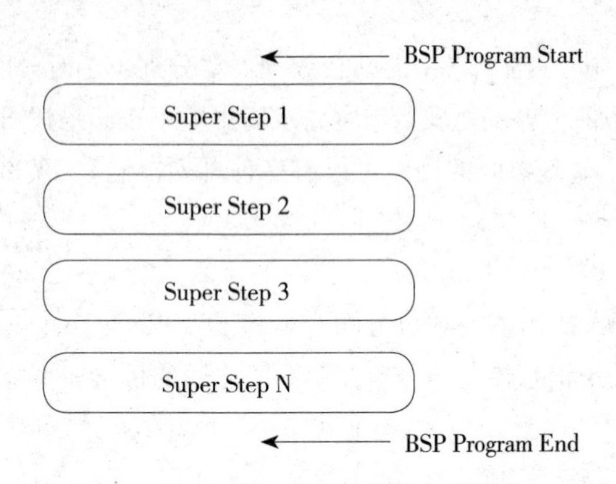

图 7-18　BSP 程序垂直方向的结构

本地计算阶段，每台处理器只对存储在本地内存中的数据进行本地计算。

全局通信阶段，对任何非本地数据进行操作。

栅栏同步阶段，等待所有通信行为结束。

另外，BSP 并行计算模型可以用 p、S、g、i 四个参数进行描述。

p 为处理器的数目（带有存储器）。

S 为处理器的计算速度。

g 为每秒本地计算操作的数目 / 通信网络每秒传送的字节数，称之为选路器吞吐率，视为带宽因子。

i 为全局的同步时间开销，称之为全局同步之间的时间间隔（Barrier Synchronization Time）。

假设有 P 台处理器同时传送 A 字节信息，则 gh 就是通信的开销。同步和通信的开销都规格化为处理器的指定条数。

四、BSP 模型的特点

（1）BSP 模型将计算划分为一个一个的超步（Super Step），有效避免了死锁。

（2）它将处理器和路由器分开，路由器仅完成点到点的消息传递，不提供组合、复制和广播等功能，这样做既掩盖了具体的互连网络拓扑，又简化了通信协议。

（3）障碍同步是以硬件实现的全局同步，是可控的粗粒度级的，从而提供了执行紧耦合同步式并行算法的有效方式，而程序员并无过多的负担。

（4）在分析 BSP 模型的性能时，假定局部操作可以在一个时间步内完成，而在每一个超步中，一台处理器最多发送或接收 A 条消息（称为 h-relation）。

（5）为 PRAM 模型设计的算法都可以采用在每台 BSP 处理器上模拟一些 PRAM 处理器的方法实现。

五、BSP 模型的评价

（1）在并行计算时，Valiant 试图为软件和硬件之间架起一座类似冯·诺伊曼机的桥梁，BSP 模型可以起到这样的作用。正因如此，BSP 模型也被称为桥模型。

（2）一般而言，分布式存储的 MIMD 模型的可编程性比较差，但在 BSP 模型中，如果计算和通信可以适当平衡，则它在可编程性方面将呈现更大的优势。

（3）在 BSP 模型中直接实现了一些重要的算法（如矩阵乘、并行前序运算，FFT 和排序等），均避免了自动存储管理的额外开销。

（4）BSP 模型可以有效地在超立方体网络和光交叉开关互连技术上实现，显示该模型与特定的技术实现无关，只需路由器具有一定的通信吞吐率。

（5）在 BSP 模型中，“超步”的长度必须能够充分地适应任意的 h-relation。

（6）在 BSP 模型中，在“超步”开始发送的消息，即使网络延迟时间比“超步”的长度短，该消息也只能在下一个“超步”中使用。

（7）BSP 模型中的全局障碍同步假定是用特殊的硬件支持的，很多并行机中可能并没有相应的硬件。

六、BSP 与 MapReduce 对比

执行机制：MapReduce 是一个数据流模型，每个任务只对输入数据进行处理，产生的输出数据作为另一个任务的输入数据，并行任务之间独立地进行，串行任务之间以磁盘和数据复制作为交换介质和接口。BSP 是一个状态模型，各个子任务在本地的子图数据上执行计算、通信、修改图的状态等操作，并行任务之间通过消息通信交流中间计算结果，不需要像 MapReduce 那样对全体数据进行复制。

迭代处理：MapReduce 模型理论上需要连续启动若干作业才能完成图的迭代处理，相邻作业之间通过分布式文件系统交换全部数据。BSP 模型仅启动一个作业，利用多个超步就可以完成迭代处理，两次迭代之间通过消息传递中间计算结果。由于减少了作业启动、调度开销和磁盘存取开销，BSP 模型的迭代执行效率较高。

数据分割：基于 BSP 的图处理模型，需要对加载后的图数据进行一次再分布的过程，以确定消息通信时的路由地址。例如，在各任务并行加载数据的过程中，根据一定的映射策略，将读入的数据重新分发到对应的计算任务上（通常存放在内存中），既有磁盘 I/O，又有网络通信，开销很大。但一个 BSP 作业仅需一次数据分割，在之后的迭代计算过程中，除了消息通信外，无须进行数据的迁移。基于 MapReduce 的图处理模型，一般情况下，不需要专门的数据分割处理。但 Map 阶段和 Reduce 阶段存在中间结果的 Shuffle 过程，增加了磁盘 I/O 和网络通信开销。

MapReduce 的设计初衷是解决大规模、非实时数据处理问题。“大规模”决定了数据的局部性，从而可以进行划分和批处理；“非实时”代表响应时间较长，有充分的时间执行程序。而 BSP 模型在实时处理方面有优异的表现。这是二者最大的区别。

七、BSP 模型的实现

BSP 计算框架有很多实现，最有名的是 Google 的大规模图计算框架 Pregel，首次提出将 BSP 模型应用于图计算。

Yahoo 贡献的 Apache Giraph 专注于迭代图计算（如 PageRank、最短连接等），每个 Job 就是一个没有 Reduce 过程的 Hadoop Job。

Apache Hama 也是 ASF 社区的 Incubator 项目，与 Giraph 不同的是，它是一个纯粹的 BSP 模型的 Java 实现，不仅用于图计算，还提供一个通用的 BSP 模型应用框架。

八、Apache Hama 简介

（一）Hama 概述

2008 年 5 月，Hama 被视为 Apache 众多项目中一个被孵化的项目，是 Hadoop 项目的一个子项目。BSP 模型是 Hama 计算的核心，实现了分布式的计算框架。

Hama 是建立在 Hadoop 上的分布式并行计算模型，基于 MapReduce 和 Bulk Synchronous 的实现框架，运行环境需要关联 ZooKeeper、HBase、HDFS 组件。集群环境中的系统架构由 BSPMaster / GroomServer（Computation IJngine）、ZooKeeper（Distributed Locking）、HDFS/HBase（Storage Systems）三大块组成。Hama 中有两个主要的模型：矩阵计算（Matrix Package）和面向图计算（Graph Package）。

Hama 的主要应用领域包括：矩阵计算、面向图计算、PageRank，排序计算、BFS。

（二）Hama 系统架构

Hama 主要由三部分组成：BSPMaster、GroomServer 和 ZooKeeper。HDFS 负责持久化存储数据（如 job.jar），BSPMaster 负责对 GroomServer 进行任务调配，GroomServer 负责分配和调度程序给 BSPPeer，BSPPeer 负责运行。

1. BSPMaster

在 Hama 中，BSPMaster 模块是一个主要角色，它主要负责协调各个计算节点之间的工作，每个计算节点在其注册到 Master 上时会分配一个唯一的 ID，Master 内部维护着一张计算节点列表，表明当前哪些计算节点处于 Alive 状态。该列表中包括每个计算节点的 ID 和地址信息以及哪些计算节点上被分配了整个计算任务的哪一部分。Master 中这些信息的数据结构大小取决于整个计算任务被分成多少个 Partition。BSPMaster 负载并不高，因此普通配置即可。

下面是 BSPMaster 所做的工作。

维护 GroomServer 的状态；

控制在集群环境中的超步；

维护在 Groom 中 Job 的工作状态信息；

分配任务、调度任务到所有的 GroomServer 节点；

广播所有的 GroomServer 执行；

管理系统节点中的失效转发；

提供用户对集群环境的管理界面。

一个 BSPMaster 或多台 GroomServer 是通过脚本启动的，在 GroomServer 中还包含 BSPPeer 的实例，在启动 GroomServer 的时候就启动了 BSPPeer。BSPPeer 是整合在 GroomServer 中的，GroomServer 通过 PRC 代理与 BSPMaster 连接。当 BSPMaster、GroomServer 启动完毕以后，每个 GroomServer 的生命周期发送“心跳”信息给 BSPMaster 服务器，这个“心跳”信息中包含 GroomServer 的状态，这些状态包含能够处理任务的最大容量和可用的系统内存状态等。

BSPMaster 的绝大部分工作，如 input、output、computation、saving 及 resuming from checkpoint 都会在一个叫作 Barrier 的地方终止。Master 会在每次操作中发送相同的指令到所有的计算节点，然后等待每个计算节点的回应（Response）。每次 BSP 主机接收到“心跳”消息以后，这个消息会带来最新的 GroomServer 状态，BSPMaster 根据 GroomServer 的可用资源对其进行任务调度和分配。BSPMaster 与 GroomServer 之间通信遵从简单的 FIFO（先进先出）原则。

2. GroomServer

GroomServe：由 BSPMaste 分配任务、接收任务，并且向 BSPMaste 处理报告状态，集群状态下的 GroomServer 需要运行在 HDFS 分布式存储环境中。对于 GroomServer 来说，一台 GroomServer 对应一个 BSPPeer 节点，需要运行在同一个物理节点上。

3. ZooKeeper

在 Hama 项目中，ZooKeeper 用来有效地管理 BSPPeer 节点之间的同步间隔（Barrier Synchronization），同时在系统失效转发的功能上发挥重要的作用。

4. Hama 运行过程

Hama 运行过程如图 7-19 所示。

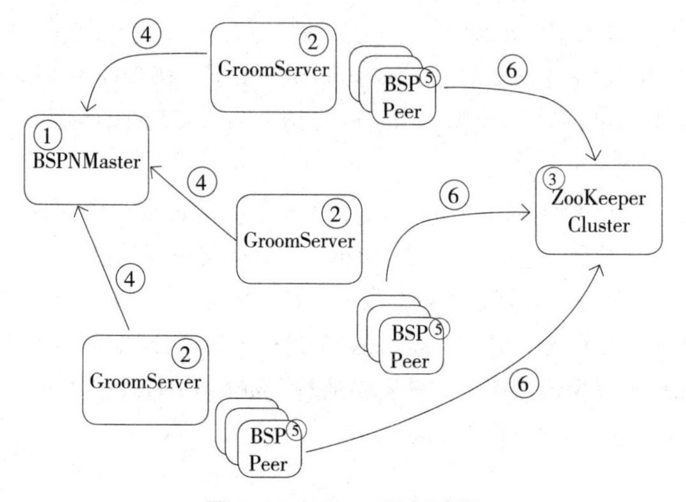

图 7-19　Hama 运行过程

① BSPMaster 启动；

② GroomServer 启动；

③ ZooKeeper 集群启动；

④ GroomServer 动态注册给 BSPMaster；

⑤ GroomServer 初始化和管理 BSPPeer（s）；

⑥ BSPPeer 通过 ZooKeeper 通信和栅栏同步。

5. ApacheHama 作业流程

一个新的 Job 被提交后，BSPJobClient 先做一些初始化 Job 的工作，如准备好作业的输入资源、代码等。

BSPMaster 将 Job 划分成 Task，将 Task 分配给 GroomServer 执行，执行过程中维护 GroomServer 的进度与状态。GroomServer 通过发送"心跳"保持与 BSPMaster 的通信。超步的控制是由 BSPMaster 完成的。

GroomServer 启动 BSPPeer，由 BSPPeer 具体执行 Task。GroomServer 的主要任务是控制 BSPPeer 的启动和停止、维护任务的执行状态、向 BSPMaster 报告状态。一个 GroomServer 可以运行多个 Task，类似于 MapReduce 的 TaskTracker 的任务槽。所有 Task 都有一个 MasterTask，MasterTask 在整个计算开始和结束时分别调用 setup（）和 cleanup（）方法。如果该 GroomServer 下的一个 Task 失败，则 GroomServer 会重新启动这个 Task；如果 3 次重启 Task 都失败，则 GroomServer 向 BSPMaster 汇报该任务失败。

BSPPeer 在计算期间的通信是以 P2P 方式进行的，由 ZooKeeper 负责调度。在一个超步中，BSPPeer 只能发送消息或者处理上一个超步中接收到的消息。

另外，在默认配置下，Hama 将要发送和接收到的消息都缓存在内存中，所以 Hama 本身的同步通信功能不太适合进行大量数据传递，它只适合在同步计算过程中发送少量的消息。

在整个计算过程中，ZooKeeper 负责栅栏同步，用于容错机制。

6. Apache Hama 与 Google Pregel

Hama 类似 Google 发明的 Pregel，Pregel 基于 BSP 模型。在 Google 的整个计算体系中，有 20% 的计算依赖于 Pregel 的计算模型，Google 利用 Pregel 实现了图遍历（BFS）、最短路径（SSSP），PageRank 计算。

Google 的 Pregel 采用 GFS 或 BigTable 进行持久存储，它是一个 Master-Slave 主从结构，有一个节点扮演 Master 角色，其他节点通过 name service 定位该顶点并在第一次通信时进行注册，Master 负责将计算任务切分到各节点（也可以自己指定），根据任务 ID 哈希分配任务到机器（一个机器可以有多个节点，通过 name service 进行逻辑区分），每个节点间异步传输消息，通过 Checkpoint 机制实现容错（更高级的容错通过 confined recovery 实现），并且每个节点向 Master 汇报"心跳"（ping），以便维持状态。

7. Hama 与 MapReduce 对比

（1）MapReduce 的不足。

① MapReduce 主要针对松耦合型的数据处理应用，对于不容易分解成众多相互独立子任务的紧耦合型计算任务，处理效率很低。

② MapReduce 不能显式地支持迭代计算。

③ MapReduce 是一种离线计算框架，不适合进行流式计算和实时分析。

（2）Hama 的优势。

① 在科学计算领域的适用性。Hama 提供的基础组件能够适应多种需要矩阵和图形计算的应用。MapReduce 在单纯的大规模科学计算方面存在不足。比如，求一个大型矩阵的逆矩阵，需要进行大量的迭代计算，而读 / 写文件的次数并不多，此时 Hama 的迭代速度快这一优势便能很好地体现出来。

② 兼容性。Hama 能利用 Hadoop 及其相关的所有功能，这是因为 Hama 很好地兼容了现有的 Hadoop 接口。

③ 可扩展性。得益于 Hama 的兼容性，Hama 能够充分利用大规模分布式接口的基础功能和服务，如亚马逊 EC2 无须任何修正就可以使用 Hama。

④ 编程方式的灵活性。为了保证灵活性，Hama 提供了简单计算引擎接口，任何遵循此接口的计算引擎都能自由接入和退出。

（3）Hama 待解决的问题。

① 完善容错能力。

② NoSQL 的输入 / 输出格式

③ 无视同步（消除栅栏）。

④ 使用异步消息。

第八章

大数据的安全与隐私

大数据时代给了人们前所未有的数据采集、存储和处理能力。每个人都可以把文档、图片、视频等放在云端，享受随时随地同步和查看的便捷性；企业可以将生产、运营、营销和客户等各个环节数字化，还可以收集全行业的信息，通过移动终端就可以轻松地获得企业生产经营的各种报表和趋势预测；政府的服务和社会化管理可以通过互联网到达每家每户和每个企业。强大的云数据中心和先进的移动互联网技术使谷歌眼镜、智能手环这样的可穿戴设备及各种多媒体社交工具盛行，发布信息和检索信息都只在眨眼间完成，甚至无须做动作就完成了。但是，由于大数据的社会化属性，人们在网络空间的任何数据都可能被收集，资料可能被黑客窃取，朋友圈在社交网络上一目了然，言论在微博上历历在目，交易和浏览信息随意地被电商挖掘。可见，大数据和云计算是一把双刃剑，在方便人们生活的同时，安全和隐私问题日益凸显。

第一节　大数据时代面临的安全挑战

一、云计算时代安全与隐私问题凸显

随着数据中心不断整合以及虚拟化、VDI、云端运算应用程序的兴起，越来越多的运算效能与数据都集中到数据中心和服务器上。无论是个人信息存储在云盘、邮箱，还是企业将数据存储在云端或使用云计算服务，这些都需要安全保护。可以说，安全和隐私问题是云计算和大数据时代面临的最为严峻的挑战。在IDC的一项关于“您认为云计算模式的挑战和问题是什么”的调查中，安全以74.6%的比例位居榜首。全球51%的首席信息官认为，安全问题是部署云计算时最大的顾虑。陈怡桦认为：“云计算的日益普及已经使越来越多的云计算服务商进入市场。随着在云计算环境中存储数据的公司越来越多，信息安全问题成为大多数IT专业人士最头疼的事情。事实上，数据安全已经是考虑采用云基础设施的机构主要关注的问题之一。”

大数据由于数据集中、目标大，在网络上更容易被盯上。在线数据越来越多，黑客的犯罪动机也比以往任何时候更强烈。大数据意味着若攻击者成功实施一次攻击，其能得到更多的信息和价值。这些特点都使大数据更易成为被攻击的目标。

例如，公民的隐私泄露事件层出不穷，这些泄露大部分是黑客攻击企业数据库造成的。据

隐私专业公司 PRC 报告称，2011 年全球发生了超过 500 起重大数字安全事故。例如，2011 年 4 月索尼公司由于系统泄露导致 7 700 万名用户资料遭窃，遭受了 1.7 亿美元左右的损失；2011 年 12 月，CSDN 的安全系统遭到黑客攻击，600 万名用户的登录名、密码和邮箱遭到泄露；LinkedIn 在 2012 年被曝 650 万名用户账户密码泄露；雅虎遭到网络攻击，致使 45 万名用户 ID 泄露。

另外一些隐私泄露是因为企业产品功能不完善造成的。比如，腾讯 QQ 曾经推出朋友圈功能，很多用户的真实名字出现在朋友圈中，引起了用户的强烈抗议，最后腾讯关闭了这一功能。腾讯 QQ 用户真实姓名能在朋友圈中曝光，就是采用了大数据关联分析。由此可见，在大数据搜集和数据分析过程中，随时可能触及用户的隐私，一旦某一环节存在安全隐患，后果不堪设想。

还有一些是用户个人不注意造成的隐私泄露。比如，有些用户喜欢在 Twitter 等社交网站上发布自己的位置和动态信息，结果有几家网站，如“Please RobMe.com”“We Know Your House”等，能够根据用户所发的信息推测出用户不在家的时间，找到用户准确的家庭地址，甚至找出房子的照片。这些网站的做法旨在提醒大家，我们随时暴露在公众视野下，如果不提高安全意识和隐私意识，将会给自身带来灾难。

大数据可以光明正大地搜集用户数据，并可以对用户数据进行分析，这无疑让用户隐私没有任何保障。作为一项新兴的技术，全球很多国家都没有对大数据采集、分析环节进行相应的监管。在没有标准和相应监管措施的情况下，大数据泄露事件频繁发生，已经暴露出大数据时代用户隐私安全的尖锐问题。

当然，强调安全和隐私问题，并不是说要因噎废食。正如当今的银行系统，同样存在安全隐患和随时被网络攻击的风险，但是大多数人还是选择把钱存在银行，因为银行的服务为人们提供了便利，且大多数情况下还是具备安全保障的。人们需要在高效利用云计算和大数据技术的同时，增强安全隐私意识，加强安全防护，明确数据归属及访问权限，完善数据与隐私方面的法规政策等，扎实做好全方位的安全隐私防护，让新技术更好地为人们的生活服务。

二、大数据时代的安全需求

在大数据条件下，越来越多的信息存储在云端，越来越多的服务来自云端，基于公有云的网络信息交互环境带来了与传统条件下不同的安全需求。

（一）机密性

为了保护数据的隐私，数据在云端应该以密文形式存放，如果操作不能在密文上进行，那么用户的任何操作都要把涉及的数据密文发送回用户方解密之后再进行，这将会严重降低效率，因此要以尽可能小的计算开销带来可靠的数据机密性。实现机密性的要求有以下几种情况：一是为了保护用户行为信息的隐私，云服务器要保证用户匿名使用云资源和安全记录数据起源；二是在某些应用下，服务器需要在用户数据上进行运算，运算结果也以密文形式返回给用户，因此需要使服务器能够在密文上直接进行操作；三是信息检索是云计算中一个很常用的操作，因此支持搜索的加密是云安全的一个重要需求，但当前已有的支持搜索的加密只支持单关键字搜索，所以支持多关键字搜索、搜索结果排序和模糊搜索是云计算的另一需求方向。

（二）数据完整性

在基于云的存储服务，如 Amazon 简单存储服务 S3、Amazon 弹性块存储 EBS 以及 Nirvanix 云存储服务中，必须要保证数据存储的完整性。在云存储条件下，因为可能面临软件失效或硬件损坏导致的数据丢失、云中其他用户的恶意损坏、服务商为经济利益擅自删除一些不常用数据等情况，用户无法完全相信云服务器会对自己的数据进行完整性保护，所以用户需要对其数据的完整性进行验证。这就需要系统提供远程数据完整性验证和数据恢复功能。

（三）访问控制

云服务器需要对用户的访问行为进行有效验证。其访问控制需求主要包括以下两个方面：一是网络访问控制，指云基础设施中主机之间互相访问的控制；二是数据访问控制，指云端存储的用户数据的访问控制。数据的访问控制中要保证对用户撤销操作、用户动态加入和用户操作可审计等要求的支持。

（四）身份认证

云计算系统应建立统一、集中的认证和授权系统，以满足云计算多租户环境下复杂的用户权限策略管理和海量访问认证要求，提高云计算系统身份管理和认证的安全性。现有的身份认证技术主要包括三类：一是基于用户持有的秘密口令的认证；二是基于用户持有的硬件（如智能卡、U 盾等）的认证；三是基于用户生物特征（如指纹）的认证。但是，这些方法都是通过某一维度的特征进行认证的，对重要的隐私信息和商业机密来讲，安全性仍不够强。最新提出的层次化的身份认证在多个云之间实现层次化的身份管理，多因子身份认证从多重特征上对客户进行认证，都是身份认证技术的新需求。

（五）可信性

可信性是云计算健康发展的基本保证，也是基本需求。具体包括服务商和用户的可信性两个方面。服务商可信是指其向其他服务商或者用户提供的服务必须是可信的，而不是恶意的；用户可信是指用户采用正常、合法的方式访问服务商提供的服务，其行为不会对服务商本身造成破坏。如何实现云计算的问责功能，通过记录操作信息等手段实现对恶意操作的追踪和问责；如何通过可信计算、安全启动、云端网关等技术手段构建可信的云计算平台，达到云计算的可信性都是可信性方面需要研究的问题。

（六）防火墙配置安全性

在基础设施云中的虚拟机需要进行通信，这些通信分为虚拟机之间的通信和虚拟机与外部的通信。通信的控制可以通过防火墙实现，因此防火墙的配置安全性非常重要。如果防火墙配置出现问题，那么攻击者很可能利用一个未被正确配置的端口对虚拟机进行攻击。因此，在云计算中，需要设计对虚拟机防火墙配置安全性进行审查的算法。

（七）虚拟机安全性

虚拟机技术在构建云服务架构等方面广泛应用，但虚拟机也面临着两个方面的安全性，一方面是虚拟机监督程序的安全性，另一方面是虚拟机镜像的安全性。在以虚拟化为支撑技术的基础设施云中，虚拟机监督程序是每台物理机上的最高权限软件，因此其安全的重要性毋庸置疑。另外，在使用第三方发布的虚拟机镜像的情况下，虚拟机镜像中是否包含恶意软件、盗版软件等，也是需要进行检测的。

三、信息安全的发展历程

广义的信息安全涉及各种情报、商业机密、个人隐私等，在各行各业都早已存在。具体到计算机通信领域的信息安全，则是最近几十年随着电子信息技术的发展而兴起的。信息安全的发展大致经历了四个时期。

第一个时期是通信安全时期，其主要标志是1949年香农发表的《保密通信的信息理论》。在这个时期，通信技术还不发达，电脑只是零散地位于不同的地点，信息系统的安全仅限于保证电脑的物理安全以及通过密码（主要是序列密码）解决通信安全的保密问题。把电脑安置在相对安全的地点，不允许非授权用户接近，基本可以保证数据的安全性。这个时期的安全性是指信息的保密性，对安全理论和技术的研究仅限于密码学。这一阶段的信息安全可以简称为通信安全，它侧重于保证数据从一地传送到另一地时的安全性。

第二个时期是计算机安全时期，以20世纪七八十年代的可信计算机系统评价准则（TCSEC）为标志。20世纪60年代以后，半导体和集成电路技术的飞速发展推动了计算机软硬件的发展，计算机和网络技术的应用进入实用化和规模化阶段，数据的传输已经可以通过计算机网络来完成。这时候的信息已经分成静态信息和动态信息。人们对安全的关注已经逐渐扩展为以保密性、完整性和可用性为目标的信息安全阶段，主要保证动态信息在传输过程中不被窃取，即使窃取了也不能读出正确的信息，还要保证数据在传输过程中不被篡改，让读取信息的人能够看到正确无误的信息。1977年，美国国家标准局（NBS）公布的国家数据加密标准（DES）和1983年美国国防部公布的可信计算机系统评价准则俗称橘皮书，1985年再版）标志着解决计算机信息系统保密性问题的研究和应用迈上了历史的新台阶。

第三个时期是20世纪90年代的网络时代。从20世纪90年代开始，由于互联网技术的飞速发展，无论是企业内部信息还是外部信息都得到了极大的开放，由此产生的信息安全问题跨越了时间和空间，信息安全的焦点已经从传统的保密性、完整性和可用性三个原则发展为诸如可控性、抗抵赖性、真实性等原则和目标。

第四个时期是进入21世纪的信息安全保障时代，其主要标志是《信息保障技术框架》（IATF）。如果说对信息的保护主要还是处于从传统安全理念到信息化安全理念的转变过程中，那么面向业务的安全保障就完全是从信息化的角度考虑信息的安全了。体系性的安全保障理念不仅关注系统的漏洞，还从业务的生命周期着手，对业务流程进行分析，找出流程中的关键控制点，从安全事件出现的前、中、后三个阶段进行安全保障。面向业务的安全保障不是只建立防护屏障，而是建立一个“深度防御体系”，通过更多的技术手段把安全管理与技术防护联系起来，不再是被动地保护自己，而是主动地防御攻击。也就是说，面向业务的安全防护已经从被动走向主动，安全保障理念从风险承受模式走向安全保障模式，信息安全阶段也转化为从整体角度考虑其体系建设的信息安全保障时代。

四、新兴信息技术带来的安全挑战

物联网、云计算、大数据和移动互联网被称为新一代信息技术的“四驾马车”，它们提供了科技发展的核心动力，在给政府、企业、社会和人民带来极大便利的同时，催生了不同于以往的安全问题和威胁。在传统的安全防护体系中，“防火墙”起着至关重要的作用。防火墙是一种形象的说法，其是一种计算机硬件和软件的组合，在内部网络与外部网络之间建立起一个安全网关，从而保护内部网络免受外部非法用户的侵入。然而，在云计算时代，公有云是为多租户服务的，很多不同用户的应用都运行在同一个云数据中心内，这就打破了传统的安全体系中的内外之分。对于企业和用户来说，不仅要防范来自数据中心外部的攻击，还要提防云服务的提供商以及潜藏在云数据中心内部的其他别有用心的用户，形象地说就是“家贼难防”。这就使用户与云服务商的信任关系的建立、管理和维护更加困难，同时对用户的服务授权和访问控制变得更加复杂。

现有的安全理论与实践大多针对传统的计算模式，不能完全适用于云计算的新商业模式和技术架构。在安全隐私方面，大部分云计算服务商无法在短期内达到企业内部网的成熟度，更不用说提供比内网更高的安全服务了。调查显示，当前所有云服务商都无法通过完全的合规审计，更无法抵御“坏分子”（黑客和其他犯罪者）的多方攻击，所以任何云服务商都不敢向企业用户提供敏感隐私数据的安全服务等级协议。安全与合规已经成为大多数企业 IT 向云转型的头号顾虑，其无法放心地将高价值数字资产放入云中。

云时代安全攻击的具体方式有很多种分类，根据美国知名市场研究公司 Gartner 发布的“云计算风险评估”研究报告，企业存储在云服务商处的数据存在 7 种潜在安全风险：特权用户准入风险、法律遵从、数据位置、数据隔离、数据恢复、审计支持和数据长期生存性。ENISA（欧洲网络与信息安全署）提出了一个采用 ISO 27000 系列标准的云计算信息安全保障体系架构，主要涉及的安全风险包括隐私安全、身份和访问管理、环境安全、法规和物理安全等。总体来说，在业界得到广泛认可的安全风险主要包括以下 8 种类型。

（一）滥用和非法使用云计算

云计算的一大特征是自助服务，在方便用户的同时，给了黑客等不法分子机会，导致黑客可以利用云服务简单方便的注册步骤和相对较弱的身份审查要求，用虚假的或盗取的信息注册，冒充正常用户，然后通过云模式的强大计算能力向其他目标发起各种各样的攻击。攻击者还可以从云中对很多重要的领域开展直接的破坏活动，如垃圾邮件的制作传播，用户密钥的分布式破解，网站的分布式拒绝服务攻击，反动、黄色和钓鱼欺诈等不良信息的云缓冲以及僵尸网络的命令和控制等。

（二）恶意的内部人员

所有的 IT 服务，无论是运行在云中的系统还是内部网，都有受到内部人员破坏的风险。内部人员可以单独行动或勾结他人，利用访问特权进行恶意的或非法的危害他人的行动。内部人员搞破坏的原因是多种多样的，如为了某件事进行报复、发泄心中对社会的不满、追求物质利益等。

在云计算时代，这种威胁对于消费者来说大大增加了。首先，由于云服务商一般拥有大量企业用户，雇用的IT管理人员数量比单独一个企业的IT管理人员多得多；其次，云计算也是IT服务外包的一种形式，所以继承了外包服务商的恶意内部人员风险。因此，云计算中的监管在操作上更为困难，风险也是个未知数。

（三）不安全的应用编程接口

云服务商一般都会为用户提供应用程序接口（API），让用户使用、管理和扩展自己的云资源。云服务的流程都要用到这些API，如创建虚拟机、管理资源、协调服务、监控应用等。大量的API多多少少都会有安全漏洞，有些属于设计缺陷，有些属于代码缺陷。黑客利用软件漏洞就可以攻击任何用户。

（四）身份或服务账户劫持

身份或服务账户劫持是指在用户不知情或没有批准的情况下，他人恶意地取代用户的身份或劫持其账户。账户劫持的方法包括网络钓鱼、欺骗和利用软件漏洞持续攻击等。在云时代，这类威胁变得更为严重。云服务不同于传统的企业，它没有广泛的基于角色或团体接入的权限隔离，通常身份密码被重复使用在很多站点和服务上，同样的内部账户被用于管理软件系统、管理服务器和追踪账单。更糟糕的是，账户经常在不同用户间共享。不管对用户还是管理员，大多数云服务缺乏基础设施和流程去实现强验证。

一旦攻击者获取了用户的身份密码，他们就可以窃听用户的活动和交易，获取和操控数据，发布错误的信息，并将客户导向非法站点。客户的账户或服务还可能变成攻击者的新基地，他们从这里冒用受害者的名义和影响力再去发动新的攻击，也可以强制让账户所有者支付无用的CPU时间、存储空间或其他被计量付费的资源。

（五）资源隔离问题

通过共享基础设施和平台，IaaS和PaaS服务商可以一种可扩展的方式交付他们的服务，这种多租户的体系结构、基础设施或平台的底层技术通常没有设计强隔离。资源虚拟化支持将不同租户的虚拟资源部署在相同的物理资源上，这也方便了恶意用户借助共享资源实施侧通道攻击。攻击者可以攻击其他云客户的应用和操作，或者获取没有进行授权访问的数据。

（六）数据丢失和泄露

随着IT的云转型，敏感数据正在从企业内部数据中心向公有云环境转移，伴随着优点而来的是缺点，即云计算的安全隐私问题。云策略和数据中心虚拟化使防卫保护的现实变得更加复杂，数据被盗或被泄露的威胁在云中大大增加。数据被盗和隐私泄露可以对企业和个人产生毁灭性的影响，除了对云服务商品牌和名声造成损害外，还可能导致关键知识的损失，产生竞争力的下降和财产方面的损失。此外，丢失或泄露的数据可能会遭到破坏和滥用，甚至引起各种法律纠纷。

（七）商业模式变化风险

云计算的一个宗旨是减少用户对硬件和软件的维护工作，使他们可以将精力集中于自己的核心业务。云计算固然有明显的财政和操作方面的优势，但云服务商必须解除用户对安全的担忧。当用户评估云服务的安全状态时，软件的版本、代码的更新、安全规则、漏洞状态、入侵尝试和安全设计都是重要的影响因素。除了网络入侵日志和其他记录，谁与自己分享基础架构的信息也是用户必须知道的。

（八）对企业内部网的攻击

很多企业用户将混合云作为一种减少公有云中风险的方式。混合云是指混合地使用公有云和企业内部网络资源（或私有云）。在这种方案中，客户通常把网页前台移到公有云中，而把后台数据库留在内部网络中。在云和内部网络之间，一个虚拟或专用的网络通道被建立起来，这就开启了对企业内部网络进行攻击的机会，导致本来被安全边界和防火墙保护的企业内部网络随时可能受到来自云的攻击。但如果这一通道关闭，由混合云支持的业务将被停止，会给企业带来重大的财产损失。

这里还要特别提到个人设备安全管理。随着移动互联网和大数据的快速发展，移动设备的应用也在不断增长。随着 BYOD（携带自己的设备办公）风潮的普及，许多企业开始考虑允许员工自带智能设备使用企业内部应用，其目标是在满足员工自身追求新科技和个性化的同时，提高工作效率，降低企业成本。然而，这样做带来的风险也是很大的，如员工带着自己的设备连接企业网络，就可能让各种木马病毒或恶意软件到处传播，造成安全隐患。

第二节　安全问题解决的框架、技术与体系

云计算、大数据的新商业模式和技术架构在带给人们更多经济、方便、快捷、智能化体验的同时，给信息安全和个人隐私带来了新的威胁。要促进云计算和大数据技术的健康发展，就必须直面安全和隐私问题，这需要大量的实践研究工作。同时，云计算安全并不仅仅是技术问题，还涉及标准化、监管模式、法律法规等诸多方面。因此，仅从技术角度出发探索解决云计算安全问题是不够的，还需要信息安全学术界、产业界以及政府相关部门的共同努力。

2008 年成立的 CSA（云安全联盟）就是在安全隐私将云逼得走投无路的时候应运而生的世界性的行业组织。CSA 总部位于云计算之都西雅图，微软和亚马逊的总部也在这里。CSA 任命世界顶级安全专家出任其最重要的首席研究官，大力开展实践安全研究，在厂商指导、用户培训、政府协调和高校合作等各方面起着举足轻重的纽带作用。目前，参与云安全联盟并接受指导的会员厂商有上百家，包括微软、亚马逊、谷歌、英特尔、甲骨文、赛门铁克、华为等全球云计算领军企业。

云端厂商在云安全方面的努力不言而喻，如微软的云计算数据中心、云平台和 Office 365 等多项云服务都获得了多个国家政府和行业组织的安全认证，采取了政府和企业级安全保护措施。

用户在云转型中的努力也非常重要，特别是要有敢于承担风险的精神。用户在云部署过程中要识别数字资产，将资产映射到可能的云部署模型中，然后评估云中风险。美国政府 IT 部门大量采用云服务，是用户云转型的典型范例。

各国政府需要出台鼓励云计算的政策、法规、标准和战略。美国政府已经制定了云计算的

一些标准，如美国技术标准局创立了云计算模型和云参考架构。中国云计算安全政策与法规工作组也发表了蓝皮书。

高等院校则需要大力培养云安全人才，为云计算的长久发展输送新鲜血液。美国华盛顿大学的赛博安全中心已率先开启了研究生的云安全实践研究项目，其将在美国国防部、国安部和国家科学基金会的支持下，由 CSA 导师指导进行研究。

基于当前的研究成果，解决云安全问题主要有两类途径：① 建立完善的安全防护框架，加强云安全技术研究；② 创立本质安全的新信息技术基础。

一、云计算安全防护框架

解决云计算安全问题的当务之急是针对威胁建立综合性的云计算安全防护框架，并积极开展其中各个云安全的关键技术研究。遵循共同的安全防护框架是为了消除广大用户（特别是政府和企业）所承担的风险，明确各机构的义务，避免漏洞，实现完整、有效的安全防护措施。当前，业界知名的防护框架有美国国家技术标准局（NIST）防护框架、CSA 防护框架等。

（一）NIST 防护框架涵盖的领域

（1）治理。各机构在应用开发和服务提供中采用的现有的良好实践措施需要延伸到云中。这些实践要继续遵从机构相应的政策、程序和标准，用于在云中的设计、实施、测试、部署和监测。审计机制和工具需要到位，以确保机构的实践措施在整个系统的生命周期内都有效。

（2）合规。用户要了解各类和安全隐私相关的法律和规章制度以及自己机构的义务，特别是那些涉及存放位置的数据、隐私和安全控制及电子证据发现的要求。用户要审查和评估云服务提供商的产品，并确保合同条款充分满足法规要求。

（3）信任。安全和隐私保护措施（包括能见度）需要纳入云计算服务合同中，并建立具有足够灵活性的风险管理制度，以适应不断发展和变化的风险状况。

（4）架构。用户要了解云服务提供商的底层技术和管理技术，了解系统完整的生命周期及其系统组件。

（5）身份和访问管理。云服务提供商要确保有足够的保障措施，能够安全地实行认证、授权和提供其他身份及访问管理功能。

（6）软件隔离。用户要了解云服务提供商采用的虚拟化和其他软件隔离技术，并评估所涉及的风险。

（7）数据保护。用户要评估云服务提供商的数据管理解决方案的适用性，确定能否消除托管数据的顾虑。

（8）可用性。云服务提供商要确保在中期或长期中断或严重灾难时，关键运营操作可以立即恢复，最终所有运营操作都能够及时、有条理地恢复。

（9）应急响应。用户要向云服务提供商了解和洽谈合同中涉及事件应急响应和处理的程序，以满足自己组织的要求。

（二）CSA 防护框架涉及的领域

（1）合规 : 见 NIST 同名领域。

（2）数据治理：见 NIST 同名领域。

（3）设施安全：云数据中心的物理安全。

（4）人事安全：包括云服务商员工的聘用合同及备件调查等。

（5）信息安全：即信息技术安全防护控制。

（6）法律：指云服务应遵守的各国法律法规等。

（7）运营管理：云服务商系统及员工的运营管理和监控。

（8）风险管理：包括云计算的风险识别、评估和管理。

（9）发布管理：服务发布和改变的管理。

（10）恢复性：包括对事故和灾难的恢复能力。

（11）安全架构：云计算的安全设计。

在业界提出的这些防护框架的基础上，冯登国、张敏等提出了一种包括云计算安全服务体系与云计算安全标准及测评体系两大部分的云安全框架建议。

（三）云计算安全服务体系

云计算安全服务体系由一系列云安全服务构成，是实现云用户安全目标的重要技术手段。根据其所属层次的不同，云安全服务可以进一步分为云基础设施服务、云安全基础服务以及云安全应用服务 3 类。

1. 云基础设施服务

云基础设施服务为上层云应用提供安全的数据存储、计算等 IT 资源服务，是整个云计算体系安全的基石。这里，安全性包含两个层面的含义：一是抵挡来自外部黑客的安全攻击的能力，二是证明自己无法破坏用户数据与应用的能力。一方面，云平台应分析传统计算平台面临的安全问题，采取严密的安全措施。例如，在物理层考虑厂房安全，在存储层考虑完整性和文件 / 日志管理、数据加密、备份、灾难恢复等，在网络层考虑拒绝服务攻击、DNS 安全、网络可达性、数据传输机密性等，系统层应涵盖虚拟机安全、补丁管理、系统用户身份管理等安全问题，数据层包括数据库安全、数据的隐私性与访问控制、数据备份与清洁等，应用层应考虑程序完整性检验与漏洞管理等。另一方面，云平台应向用户证明自己具备某种程度的数据隐私保护能力。例如，存储服务中证明用户数据以密态形式保存，计算服务中证明用户代码运行在受保护的内存中，等等。由于用户安全需求方面存在着差异，云平台应具备提供不同安全等级的云基础设施服务的能力。

2. 云安全基础服务

云安全基础服务属于云基础软件服务层，为各类云应用提供共性信息安全服务，是支撑云应用满足用户安全目标的重要手段。比较典型的云安全服务主要包括以下几种。

（1）云用户身份管理服务。主要涉及身份的供应、注销以及身份认证过程。在云环境下，实现身份联合和单点登录可以支持云中合作企业之间更方便地共享用户身份信息和认证服务，并减少重复认证带来的运行开销。但云身份联合管理过程应在保证用户数字身份隐私性的前提下进行。由于数字身份信息可能在多个组织间共享，其生命周期各个阶段的安全性管理更具有挑战性，基于联合身份的认证过程在云计算环境下也具有更高的安全需求。

（2）云访问控制服务。云访问控制服务的实现主要建立在将传统的访问控制模型（如基于角色的访问控制模型、基于属性的访问控制模型以及强制/自主访问控制模型等）和各种授权策略语言标准（如XACML、SAML等）扩展后移植入云环境的基础上。此外，鉴于云中各企业组织提供的资源服务兼容性和可组合性的日益提高，组合授权问题也是云访问控制服务安全框架需要考虑的重要问题。

（3）云审计服务。由于用户缺乏安全管理与举证能力，要明确安全事故责任就要求服务商提供必要的支持。因此，由第三方实施的审计就显得尤为重要。云审计服务必须提供满足审计事件列表的所有证据以及证据的可信度说明。当然，若要该证据不会披露其他用户的信息，需要特殊设计的数据取证方法。此外，云审计服务也是保证云服务商满足各种合规性要求的重要方式。

（4）云密码服务。由于云用户中普遍存在数据加、解密运算需求，云密码服务的出现是十分自然的。除最典型的加、解密算法服务外，密码运算中密钥管理与分发、证书管理及分发等都可以基础类云安全服务的形式存在。云密码服务不仅为用户简化了密码模块的设计与实施，也使密码技术的使用更集中、规范，也更易管理。

3. 云安全应用服务

云安全应用服务与用户的需求紧密结合，种类繁多。典型的例子，如DDoS攻击防护云服务、Botnet检测与监控云服务、云网页过滤与杀毒应用、内容安全云服务、安全事件监控与预警云服务、云垃圾邮件过滤及防治等。传统网络安全技术在防御能力、响应速度、系统规模等方面存在限制，难以满足日益复杂的安全需求，而云计算优势可以弥补这些不足。云计算提供的超大规模计算能力与海量存储能力能在安全事件采集、关联分析、病毒防范等方面实现性能的大幅提升，可用于构建超大规模安全事件信息处理平台，提升全网安全态势把握能力。此外，还可以通过海量终端的分布式处理能力进行安全事件采集，上传到云安全中心分析，极大地提高了安全事件搜集与及时处理的能力。

（四）云计算安全标准及测评体系

云计算安全标准及测评体系为云计算安全服务体系提供了重要的技术与管理支撑，其核心至少应涵盖以下几方面内容。

（1）云服务安全目标的定义、度量及其测评方法规范。该规范帮助云用户清晰地表达其安全需求，并量化其所属资产各安全属性指标。清晰而无二义的安全目标是解决服务安全质量争议的基础。这些安全指标具有可测量性，可通过指定测评机构或者第三方实验室测试评估。规范还应指定相应的测评方法，通过具体操作步骤检验服务提供商对用户安全目标的满足程度。由于在云计算中存在多级服务委托关系，相关测评方法仍有待探索实现。

（2）云安全服务功能及其符合性测试方法规范。该规范定义基础性的云安全服务，如云身份管理、云访问控制、云审计以及云密码服务等的主要功能与性能指标，便于使用者在选择时对比分析。该规范将起到与当前CC标准中的保护轮廓（PP）与安全目标（ST）类似的作用。而判断某个服务商是否满足其所声称的安全功能标准需要通过安全测评，需要与之相配合的符合性测试方法与规范。

（3）云服务安全等级划分及测评规范。该规范通过云服务的安全等级划分与评定帮助用户全面了解服务的可信程度，更准确地选择自己所需的服务。尤其是底层的云基础设施服务以及云基础软件服务，其安全等级评定的意义尤为突出。验证服务是否达到某安全等级需要相应的测评方法和标准化程序。

二、基础云安全防护关键技术

建立完善的云安全防护框架可以从顶层设计上实现安全防护的全方位、无漏洞。要实现云安全防护，关键是要有针对性地进行相关技术的研究。对于前面攻击，传统的网络安全和应用安全防护手段，如身份认证、防火墙、入侵监测、漏洞扫描等，仍然适合。

（一）可信访问控制

由于无法信赖服务商忠实实施用户定义的访问控制策略，所以在云计算模式下，大家更关心的是如何通过非传统访问控制类手段实施数据对象的访问控制。其中，得到关注最多的是基于密码学方法实现访问控制，包括基于层次密钥生成与分配策略实施访问控制的方法；利用基于属性的加密算法，如密钥规则的基于属性加密方案（KP-ABE）、密文规则的基于属性加密方案（CP-ABE）、基于代理重加密的方法；在用户密钥或密文中嵌入访问控制树的方法；等等。基于密码类方案面临的一个重要问题是权限撤销。一个基本方案是为密钥设置失效时间，每隔一定时间，用户从认证中心更新私钥；基于用户的唯一 ID 属性及非门结构，实现对特定用户进行权限撤销。目前，这些方法在带有时间或约束的授权、权限受限委托等方面仍存在许多有待解决的问题。

（二）密文检索与处理

数据变成密文时丧失了许多其他特性，导致大多数数据分析方法失效。密文检索有两种典型的方法：基于安全索引的方法通过为密文关键词建立安全索引，检索索引查询关键词是否存在；基于密文扫描的方法对密文中的每个单词进行比对，确认关键词是否存在，统计其出现的次数。密文处理研究主要集中在秘密同态加密算法设计上。早在 20 世纪 80 年代，就有人提出多种加法同态或乘法同态算法，但由于被证明安全性存在缺陷，后续工作基本处于停顿状态。而近期，研究员 Gentry 利用“理想格”的数学对象构造隐私同态算法，或称全同态加密，使人们可以充分地操作加密状态的数据，在理论上取得了一定突破，也使相关研究重新得到研究者的关注，但目前与实用化仍有很长的距离。

（三）数据存在与可使用性证明

由于大规模数据导致的巨大通信代价，用户不可能将数据下载后再验证其正确性。因此，云用户需要在取回很少数据的情况下，通过某种知识证明协议或概率分析手段，以高置信概率判断远端数据是否完整。典型的工作包括面向用户单独验证的数据可检索性证明（POR）方法、公开可验证的数据持有证明（PDP）方法。NEC 实验室提出的 PDK 方法提高了 POR 方法的处理速度，扩大了验证对象规模，且能够支持公开验证。其他典型的验证技术包括 Yun 等提出的基于新的树形结构 MACTree 的方案、Schwarz 等人提出的基于代数签名的方法、Wang 等提出的基于 BLS 同态签名和 RS 纠错码的方法等。

（四）数据隐私保护

云中数据隐私保护涉及数据生命周期的每个阶段。Roy 等将集中信息流控制（DIFC）和差分隐私保护技术融入云中的数据生成与计算阶段，提出了一种隐私保护系统 airavat, 可防止 MapReduce 计算过程中非授权的隐私数据泄露出去，并支持对计算结果的自动除密。在数据存储和使用阶段，Mowbray 等提出了一种基于客户端的隐私管理工具，提供以用户为中心的信任模型，帮助用户控制自己的敏感信息在云端的存储和使用。Mimts-Mulero 等讨论了现有的隐私处理技术，包括 K 匿名、图匿名以及数据预处理等。Rankova 等提出了一种匿名数据搜索引擎，可以使交互双方搜索对方的数据，获取自己需要的部分，同时保证搜索询问的内容不被对方所知，搜索时与请求不相关的内容不会被获取。

（五）虚拟安全技术

虚拟技术是实现云计算的关键核心技术，使用虚拟技术的云计算平台上的云架构提供者必须向其客户提供安全性和隔离保证。Santhanam 等提出了基于虚拟机技术实现的 grid 环境下的隔离执行机。Raj 等提出了通过缓存层次可感知的核心分配以及基于缓存划分的页染色的两种资源管理方法，实现性能与安全隔离。这些方法在隔离影响一个 VM 的缓存接口时是有效的，并被整合到一个样例云架构的资源管理（RM）框架中。

（六）云资源访问控制

在云计算环境中，各个云应用属于不同的安全域，每个安全域都管理着本地的资源和用户。当用户跨域访问资源时，需要在域边界设置认证服务，对访问共享资源的用户进行统一的身份认证管理。在跨多个域的资源访问中，各域有自己的访问控制策略。在进行资源共享和保护时必须对共享资源制定一个公共的、双方都认同的访问控制策略，因此需要支持策略的合成。这个问题最早由 Mdean 在强制访问控制框架下提出。他提出了一个强制访问控制策略的合成框架，将两个安全格合成一个新的格结构。策略合成的同时要保证新策略的安全性，新的合成策略不能违背各个域原来的访问控制策略。为此，Gcmg 提出了自治原则和安全原则。Bonatti 提出了一个访问控制策略合成代数，基于集合论使用合成运算符合成安全策略。Wijesekera 等提出了基于授权状态变化的策略合成代数框架。Agarwal 构造了语义 Web 服务的策略合成方案。Shafiq 提出了一个多信任域 RBAC 策略合成策略，侧重于解决合成的策略与各域原有策略的一致性问题。

（七）可信云计算

将可信计算技术融入云计算环境，以可信赖方式提供云服务已成为云安全研究领域的一大热点。Santos 等提出了一种可信云计算平台 TCCP，基于此平台，IaaS 服务商可以向其用户提供一个密闭的箱式执行环境，保证客户虚拟机运行的机密性。另外，它允许用户在启动虚拟机前检验 IaaS 服务商的服务是否安全。Sadeghi 等认为，可信计算技术提供了可信的软件和硬件以及证明自身行为可信的机制，可以用来解决外包数据的机密性和完整性问题；设计了一种可信软件令牌，将其与一个安全功能验证模块相互绑定，以求在不泄露任何信息的前提下，对外包的敏感（加密）数据执行各种功能操作。

三、创立本质安全的新型 IT 体系

当前，计算机和互联网的安全措施都是被动和暂时的，突出体现在普通用户被迫承担安

全责任，频繁地扫描漏洞和下载补丁。进入云计算时代，不少厂商适时推出云安全和云杀毒产品，可以想象，云病毒和云黑客的水平必然有所提高。

实际上，如今信息和网络安全问题的根源在于当初发明计算机和网络时根本没想到用户中有恶意的攻击者，或者没有预见到安全隐患。PC 时代的防火墙、杀毒软件以及各种法律法规只能通过事后补救来处罚给他人利益造成损害的人。这些措施不能满足社会信息中枢的可控开放模式和安全需求。其实，抓住云计算的机遇，重新规划计算机和互联网基础理论，建立完善的安全体系并不困难。

下面在分析 IP 互联网安全问题原因的基础上，提出大一统网络根治网络安全的一揽子解决方案。网络安全不是一项可有可无的服务，大一统网络的目标不是用复杂设备和多变的软件改善网络安全性，而是直接建立本质上高枕无忧的网络。

从网络地址结构上根治仿冒。IP 互联网的地址由用户设备告诉网络，大一统网络地址由网络告诉用户设备。

为了防范他人入侵，PC 和互联网设置了烦琐的口令、密码障碍。就算是实名地址，仍无法避免密码被破译或由于用户的失误而造成的安全信息泄露。连接到 IP 互联网上的 PC 终端，首先必须自报家门，告诉网络自己的 IP 地址，但网络却无法保证这个 IP 地址的真假。这就是 IP 互联网第一个无法克服的安全漏洞。

大一统网络终端的地址是通过网管协议生成的，用户终端只能用这个生成的地址进入网络，因此无须认证。大一统网络地址不仅具备唯一性，还具备可定位和可定性功能，如同个人身份证号码一样，隐含了该用户端口的地理位置、设备性质和服务权限等其他特征。交换机根据这些特征规定了分组包的行为规则，实现了不同性质的数据分流。

每次服务发放独立通行证，阻断黑客攻击的途径。IP 互联网可以自由进出，用户自备防火墙，大一统网络每次服务必须申请通行证。

IP 通信协议在用户终端执行，这就可能被篡改。路由信息在网上传播，这就可能被窃听。网络中的固有缺陷导致地址欺骗、匿名攻击、邮件炸弹、泪滴、隐蔽监听、端口扫描、内部入侵以及涂改信息等各种各样的黑客行为无处不在，垃圾邮件等互联网污染难以防范。IP 互联网用户可以设定任意 IP 地址冒充别人，可以向网上任何设备发出探针窥探别人的信息，也可以向网络发送任意干扰数据包。许多聪明人发明了各种防火墙，试图保证安全，但是安装防火墙是自愿的，防火墙的效果是暂时的和相对的，IP 互联网本身难免被污染。这是 IP 互联网第二项安全败笔。

大一统网络用户入网后，网络交换机仅允许用户向节点服务器发送有限的服务请求，其他数据包一律拒绝。如果服务器批准用户申请，即向用户所在的交换机发出网络通行证，用户终端发出的每个数据包若不符合网络交换机端的审核条件就一律丢弃，这样就杜绝了黑客攻击。每次服务结束后，自动撤销通行证。因此，大一统网络不需要防火墙、杀毒、加密和内外网隔离等被动手段，从结构上彻底阻断了黑客攻击的途径，是本质上的安全网络。

网络设备与用户数据完全隔离，切断病毒扩散的生命线。IP 互联网设备可随意拆解用户数据包，大一统网络设备与用户数据完全隔离。

冯·诺依曼创造的计算机将程序指令和操作数据放在同一个地方，也就是说，一段程序可以修改机器中的其他程序和数据。沿用至今的这一计算机模式给特洛伊木马、蠕虫病毒留下了可乘之机。随着病毒的高速积累，防毒软件和补丁永远慢一拍，处于被动状态。互联网 TCP/IP 的技术核心是尽力而为、储存转发和检错重发。为了实现互联网的使命，网络服务器和路由器必须具备解析用户数据包的能力，这同样给黑客带来了机会。网络安全从此成了比谁聪明的游戏，制作病毒与杀毒、攻击与防护，永无休止。这是 IP 互联网的第三项遗传性缺陷。

大一统网络交换机设备中的 CPU 不接触任何一个用户数据包，也就是说，整个网络只是在业务提供方和接收方的终端设备之间建立一条完全隔离和具备流量行为规范的透明管道。用户终端不管收发什么数据，一概与网络无关，从结构上切断了病毒和木马的生命线。因此，大一统网络杜绝了网上的无关人员窃取用户数据的可能性。同理，那些黑客便没有了可以攻击的对象。

用户之间的自由连接完全隔离，确保有效管理。IP 互联网是自由市场，无中间人，而大一统网络则类似百货公司，有中间人。

对于网络来说，消费者与内容提供商都属于网络用户范畴，只是大小不同而已。IP 互联网是个无管理的自由市场，任意用户之间都可以直接通信。也就是说，要不要管理是用户说了算，要不要收费是单方大用户（供应商）说了算，要不要遵守法规也是单方大用户说了算。运营商至多收取入场费，要想执行法律、道德、安全和商业规矩，现在和将来都不可能。这是 IP 互联网的第四项架构上的顽疾。

大一统网络创造了服务节点的概念，形成有管理的百货公司商业模式。用户之间或者消费者和供货商之间严格禁止自由接触，一切联系都必须取得节点服务器的批准，这是实现网络业务有效管理的必要条件。有了不可逾越的规范，才能在真正意义上实现个人与个人之间、企业与个人之间、企业与企业之间或者统称为有管理的用户之间的对等通信。

商业规则植入通信协议，确保盈利模式。IP 互联网奉行先通信后管理的模式，大一统网络奉行先管理后通信的模式。

网上散布非法媒体内容，只有造成恶劣影响后，才能在局部范围内查封，不能防患于未然。法律与道德不能防范有组织、有计划的职业攻击，而且法律只能对已造成危害的攻击者实施处罚。IP 互联网将管理定义为一种额外附加的服务，建立在应用层。因此，管理自然成为一种可有可无的摆设。这是 IP 互联网第五项难移的本性。

大一统网络用户终端只能在节点服务器许可范围内的指定业务中选择申请其中之一。服务建立过程中的协议信令由节点服务器执行。用户终端只是被动地回答服务器的提问，接受或拒绝服务，不能参与到协议建立过程中。一旦用户接受服务器提供的服务，只能按照通行证规定的方式发送数据包，任何偏离通行证规定的数据包一律在底层交换机中丢弃。大一统网络协议的基本思路是实现以服务内容为核心的商业模式，而不只是完成简单的数据交流。在这一模式下，安全成为固有的属性，而不是附加在网络上的额外服务项目。当然，业务权限审核、资源确认和计费手续等均可轻易包含在管理合同中。

第三节　大数据隐私保护的政策法规与技术介绍

随着数据挖掘技术的发展，大数据的价值越来越明显，隐私泄露问题的出现使大家愈发重视个人隐私保护。在我国相关信息安全和隐私保护法律法规不够完善的情况下，个人信息的泄露、滥用等问题层出不穷，给人们的生活带来了很多麻烦。

一、防不胜防的隐私泄露

个人隐私的泄露在最初阶段主要是由于黑客主动攻击造成的。人们在各种服务网站注册的账号、密码、电话、邮箱、住址、身份证号码等各种信息集中存储在各个公司的数据库中，并且同一个人在不同网站留下的信息具有一定的重叠性，这就导致一些防护能力较弱的小网站很容易被黑客攻击而造成数据流失，进而使很多用户在安全防护能力较强的网站的信息失去了安全保障。随着移动互联网的发展，越来越多的人把信息存储在云端，越来越多的带有信息收集功能的手机 APP 被安装和使用，而当前的信息技术通过移动互联网的途径对隐私数据跟踪、收集和发布的能力已经达到了十分完善的地步，个人信息通过社交平台、移动应用、电子商务网络等途径被收集和利用，大数据分析和数据挖掘已经让越来越多的人没有了隐私。对于一个不注意个人隐私保护的人来说，网络不仅知道其年龄、性别、职业、电话号码、爱好，甚至知道其居住的具体位置、现在在哪里、将要去哪里等，这并不是危言耸听。

罗彻斯特大学的亚当·萨迪克和来自微软实验室的工程师约翰·克拉姆收集了 32 000 天里 703 个志愿者和 396 辆车的 GPS 数据，并建造了一个“大规模数据集”。他们通过编写一个算法，可以大致预测一个人未来可能到达的位置，最多可以预测到 80 周后，其准确度高达 80%。

为保护个人隐私权，很多企业都会对其收集到的个人信息数据进行“匿名化”处理，抹掉能识别出具体个体的关键信息。但在大数据时代，由于数据体量巨大，数据的关联性强，即使是经过精心加工处理的数据，也可能泄露敏感的隐私信息。早在 2000 年，Latanya Sweeney 博士就表明只需要 3 个信息就可以确定 87% 的美国人的 ZIP 码、出生日期和性别。而这些信息都可以在公共记录中找到。另外，根据用户的搜索记录也可以很轻易地锁定某个人。

当前，人们在使用社交网站发布说说、微博的同时使用定位功能显示自身准确位置，各种好友评论中无意地直呼真名或者职务，各种网站和论坛注册的邮箱、电话号码、QQ 等信息，电商平台的实名认证和银行卡关联，网上投递个人简历等都会把个人隐私信息全部或部分展示出来。同时，随着移动互联网的发展，越来越多的人开始使用云存储和各种手机 APP（为了与商家合作推送广告，很多 APP 都具有获取用户位置、通讯录的功能），个人信息也就相应地在互联网和云存储中不断增多。谷歌眼镜作为互联网时代最新的科技成果之一，带给人们随时随地拍摄、随时随地上传的新鲜体验，但这也意味着越来越多的人可能在不知情的情况下已经被录像并上传到了互联网，因此谷歌眼镜直接被冠以了“隐私杀手”的称号。这些新技术就像一把双刃剑，在方便人们生活的同时，也带来了个人隐私泄露的更大风险。

二、隐私保护的政策法规

没有规矩，不成方圆。在现代社会，完善的法律法规是社会秩序正常运行的基本保障，也是各行各业健康、有序发展的根本依据，互联网行业也不例外。当前，包括中国在内的很多国家都在完善与数据使用及隐私相关的法律，以便在保障依法合理地搜集处理和利用大数据信息创造社会价值的同时，保护隐私信息不被窃取和滥用。

在隐私保护立法方面走在前面的当属欧洲。欧洲国家大多将隐私作为一种值得法律完全保护的基本人权对待，制定了范围广泛的跨行业的法律。在欧洲，隐私是一个“数据保护”的概念，隐私是基本人权的基础，国家必须承担保护私人信息的义务。欧洲最早的数据立法是20世纪70年代初德国黑森州的数据保护法。1977年，德国颁布了《联邦数据保护法》。瑞士1973年通过了《数据保护法案》。1995年10月，欧盟议会代表所有成员国通过了《欧盟个人数据保护指令》，简称《欧盟隐私指令》，其中的第一条清楚地阐明了其主要目标是“保护自然人的基本权利和自由，尤其与个人数据处理相关的隐私权”。这项指令几乎涵盖了所有处理个人数据的问题，包括个人数据处理的形式，个人数据的收集、记录、存储、修改、使用或销毁以及网络上个人数据的收集、记录、搜寻、散布等。欧盟规定各成员国必须根据该指令调整或制定本国的个人数据保护法，以保障个人数据资料在成员国间的自由流通。1998年10月，有关电子商务的《私有数据保密法》开始生效。1999年，欧盟委员会先后制定了《互联网上个人隐私权保护的一般原则》《关于互联网上软件、硬件进行的不可见和自动化的个人数据处理的建议》《信息公路上个人数据收集、处理过程中个人权利保护指南》等相关法规，为用户和网络服务商提供了清晰可循的隐私权保护原则，从而在成员国内有效地建立起了有关互联网隐私权保护的统一的法律体系。

作为电子商务最为发达的国家，美国在1986年就通过了《联邦电子通信隐私权法案》，它规定了通过截获、访问或泄露保存的通信信息侵害个人隐私权的情况、例外及责任，是处理互联网隐私权保护问题的重要法案。

与数据隐私密切相关的是数据的“所有权”和数据的“使用权”。数据由于资产化和生产要素化，其所附带的经济效益和价值也就引出了一系列法律问题，如数据的所有权归属、其所涵盖的知识产权如何界定、如何获得数据的使用权以及数据的衍生物如何界定等。智慧城市和大数据分析往往需要整合多种数据源进行关联分析，分析的结果能产生巨大的价值，然而这些数据源分属不同的数据拥有者。对这些拥有者来说，数据是其核心资源，甚至是保持竞争优势的根本，因此他们不一定愿意将其开放共享。如何既能保证数据拥有者的利益，又能有效促进数据的分享与整合，将成为与立法密切相关的重要因素。

三、隐私保护技术

对于隐私保护技术效果可用“披露风险”来度量。披露风险表示攻击者根据所发布的数据和其他相关的背景知识能够披露隐私的概率。那么，隐私保护的目的就是尽可能降低披露风险。隐私保护技术大致可以分为以下几类。

（一）基于数据失真的技术

数据失真技术简单来说就是对原始数据“掺沙子”，让敏感的数据不容易被识别出来，但沙子也不能掺得太多，否则就会改变数据的性质。攻击者通过发布的失真数据不能还原出真实的原始数据，但同时失真后的数据仍然保持某些性质不变。比如，对原始数据加入随机噪声，可以实现对真实数据的隐藏。当前，基于数据失真的隐私保护技术包括随机化、阻塞、交换、凝聚等。例如，随机化中的随机扰动技术可以在不暴露原始数据的情况下进行多种数据挖掘操作。由于通过扰动数据重构后的数据分布几乎等同于原始数据的分布，所以利用重构数据的分布进行决策树分类器训练后，得到的决策树能很好地对数据进行分类。而在关联规则挖掘中，可以在原始数据中加入很多虚假的购物信息，以保护用户的购物隐私。

（二）基于数据加密的技术

在分布式环境下实现隐私保护，要解决的首要问题是通信的安全性，而加密技术正好满足了这一需求，因此基于数据加密的隐私保护技术多用于分布式应用中，如分布式数据挖掘、分布式安全查询、几何计算、科学计算等。在分布式环境下，具体应用通常会依赖数据的存储模式和站点的可信度及其行为。

对数据加密可以起到有效保护数据的作用，但就像把东西锁在箱子里，别人拿不到，自己要用也很不方便。如果在加密的同时还想从加密之后的数据中获取有效的信息，应该怎么办？最近，在“隐私同态”或“同态加密”领域取得的突破可以解决这一问题。同态加密是一种加密形式，它允许人们对密文进行特定的代数运算，得到的仍然是加密的结果，与对明文进行运算后加密一样。这项技术使人们可以在加密的数据中进行诸如检索、比较等操作，得出正确的结果，而在整个处理过程中不必对数据进行解密。比如，医疗机构可以把病人的医疗记录数据加密后发给计算服务提供商；服务商不用对数据解密就可以对数据进行处理，处理完的结果仍以加密形式发送给客户；客户在自己的系统上才能进行解密，看到真实的结果。但目前这种技术还处在初始阶段，所支持的计算方式非常有限，处理的时间开销也比较大。

（三）基于限制发布的技术

限制发布也就是有选择地发布原始数据、不发布或发布精度较低的敏感数据，实现隐私保护。这类技术的研究主要集中在“数据匿名化”，就是在隐私披露风险和数据精度间进行折中，有选择地发布敏感数据或可能披露敏感数据的信息，但要保证对敏感数据及隐私的披露风险在可容忍范围内。数据匿名化研究主要集中在两个方面：一是研究设计更好的匿名化原则，使遵循此原则发布的数据既能很好地保护隐私，又具有较大的利用价值；二是针对特定匿名化原则设计更“高效”的匿名化算法。数据匿名化一般采用两种基本操作：一是抑制，抑制某数据项，即不发布该数据项，如隐私数据中有的可以显性标识一个人的姓名、身份证号等信息；二是泛化，泛化是对数据进行概括、抽象的描述。

安全和隐私是云计算和大数据等新一代信息技术发挥其核心优势的拦路虎，是大数据时代面临的一个严峻挑战。但是，这也是一个机遇，在安全与隐私的挑战下，信息安全和网络安全技术也得到了快速发展，未来安全即服务将借助云的强大能力，成为保护数据和隐私的一大利器，更多的个人和企业将从中受益。历史的经验和辩证唯物主义的原理告诉我们，事物总是按照其内在规律向前发展的，对立的矛盾往往会在更高的层次上达成统一，矛盾的化解也就意味着发展的更进一步。相信随着相关法律体系的完善和技术的发展，未来大数据和云计算中的安全隐私问题将会得到妥善解决。

第九章

电子商务与社会化网络中大数据分析

第一节　推荐系统分类与算法介绍

推荐系统在人们的生活中无处不在，如顾客买包子的时候，老板经常会问顾客要不要来杯豆浆，这就是一种简单的推荐。互联网的发展大大扩展了推荐系统的应用，如亚马逊的商品推荐、Facebook 的好友推荐、Digg 的文章推荐、豆瓣的豆瓣猜、Last.fm 和豆瓣 FM 的音乐推荐、Gmail 里的广告等。在如今互联网信息过载的情况下，信息消费者想方便地找到自己感兴趣的内容，信息生产者则想将自己的内容推送给最合适的目标用户，而推荐系统正是这两者的中介。

一、推荐系统的评判标准

先要明确什么是好的推荐系统，可以通过如下几个指标判定。

（1）用户满意度：描述用户对推荐结果的满意程度，这是推荐系统最重要的指标。一般通过对用户进行问卷调查或者监测用户线上行为数据获得。

（2）预测准确度：描述推荐系统预测用户行为的能力。一般通过离线数据集上算法给出的推荐列表和用户行为的重合率来计算。重合率越大，准确率越高。

（3）覆盖率：描述推荐系统对长尾物品的发掘能力。一般通过所有推荐物品占总物品的比例和所有物品被推荐的概率分布来计算。比例越大，概率分布越均匀，覆盖率越高。

（4）多样性：描述推荐系统中推荐结果能否覆盖用户不同的兴趣领域。一般通过推荐列表中物品两两之间不相似性计算。物品之间越不相似，多样性越好。

（5）新颖性：如果用户没有听说过推荐列表中的大部分物品，则说明该推荐系统的新颖性较好。可以通过推荐结果的平均流行度和对用户进行问卷调查获得。

（6）惊喜度：如果推荐结果和用户的历史兴趣不相似，但让用户很满意，便可以说这是一个让用户惊喜的推荐。可以定性地通过推荐结果与用户历史兴趣的相似度和用户满意度衡量。

简而言之，一个好的推荐系统就是在推荐准确的基础上，给所有用户推荐的物品尽量广泛（挖掘长尾），给单个用户推荐的物品尽量覆盖多个类别，同时不要给用户推荐太多热门物品，最重要的是能让用户看到推荐后有种相见恨晚的感觉。

二、推荐系统的分类

推荐系统是建立在大量有效数据之上的，背后的算法思想有很多种，可以从处理的数据入手进行分类。

互联网上的用户行为千千万万，从简单的网页浏览到复杂的评价、下单，其中蕴含了大量的用户反馈信息，通过对这些行为的分析便能推知用户的兴趣爱好。其中，最基础的就是“协同过滤算法”。

协同过滤算法分为两种：基于用户（UserCF）和基于物品（ItemCF）。所谓基于用户，就是根据用户对物品的行为，找出兴趣爱好相似的一些用户，将其中一个用户喜欢的东西推荐给另一个用户。基于物品就是先找出相似的物品。怎么找呢？也是看用户的喜好，如果同时喜欢某两个物品的人比较多，就可以认为这两个物品相似，最后只要给用户推荐和他们原有喜好类似的物品即可。

至于什么时候用 UserCF, 什么时候用 ItemCF, 这要视情况而定。一般来说，UserCF 更接近于社会化推荐，适用于用户少、物品多、时效性较强的场合，如 Digg 的文章推荐；ItemCF 更接近于个性化推荐，适用于用户多、物品少的场合，如豆瓣的豆瓣猜、豆瓣 FM。

协同过滤算法也有不少缺点，最明显的一个就是热门物品的干扰。例如，协同过滤算法经常会导致两个不同领域的最热门物品之间具有较高的相似度，这样很可能会给喜欢《算法导论》的读者推荐《哈利波特》。显然，这不科学。要避免这种状况，就要从物品的内容数据入手，内容过滤算法就是其中一种方法。

除了协同过滤算法之外，隐语义模型（LFM）应用得也比较多，它基于用户行为对物品进行自动聚类，从而将物品按照多个维度、多个粒度分门别类，然后根据用户喜欢的物品类别进行推荐。这种基于机器学习的方法在很多指标上优于协同过滤算法，但性能不太完善，一般可以先通过其他算法得出推荐列表，再由 LFM 进行优化。

三、在线推荐系统常用算法介绍

推荐算法是整个推荐系统中最核心、最关键的部分，在很大程度上决定了推荐系统性能的优劣。目前，主要的推荐算法包括基于内容推荐、协同过滤推荐、基于关联规则推荐、基于效用推荐、基于知识推荐和组合推荐。

（一）基于内容推荐

基于内容推荐是信息过滤技术的延续与发展，是基于项目的内容信息做出推荐的，其不需要依据用户对项目的评价意见，更多的是用机器学习的方法从关于内容的特征描述的事例中得到用户的兴趣资料。在基于内容的推荐系统中，项目或对象是通过相关特征的属性定义的，系统基于用户评价对象的特征，学习用户的兴趣，考查用户资料与待预测项目的相匹配程度。用户的资料模型取决于所用学习方法，常用的有决策树、神经网络和基于向量的表示方法等。基于内容的用户资料需要有用户的历史数据，用户资料模型可能随着用户偏好的改变而发生变化。

基于内容推荐算法的优点有：

（1）不需要其他用户的数据，没有冷开始问题和稀疏问题；

（2）能为具有特殊兴趣爱好的用户进行推荐；

（3）能推荐新的或不是很流行的项目，没有新项目问题；

（4）通过列出推荐项目的内容特征，可以解释为什么推荐那些项目；

（5）已有比较好的技术，如关于分类学习方面的技术已相当成熟。

其缺点是要求内容容易抽取成有意义的特征，特征内容要有良好的结构性，并且用户的口味必须能用内容特征形式表达，不能显式地得到其他用户的判断情况。

（二）协同过滤推荐

协同过滤推荐技术是推荐系统中应用最早和最为成功的技术之一。它一般采用最近邻技术，利用用户的历史喜好信息计算用户之间的距离，然后利用目标用户的最近邻用户对商品的加权评价值来预测目标用户对特定商品的喜好程度，从而根据这一喜好程度对目标用户进行推荐。协同过滤最大的优点是对推荐对象没有特殊的要求，能处理非结构化的复杂对象，如音乐、电影。

协同过滤基于这样的假设：为一用户找到其真正感兴趣的内容的好方法是找到与此用户有相似兴趣的其他用户，然后将他们感兴趣的内容推荐给此用户。其基本思想非常易于理解，正如人们在日常生活中往往会根据好朋友的推荐进行一些选择。协同过滤正是把这一思想运用到电子商务推荐系统中，基于其他用户对某一内容的评价向目标用户进行推荐。

基于协同过滤的推荐系统可以说是从用户的角度进行相应推荐的，而且是自动的，即用户获得的推荐是系统从购买模式或浏览行为等隐式获得的，不需要用户努力地找到符合自己兴趣的推荐信息，如填写一些调查表格等。

和基于内容的过滤方法相比，协同过滤具有如下优点。

（1）能够过滤难以进行机器自动内容分析的信息，如艺术品、音乐等。

（2）共享其他人的经验，避免了内容分析的不完全和不精确，并且能够基于一些复杂的、难以表述的概念（如信息质量、个人品位）进行过滤。

（3）有推荐新信息的能力。可以发现内容上完全不相似的信息，用户对推荐信息的内容事先是预料不到的。这也是协同过滤和基于内容的过滤一个较大的差别，基于内容的过滤推荐的很多都是用户本来就熟悉的内容，而协同过滤可以发现用户潜在的但自己尚未发现的兴趣偏好。

（4）能够有效地使用其他相似用户的反馈信息，减少用户的反馈量，加快个性化学习的速度。

虽然协同过滤作为一种典型的推荐技术有一定的应用，但协同过滤仍有许多问题需要解决，最典型的问题有稀疏问题和可扩展问题。

（三）基于关联规则推荐

基于关联规则推荐是以关联规则为基础，把已购商品作为规则头，规则体为推荐对象。关联规则挖掘可以发现不同商品在销售过程中的相关性，在零售业中已经得到了成功的应用。管理规则就是在一个交易数据库中统计购买了商品集 X 的交易中有多大比例的交易同时购买了商品集 Y，其直观的意义就是用户在购买某些商品的时候有多大倾向去购买另外一些商品。比如，很多人会在购买牛奶的同时购买面包。

算法的第一步——关联规则的发现最为关键且最耗时，是算法的瓶颈，但可以离线进行。商品名称的同义性问题也是关联规则的一个难点。

（四）基于效用推荐

基于效用推荐建立在用户使用项目的效用情况的基础上，其核心问题是怎样为每个用户创建一个效用函数。因此，用户资料模型在很大程度上是由系统采用的效用函数决定的。基于效用推荐的好处是它能把非产品的属性，如提供商的可靠性和产品的可得性等考虑到效用计算中。

（五）基于知识推荐

基于知识推荐在某种程度上可以看成一种推理技术，它不是基于用户需要和偏好进行推荐的，基于知识的方法因所用的功能知识不同而有明显区别。效用知识是一种关于一个项目如何满足某一特定用户的知识，其能解释需要和推荐的关系，所以用户资料可以是任何能支持推理的知识结构，既可以是用户已经规范化的查询，又可以是一个更详细的用户需要的表示。

（六）组合推荐

由于各种推荐算法都有优缺点，所以在实际中组合推荐经常被采用，研究和应用最多的是内容推荐和协同过滤推荐的组合。最简单的做法就是分别用基于内容的方法和协同过滤推荐方法产生一个推荐预测结果，然后用某种方法组合其结果。尽管在理论上有很多种推荐组合方法，但在某一具体问题中并不见得都有效。组合推荐一个最重要的原则就是通过组合避免或弥补各种推荐技术的缺点。

在组合方式上，有研究人员提出了 7 种组合思路。

（1）加权：加权多种推荐技术结果。

（2）变换：根据问题背景和实际情况或要求决定变换不同的推荐技术。

（3）混合：同时采用多种推荐技术给出多种推荐结果为用户提供参考。

（4）特征组合：组合来自不同推荐数据源的特征供另一种推荐算法使用。

（5）层叠：先用一种推荐技术产生一种粗糙的推荐结果，再利用第二种推荐技术在此推荐结果的基础上做出更精确的推荐。

（6）特征扩充：将一种技术产生附加的特征信息嵌入另一种推荐技术的特征输入中。

（7）元级别：用一种推荐方法产生的模型作为另一种推荐方法的输入。

第二节　计算广告中大数据的应用

一、计算广告简介

计算广告是一门新兴的多学科的交叉学科，与大型搜索、文本分析、信息检索、机器学习、分类、优化和微观经济学等诸多学科紧密融合。计算广告学是一门广告营销科学，以追求广告投放的综合收益最大化为目标，重点解决用户与广告匹配的相关性和广告的竞价模型问题。计算广告学涉及自然语言处理、数据挖掘、竞价营销、创意设计等诸多学科。

计算广告学之所以能够兴起，主要源于互联网公司的大数据能力。大数据解决了几个计算广告学相关的关键问题：海量用户数据的挖掘、实时大数据计算（流计算）、用户与广告特征提取与匹配、语义网络的构建。

计算广告的运作系统主要包括广告算法、广告、语境、受众 4 个方面。根据这 4 个方面可将目前的计算广告形式归纳为以下 3 类。

（一）基于文本分析的计算广告

文本分析是近年来自然语言处理学科的一个热点研究问题，该学科一些应用研究学者相继将网页分析、文本倾向性分析、文本相似性分析、机器翻译等研究成果应用到网络广告实践中。

（二）基于用户分析的计算广告

基于用户分析的计算广告是直接寻找广告与用户的一致性。当前用户分析主要从 IP、注册资料、服务器日志、Cookie、历史数据、浏览器行为等方面切入。

（三）基于用户参与的计算广告

文本和用户行为都可以通过相关算法进行兴趣相似性分析，然而图像、视频这种多媒体数据在现有的图像识别技术下尚不能进行主题分析，因此需要人工参与。基于用户参与的计算广告系统的主要目的是搭建一个用户、广告主、站长的联盟平台。

二、计算广告发展阶段

计算广告参与者有以下几类。

（1）用户：互联网用户。用户在互联网上获取内容或服务，也是广告的受众。

（2）Publisher: 互联网内容或服务提供商，是互联网广告投放的媒介。用户在浏览其内容或使用其服务的时候，相应地在该媒体上完成广告信息的接收和操作。

（3）Ad Network: 广告联盟网络，是一个连接广告主和互联网媒体的广告系统平台，一方面为广告主提供市场营销工具甚至广告投放服务，另一方面为互联网媒体兑现部分广告的价值。

（4）Advertiser: 广告主，是营销的主体，具有投放广告到用户的商业需求，并期望用户通过广告的影响成为其产品或服务的消费者。

（5）Ad Exchange：一个在不同 Ad Network 之间实现广告与流量交换交易的平台。该平台能够在不同商业模式之间实现市场互通，进而完成广告市场的整合与利益最大化。

第一阶段：一个广告主如果需要投放互联网在线广告，就要选择一个 Ad Network, 并依据相关营销工具进行广告创意制作、投放计划管理和投放过程及效果监控。事情的起点是把广告计划建立起来并付款。付款购买的是什么？是 Ad Network 为其带来的潜在消费者，体现就是 Publisher 的流量。所以，这个环节只有广告主的意愿是不够的。Ad Network 需要获取大量的流量位置用来投放广告，并在营销工具中告诉广告主，广告可以通过什么方式选定广告位置，也就是选定潜在客户。这些潜在客户的广告触受行为才是广告主真正要花钱购买的。另一个视角是 Ad Network 建立一个广告营销市场，它需要有强大的销售力量，找到所有它需要的广告主进行广告营销，并能够获取和梳理 Publisher 流量位置，告诉广告主它的营销价值值得其付款。

第二阶段：Ad Network 将选择合适的广告投放平台，对广告主的广告进行分析并添加到广告投放系统中。现在一个用户访问某个 Publisher，主要通过其内容或服务获取相关信息。如果当前 Publisher 参与了该 Ad Network 的广告投放活动，用户的一次 PV 将触发一次广告投放操作——系统自动将用户的部分信息（一般是有利于广告投放的信息）作为输入发送到广告投放平台，并经过一个复杂的决策过程，优选出一批广告回传至 Publisher, 以事先设计的样式进行广告展现，此时用户就看到了互联网在线广告。

第三阶段：广告主对"用户"的"营销消费过程"还在延续。如果是 CPM 即千次展现付费，则广告浏览本身已经形成费用，系统需要将这个浏览信息记录，并启动后续广告费用及报表相关的操作。如果是 CPC 即点击付费，则还需要看用户是否进一步点击了广告：如果用户没有点击，广告展现分文不取；如果用户点击了，需要将点击信息记录，并启动后续广告费用及报表相关操作。当然，还有其他更为复杂的商业模式。此时，广告主的费用已经被扣减了，Publisher 也应该拿到了自己应得的广告费用分成部分。

下面从不同角度看 RTB 与传统 Ad Network 的区别。

从 Ad Network（或 RTB 中的 DSP）的角度看：

（1）原来从媒体来的每一个广告请求通常都能获得展现机会，现在不一定了。

（2）原来用户没点击，Ad Network 不用出钱（因为大多采用 CPC 结算），现在则需要出钱（因为采用 CPM 结算）。原来稳赚不赔，现在弄不好还亏本。

（3）媒体垄断优势没了，竞争者变多了，广告主可能变少了。

（4）不用去和各家媒体一一谈合作了。

从广告主的角度看：

（1）DSP 比 Ad Network 更能代表自己的利益，可以提出更多个性化的投放需求。

（2）更容易在投放中定制化地使用广告主自己的数据和第三方数据。

（3）DSP 的优化效果可能比 Ad Network 更好，但也可能更差。

从媒体主的角度看，收益理论上会增加，但在早期市场中竞价不激烈时，收益可能降低。

三、计算广告相关算法

（一）DSP 的工作流程

在讲解算法之前，先大致介绍一下 DSP 的工作流程。

1.追踪网民行为（Behavior Tracking)

（1）ActionData（广告主的数据）。DMP 公司在广告主的网站上埋点（通常是放上一个 1×1 的不可见像素），这样，当网民访问广告主的网站时，DMP 公司会得到该信息。在广告主授权下，DMP 公司把该数据传给 DSP。

（2）Mapping Data（媒体的数据）。DSP 还会和第三方网站合作（如新浪、腾讯），在它们的网站上也埋点，或者向 DMP 公司购买网民行为数据，这样就可以追踪到网民在这些网站上的行为。网民在每个网站上留下的 Cookie 不一样，需要做 Cookie Mapping。

2.受众选择（Audience Selection）

（1）离线计算每个 Campaign 的目标投放用户集。

（2）广告主（或账户操作人员）可以通过配置管理这些目标投放用户集。

3.进行实时竞价（Bidding）

（1）当 Ad Exchange 把请求发过来时，DSP 会得到以下信息：① 当前广告位的信息；② 当前用户的 Cookie 和基本信息。

（2）DSP 需要在 100 ms 内，根据对当前用户的理解，并且考虑当前广告位，依据自己的 Bidding 算法决定：① 是否要对这次展现机会进行竞价；② 投放哪个 Campaign 的广告；③ 出价是多少。

4.展现广告

如果出价最高，赢得了展现机会，则 DSP 返回创意，之后网民就会在该广告位看到该创意(图片、文字、Flash)。

5.追踪转化

（1）Ad Exchange 向 DSP 反馈该 DSP 竞价成功的展现是否造成点击或转化。

（2）根据这些数据统计点击率（CTR）、转化率（CVR）、每个转化平均成本（CPA）等各种指标，汇总成报表展示给广告主。

（二）相关算法

上述过程中的算法大致描述如下。

1.目标用户选择（Audience Selection）

找到每个 Campaign 的目标投放用户集。

（1）基于标签的做法（与 Ad Network 差异不大）。① DSP 对所有能追踪到的网民，根据其行为为其打上各种标签；② 广告主（或账户操作员）对每个 Campaign 选择一系列标签，从而确定自己的目标投放用户集。

（2）基于重定向的做法。重定向的方式很多，如 KT 重定向、Cookie 重定向。Cookie 重定向是记录曾经访问过广告主网站的 Cookie，然后广告主只对这些 Cookie 进行投放。

（3）基于 Look-alike 模型的做法（以 M6D 的做法为例）。

对每个 Campaign，建立模型预估用户发生转化的概率 P(c/u)。

正例是在广告主网站发生转化的用户，反之为负例，P(c/u) 由两级模型构建。

根据每个用户的 P(c/u) 将用户划分到不同的 Segments。

不同 Segments 的 P(c/u) 范围不一样，平均每个 Campaign 有 10 ~ 50 个 Segments。广告主根据自己的需求决定开启或关闭某些 Segments。

2.出价（Bidding Algorithm）

当 Ad Exchange 发送竞价请求时，携带了网民 Cookie 信息和广告位信息。

（1）检索：DSP 先根据 Cookie 找到所有目标投放用户集中包含该 Cookie 的 Campaign。

（2）过滤：筛掉那些达到预算限制的 Campaign 以及对当前用户达到展现次数上限的 Campaign。

（3）出价：对每个 Campaign 计算出一个出价。

（4）内部竞价：选择出价最高的 Campaign，并把出价返回给 Ad Exchange。

以上过程需要在 100 ms 内（或更短）完成。

3. 调整出价（Bid Adjustment）

在线上生产环境中进行实际竞价时，通常需要对竞价模型的参数进行调整。

原因：① 线上的数据分布与线下用的训练数据的分布不一样，需要对参数进行调整；② 线上的环境是动态变化的，参数也应随之变化。

常见的算法有以下两种。

（1）预测（Forecasting）。

预测对象：① 流量，即预估未来的流量大小；② 在不同的出价下能赢得展现的概率分布。体现竞争对手的出价情况。

预测范围：① 全流量下的预估；② 不同定向条件下的预估。

（三）反馈控制

以消费控制为例，计算公式为

$$\alpha(t+1)=\alpha(t)\exp(\lambda(\frac{\text{spend}(t-1,t)}{\text{budget}}-\frac{1}{T}))$$

上式控制每个时间间隔的消费一致，但实际应用中通常不是一致的：

$$\alpha(t+1)=\alpha(t)\exp(\lambda(\frac{\text{spend}(t-1,t)}{\text{budget}}-f(t,T)))$$

$f(t,T)$ 为 $t-1$ 到 t 时间段的消费控制目标。

四、计算广告与大数据

广告正在从 Ad Network 向 Ad Exchange 转变，大数据挖掘和分析正在发挥重要作用。在国外，DMP（数据管理平台）已快速发展起来，能够通过整合不同数据源进行受众分析，帮助判断目标受众和单个受众价格，让广告与用户需求能精准对接。比如，从定向方式来看，出现了关键词重定向，当用户搜索完关键词“DSP”后浏览其他网站时，就会出现推荐。

第三节　社交网络中大数据的应用

随着 Facebook、Twitter、新浪微博、LinkedIn 等社交媒体的流行，对社交网络的数据挖掘成为近几年的技术热点。在社交网络中，用户与用户、用户与主题、用户与活动的关系网就是一种图结构的海量数据，所以对社交网络分析的一个主要方向就是针对关系图的图数据挖掘。

一、社交网络中大数据挖掘的应用场景

（一）意见传播、动态网络影响力传播模型分析

这是社交网络分析的典型应用之一，主要分析相关主题图结构数据中的“意见领袖”“结构洞”（跨越不同社群子网络的桥接节点）、“动态网络影响力传播模型”等问题。

（二）某领域专家发现和排名

基于某个学术主题或学术会议，在相关论文的合作者构成的图数据中找到最有影响力的专家，分析专家影响力的排名，并图形化呈现专家与专家之间、专家与研究课题之间以及研究课题与相关学术会议之间的关系，便于人们直观地发现某领域内专家的排名顺序和相互之间的关系。

（三）社交关系分析

按照社交网络的六度空间理论，每两个人的关系一般只需要通过6个中间人就可以建立，所以在社交媒体中，人们之间的关系基本都可以组成网络结构。社交关系分析最典型的应用案例是通过用户的电话记录或者邮件记录分析其中哪些人是家人、哪些人是同事等。

（四）相关主题的历史和趋势分析

针对某个主题，其表达方式在不同的时间会有所不同，还会有一些相关的子主题。这些不同的表达方式或子主题就组成了针对某个主题的演进关系图。

（五）基于地理位置的某领域专家分布分析

基于全球地图，查看某个领域全球顶尖专家的分布，进一步看出全球各个地区在该领域研究力量的分布，如一流的专家有哪些，分别聚集在哪个地区。

（六）知识图谱的构建

知识图谱是谷歌、百度、雅虎搜索等知名搜索引擎近几年新发展的技术，其核心是为用户提供查询信息与相关知识的关系。对于用户而言，直接通过图示的方法展现密切关联的信息，比仅仅提供网页链接价值要大很多。

二、社交网络大数据挖掘核心算法模型

（一）社群发现

在社交网络中，有相似特征的成员会自动形成一些社群。通过计算自动地发现这些社群，可以帮助人们识别一个个有相似特征的群体，也就可以针对这些人群的特征分门别类地做各种应用。这里使用的是相关主题的图节点聚类方法，主要使用FCM算法，即基于模糊集的均值聚类算法。

（二）专家排名

学术论文中，每篇文章的合作者可以构成一个网络，而且这个网络是基于该论文主题的专家网络。所以，根据专家基本信息给出初始分数，针对某个主题的很多论文的专家网络关系，通过ACT（Author Conference Topic）模型就可以迭代计算出每个节点（专家）的排名，这也被称为基于传播的算法。

（三）社交网络节点影响力的算法

通过 Topical Affinity Propagation（TAP）模型可以基于某个主题在社交网络构建影响力模型。这个模型基于因子图（Factor Graph）被称为 Topical Factor Graph（TFG）模型。

（四）对网络中节点关系的自动标注

在很多情况下，各种不同网络中的数据关系是未知的，或者只有小部分数据有关系标注，大部分数据是没有关系标注的。这就需要一些半自动的算法进行关系标注，半监督算法应运而生。

（五）图模型算法的并行化分布式计算

图数据的挖掘往往涉及海量数据，而且算法比较复杂，有效地进行并行化分布式算法处理是一个重点。

三、图计算框架

（一）Google Pregel

Pregel 是 Google 继 MapReduce 之后提出的又一个计算模型，与 MapReduce 的离线批处理模式不同，它主要用于图的计算。该模型的核心思想源于 Leslie Valmnt 在 20 世纪 80 年代提出的 BSP 计算模型。图计算涉及在相同数据上的不断更新以及大量的消息传递，如果采用 MapReduce 去实现，会产生大量不必要的序列化和反序列化开销。在传统的高性能计算领域通常会借助 MPI 完成，但 MPI 本身只是提供了一系列的通信接口，开发难度较高，同时对于 Google 由普通 PC 构建的集群来说，MPI 的容错性不够，而现有的一些图计算系统也并不适应 Google 的场景。

Pregel 计算由一系列的超级步组成，在每个超级步内，框架会调用每个顶点的用户自定义函数，该函数定义了在该超级步内需要进行的计算，还可以读入前一个超级步发送给它的消息，并产生下一轮迭代的消息给其他顶点，同时修改顶点及其边的状态。

（二）Apache Hama

Apache Hama 支持本地、伪分布式、分布式模式。Hama 本身与 Hadoop 十分类似，只是具有自己的通信和同步机制，利用 Hadoop RPC 进行节点间通信，借助 ZooKeeper 进行同步，通过对消息进行收集和捆绑发送来降低网络开销和竞争。

（三）Golden Orb

Golden Orb 的关键构建块由 Vertex、Vertex Builder、Vertex Writer 和 OrbRunner 构成。其中，Vertex 由 id、value 及边组成，代表图中的一个节点。Vertex Builder 负责 Vertex 的构建，通过 build Vertex 函数创建 Vertex 对象。Vertex Writer 用来为 Vertex 对象创建相关的 OrbContext 对象。OrbRunner 用于启动 job, 主要负责解析命令行参数、初始化、连接 ZooKeeper 以及设置好 OrbConfiguration。

（四）微软 Trinity

Trinity 是微软开发的一套图计算平台，包含一个建立在分布式内存云平台上的图数据库及一个计算框架。通过一个纯内存的 key/value 存储数据库实现快速访问。

Trinity 的一个基本存储单元称为一个 cell, 每个 cell 通过一个全局唯一的 id 标识，该 id 是一个 64bit 整数，支持用户通过这个 id 进行随机访问。从底层 key/value 的存储角度来看，key 就是 cell-id，value 是一个任意长度的字符串。

（五）Spark GraphX

Spark 主要用来解决 MapReduce 不擅长的两类计算：迭代计算和交互式分析。核心在于将数据存在内存中，避免重复的 load。采用 Scala 语言实现，提供了类似 DryadLINQ 的函数式编程接口。Spark 为并行编程主要提供了两个抽象：RDD 和并行操作。此外，它还提供了两种类型的共享变量支持：广播变量和累加器。

（六）豆瓣 Dpark

Dpark 是豆瓣刚开源的集群计算框架，是 Spark 的 Python Clone 版本，类似 MapReduce，但是比其更灵活，可以用 Python 非常方便地进行分布式计算，并且提供了更多的功能，以便更好地进行迭代式计算。Dpark 的计算模型基于两个中心思想：对分布式数据集的并行计算，一些有限的可以在计算过程中从不同机器访问的共享变量类型。Dpark 具有一个很重要的特性：分布式的数据集可以在多个不同的并行循环中被重复利用。这个特性将其与其他数据流形式的框架（如 Hadoop 和 Dryad）区分开来。

Dpark 与 Spark 的区别：Spark 中使用一个线程运行一个任务，但是 Dpark 受 Python 中 GIL 的影响，选择使用一个进程来运行一个任务；Spark 支持 Hadoop 的文件系统接口，Dpark 只支持 POSIX 文件接口。

（七）CMU 的 GraphLab

GraphLab 是 CMU（卡耐基·梅隆大学）开发的一个以 Vertex 为计算单元的大规模图处理系统，是继 Google 的 Pregd 之后第一个开源的大规模图处理系统。它解决了传统 MapReduce 框架对机器学习应用的处理中最突出的两个问题（频繁迭代计算和大量节点通信）引起的计算效率问题。与 Haloop、Twister 等基于 MapReduce 批量处理不同的是，它以 Vertex 为计算单元，并将机器学习抽象成 GAS（Gather、Apply、Scatter）三个步骤，然后按该抽象模型设计实现算法。事实已经证明，该框架对机器学习这一类跟图处理关系紧密的应用有很好的效果。

（八）开源 Giraph

Apache Giraph 是一个高扩展性的交互图形处理系统。它被用于 Facebook 的社交图谱分析，以形成网络连接。Giraph 是 Pregel 的开源版本，其除了基本的 Pregel 模型外，还添加了十多种特性，包括 master computation、shared aggregators、edge-oriented input、out-of-core computation 等。

（九）Neo4j

Neo4j 是一个面向网络的数据库，也就是说，它是一个嵌入式的、基于磁盘的、具备完全的事务特性的 Java 持久化引擎，但是它将结构化数据存储在网络上而不是表中。网络（从数学角度叫做图）是一个灵活的数据结构，可以应用更加敏捷和快速的开发模式。

四、大数据在社交网络中的应用案例

社交网络中有很多应用场景，主要集中在广告营销、产品服务和用户管理三个层面。其实，社交网站上的各个用户以及用户之间的相互关注可以抽象为一个图，具体如图 9-1 所示。

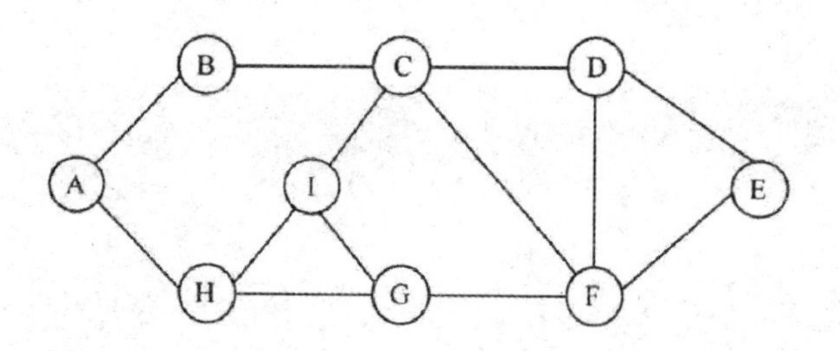

图 9-1　用户之间关系抽象图

顶点 A ～ I 分别表示社交网站的用户，两顶点之间的边表示两顶点代表的用户之间相互关注。那么，如何根据用户之间相互关注所构成的图向每个用户推荐好友呢？可能大家都听说过六度人脉的说法，所谓六度人脉，是指地球上所有的人都可以通过六层以内的熟人链和任何其他人联系起来，这个理论在社交网络中同样成立。

假设两用户之间相互关注，那么即可认为他们认识，或者说是现实中的好友。假设现在需要向用户 I 推荐好友，我们发现用户 I 的好友有 H、G、C。其中，H 的好友还有 A，G 的好友还有 F，C 的好友还有 B、F。那么，用户 I、H、G、C、A、B、F 极有可能是同一个圈子里的人，应该把用户 A、B、F 推荐给用户 I 认识。进一步分析，用户 F 跟 I 的两位好友 C、G 是好友，而用户 A、B 都分别只跟 I 的一位好友是好友，那么相对于 A、B 来说，F 当然更应该推荐给用户 I 认识。

在上面的分析中，使用了用户 I 的二度人脉作为其推荐好友，而且对用户 I 的每个二度人脉进行了投票处理，选举出最优推荐。

所谓的 N 度人脉，其实就是图算法里的宽度优先搜索。宽度优先搜索的主要思想是 From Center To Outer。以用户 I 为起点，在相互关注所构成的图上往外不退回地走 N 步所能到的顶点，就是用户 I 的 N 度好友。

第十章 大数据架构的实现与应用实例

第一节　大数据架构的实现途径

一、不同视角下的架构分析

当前，无论是电信、电力、石化、金融、社保、房地产、医疗、政务、交通、物流、征信体系等传统行业，还是互联网等新兴行业，都积累了大量数据。如何在相关技术的支撑下结合数据交易和共享、数据应用接口、数据应用工具等需求，建立并实现大数据架构，是当前研究的重要方向。

大数据架构的研究和实现主要是在领域分析和建模的基础上，从技术和应用两个角度考虑。具体来说，分为技术架构和应用架构两个视角。

技术架构是指系统的技术实现、系统部署和技术环境等。在企业系统和软件的设计开发过程中，一般根据企业的未来业务发展需求、技术水平、研发人员、资金投入等方面选择适合的技术，确定系统的开发语言、开发平台及数据库等，从而构建适合企业发展要求的技术架构。

应用架构是从应用的视角看，大数据架构主要关注大数据交易和共享应用以及基于开放平台的数据应用（API）和基于大数据的工具应用（APP）。

由大数据架构的分析和应用可知，技术和应用的落地是相辅相成的。在具体架构的落地过程中，可结合具体应用需求和服务模式，构建功能模块和业务流程，并结合具体的开发框架、开发平台和开发语言，从而实现架构的落地。图 10-1 展示了一种典型基于 Hadoop 的大数据架构实现。

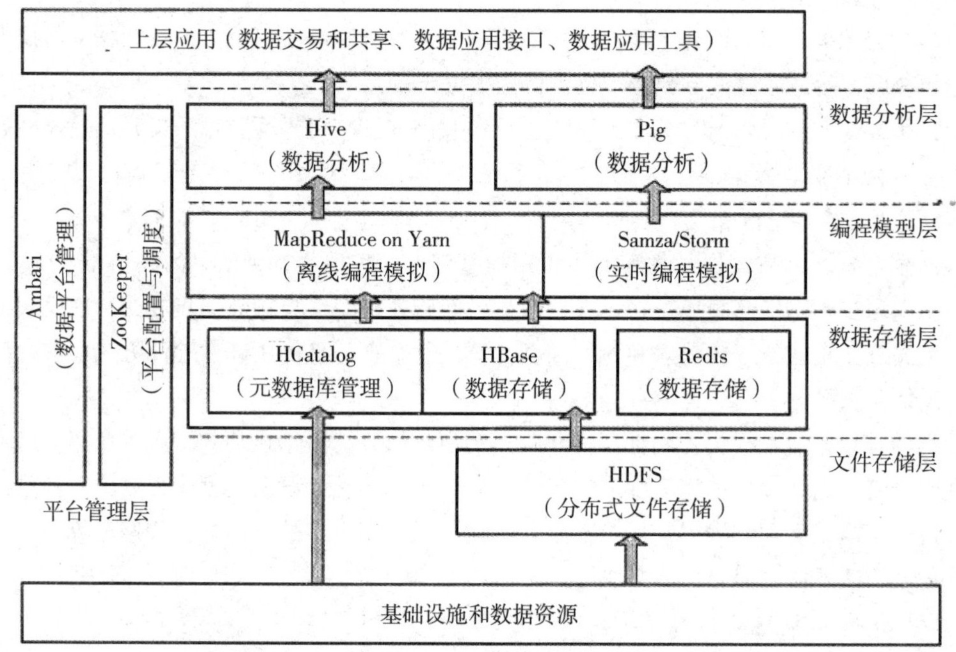

图 10-1　基于 Hadoop 大数据架构的实现示例

二、大数据技术架构

大数据技术作为信息化时代的一项新兴技术，技术体系处在快速发展阶段，涉及数据的处理、管理、应用等多个方面。具体来说，技术架构是从技术视角研究和分析大数据的获取、管理、分布式处理和应用等。大数据的技术架构与具体实现的技术平台和框架息息相关，不同的技术平台决定了不同的技术架构和实现。一般的大数据技术架构参考模型如图 10-2 所示。

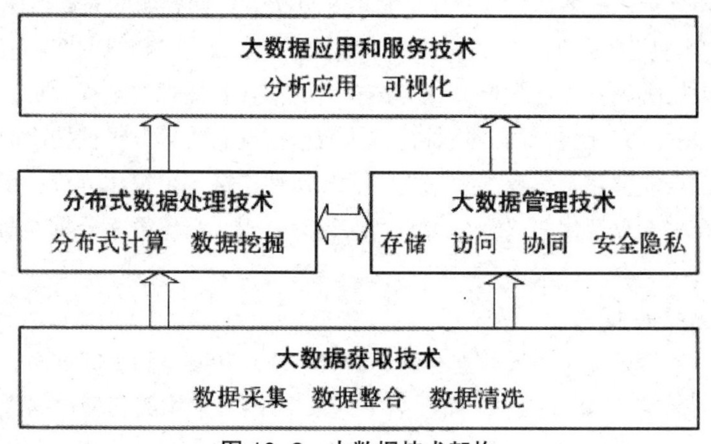

图 10-2　大数据技术架构

由图 10-2 可知，大数据技术架构主要包含大数据获取技术层、分布式数据处理技术层、大数据管理技术层以及大数据应用和服务技术层。

（一）大数据获取技术

目前，大数据获取的研究主要集中在数据采集、整合和清洗三个方面。数据采集技术实现数据源的获取，然后通过整合和清理技术保证数据质量。

数据采集技术主要是通过分布式爬取，分布式高速、高可靠性数据采集，高速全网数据映像技术从网站上获取数据信息。除了网络中包含的内容，对网络流量的采集可以使用 DPI 或 DFI 等带宽管理技术进行处理。

数据整合技术是在数据采集和实体识别的基础上，实现数据到信息的高质量整合。所以，需要建立多源多模态信息集成模型、异构数据智能转换模型、异构数据集成的智能模式抽取和模式匹配算法、自动的容错映射和转换模型及算法、整合信息的正确性验证方法、整合信息的可用性评估方法等。

数据清洗技术一般根据正确性条件和数据约束规则，清除不合理和错误的数据，对重要的信息进行修复，保证数据的完整性。这里需要建立数据正确性语义模型、关联模型和数据约束规则、数据错误模型和错误识别学习框架、针对不同错误类型的自动检测和修复算法、错误检测与修复结果的评估模型和评估方法等。

（二）分布式数据处理技术

分布式计算是随着分布式系统的发展而兴起的，其核心是将任务分解成许多小的部分，分配给多台计算机进行处理，通过并行工作的机制，达到节约整体计算时间，提高计算效率的目的。目前，主流的分布式计算系统有 Hadoop、Spark 和 Storm。Hadoop 常用于离线的、复杂的大数据处理，Spark 常用于离线的、快速的大数据处理，而 Storm 常用于在线的、实时的大数据处理。

大数据分析技术主要指改进已有数据挖掘和机器学习技术；开发数据网络挖掘、特异群组挖掘、图挖掘等新型数据挖掘技术，突破基于对象的数据连接、相似性连接等大数据融合技术，突破用户兴趣分析、网络行为分析、情感语义分析等面向领域的大数据挖掘技术。

大数据挖掘就是从大量的、不完全的、有噪声的、模糊的、随机的实际应用数据中，提取隐含在其中的、人们事先不知道的但又是潜在有用的信息和知识的过程。目前，大数据的挖掘技术也是一个新型的研究课题，国内外研究者从网络挖掘、特异群组挖掘、图挖掘等新型数据挖掘技术展开，重点突破基于对象的数据连接、相似性连接、可视化分析、预测性分析、语义引擎等大数据融合技术以及用户兴趣分析、网络行为分析、情感语义分析等面向领域的大数据挖掘技术。

（三）大数据管理技术

大数据管理技术主要集中在大数据存储、大数据协同和安全隐私等方面。

大数据存储技术主要包括三个方面：第一，采用 MPP 架构的新型数据库集群，通过列存储、粗粒度索引等多项大数据处理技术和高效的分布式计算模式，实现大数据存储；第二，围绕 Hadoop 衍生出相关的大数据技术，应对传统关系型数据库较难处理的数据和场景，通过扩展和封装 Hadoop 实现对大数据的存储和分析；第三，基于集成的服务器、存储设备、操作系统、数据库管理系统，实现具有良好的稳定性、扩展性的大数据一体机。

多数据中心的协同管理技术是大数据研究的另一个重要方向。通过分布式工作流引擎实现工作流调度、负载均衡，整合多个数据中心的存储和计算资源，从而为构建大数据服务平台提供支撑。

大数据隐私性技术的研究主要集中于新型数据发布技术，尝试在尽可能少损失数据信息的同时最大化地隐藏用户隐私。但是，数据信息量和隐私之间是有矛盾的，因此尚未出现非常好的解决办法。

（四）大数据应用和服务技术

大数据应用和服务技术主要包含分析应用技术和可视化技术。

大数据分析应用主要是面向业务的分析应用。在分布式海量数据分析和挖掘的基础上，大数据分析应用技术以业务需求为驱动，面向不同类型的业务需求开展专题数据分析，为用户提供高可用、高易用的数据分析服务。

可视化通过交互式视觉表现的方式帮助人们探索和理解复杂的数据。大数据的可视化技术主要集中在文本可视化技术、网络（图）可视化技术、时空数据可视化技术、多维数据可视化和交互可视化等。在技术方面，主要关注原位交互分析、数据表示、不确定性量化和面向领域的可视化工具库。

三、大数据应用架构

大数据应用是其价值的最终体现，当前大数据应用主要集中在业务创新、决策预测和服务能力提升等方面。从大数据应用的具体过程来看，基于数据的业务系统方案优化、实施执行、运营维护和创新应用是当前的热点和重点。

大数据应用架构描述了主流的大数据应用系统和模式所具备的功能以及这些功能之间的关系，主要体现在围绕数据共享和交易、基于开放平台的数据应用和基于大数据工具应用以及为支撑相关应用所必需的数据仓库、数据分析和挖掘、大数据可视化技术等方面。

应用视角下的大数据参考架构，如图 10–3 所示。

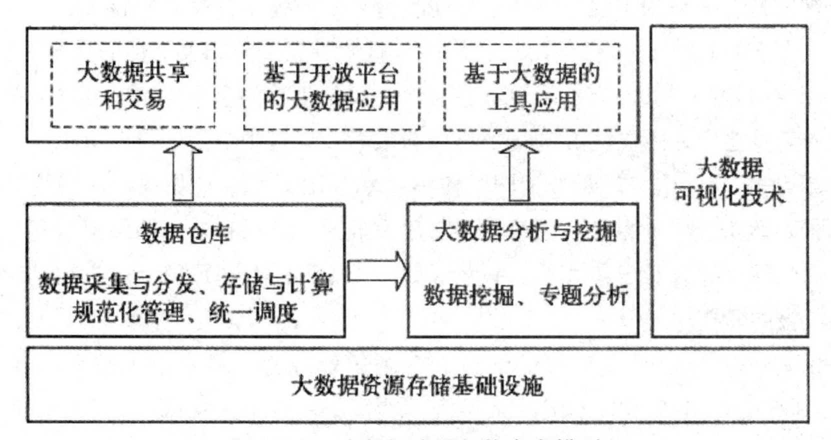

图 10–3　大数据应用架构参考模型

大数据应用架构以大数据资源存储基础设施、数据仓库、大数据分析与挖掘等为基础，结合大数据可视化技术，实现大数据交易和共享、基于开放平台的大数据应用和基于大数据的工具应用。

大数据交易和共享让数据资源能够流通和变现，实现大数据的基础价值。大数据共享和交易应用是在大数据采集、存储管理的基础上，通过直接的大数据共享和交易、基于数据仓库的大数据共享和交易、基于数据分析挖掘的大数据共享和交易三种方式和流程实现。

基于开放平台的大数据应用以大数据服务接口为载体，使数据服务的获取更加便捷，主要为应用开发者提供特定数据应用服务，包括应用接入、数据发布、数据定制等。数据开发者在数据源采集的基础上，基于数据仓库和数据分析挖掘，获得各个层次应用的数据结果。

大数据工具应用主要集中在智慧决策、精准营销、业务创新等产品工具方面，是大数据价值体现的重要方面。结合具体的应用需要，用户可以结合相关产品和工具的研发，对外提供相应的服务。

第二节　基于 MATLAB 的图像处理与应用

MATLAB 是近年来应用最为普及、最为广泛的主流软件之一，其语言构成简单，数值计算能力强，数据分析功能强大，图像处理绘制技术高，拥有超高质量的图形可视化效果以及丰富的界面设计能力。在图像处理中，MATLAB 拥有其他软件无法比拟的显著优势。MATLAB 的图像处理工具箱拥有丰富且齐全的图像处理函数，覆盖了图像处理的所有内容，并且使用起来便捷、高效。

一、MATLAB 及其特点

MathWorks 根据不同的应用领域前后推出了信号处理、神经网络、图像处理、系统识别等不同的工具软件，这些针对不同应用领域应用的工具是较高水平的专门工具箱，用户可以直接使用，不需要再另外编写相关的专业基础程序。另外，上述工具箱中所涵盖的函数源程序也是相对开放的，大多数均为 M 文件，用户在使用过程中可以查看相关文件的代码并且进行调整。MATLAB 可以支持用户对其原有的函数进行一次开发，用户的应用程序也可以当作新的函数被添加到相应的工具箱中。MATLAB 的指令传递与数学、工程中常用的习惯很相似，从而使很多使用 C 语言或者 Fortran 语言较难处理问题使用 MATLAB 可以轻松解决。值得注意的是，当前 MATLAB 的最新版本几乎囊括神经网络的最新研究成果，其所包括的网络模型有线性网络、自组织网络、同归网络等。对于各种不同的网络类型，MATLAB 还可以为用户在设计网络安全系统方面提供极大的便捷。

MATLAB 是一种已经普及应用的语言，在图像处理方面显示出了强大的生命力，这是由于 MATLAB 拥有与其他语言不同的、显著的特征，就像 Fortran 语言与 C 语言一样，让人们摆脱了需要直接面对计算机硬件资源开展操作，MATLAB 的便捷程度已经被誉为第四代的计算机语言，MATLAB 丰富的函数资源替代了烦琐的程序代码编写工作。MATLAB 具有三个特点。① 功能丰富强大。MATLAB 拥有十分丰富且齐全的工具箱，分为核心工具与可选工具。核心工具箱又分为功能性工具箱与学科性工具箱。功能性工具箱主要用于进行符号计算、开展建模仿真、进行文件处理等；学科性工具箱的专业性较强，包含 control toolbox, image processing toolbox 等。② 人机交互友好。MATLAB 最突出的特征就是简洁明了，其运用直观的代码替代了 C 语言以及 Fortran 语言，让用户面对最直接、最简洁的程序开发环境。③ 开放性强。MATLAB 的扩充性良好，其中的工具箱可以自由使用，用户也可以根据需求进行第一次开发。MATLAB 的功能强大，拥有齐全的数值计算功能、符号计算功能、数据分析功能、图形文字统一处理功能等。

图像处理是当前一项十分常见的功能。早在 20 世纪 60 年代，美美国宇航局喷气推进实验室（Jet Propulsion Laboratory）就利用计算机技术对大量月球照片进行了处理，获得了十分清晰的图像，自此以后，图像处理技术开始在各个领域广泛应用。图像处理的领域十分宽广，从学科上划分可以将其分为图像的数字化、图像的变化、图像的恢复、图像的压缩等。MATLAB 包含了众多图像处理函数，覆盖了图像处理的几乎所有的技术方法。

二、图像增强功能

在图像处理中图像增强是一种十分常见的方法，其主要过程即用一系列技术来优化图像的视觉效果，将图像转变成一种更加适合人眼观察或者机器设备自动分析的方式。基于 MATLAB 下常见的图像增强方法主要有以下几种。

（一）灰度直方图均衡化

均匀量化的自然图像的灰度直方图一般在低灰度区间中的频率较突出，会导致图形中较灰暗的区域变得模糊，而利用直方图处理则可以使图像中灰度加重的区域变得均匀平整，使图像的细节变得更加清晰可见，从而实现增强图像效果的目的。在 MATLAB 中，直方图均衡化可以通过 histeq 函数来实现。

（二）灰度变换

通过摄像或电子方式获得的图像往往都会存在对比度低的问题，图像的整体感受偏亮或偏暗。灰度变换即对图像中像素的灰度值进行调整，使图像的灰度动态范围得到一定程度的扩展，提升图像的对比度，让图像成像变得均匀，清晰度上升，从而实现提升图像质量的目的。

（三）平滑与锐化滤波

平滑技术可有效处理图像中的噪声，基本采用在空间域上求中值或平均值。在灰度连续变化的图像中，一般可以认为相邻像素灰度差异明显的凸点为噪声。灰度突变即一种高频分量，而使用低通滤波可以降低图像的高频成分，使图像的信号更加平滑。但是，这一技术的应用也会导致图像区域边界变得不够清晰。锐化技术使用的是频域中高通滤波的方式，可以通过提升高频的成分来弱化图像中模糊的效果。尤其是可以针对图像模糊的边缘进行增强，但图像的噪声也会被放大。在 MATLAB 中不同的滤波方法都是在空间域中利用滤波算子来实现的，可以利用 fspecail 函数来建立滤波算子，进而使用含糊 conv2 来进行卷积运算并且滤波。

三、空间滤波

在图像处理中往往会遇到图像中夹杂噪声的情况，所以在进行图像处理的过程中有必要先对噪声进行去除操作。去除噪声最为直接的方式就是使用滤波设备来进行滤波处理。在对图像中的像素进行滤波处理的过程中，如果邻域中的像素计算为线性，则使用线性空间滤波技术消除噪声，反之，则使用非线性空间滤波技术。

（一）线性空间滤波技术

MATLAB 图像处理中拥有函数 fspecial 以及实现线性空间滤波函数 imfilter。

（二）非线性空间滤波技术

MATLAB 的图像处理工具中拥有两个函数来实现常规的非线性滤波，这两个函数分别为 nlfilter 和 colfilt。其中，函数 nlfilter 可以直接进行二维操作，函数 colfilt 可以通过列的方式来集合数据。虽然函数 colfilt 相较函数 nlfilter 来说要占用更大的内存，但执行速度显著高于 nlfilter。因此，在使用非线性滤波器对图像进行处理时（如注重处理速度）更多会选择 colfilt。

四、数字处理技术在智能交通中的应用

（一）交通信息采集技术

信息采集的准确与及时对智能交通系统能否及时掌握车辆运行状况有重要的影响。高效交通信息采集技术能够实时监控车辆运行的流量、速度以及类型等，保证道路的运行状况被管理者掌控，使管理者对道路的运行状况进行及时、高效的监督与管理。通过发出相关指引信号，对相关车辆进行引导、对出现路况的地段进行疏通以及对出现事故的路段进行报警等方式，保持道路车辆运行的秩序，维护交通的稳定与安全，提升交通运输的稳定性以及效率性。

目前，交通信息采集技术也随着科学技术的发展变得更加自动化、多样化，主要的交通信息采集技术方法有雷达测速装置、红外线感应设备等采集技术，对车辆在路面的运行状况进行实时的监督与管理。但是，有些技术的安装需要对路面进行一定的破坏，而且很容易发生由于天气的变化造成信息不准确的现象。图像信息处理技术在智能交通管理中的应用，相比传统的信息采集技术更加准确、高效，并且降低了客观因素对设备的干扰，减少了建设成本。图像信息处理技术通过计算机技术，可以明确地获取相关范围内车辆的特征以及运行状况，保证了信息采集的自动化与全面性，增强了信息的可靠性，并在很大程度上减少了建设成本，提高了管理效率。

（二）车牌识别系统

车牌识别系统是指能够监测到路面运行车辆包括汉字、字符、数字以及车牌颜色在内的车牌信息，并对识别的车牌信息进行一系列分析的系统。该系统主要由信息采集、信息预处理以及信息识别三部分组成。通过配备的数字设备、摄像系统以及计算机系统，对车辆的行进状况进行图像收集，并进行预处理，然后找到车牌在采集的图像中的准确位置，将车牌从区域中分离出来，对相关信息进行分析处理，识别出车牌的准确使用者以及相关信息。

车牌识别系统在具体的应用中很容易受到光照、气温以及降水等自然状况的影响，导致采集到的图像不准确，影响到后期的车牌信息识别。因此，在具体的车牌信息识别工作开展之

前，要对采集到的信息进行预处理，对图像进行灰度化、二值化以及校正、分割等技术处理，为车牌识别工作提供基础。在车牌识别过程中，运用计算机技术以及改进算法，可以提高图像辨别的效率。由于车辆繁多，车牌格式不统一等状况的存在，车牌识别系统在智能交通中的运用还要不断改进，提升技术性能。

（三）运动车辆视频分割与跟踪技术

图像处理技术在道路监控中的应用弥补了传统监控技术需要对路面进行破坏、受自然环境影响较大的不足，通过对需要监控的路面安装摄像头，并通过线路将采集到的视频信息传输到交通管理部门，管理系统中的计算机便可以实时地将传输的信息进行处理与计算，大大提升了信息收集与分析的准确性与全面性。通过背景提取、运动点团位置提取、运动物体跟踪等技术方法，对运动的物体进行实时的跟踪与分析，通过运行车辆的车速、流量等状态，对道路状况以及个别车辆的具体运行状况进行实时分析与控制，保证道路运行的通畅与安全。但是，如果道路车辆运行拥堵、车辆之间空间狭小，就会对具体车辆的跟踪状况，造成一定的偏差。因此，在特殊交通状况及天气状况下的运动车辆视频分割与跟踪技术还要不断改善与发展。

（四）道路识别与障碍物检测技术

这是在道路专家对不同的道路状况进行不断的模拟与假设后，研制出比较适应我国道路运行状况的识别技术与障碍物检测技术。目前，道路识别技术主要有以区域为基准、以边缘为基准、以模板为基准、以图像滤波为基准四种方式。这四种识别方式为我国道路运行状况的监督提供了更加全面的技术保证。同时，图像处理技术在障碍物的检测方面有重要的作用。障碍物是影响车辆运行的主要因素，包括路面运行或者静态的物体与人体，对其准确的监控是保证车辆运行安全、道路顺畅的重要手段。道路障碍物检测技术有基于立体视觉、基于光流、基于背景运动估计三种方法。这三种方法对道路障碍物检测提供了必要的技术支持。

（五）在电子警察中的应用

电子警察能在一定程度上替代警察的工作，不仅能够提高工作的合理性与可靠性，还能减少运输管理部门人力的投入，减轻工作人员的负担。图像处理技术在电子警察中的应用主要有图像滤波技术、信息编码、信息辨别以及信息加密技术等。

图像滤波技术通过图像处理技术将采集的信息中不合规的、干扰严重的部分进行剔除，筛选出符合标准的信息；信息编码技术将摄像装置收集到的图像进行二次编码，使相关图像满足信息使用者的要求；信息加密技术将图像进行加密处理，保证相关信息的保密性与安全性。这种电子警察技术能提高智能交通的管理效率，保证交通运输的稳定与安全，促进城市现代化水平的平稳、较快发展。

第三节 基于IT治理的区域医疗卫生大数据架构的实现

“十二五”期间，区域医疗卫生信息化建设取得显著成果，信息化系统应用过程中积累了海量的医疗卫生数据。医疗卫生大数据中蕴含着丰富的价值，通过有效的手段进行分析、挖掘和利用，能够提高医疗卫生服务水平。如何设计一套合理的区域医疗卫生大数据架构，规划医疗卫生大数据价值实现路径，成为当前研究的热点问题。结合区域医疗卫生大数据现状，借鉴IT治理的先进方法及思路，提出基于IT治理的区域医疗卫生大数据总体架构，并分别对数据架构、技术架构、应用架构以及安全体系进行实现。该架构设计方法为医疗卫生领域大数据架构设计提供了一种思路，给出的区域医疗卫生大数据架构能够为医疗卫生机构规划大数据应用提供可参考的模型。

当前，高速发展的信息技术带来了全球信息化浪潮，信息化已成为当今世界发展的大趋势，在社会和经济的发展过程中起着重要的作用。国内外在推进卫生改革中，把卫生信息作为重要的技术支撑和手段。在美国，促进卫生信息经济发展的重要举措便是卫生信息化，联邦政府从卫生信息化的组织保障、制度创新、卫生信息系统设计以及对医疗服务供方采取一定的经济激励约束机制等促进信息技术在卫生领域中的应用。国内外对医疗卫生信息化建设和发展寄予厚望：其一，卫生行业综合管理的科学决策能力和水平的提高可以借由信息化手段实现；其二，医改监测、监督和绩效考核能力，提高卫生服务效率的提升也依赖信息化手段，进而保障服务安全和提升服务质量。

在基层医疗信息系统建设指导意见的指导下，我国医疗信息化建设脚步越来越快。目前，全国已有14个省份、107个地市建立了省级、地市级卫生信息平台，居民健康卡试点工作已在29个省份开展，区域内医疗卫生系统互联互通已逐步实现，已有2 000多家医疗机构开展远程医疗，二级以上医疗机构均开展电子病历建设。在“十三五”期间，我国医疗信息化建设任务较重，重点还将围绕全员人口信息数据库、电子病历数据库、电子健康档案数据库3大数据库，国家、省、地市和县的4级区域人口健康信息平台，6大类业务应用等方面展开。

在信息化基础上积累的大数据已成为促进区域医疗卫生发展的基础性战略资源，未来三大数据库的建设也充分表明基于大数据的医疗健康应用越来越受到重视。但是，目前没有一个针对区域医疗卫生大数据架构的完整、长期以及统一的规划。将IT治理的理念和方法应用到医疗卫生大数据架构规划设计中，能够产生新的思路和价值。这个方法从总体上对区域医疗卫生大数据架构进行了规划和设计，并分别对数据架构、技术架构、应用架构以及安全体系进行了具体的实现，为未来区域医疗卫生大数据资源建设以及挖掘利用提供了参考。

一、基于IT治理的大数据架构设计

信息时代，公司治理的内涵有了重要表现和发展，IT治理成为治理的重要内容。IT治理用于描述企业或政府是否采用有效的机制，使IT的应用能够完成组织赋予它的使命，同时平衡信息技术与过程的风险，确保实现组织的战略目标。许多研究者基于自己的研究和理解，看待IT治理的视角各不相同，对IT治理亦有不同的描述。

Peterson等人认为“IT治理是在IT应用过程中，为鼓励期望行为而明确决策权的归属和责任担当的框架”，他们将部署IT决策权看作是IT治理的重点内容。Weill更是强调IT治理旨在解决IT决策权力的分布问题。ITGI（全球IT治理研究中心）、Hoffman等认为“IT治理是董事会和执行层的责任，通过领导、组织和过程来保证 IT 实现和推动企业战略目标价值、风险与控制是 IT 治理的核心”，他们强调 IT 治理中的控制因素，主要研究思想是平衡 IT 风险与回报，控制企业 IT 资源的运用，实现 IT 资源的有效性和效率。通过平衡 IT 资源及 IT 过程的风险与回报，有助降低 IT 成本，提升 IT 投资价值。Gartner 公司则认为 IT 治理是一种商业范式，它是由战略竞争力、全球化、业务流程共享和实时的企业创新需求所驱动而产生的。

ITSS 分会（中国电子工业标准化技术协会信息技术服务分会）认为“IT 治理是专注于信息技术体系及其绩效和风险管理的一组治理规则，由领导关系、组织结构和过程组成，以确保信息技术能够支撑组织的战略目标。”

基于各不相同的 IT 治理思想，研究者们提出了风格迥异的 IT 治理模型或框架。参考 ITSS 分会对 IT 治理的定义，治理主体通过评估、指导、监督的治理方法完成治理过程。

各卫生服务机构的业务系统通常由不同的信息化服务商提供，并拥有多个业务系统，在系统的互联互通及数据规范化方面缺乏统一标准。医疗卫生机构业务的快速发展，催生了对信息系统各种新的需求，业务过程中积累的数据量也越来越多，需要大量存储与计算资源，使得数据应用的成本越来越高，系统的可维护性和运行效率越来越差。如何提升对数据的采集、分析、应用能力，保障信息系统的有效性，促进信息系统和公众健康医疗数据互联融合、开放共享，使大数据架构设计成为信息化过程中关注的热点，我们提出了基于 IT 治理的大数据架构设计方法，以 IT 战略为指导，从信息系统整体视角进行大数据架构设计，使信息系统处理能力与医疗健康大数据应用需求相匹配。

IT 治理的治理方法包括评估、指导、监督。评估指考虑组织内部需求和外部压力，评估组织当前和将来对 IT 应用的需求及能力，并随着业务需求、环境压力的变化，持续进行评估；指导指对 IT 治理的相关职责进行分配，对 IT 治理战略的准备和实施、信息技术及其应用管理体系的管理方案和规划进行指导；监督是对组织 IT 管理和应用的绩效进行监控，确保与 IT 有关的战略被正确执行、IT 管理和应用符合内外部要求。

架构开发方法 ADM 是 TOGAF 架构研究和设计的核心，是一个以需求为中心的循环流程，主要包括架构愿景、业务架构、技术架构、信息系统架构、机会及解决方案、迁移规划、架构变更管理、实施治理、需求管理九大流程。结合 IT 治理的思路，在大数据架构设计方法中，其开发流程划分为规划、实施和应用三个阶段，治理实施不再单独作为一个流程，而是融合在整个架构开发的过程中。IT 治理开始实施后，应用 IT 治理的方法对业务需求、能力现状、规划方案进行评估，对实施过程进行指导，对应用过程进行监督，并且对应用成效进行持续的评估和反馈，作为 IT 规划设计的一个输入。其中，规划包括需求管理、业务架构、架构愿景三大流程；实施包括数据架构、技术架构、应用架构、安全体系四大流程；应用包括应急联动、疫情监测、疾病预测等。

在架构开发的规划、实施和应用三个阶段，每个阶段的具体任务如下。

（一）规划阶段

评估规划阶段的三大流程，确保规划形成的结果与总体战略保持一致。

（1）需求管理。查找、记录、组织和跟踪系统需求变更，并在系统需求变更时使不同部门保持一致，进而可以维护清晰明确的需求阐述、每种需求类型所适用的属性以及与其他需求和其他项目工作之间的可追踪性。

（2）架构愿景。架构愿景利用业务推动者明确组织架构工作的目的，并且创建基线和目标架构的粗略描述。如果业务目标不清楚，那么该阶段中的一部分工作是来帮助业务人员确定其关键的目的和相应的过程。

（3）业务架构。详述关于业务领域架构的工作。架构愿景中概括的基线和目标架构在此被详细说明，从而使它们作为技术分析的有用输入。业务架构采用的技术有业务过程建模、业务目标建模、用例建模以及差距分析等。

（二）实施阶段

按照总体战略 /IT 治理目标要求，指导实施阶段四大流程工作的开展。

（1）数据架构。重点考虑大数据价值，基于此方面产生的流程出发，明确在大数据全生命周期诸如采集、传输、存储、分析挖掘以及应用过程中数据的数据流动情况，定义实体对象的数据表示和描述、数据存储、数据分析的方式和过程以及数据交换机制、数据接口等内容。

（2）技术架构。技术架构是大数据价值实现的关键保障，是从技术视角研究和分析大数据的获取、管理、分布式处理和应用等大数据的技术架构，与具体实现的技术平台和框架息息相关，不同的技术平台决定了不同的技术架构和实现。

（3）应用架构。应用架构描述了主流的大数据应用系统和模式所具备的功能以及这些功能之间的关系，主要体现在围绕医疗卫生大数据的应用，如疫情监测、宏观规划、疾病分布及预测等以及为支撑相关应用所必需的数据仓库、数据分析和挖掘、大数据相关技术等方面。

（4）安全体系。数据的安全性直接关系到大数据业务能否全面地推广，通过安全体系建设保障大数据平台及其中数据的安全性。需进一步明确组织自身大数据环境所面临的安全威胁，由技术层面到管理层面应用多种策略加强安全防护能力，提升大数据应用过程及其平台安全性。

（三）应用阶段

按照总体战略 /IT 治理目标，对不同的场景基于大数据的应用成效进行监督和评价，并将评价结果反馈至需求管理流程，为后期大数据架构的完善提供参考。医疗卫生大数据应用包括应急联动、疫情监测以及疾病预测等。

二、区域医疗卫生大数据总体架构

区域医疗卫生大数据总体架构是在 IT 治理 / 标准和安全体系的支撑下，由区域医疗卫生 IT 战略 / 数据战略、应用架构与技术架构、数据架构、基础设施四个层面构成。通过 IT 治理 / 标准的实施，确保由医疗卫生 IT 战略 / 数据战略指导应用架构与基础设施、技术架构、数据架构三个层面的规划建设，再由安全体系为三个层面的安全性提供保障，最终实现医疗卫生 IT 战略 / 数据战略目标。

数据架构作为医疗卫生机构不得不面临的数据量问题，主要研究大数据采集、存储、分析和应用过程中的数据表现形式，支持各种业务应用的数据来源，数据定义的规范、使用方法等，明确数据流转关系及各模块之间传输、交换及共享的数据。

区域医疗卫生 IT 战略 / 数据战略：规定了医疗卫生发展信息化战略和大数据应用的目标，是设计大数据架构的基础。

IT 治理 / 标准：明确区域医疗卫生 IT 战略和数据战略目标，定义治理团队的组织结构、权责分配，对各个层面的规划实施结果提出要求。

数据架构：规划区域医疗卫生信息化中的各主题数据库，定义各主题数据库及其相互关系，提出数据的采集、加工、分布和利用机制。

技术架构：定义了大数据价值实现过程中各个环节的技术要点、技术规范，技术架构作为较为重要的方面，是对应用架构和数据架构的支撑。

应用架构：规划区域医疗卫生大数据应用的架构。描述区域医疗卫生应用系统和模式所具备的功能，定义各应用与信息资源的关系、与业务的支撑关系。

安全体系：定义大数据架构安全方面的需求，如安全规划模型、安全等级和安全评估保障机制等。

基础设施：规划区域医疗卫生信息化中的网络拓扑结构、主要计算和存储服务器，包括网络交换分层规划、计算与存储汇聚点的分布、IP 地址规划、基础 IT 设施所采用的主要平台及技术。

三、区域医疗卫生大数据架构的实现

（一）数据架构

大数据架构的研究和实现主要是在领域分析和建模的基础上，因此区域医疗卫生大数据架构实现包括数据架构、技术架构、应用架构，同时以安全体系作为保障，支撑架构的实现和安全运行。

区域医疗卫生信息化业务系统将产生各种数据信息，包括医院管理信息、临床信息、医疗图像信息以及其他文档资源等，这些数据通过数据总线，按照相关规范汇聚传输，统一存储到数据中心。数据中心的数据信息经过数据抽取、转换和加载等数据的整理，即把医疗卫生机构核心业务的数据从各个应用系统和未利用的信息资源文件中抽取出来，然后在数据规范的指导下，统一数据表达，剔除冗余数据，最后建立数据仓库。数据仓库中的数据不再是业务流程的数据，而是一个个事实的描述，再根据数据分析或挖掘的不同主题，建立相对应的数据集市。数据集市中的数据高度汇总又包含各个维度，非常有利于数据分析挖掘，进行应用及展示。

（二）技术架构

技术架构定义了如何建立一个服务运行环境来支持数据和应用架构，以保证业务的正常开展。技术架构设计结果能够提供对数据和应用的支持并保持数据的一致性。

区域医疗卫生信息化系统产生的数据经过梳理、传输、存储到数据库中。结构化数据可以采用传统的结构化数据库进行存储操作，非结构化数据采用分布式存储技术进行存储操作。利用 Hadoop、Spark 等工具及技术进行数据的挖掘分析操作，支撑报表、统计分析、挖掘预测等功能。

数据抽取采用 ETL 技术手段，ETL 是构建数据仓库的重要一环。现实世界中，数据来源复杂，产生了许多脏数据，用户从数据源抽取所需的数据，经过数据清洗等数据预处理工作，最终按照预先定义好的数据仓库模型，将数据加载到数据仓库中。ETL包含三个方面："抽取"，从原始的业务系统中读取出来原始数据，这是所有工作的前提和起点；"转换"，按照预先设计好的规则将前一阶段抽取的数据进行转换，消除数据的多源异构特性，使本来异构的数据格式能统一起来；"装载"，即将转换完的数据按计划增量或全部导入到数据仓库中。

非结构化或半结构化数据越来越多地存在于医疗卫生领域当中，对医疗卫生服务具有较为重要的价值，其存储、处理等是当前需要考虑的问题。我们采用分布式数据存储技术处理采集到的非结构化数据，目前常见的集中式存储技术是将数据存储在某个或多个特定的节点上，而分布式存储技术是通过网络使用机构中的每台机器上的磁盘空间，将这些分散的存储资源构成一个虚拟的存储设备。传统的结构化数据是一种用户定义的数据类型，它包含了一系列的属性，每一个属性都有一个数据类型存储在关系数据库里，可以用二维表结构来表达实现。

分布式大数据处理是医疗卫生信息资源利用的重要一步，在医疗卫生数据中应用的数据挖掘处理技术对提高整个医疗卫生行业水平是相当有益的。目前，在医疗卫生领域应用较为广泛的有决策树、支持向量机、回归分析、数据仓库与OLAP分析、粗糙集理论以及聚类分析等。

数据挖掘处理的结果需要借助数据展示技术来更加形象化、多样化地显示其价值和意义，在此可采用可视化技术、报表、统计分析、预测图等方式实现。

（三）应用架构

大数据应用是其价值的最终体现，应用架构描述了区域医疗卫生应用系统和模式所具备的功能以及这些功能之间的关系，主要体现在围绕医疗卫生大数据应用，如疫情监测、宏观规划、疾病分布和预测等以及作为支撑相关应用所必须的数据仓库、数据分析与挖掘、大数据相关技术等方面。

区域医疗卫生大数据应用架构以大数据资源存储基础设施、数据仓库、大数据分析与挖掘等为基础，结合大数据分析、挖掘、展示等技术，实现疫情监测、宏观规划、应急联动、疾病分布、疾病预测等应用。

疫情监测。大数据时代，数据、统计、理性思考等为人类对疫情监测及防控带来了新的方法和路径。在某疫情暴发区，通过对医疗卫生大数据抽取，采用实时分析算法及模型，能对整个区域疫情的发展态势、严重程度等时刻保持关注，为疫情应对提供决策支持。

宏观规划。医疗卫生大数据中涵盖方方面面的病人、医院、药品等信息，通过深入分析和挖掘，能够为医疗卫生管理机构规划及管理提供决策支持。例如，在医院的选址研究中，通过分析病人地址区域、医院位置信息以及结合其他交通等信息，为医院的选址建设提供决策建议。

应急联动。当某地发生突发医疗卫生情况时，通过相关医疗卫生数据的分析，统筹协调区域医疗卫生机构对突发情况进行处置，合理安排及分配医疗卫生资源，提高突发情况处置效率及改善处理效果。

疾病分布。通过大量医疗卫生数据信息，描述疾病事件在什么时间、地区、人群中发生以及发生多少的现象，流行病学中简称"三间分布"。从数据仓库中，抽取出相应的数据库表，通过分析方法，建立疾病分布模型数据库，基于疾病分布模型数据库进行挖掘和分析，得出疾病的分布信息。

疾病预测：流行病的发生和传播有一定的规律性，与人群分布、气候以及环境指数等因素密切相关。通过挖掘医疗卫生数据内部特征，结合外部因素（气温、人口、环境指数等），可形成相应流行疾病的预测模型，有利于医疗卫生机构提前做好部署，提醒市民防范。

安全体系支撑大数据架构的安全实施，保障医疗卫生大数据应用环境安全，具体可分为数据存储、数据传输、数据应用以及数据管理等方面。

医疗卫生数据本来就很大，近年来随着业务的增长，医疗卫生服务水平的提升，数据量呈非线性增长，数据集中存储在一起且复杂多样，多种应用的并发运行及频繁无序的使用状况，产生了数据类别存放错位、数据丢失等问题。存储备份是保护数据存储安全的重要环节，身份验证能够确定谁正在对数据尤其是敏感数据进行访问，进而有效地应对数据存储安全问题。

数据传输过程中一旦出现安全漏洞，容易使数据泄露，造成较大损失。数据掩蔽是保护数据安全的有效手段，这些数据通过加密或断词被屏蔽等进行传输安全控制，加强传输安全可控性。核心数据的加密防护是增强大数据安全的重心，加强对敏感关键数据的加密保护，使任何未经授权许可的用户无法解密获取到实际的数据内容，能够有效地保护数据信息安全。

大数据应用往往具有海量用户及跨平台特性，这可能会带来较大的风险，因此在数据使用，特别是大数据应用方面应加强授权控制，保护数据的应用安全。数据应用中，通过访问控制技术，防止非授权访问和使用受保护的数据资源，近年来基于属性的访问控制模型、基于任务的访问控制模型和基于角色的访问控制模型等访问控制模型比较泛滥，人们通过一系列权限控制技术，如授权、统一身份认证等，对用户进行严格的认证和访问控制，有效保证了大数据应用安全。

随着医疗卫生信息化建设的不断深入，应用系统及其他途径产生的医疗卫生数据呈非线性增长，医疗卫生机构面临大数据环境带来的机遇与挑战。借鉴 IT 治理的思路和方法，对区域医疗卫生大数据架构进行了研究，提出了区域医疗卫生大数据总体架构，并对架构实现做了进一步说明。通过对区域医疗卫生大数据架构的设计及实现，能够为医疗卫生机构大数据的应用及价值实现提供可行的借鉴方法和框架，从而更好地为建设医疗卫生事业服务。

第四节　微博用户兴趣建模系统架构设计

在微博环境下，构建微博用户的个人兴趣模型是非常重要的一项工作。从可行性方面而言，微博是一个用户登录后才能正常使用的应用，而且用户登录后会有阅读 / 发布 / 关注等多种用户行为数据，所以微博环境是一个构建用户兴趣模型的非常理想的环境，因为围绕某个特定用户可以收集到诸多的个性化信息。另外，从用户兴趣建模的意义来说，如果能够根据用户的各项数据构建精准的个人兴趣模型，那么对于各种个性化的应用，如推荐、精准定位广告系统等都是一种非常有用的精准定位数据源，可以在此基础上构建各种个性化应用。

事实上，新浪微博在两年前已经构建了一套比较完善的用户兴趣建模系统，目前这套系统挖掘出的个人兴趣模型数据已经应用在 10 多项应用中。通过对用户发布内容以及社交关系挖掘，可以得出很多有益的数据。具体而言，每个微博用户的兴趣描述包含用户兴趣标签、用户兴趣词和用户兴趣分类。

用户兴趣标签是通过微博用户的社交关系推导出的用户可能感兴趣的语义标签；用户兴趣词是通过对用户发布微博或转发微博等内容属性来挖掘用户潜在兴趣；用户兴趣分类则是在定义好的三级分类体系中，将用户的各种数据映射到分类体系结构中，如某个用户可能对体育/娱乐明星这几个类别有明显兴趣点。以上三种个性化数据，用户兴趣标签和用户兴趣词是细粒度的用户兴趣描述，因为可以具体对应到实体标签一级，而用户兴趣分类则是一种粗粒度的用户兴趣模型。

一、微博用户兴趣建模系统整体架构

微博用户兴趣建模系统整体架构如图 10-4 所示，由实时系统和离线挖掘系统两个子系统构成。因为每时每刻都有大量微博用户发布新的微博，实时系统需要及时抽取兴趣词和用户兴趣分类，而离线挖掘系统的目的则是优化用户兴趣系统效果。

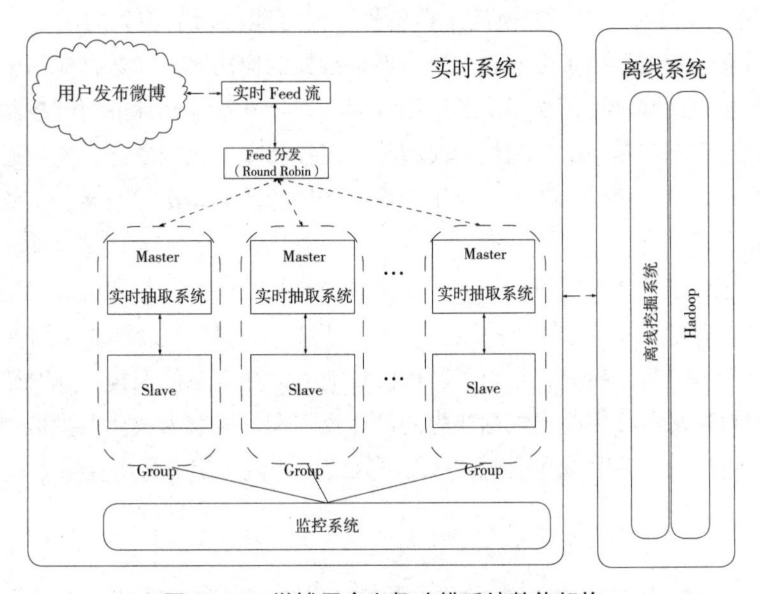

图 10-4 微博用户兴趣建模系统整体架构

每当有用户发布新的微博，那么这条微博将作为新信息进入实时 Feed 流队列。为了增加系统快速处理能力，实时系统由多台机器的分布式系统构成。通过 Round Robin 算法将实时 Feed 流队列中新发布的微博，根据发布者的 UID 分发到分布式系统的不同机器中。为了保证系统的容错性，由 Master 主机和 Slave 机器组成一个机器组，监控系统实时监控机器和服务的运行状态，一旦发现 Master 机器故障或者服务故障，则实时将服务切换到 Slave 机器，当故障机器恢复时，监控系统负责将服务切换回 Master 机器。

离线挖掘系统是构建在 Hadoop 系统上的，通过 MapReduce 任务来执行挖掘算法，目标是优化用户兴趣词挖掘效果。

二、实时抽取系统

对于实时抽取系统来说，每台服务器可以承载大约1亿用户的用户兴趣挖掘。当用户发布微博后，此信息实时进入原始Feed流队列中，语义处理单元采取多任务结构，依次对微博进行分词、焦点词抽取以及微博分类计算。焦点词抽取与传统的关键词抽取有很大差异，因为微博比较短小，如果采取传统的TF.IDF框架抽取关键词效果并不好，所以我们提出了焦点词抽取的概念，不仅融合了传统的TF.IDF等计算机制，也考虑了单词在句中的出现位置、词性、是否是命名实体、是否是标题等十几种特征来精确抽取微博所涉及的主体内容，避免噪声词的出现。微博分类则通过统计分类机制将微博分到内部定义的多级分类体系中。

当微博经过语义处理单元处理后，已经由原始的自然语言方式转换为由焦点词和分类构成的语义表示。每条微博有两个关键的Key：微博ID和用户ID，经过语义处理后，系统实时将微博插入"Feed语义表示Redis数据库"中，每条记录以微博ID为Key，Value则包含对应的UID以及焦点词向量和分类向量。考虑到每天每个用户可能会发布多条微博，为了能够将"Feed语义表示Redis数据库"数据规模控制在一定范围，系统会监控"Feed语义表示Redis数据库"大小，当大小超出一定范围时，即将微博数据根据用户ID进行合并进入"User语义表示Redis数据库"。

在用户不活跃时段，系统会将"User语义表示Redis数据库"的内容和保存在MySQL中的用户历史兴趣信息进行合并，在合并时会考虑时间衰减因素，将当日微博用户新发表的内容和历史内容进行融合。为了提高系统效率，会设立一个历史信息缓存Redis数据库，首先将部分用户的历史数据读入内存，在内存完成合并后写入MySQL进行数据更新。

三、离线挖掘系统

为了精准定位用户兴趣，在实时抽取系统已经通过"焦点词抽取"以及历史合并时采取一些特殊合并策略来优化算法，但是通过实际数据分析发现，有些用户的兴趣词向量还包含不少噪声。主要原因在于：微博用户在发布微博或者转发微博时有很大的随意性，并非每条用户发布的微博都能够表示用户的兴趣，如用户转发一条"有奖转发"的微博，目的在于希望能够通过转发中奖，所以其微博内容并不能反映用户兴趣。为了能够更加精准地从用户发布内容定位用户兴趣词，我们通过对实时系统累积的用户历史兴趣进行离线挖掘来进一步优化系统效果。

离线挖掘的基本逻辑是微博用户发布的微博有些能够代表个人兴趣，有些不能代表个人兴趣。离线挖掘的基本目标是对实时系统累积的个人兴趣词进行判别，过滤掉不能代表个人兴趣的内容，只保留能够代表个人兴趣的兴趣词。我们假设如果用户具有某个兴趣点，那么他不会只发布一条与此相关的微博，一般会发布多条语义相近的微博，通过是否经常发布这个兴趣类别的微博作为过滤依据。比如，如果某个用户是苹果产品的忠实用户，那么他可能会经常发布与苹果产品相关的内容。

但是，问题在于，如何知道两条微博是否语义相近。具体而言，就是通过实时抽取系统累积的用户兴趣已经以若干兴趣词的表示方式存在。那么问题就转换成如何知道两个单词是否语义相近？如何将语义相近的兴趣词进行聚类？如何判别聚类后的兴趣词？哪些可以保留哪些需要过滤？

我们通过图挖掘算法来解决上述问题，即将某个用户历史累计的兴趣词构建成一个语义相似图，任意两个单词之间的语义相似性通过计算单词之间的上下文相似性来获得，如果两个单词上下文相似性高于一定值，则在图中建立一条边，然后在这个图上运行 Pagerank 算法来不断迭代给单词节点打分，当迭代结束后，将得分较高的单词保留作为能够表达用户兴趣的兴趣词，而将其他单词作为噪声进行过滤。

如果用户某个兴趣比较突出，则很容易形成一个连接密集的子图。通过在语义相似图上运行 Pagerank 算法，语义相近的兴趣词会形成得分互相促进、相互加强的作用，密集子图越大，其相互增强作用越明显，最后得分也会越高。通过这种方法可以有效识别噪声和真正的用户兴趣。在具体实现时，因为每次运算都是在单个用户基础上，记录之间无耦合性，所以非常适合在 Hadoop 平台下使用 MapReduce 来分布计算，以加快运算效率。用户兴趣建模在微博环境下有非常重要的作用，一个好的用户兴趣建模系统可以有效支持个性化推荐、个性化搜索以及个性化广告推送系统。

第五节　铁路客运旅游大数据平台分析

通过对铁路客运旅游大数据平台总体架构、应用架构以及技术架构的设计，根据业务需求与技术需求，对各个关键模块进行具体分析，并最终得出合适的技术解决方案。

一、数据采集层

（一）数据源基本情况分析

铁路客运旅游涉及两大行业的多个信息系统，而两大行业目前在数据共享上存在壁垒。要解决此问题，就要分别从两个行业角度出发，根据需求分析和对两个行业数据资产现状调查结果来梳理两行业需要提供的数据内容。

结合本大数据系统的业务需求，铁路在本系统需提供的数据主要集中在旅客服务系统、铁路客运营销辅助决策系统、客户服务中心桌面辅助系统、调度系统（TDMS）等。这些系统需要提供的数据有列车时刻表信息、列车价格信息、列车早晚点信息、余票信息、出发站位置信息、候车室信息、检票口信息、车站布局信息、出站口位置信息、不同旅游地区的人数信息。

旅游涉及的较为分散，包括酒店、餐饮、旅游景点等行业，它们均需提供相关数据信息。旅游业需提供数据有公交车的时刻表、票价信息、早晚点信息、不同城市地区的人数信息、不同旅游景点的人数信息、不同地铁站的人数信息、出租车的票价信息、出租车分布信息、旅游景点的基本介绍、门票信息、现有旅客信息、酒店的基本介绍、剩余酒店信息、房价信息、酒店位置信息、酒店等级信息、餐饮的基本介绍、消费价格信息、餐饮的位置信息、不同地区和旅游景点的天气基本信息。

根据业务需求以及铁路信息系统的情况，需要对上述数据内容进一步梳理分析。而在数据采集部分最关键的就是根据数据类型的不同，使用不同的数据采集方法。铁路客运旅游数据涉及多个子系统，数据类型多样，需要为各类数据找到适合该类型的数据抓取方法，从而确保数据抓取的准确性。

（二）数据采集层功能框架及关键技术

1. 数据采集层功能框架

数据采集层是铁路客运旅游大数据相关数据采集的唯一平台，它将对各业务系统中不同类型的数据统一采集处理，为数据采集提供统一的接口和过程标准，并提供相应的数据清洗、转换和集成功能。

数据采集层将通过各种技术实时从相应的源数据系统采集所需要的数据信息，采集的数据将通过 ETL 技术进行清洗、加工等处理，最终到达数据存储处理层，形成铁路客运旅游大数据的核心数据。本系统的数据采集技术可以进行人工录入，从而解决了自动采集可能产生的数据损坏、缺失等问题。为满足人工录入数据的需求，本数据采集层还设计了表单设计、数据填报及上报处理功能。同时，在数据采集后为保证数据的准确性和一致性，本层具备审核校验功能，将满足数据采集的流程定义、规则管理、审核处理，并且具有数据修正和数据补录功能。

2. ETL 数据采集

ETL 技术是铁路客运旅游大数据系统数据采集部分的重点，将根据不同的服务需求，通过多种合理数据抽取方法将服务所需源数据从相关的业务系统中抽取出来，这些被抽取出来的源数据将在中间层进行清洗、转换及集成，最后加载到数据仓库中，为最终的数据挖掘分析提供做准备。ETL 技术在数据采集的整个过程中起到核心作用。

（1）数据抽取。铁路客运旅游大数据系统数据采集的第一步就是数据的抽取。数据抽取时，需要在满足业务需求的前提下，同时考虑抽取效率、相关业务系统代价等综合进行数据抽取方案的确定。根据铁路客运旅游大数据系统需要，本系统数据抽取方案应满足如下条件。

① 支持包括全量抽取、增量抽取等抽取方式。

② 抽取频率设定满足要根据实际业务需求。

③ 由于涉及的子系统繁多，数据抽取需要满足不同系统，包括结构化数据和非结构化数据在内的不同数据类型的数据抽取需求。

（2）数据的转换和加工。从不同业务系统中抽取的数据不一定满足未来数据仓库的要求，如数据格式不一致、数据完整性不足、数据导入问题等，因此在数据抽取后有必要对数据进行相应的数据转换和加工。

根据铁路客运旅游大数据系统的数据实际情况，数据的转换和处理将分为在数据库中直接进行和在 ETL 引擎中加工处理两种方式。

① 在数据库中进行数据加工。铁路客运旅游相关的已有业务系统中有着很多结构化数据，关系数据库本身已经提供了强大的 SQL、函数来支持数据的加工，直接在 SQL 语句中进行转换和加工更加简单清晰。但是，有些数据加工通过 SQL 语句无法实现，此时可以交由 ETL 引擎处理。

② 在 ETL 引擎中数据转换和加工。相比在数据库中加工，ETL 引擎性能较高，可以对非结构化数据进行加工处理，常用的数据转换功能有数据过滤、数据清洗、数据类型转换、数据计算等。这些功能就像一条流水线，可以任意组合。铁路客运旅游大数据系统主要需要的功能有数据类型转换、数据匹配、数据复杂计算等。

（3）数据加载。将转换和加工后的数据装载到铁路客运旅游大数据系统的目标库中是 ETL 步骤的最后一步，同样是在满足业务需要的前提下考虑数据加载效率。根据铁路客运旅游大数据系统需要，本系统数据抽取方案应满足以下条件。

① 支持批量数据的直接加载到相关库。

② 能够支持大量数据同时加载到不同相关库。

③ 支持手动加载。当自动数据加载出现问题时，可以进行人工修正。

④ 异常监测。

通过对 ETL 运行过程的监测，发现数据采集过程中的问题，并进行实时处理。需满足以下功能。

① 支持校验点。若数据采集过程中因特殊原因发生中断，可以从校验点进行恢复处理。

② 支持外部数据记录的错误限制定义，同时将发生错误的数据记录输出。

二、主数据管理

为了解决数据的准确性、一致性等问题，主数据管理技术被应用到企业信息集成中。主数据管理是一个以创建和维护可信赖的、可靠的、能够长期使用的、准确的和安全的数据环境为目的的一整套业务流程。使用主数据管理可以解决如下两个问题。

（1）解决各系统数据不一致问题，主数据管理能够对来自不同业务系统的数据进行单独管理，这样保证了数据的完整性和可靠性，从而提高了数据质量，解决了各业务系统中相似数据表达不一致的问题，做到数出一门。

（2）核心数据经常要在多个业务场景下根据不同需求被使用，主数据管理的方式可以让这些数据在不同需求环境下都能被实时使用。

从业务角度看，主数据是用来描述企业核心业务实体的数据，如客户、合作伙伴、员工、产品、物料单、账户等，是具有高业务价值的、可以在企业内跨越各个业务部门被重复使用的数据，并且存在多个异构的应用系统中。以铁路客运旅游大数据系统的核心旅客为例，目前旅客信息分散存储在铁路客运互联网售票系统、客户关系管理系统、客户服务中心桌面辅助系统三个不同子系统中。而每个系统中包含着旅客信息的不同片段，即不完整的旅客信息，但目前缺乏完整的、统一的旅客信息管理，导致铁路公司无法了解旅客，无法根据旅客的需要进行相关服务，因此旅客满意度下降。所以，建立旅客主数据能够实现以下目标。

（1）整合存储所有源系统中的旅客信息，可以先从相关的业务系统中将有关旅客的信息抽取出来，经过数据的清洗、转换及加载等数据预处理工作，建立统一的旅客信息，继而主数据管理系统就如同一个中心广播站，将统一的旅客信息发送至需要的应用中，确保旅客信息的一致。

（2）给予相关的应用系统支持，提供旅客信息的唯一访问入口点，为所有应用系统提供及时和全面的旅客信息，充分利用数据的价值，在所有客户接触点上提供更多具有附加价值的服务。

（一）主数据管理体系框架

主数据管理要做的就是从企业的多个业务系统中整合最核心的、最需要共享的数据（主数据），集中进行数据的清洗和丰富，并且以服务的方式把统一的、完整的、准确的、具有权威性的主数据分发给全企业范围内需要使用这些数据的操作型应用和分析型应用，包括各个业务系统、业务流程和决策支持系统等。

在进行主数据管理前，先要进行主数据管理的体系构建。

（1）管理模式是铁路客运旅游主数据管理的核心内容，它决定了整个主数据管理的战略方向，为数据规划、组织结构、管理过程和主数据管理平台的搭建提供了基础。

（2）数据规划：数据规划是主数据管理技术实现的基础，包括数据的编码、分类和属性。

（3）组织结构：对于主数据管理，需要建立一个特定的组织进行统一管理，先需要一个平台负责组织、协调主数据平台建设、应用和维护管理工作；然后各相关业务部门需要负责维护主数据或以主数据维护工单形式下达主数据维护任务，保证主数据的一致性、准确性、完整性和主数据记录更新的及时性。此外，各主数据使用部门需要按权限从主数据平台获取主数据。

（4）管理过程：在构建了组织机构并建立一套完整的主数据管理流程之后，从管理制度上针对主数据管理的流程实行责任人负责制。

（二）主数据规划

作为主数据管理的地基，数据规划为之后的主数据管理提供管理方向和技术基础。数据规划的工作整体分为主题域划分和数据规范编写。

1. 主题域划分

铁路客运旅游系统的服务对象是旅客，故铁路客运旅游系统的主数据域划分可以从旅客角度出发，根据旅客出行需求划分主数据系统的主题模型，可以划分为旅客信息主数据、铁路服务主数据、旅游景点服务主数据、其他服务主数据。

（1）旅客信息主数据域。旅客作为旅行过程的全程参与者，此主体域可以包含旅客在旅游过程中所有场景都需要使用的相关基本信息，故此数据域应有的主数据是旅客主数据。

（2）铁路客运设备主数据域。铁路作为客运旅游的主要方式，此主数据域是铁路客运设备类的数据，包括动车组信息主数据、车号信息主数据、车辆技术信息主数据等。

（3）铁路客运服务信息主数据域。除了铁路方面的设备信息，面向旅客还需要与其有关的主数据，包括票务信息主数据、车站餐饮服务信息主数据、车站位置信息主数据等。

（4）旅游景点主数据。旅游景点作为旅客旅游的目的地，故此主数据是对旅游景点相关数据的存储与整合，包括景点位置信息主数据、景点票务信息主数据、景点名称主数据等。

（5）其他服务主数据。在出行方式和旅行目的地之外，吃和住也在旅游过程中占据重要的一部分，故本主数据应包括酒店相关数据、天气相关数据以及餐饮数据等。

2. 主数据管理规范

在主数据域划分后，为了明确铁路客运旅游主数据的内容、数据类型、字段含义以及相应的业务管理行业（部门）以及维护方式，需要制定相关的主数据管理规范，从而为客运旅游主数据标准化和规范化奠定基础。

以铁路客运的客票主数据为例，进行主数据规范制定，其中应包括字段代码、数据字段、字段定义说明、字段类型、业务管理行业（部门）、字段维护责任行业（部门）、维护方式。

（三）主数据系统逻辑架构设计

基础运行环境层通过数据抽取、数据清洗、码段管理、数据生命周期管理等技术与业务流程，为底层的业务系统提供良好的运行环境；数据资源层将需要的数据抽取到主数据管理平台中，按照不同的数据类型与需求，将这些抽取来的数据分类放入对应的数据库中，如公用基础编码数据库、主数据库、标准规范数据库、管理制度数据库、历史数据库；业务应用层可以对存放在数据资源层的主数据进行管理，如数据模型管理、变更管理、权限管理、数据管理、数据同步、系统管理；数据交换层通过 ESB 组件、MQ 组件、WebService 接口等对数据交换提供基础支持，促进用户访问层和业务应用层或者数据资源层的数据交换；用户访问层主要是提供各系统对主数据管理平台的使用功能，如铁路客运领域系统、酒店系统、餐饮系统、气象系统、旅游景点系统。

在铁路客运旅游主数据系统中，前台用户可以对系统进行数据查询、数据下载，系统对其提供数据接口服务，用户可以进行报文查看、标准查看以及最新动态的查看。后台用户主要是对系统维护，系统对其提供包括报文管理、数据建模、编码管理、编码标准、统计分析、权限配置、系统配置、接口服务、内部消息等方面的功能。

从管理角度看，主数据管理体系的构建使铁路客运旅游相关业务系统所用数据能够有统一的数据来源，同时保证了各行业间信息共享的时效性和一致性。从技术角度看，主数据管理机制实际应用较为灵活，能够适应多种 IT 架构，可以有效解决不同软件系统造成的系统复杂状况，同时能够节约成本。从旅客角度出发，主数据管理可以帮助相关服务行业的管理者提升服务质量，为旅客提供更加准确、便捷、全方位的旅行服务，提高旅行质量。

三、数据存储与处理层

铁路客运旅游大数据系统的核心就是通过对相关数据的高效、准确、实时分析，为旅客提供客运旅游的智慧化服务。要实现真正的智慧旅游，关键在于数据的存储处理部分，这也是整个大数据系统的核心部分。铁路客运旅游大数据平台将采用数据仓库与 Hadoop 系统相结合的混合搭配，数据仓库技术主要用于高效处理客运旅游相关的结构化数据，Hadoop 系统将用于旅行过程中所产生的半结构化及非结构化数据存储与处理，此种混搭架构可以满足铁路客运旅游所产生的各种类型数据，高效处理也将为旅行者出行提供实时帮助。

从旅行者对本系统的需求以及铁路客运旅游未来角度出发，本大数据系统使用上述的混搭架构主要原因有以下几个方面。

（1）从行业角度看，铁路客运旅游涉及两方面内容：铁路客运和旅游。行业数据类型多，数据数量大，需要处理能力强、功能丰富的系统，可以对数据进行综合性处理分析。

（2）从实际应用角度看，从一位旅客出行规划到其购票直至到达目的地开始旅游，整个流程涉及范围广，需要大数据系统提供的功能多且较为复杂。

（3）从数据上看，单一的技术难以及时处理铁路客运旅游过程中的所有需要，数据仓库技术可以高效、准确地处理结构化数据，Hadoop系统可以更好地处理半结构化和非结构化数据，两者融合，优势互补，可以满足铁路客运旅游的多种需求。

（4）从未来发展角度看，未来铁路客运和旅游业“一体化”将会更为完善，多行业协同发展势在必行，对数据的协同处理要求也会不断提升，混搭技术架构可以为未来铁路客运旅游大数据技术研究奠定一定基础。

（一）数据仓库设计

数据仓库技术在铁路客运旅游大数据系统中的主要任务就是对结构化数据进行存储和对数据进行高质量的数据挖掘分析，为旅客提供支持。在大数据背景下，基于MPP架构的数据仓库系统可以有效支撑大量的，甚至是PB级别的结构化数据分析。对于企业的数据仓库以及结构化数据分析需求，目前MPP数据仓库系统是最佳的选择。一般情况下，数据仓库的设计步骤为数据模型设计、系统平台部署方式选型以及数据仓库架构设计。

1.数据模型设计

若把数据仓库比作一栋数据大楼，那么数据模型就是这栋大楼的地基。好的数据仓库建模不仅需要对技术的灵活运用，更需要对业务需求有深入的了解，建模要更符合不同业务背景下的不同用户的个性化需求，这样才能真正发挥数据仓库后续的分析价值。铁路客运旅游数据模型是链接各个铁路业务系统之间的桥梁，拥有一个完整的、稳定的、机动的数据模型将会为整个数据仓库的建设提供重要保障。

数据模型的建立过程，第一步为模型规划阶段，该阶段需要理解业务关系，确定整个分析的主题，进而对所分析的主题进行细化，并确定相关主题的具体边界，构建该系统的概念数据模型。第二步为设计模型阶段，此阶段主要包含两部分内容，其中一个为物理数据模型设计，物理模型是数据仓库逻辑模型在物理系统中的实现模型，在本系统中，包括对铁路客运系统和旅游业相关系统数据接口模型的设立，还包括对这两部分系统表的数据结构类型、索引策略、数据存放的位置以及数据存储分配。

2.系统部署方式

在数据仓库模型构建完成后，对于涉及数据量大、数据类型多的铁路客运旅游系统，就要以用户为中心，选择合适的数据仓库模式满足铁路客运旅游要求。目前，数据仓库主要有以下三种部署模式：集中式数据仓库、分布式数据仓库和一系列的数据集市。相对应的部署方式为集中的数据中心、分布式数据集市以及中心和集市混合体系。

在铁路客运旅游数据仓库的部署上，需要先考虑以下条件。

（1）不同的旅客在不同的旅行场景中对数据的要求不尽相同，铁路客运旅游更强调以旅客出行需求为导向。

（2）铁路旅客分散且数量多，数据仓库要满足不同分散旅客的数据挖掘分析需求。

结合上述条件及数据仓库不同的部署模式，本系统可采用以铁路为中心，其他行业为辅的混搭结构，关键数据存放在集中式的铁路数据仓库中，而一些业务分析、日常报表系统等非关键性数据存放在其他行业的有关数据集市中。

3. 数据仓库与主数据系统关系

数据仓库将与主数据管理系统达到互补的作用，如数据仓库的分析结果可以作为补充信息给到 MDM 系统，让 MDM 系统更好地为客户管理系统服务。以铁路客运旅游大数据系统核心用户旅客的主数据模型为例，从主数据中我们可能得到旅客的相关信息。

（1）旅客基本信息：个人及公司信息、联系地址、旅客会员卡号、状态及累计里程等。

（2）旅客偏好信息：餐饮喜好信息、旅游档次信息、座位位置、级别偏好等。

除了以上两部分信息，数据仓库还可以为主数据管理系统提供更深入的关于旅客的分析信息，从而提高服务质量，如旅客某时间段总旅行旅程、预定倾向、旅行方式倾向、出行方式等衍生信息。

（二）Hadoop 系统设计

Hadoop 系统对所有数据类型的数据都可以进行存储和快速查询，可以很好地弥补数据仓库对于非结构化数据处理的劣势。从铁路客运旅游的实际需求出发，综合考虑成本、数据资源整合等问题，选择开源的 Hadoop 系统来满足所有相关数据的存储处理需要，从而实现铁路客运旅游大数据的集中式管理。

铁路客运旅游大数据系统中的 Hadoop 系统主要由如下组件组成。

1. MapReduce 分布式计算框架

在铁路客运旅游大数据 Hadoop 系统中主要提供计算处理功能，如文件的读写、数据库的计算请求等。

2. Hive

Hive 是基于 Hadoop 的数据仓库，Hive 在铁路客运旅游大数据系统中通过类 SQL 语言的 HQL 帮助用户进行数据的查询使用。

3. Hbase 分布式列式数据库

Hbase 为铁路货运数据提供了非关系型数据库，增加了系统计算和存储能力。

4. Pig 数据分析系统

Pig 是基于 Hadoop 的数据分析系统，可以为铁路客运旅游大数据系统提供简单的数据处理分析功能，帮助开发者在 Hadoop 系统中将 HQL 语言经过处理转化成经过处理的 MapReduce 进行运算。

5. ZooKeeper 分布式协作服务

ZooKeeper 为铁路客运旅游的 Hadoop 系统提供多系统间的协调服务，保证系统不会因为单一节点故障而造成运行问题。

6. Flume 日志收集

Flume 为铁路客运旅游大数据系统提供了一个可扩展、适合复杂环境的海量日志收集系统。

7. Sqoop 数据同步工具

Sqoop 为铁路客运旅游大数据的数据仓库和 Hadoop 系统的联系提供了桥梁，可以保证数据仓库和 Hadoop 之间的正常数据流动。

四、数据应用层

（一）功能架构

铁路客运旅游大数据系统最顶端为数据应用层，主要目的是通过各类数据分析、数据挖掘技术全方位发现数据价值，并且最终通过可以满足数据展示需求的数据可视化技术将分析结果在终端展示。

1. 表现层

表现层是数据应用层的最顶端，也是整个铁路客运旅游大数据的最顶端。它的实质其实就是为各类用户提供一个可视化的平台。本大数据应用系统将以旅客旅行需要为中心，同时满足相关企业内部需要和相关领域专业研究人员的使用，通过本层让各类用户直接感受整个系统提供的服务。

2. 应用服务层

表现层下面是应用服务层，本层的主要功能就是进行特定算法的数据分析，并为表现层提供一个 API。本层包括以下接口和服务。

（1）外部数据导入 API：可以将外部数据导入系统中。

（2）算法编辑 API：可以对功能需求的算法进行写入，并可以让本层的算法与下层进行数据交互。

（3）开放性算法导入 API：此接口可以满足外部自定义算法的写入需求。

（4）数据展示：满足各类用户展现自己所需的数据展现需求，并且用户可以在自己的界面做一些简单的数据操作。

3. 应用支撑层

应用支撑层将与系统整体架构的数据存储层一并作为基础为整个数据应用层提供基础支撑。在本系统架构中，应用支撑层主要提供了以下几个机制和引擎来为上层提供业务支撑。

（1）算法编译：对应用服务层编辑的算法进行编译，将算法转换为可编辑类型算法。

（2）数据与算法匹配：为了达到最好的可视化效果，需要用户将算法与所使用的数据进行合理映射，从而使算法能够对数据有相对应的展示。

（3）消息服务支持：本功能负责数据的导入与导出业务需求。

（4）表单服务支持：与消息服务类似，本功能将应用服务层编辑的算法通过表单交给服务器，也能反向满足用户对表单的调用需求。

（5）数据转换：将外部引入的无法直接使用的数据转换为系统内部可以使用的数据格式。

（二）数据应用

数据应用层最上端所面对的就是一个个实在的用户，本层的功能是以旅客的需求为核心做引导设计，从功能需要角度进行数据资源的分析及应用。本系统的设计理念就是以旅客为核心，同时满足其他管理人员和企业内部人员的工作需求，所以本系统的整体功能可以分为日常功能及个性化推荐功能。

1. 日常功能

系统应具备客运旅游相关的一般性功能，以满足旅客旅行过程中的常规性功能需求，如出行前的铁路客票信息、列车信息，目的地气象信息，目的地酒店信息，旅途过程中列车行驶信息、列车餐饮等商城信息，沿途旅游信息，铁路多式联运合作信息等。

2. 个性化推荐

通过决策树、聚类、神经网络等方法对数据进行高等级挖掘与分析，通过对大量历史数据信息的处理，构建符合需求的数据模型，主要目的就是满足旅客旅行全过程中的个性化需求，合理推荐旅行景点、出行线路、出行方式、天气、酒店、餐饮、特色产品的信息。例如，使用指数平滑法对旅客历史同期购票数据进行分析，预测出行时所乘坐列车的客流量。

五、数据质量管理体系

数据质量管理是指对数据在计划、获取、存储、共享、维护、应用、消亡生命周期的每个阶段可能引发的各类数据质量问题，进行识别、度量、监控、预警等一系列管理活动，并通过改善和提高组织的管理水平使数据质量获得进一步提高。

数据质量体现相对应的数据服务满意程度。回到铁路客运旅游大数据系统初衷——服务旅客，从旅客角度出发，为其提供“智慧旅游”服务。所以，我们要研究铁路客运旅游的数据质量问题，就要考虑到各个业务模块的具体需求，根据业务实际情况，判别我们应该具备的数据质量。比如，对客票基础数据、酒店基础数据、人流量监测数据、气象地质数据进行质量分析。

根据铁路客运旅游大数据的具体功能需要，本系统关注的数据质量问题应除了满足数据的完整性、唯一性、一致性、精确度、合法性、及时性之外，还应从旅客视角衡量数据质量，重视旅客对数据的满意程度，同时通过建立有效的数据质量管理体系保障和提升数据的价值。

（一）数据质量管理体系框架

为保证铁路客运旅游数据质量管理的效果，本数据质量体系基于全面数据质量管理理论设计了如下体系框架。

组织架构：针对目前铁路总公司没有专门对数据质量管理的机构，加之数据质量管理是一个长期、持续的过程，所以有必要成立一个组织机构专门保证数据管理工作的进行。在这个组织内部，需要一个组长对整个数据质量管理小组的工作流程进行管理，随后要有数据分析员对相关数据的质量管理规则给出专业定义，并能够与数据部门进行深入工作。而数据质量管理员在组织中主要进行执行工作，在数据质量管理战略下进行实际的数据质量监控工作，及时发现数据错误。

管理流程：在建立组织机构的基础上，建立一套完整的大数据质量监控流程是保证数据质量的前提。本数据质量管理流程基于美国麻省理工学院研究提出的全面数据质量管理理论进行设计，此闭环管理流程分别为数据修改监控流程、数据质量预警流程、数据质量处理流程以及数据质量报告流程。

（1）数据修改监控流程：当源数据系统、主数据或者数据仓库内的数据模型等发生变化时，将触发数据修改流程监控，本流程将会监测并记录这些数据修改，并实时更新相关的数据字典。

（2）数据质量预警流程：在数据流转过程中若发生异常状态，将启动数据质量预警，数据管理员将根据预警内容量级决定是否进入数据质量处理流程。

（3）数据质量处理流程：当数据管理员认为预警量级达到针对性的数据处理时，将会进行数据质量处理，并随后根据具体质量问题进行具体分析。

（4）数据质量报告流程：根据前三个流程的数据质量管理工作，定期将相关内容由数据管理员归纳为数据质量报告，从而实现对数据质量管理的闭环管理。

（二）数据质量管理系统技术架构

数据质量管理体系相关工作包括管理和技术两方面，在建立了数据质量管理小组并明确了管理流程后，必须有符合需求的数据质量管理系统进行技术支撑。元数据是描述数据的数据，对于数据来说元数据就是数据的基因，当数据质量发生问题时，利用元数据就能更轻松地找到数据质量出现问题的环节，从而提高数据质量管理效率和效果，所以元数据管理在数据质量管理系统中起着不可或缺的作用。

数据质量管理系统在技术上应按照体系结构划分为源系统层、存储层、功能层和应用层。

（1）源数据层。本层包括了数据质量管理原始数据的相关系统，包括铁路客运旅游大数据系统的数据仓库、Hadoop 系统内的 HDFS、业务系统、应用系统等。

（2）存储层。本层主要包括两部分：一部分为元数据库；另一部分为数据质量规则库，本库主要有数据质量管理的质量规则、数量质量问题等相关信息。

（3）功能层。本层主要是从存储层调用所需数据，进行相关数据分析，并将分析结果上传至应用层使用，其中包括元数据功能支持、数据质量检查功能和辅助管理。

（4）应用层。本层位于整个数据质量管理的最顶端，在上面三层的支撑下，应用层将会进行具体功能的实现与展现，包括数据质量评估、接口问题分析、数据变更分析和指标一致性分析等。

参考文献

[1] 吕兆星，郑传峰，宋天龙，等 . 企业大数据系统构建实战技术、架构、实施与应用 [M]. 北京：机械工业出版社 ,2017.
[2] 赵勇 . 架构大数据大数据技术及算法解析 [M]. 北京：电子工业出版社 ,2015.
[3] 郭树行 . 企业架构与 IT 战略规划设计教程 [M]. 北京：清华大学出版社 ,2013.
[4] James Rumbaugh, Ivar Jacobson, Grady Booch.UML 用户指南(第 2 版·修订版)[M]. 邵维忠，麻志毅，马浩海，译 . 北京：人民邮电出版社 ,2013.
[5] 张安站 .Spark 技术内幕——深入解析 Spark 内核架构设计与实现原理 [M]. 北京：机械工业出版社 ,2015.
[6] 杨智明 . 数据结构 C 语言版 [M]. 北京：北京理工大学出版社 ,2016.
[7] 夏火松 . 数据仓库与数据挖掘技术 [M]. 北京：科学出版社 ,2004.
[8] 陆嘉恒 . 大数据挑战与 NoSQL 数据库技术 [M]. 北京：电子工业出版社 ,2013.
[9] 耿嘉安 .Spark 内核设计的艺术架构设计与实现 [M]. 北京：机械工业出版社 ,2018.
[10] 瑞芙 . 大数据管理数据集成的技术、方法与最佳实践 [M]. 北京：机械工业出版社 ,2014.
[11] 赵刚 . 大数据技术与应用实践指南 [M]. 北京：电子工业出版社 ,2013.
[12] 林子雨 . 大数据技术基础 [M]. 北京：清华大学出版社 ,2016.
[13] 杨巨龙 . 大数据技术全解——基础、设计、开发与实践 [M]. 北京：电子工业出版社 ,2014.
[14] 陆平，李明栋，罗圣美 . 云计算中的大数据技术与应用 [M]. 北京：科学出版社 ,2013.
[15] 刘鹏 . 云计算 [M]. 北京：电子工业出版社 ,2010.
[16] 周宝曜，刘伟，范承工 . 大数据战略 · 技术 · 实践 [M]. 北京：电子工业出版社 ,2013.
[17] 董西成 . 大数据技术体系详解——原理、架构与实践 [M]. 北京：机械工业出版社 ,2018.
[18] 徐晋 . 大数据平台 [M]. 上海：上海交通大学出版社 ,2014.
[19] 林子雨 . 大数据技术原理与应用 [M]. 北京：人民邮电出版社 ,2017.
[20] 朱洁 . 大数据架构详解——从数据获取到深度学习 [M]. 北京：电子工业出版社 ,2016.
[21] 张俊林 . 大数据日知录——架构与算法 [M]. 北京：电子工业出版社 ,2014.
[22] 深圳国泰安教育技术股份有限公司大数据事业部群，中科院深圳先进技术研究院——国泰安金融大数据研究中心 . 大数据导论关键技术与行业应用最佳实践 [M]. 北京：清华大学出版社 ,2015.

[23] 加德纳 .R 编程入门经典——大数据时代的统计分析语言 [M]. 蒲成，译 . 北京：清华大学出版社 ,2015.
[24] 张绍华，潘蓉，宗宇伟 . 大数据治理与服务 [M]. 上海：上海科学技术出版社 ,2016.
[25] 黄冬梅，邹国良 . 海洋大数据 [M]. 上海：上海科学技术出版社 ,2016.
[26] 何克晶 . 大数据前沿技术与应用 [M]. 广州：华南理工大学出版社 ,2017.
[27] 娄岩主 . 大数据技术与应用 [M]. 北京：清华大学出版社 ,2016.
[28] 周苏 . 大数据技术与应用 [M]. 北京：机械工业出版社 ,2016.
[29] 姚宏宇，田溯宁 . 云计算大数据时代的系统工程 [M]. 北京：电子工业出版社 ,2012.
[30] 徐子沛 . 大数据 [M]. 广西：广西师范大学出版社 ,2012.
[31] 赵勇 . 大数据——时代变革的核心驱动力 [J]. 网络新媒体技术 ,2015,4(3):1–7.
[32] 阮洋，李璐 . 浅析大数据架构解决方案 [J]. 科学与财富 ,2017(36):131.
[33] 周维琴，赵文博，李峰，等 . 基于大数据技术系统架构应用探讨 [J]. 石油化工应用 ,2018(7)：84–88.
[34] 黄承宁 . 大数据和云计算架构应用技术研究 [J]. 福建电脑 ,2017(2)：16–17.
[35] 冯翔 , 余明华 , 马晓玲 , 等 . 基于大数据技术的学习分析系统架构 [J]. 华东师范大学学报 (自然科学版),2014(2):20–29.
[36] 陈丽 . 基于大数据的应用系统架构研究与应用 [J]. 软件产业与工程 ,2014(5):33–38.
[37] 于鹍 . 数据仓库与大数据融合的探讨 [J]. 电信科学 ,2015,31(3):166–170.
[38] 张殿超 . 大数据平台计算架构及其应用研究 [D]. 南京：南京邮电大学 ,2017.
[39] 官思发 , 孟玺 , 李宗洁 , 等 . 大数据分析研究现状、问题与对策 [J]. 情报杂志 ,2015,34(5):98–104.
[40] 顾荣 . 大数据处理技术与系统研究 [D]. 南京：南京大学 ,2016.
[41] 李涛 , 曾春秋 , 周武柏 , 等 . 大数据时代的数据挖掘——从应用的角度看大数据挖掘 [J]. 大数据 ,2015,1(4):57–80.
[42] 郭慈 , 廖振松 . 基于 Spark 核心架构的大数据平台技术研究与实践 [J]. 电信工程技术与标准化 ,2016,29(10):40–45.
[43] 张晨 . 铁路客运旅游大数据平台架构设计与关键技术研究 [D]. 北京：北京交通大学 ,2017.
[44] 单杏花，王富章，朱建生，等 . 铁路客运大数据平台架构及技术应用研究 [J]. 铁路计算机应用 ,2016(9)：14–16.
[45] 赵勇 , 林辉 , 沈寓实 , 等 . 大数据革命——理论、模式与技术创新 [M]. 北京: 电子工业出版社 ,2014.
[46] 陈晓桦 . 网络安全技术——网络空间健康发展的保障 [M]. 北京：人民邮电出版社 ,2017.
[47] 任磊，杜一，马帅，等 . 大数据可视分析综述 [J]. 软件学报 ,2014, 25 (9): 1909–1936.
[48] TAWEH BEYSOLOW. Introduction to Deep Learning. [EB/OL].(2007–07–21)[2018–05–08]. http://en.wikipedia.org/wiki/Deep–learning.
[49] TOMINSKI C, SCHUMANN H, ANDRIENKO G, et al. Stacking–Based visualization of trajectory attribute data[J].IEEE Trans on Visualization and Computer Graphics,2012, 18 (12): 2565–2574.
[50] ABELLO J, VAN HAM F, KRISHNAN N.ASK–Graphview:A large scale graph visualization system.

IEEE Trans, on Visualization ana Computer Grapnics,2006,12(5):669-676.
[51] 刘长城 . 一种海量结构化数据处理技术研究 [D]. 上海：复旦大学 ,2012.
[52] 陆放 , 马莅杰 . 浅析大数据的应用及发展 [J]. 中文信息 ,2016(10):12.
[53] 黄友新 . 基于大数据的质量监督与质量提升 [J]. 数字化用户 ,2017(29):130
[54] 李娜 . 基于 MPI 的并行数据库中间件的设计与实现 [D]. 西安：西北大学 ,2009.
[55] 王珊 , 王会举 , 覃雄派 , 等 . 架构大数据 : 挑战、现状与展望 [J]. 计算机学报，2011(10):1741-1752.
[56] 中国计算机学会大数据专家委员会 . 大数据技术进展 [C]. 北京：中国计算机学会 ,2014.
[57] 张俊林 . 新浪微博用户兴趣建模系统架构 [EB/OL].(2015-05-19)[2018-05-09].https://blog.csdn.net/malefactor/article/details/51448202?utm_source=blogxgwz5.
[58] 李乔 , 郑啸 . 云计算研究现状综述 [J]. 计算机科学 ,2011(4):32-37.
[59] 张丽梅 . 基于负载均衡的云资源调度策略研究 [D]. 银川：宁夏大学 ,2014.
[60] 梁惠丽 . 电力云计算资源调度系统研究 [D]. 北京：华北电力大学 ,2013.
[61] 吴苑 . 基于 OpenFlow 的企业私有云中网络虚拟化研究和实现 [D]. 上海：上海交通大学 ,2013.
[62] 黄凯 . 云计算环境下资源管理模型和调度策略研究 [D]. 重庆：重庆邮电大学 ,2013.
[63] 胡凯 .Web Service 和云计算初探 [C]. 广州：中山大学资讯管理学院 ,2014.
[64] 刘亮 . 基于虚拟化与分布式技术的云存储研究 [J]. 电脑知识与技术 ,2012(11):2641-2642.
[65] 倪永军 .InfiniBand 技术分析与应用研究 [J]. 计算机应用研究 ,2003(12):4-6.
[66] 杨莉 . 基于云平台的舆情信息监控系统设计与实现 [D]. 长沙：湖南大学 ,2014.
[67] 王高平 , 孙俊玲 , 苗凤凯 . 利用网络爬虫抓取行业数据及其应用 [J]. 数字化用户 ,2017(35):14.
[68] 于金良 , 朱志祥 , 李聪颖 . 一种分布式消息队列研究与测试 [J]. 物联网技术 ,2016(8):32-34.
[69] 孙志军 , 薛磊 , 许阳明 , 等 . 深度学习研究综述 [J]. 计算机应用研究 ,2012(8):2806-2810.
[70] 周俊豪 . 基于深度学习的车辆多维特征检测研究 [D]. 广州：广东工业大学 ,2017.
[71] 于婷 . 山东网通决策支持系统的研究与实现 [D]. 南京：南京邮电大学 ,2009.
[72] 胡玉乐 . 列存储 DWMS 中的索引关键技术研究 [D]. 上海：东华大学 ,2011.
[73] 李丙锋 .Beowulf 并行计算系统可扩展性的研究与应用 [D]. 济宁：曲阜师范大学 ,2008.
[74] 张献忠 .21 世纪高等学校应用型规划教材 · 计算机系列 操作系统教程 [M]. 北京：中国电力出版社 ,2006.
[75] 李鑫 .Hadoop 框架的扩展和性能调优 [D]. 西安：西安建筑科技大学 ,2012.
[76] 赵亚涛 . 基于多核多线程的梅西算法的研究和实现 [D], 郑州：郑州大学 ,2011.
[77] 宋杰 , 孙宗哲 , 毛克明，等 .MapReduce 大数据处理平台与算法研究进展 [J]. 软件学报 ,2017(3):514-534.
[78] 冯登国 , 张敏 , 张妍，等 . 云计算安全研究 [J]. 软件学报 ,2011(1):71-83.
[79] 赵越 . 云计算安全技术研究 [J]. 吉林建筑工程学院学报 ,2012(1):86-88.
[80] 曹波 , 杨杉 . 电力系统云计算安全研究 [C]. 北京：中国电机工程学会 ,2012.
[81] 杨海军 . 云计算安全关键技术研究 [J]. 科技信息 ,2012(30):318.
[82] 卢娟 . 浅析云计算技术与安全 [J]. 电子世界 ,2014(17):1-2.

[83] 彭力 . 云计算导论 [M]. 西安：西安电子科技大学出版社 ,2013.

[84] 江雪 , 何晓霞 . 云计算安全对策研究 [J]. 微型电脑应用 ,2014(2):30–34.

[85] 梁新龙 . 云计算环境下数据安全存储及虚拟机安全迁移机制研究 [D]. 南京：东南大学 ,2015.

[86] 胡建锋 . 云安全数据保密性系统的分析与设计 [D]. 厦门：厦门大学 ,2013.

[87] 冯登国，张敏，张妍，等 . 云计算安全研究 [J]. 软件学报 ,2011, 22(1):71–83.

[88] 吴忠斌 . 关于计算广告相关算法的解析 [J]. 电子世界 ,2017(21):34–35.

[89] 季昀 . 基于协同过滤推荐算法电影网站的构建 [D]. 哈尔滨：哈尔滨工业大学 ,2009.

[90] 耿荣娜 . 电子商务中个性化信息自主推送技术的研究 [D]. 长春：长春工业大学 ,2007.

[91] 陈瑞华 . 基于神经网络的电子商务个性化推荐系统研究 [D]. 南昌：江西财经大学 ,2008.

[92] 陈浩一 .Web 页面个性化推荐技术研究 [D]. 大连：大连海事大学 ,2009.

[93] 吴晓 . 基于数据挖掘的个性化营销算法的设计与实现 [D]. 北京：北京邮电大学 ,2010.

[94] 杨琳 , 李超 , 林丽华，等 . 基于 IT 治理的区域医疗卫生大数据架构研究 [J]. 现代计算机 ,2017(5):52–58.

[95] 井荣枝 . 基于 MATLAB 的安全效用及其在仿真图像处理中的应用 [J]. 网络安全技术与应用 ,2017(3):140–141.

[96] 邹子聪 , 皮旸 . 图像处理技术在智能交通中的应用探讨 [J]. 中国高新技术企业 ,2017(3):285.

后　记

光阴似箭，日月如梭，转眼之间，我已在滇西科技师范学院计算机专业教学岗位任教 15 年。在教书生涯中，我努力刻苦，诲人不倦，并时刻以“立德修身，笃学尚行”的校训鞭策自己和教育学生。

能把工作时间之余进行的学习收获和科学研究内容写成著作进行出版是我一直的梦想，但是每天忙于教学工作和管理工作，没有时间进行更多的专业学习，也没有精力进行更多科学研究。经过多次下定决心，在一年前终于把想法付诸行动，开始查阅资料和编写稿子。

写作是一个漫长、枯燥、沮丧的过程，我曾一度陷于紧张惶恐当中。经过多年的知识沉淀，我本以为对写作应轻车熟路，下笔如有神，谁知着笔时才感到自己的粗陋与肤浅，感到思维的不甚严密和语言的匮乏无力，才明白自己并不完全具备与梦想相当的能力。这次写作是一次艰难的跋涉，它不够完美，甚至很粗糙，但我对它用了百分之百的努力。写作时经常会在一小段文字上反复推敲多遍，因为越研究下去，就越发现自己知识的匮乏。

经过一年断断续续地编写，反反复复地修改，终于完成了书稿。在本书写作过程中，参考借鉴了很多学者的研究成果和网站论坛的学习资料，在此对他们表示衷心的感谢。

在本书完成过程中，感谢同事们对我的支持和帮助，特别是我校科技处工作人员，感谢我的父母和其他亲人，是他们用无私的爱和奉献让我更有时间和精力完成本书的编写工作，他们是我勇往直前，敢于进取的不竭动力。

最后，由于时间及笔者水平有限，本书难免存在疏漏与不妥之处，在本书出版之际，真诚地欢迎各位读者对本书提出宝贵的意见和建议。